Dünnwandige Stäbe · Band 1

C. F. Kollbrunner · N. Hajdin

Dünnwandige Stäbe

Band 1
Stäbe mit undeformierbaren
Querschnitten

Springer-Verlag Berlin Heidelberg New York 1972

Curt F. Kollbrunner

Senator h. c., Dr. h. c., Dr. sc. techn. Dipl. Bau-Ing. ETH, SIA
Zollikon/Zürich (Schweiz).
Präsident des Instituts für bauwissenschaftliche Forschung,
Zürich (Schweiz).

Nikola Hajdin

Dr. sc. techn., Dipl. Bau-Ing.
Professor an der Universität Belgrad (Jugoslawien).
k. Mitglied der Serbischen Akademie der Wissenschaften und Künste
Wissenschaftlicher Mitarbeiter des Instituts für
bauwissenschaftliche Forschung, Zürich (Schweiz).

Mit 143 Abbildungen

ISBN 978-3-662-00422-7   ISBN 978-3-662-00421-0 (eBook)
DOI 10.1007/978-3-662-00421-0

Das Werk ist urheberrechtlich geschützt. Die dadurch begründeten Rechte, insbesondere die der Übersetzung, des Nachdrucks, der Entnahme von Abbildungen, der Funksendung, der Wiedergabe auf photomechanischem oder ähnlichem Wege und der Speicherung in Datenverarbeitungsanlagen bleiben, auch bei nur auszugsweiser Verwertung, vorbehalten.
Bei Vervielfältigungen für gewerbliche Zwecke ist gemäß § 54 UrhG eine Vergütung an den Verlag zu zahlen, deren Höhe mit dem Verlag zu vereinbaren ist.
© by Springer-Verlag, Berlin/Heidelberg 1972.
Softcover reprint of the hardcover 1st edition 1972
Library of Congress Catalog Card Number 71-178754

Die Wiedergabe von Gebrauchsnamen, Handelsnamen Warenbezeichnungen usw. in diesem Buch berechtigt auch ohne besondere Kennzeichnung nicht zu der Annahme, daß solche Namen im Sinne der Warenzeichen- und Markenschutz-Gesetzgebung als frei zu betrachten wären und daher von jedermann benutzt werden dürften.

Vorwort

Nach fünfzehnjähriger praktischer und theoretischer Zusammenarbeit der beiden Autoren wird hier ein Buch herausgegeben, das sowohl für den Bauingenieur in der Praxis wie auch für den Studenten geschrieben wurde. Es behandelt die Berechnung und Ausführung dünnwandiger Stäbe, wobei der Baustoff dieser Stäbe aus Stahl, Leichtmetall, Stahlbeton oder vorgespanntem Stahlbeton bestehen kann.

Mit der zunehmenden Beliebtheit leichter Konstruktionen, vorwiegend im Hochbau, stellte sich die Forderung nach einer möglichst genauen Erfassung neuzeitlicher Berechnungsmethoden für solche Leichtkonstruktionen. Es drängte sich daher der Gedanke auf, das bisher Erreichte festzuhalten, zu ergänzen und zu erweitern, um dem Konstrukteur die Unterlagen in einer ihm verständlichen Form zu übermitteln. Dieses Buch legt infolgedessen nicht in erster Linie Wert auf die Darstellung komplizierter Theorien, sondern möchte dem in der Praxis stehenden Ingenieur als Grundlage und Rüstzeug für die Lösung seiner Aufgaben dienen. Dabei soll jedoch festgehalten werden, daß, um den Geltungsbereich und die Grenzen der angegebenen Formeln zu erkennen, die hier gegebenen theoretischen Kenntnisse unerläßlich sind.

Die Berechnung von dünnwandigen Konstruktionen verlangt im allgemeinen erhebliche mathematische Kenntnisse. Für die numerische Auswertung stehen heute dem Ingenieur verschiedene numerische Methoden zur Verfügung, welche unter Benutzung der Rechenautomaten mit tragbarem Zeitaufwand die Ergebnisse bis zu einer gewünschten Genauigkeit liefern. Gleich wie die früher im Springer-Verlag herausgegebenen Bücher[1] wendet sich auch dieses Buch an den Praktiker. Es entwickelt neue, verfeinerte Theorien und versucht, dem in der Praxis stehenden Ingenieur die heutigen Erkenntnisse und Erfahrungen aus Theorie und Versuch so weit zu übermitteln, daß er in der Lage ist, auch kompliziertere Fälle richtig zu lösen.

---

[1] *C. F. Kollbrunner* und *M. Meister:* Knicken. Theorie und Berechnung von Knickstäben. Knickvorschriften. Springer-Verlag, Berlin/Göttingen/Heidelberg, 1955.

C. F. Kollbrunner und *M. Meister:* Ausbeulen. Theorie und Berechnung von Blechen. Springer-Verlag, Berlin/Göttingen/Heidelberg, 1958.

C. F. Kollbrunner und *M. Meister:* Knicken, Biegedrillknicken, Kippen. Theorie und Berechnung von Knickstäben. Knickvorschriften. Zweite, umgearbeitete und stark erweiterte Auflage des Buches „Knicken". Springer-Verlag, Berlin/Göttingen/Heidelberg, 1961.

C. F. Kollbrunner und *K. Basler:* Torsion. Springer-Verlag, Berlin/Heidelberg/New York, 1966.

C. F. Kollbrunner und *K. Basler:* Torsion in Structures. An Engineering Approach. (Translated from the German Edition by *E. C. Glauser*. With Annotations and an Appendix by *B. G. Johnston*.) Springer-Verlag, Berlin/Heidelberg/New York, 1969.

C. F. Kollbrunner und *K. Basler:* Torsion. Application à l'étude des structures. (Traduction et adaptation de *P.-A. Eperon*. Préface de *M. Cosandey*.) Traduction Francaise, autorisée par Springer-Verlag, Berlin/Heidelberg. Editions SPES, Lausanne, 1970.

Dieser erste Band ist aufgebaut auf früheren Publikationen der Verfasser, die in der Zwischenzeit ergänzt und stark erweitert wurden.[1] Er behandelt in vier Hauptkapiteln die St. Venantsche Torsion dünnwandiger Stäbe (I.), dünnwandige Stäbe mit offenem Profil und geradliniger Achse (II.), dünnwandige Stäbe mit geschlossenem Profil und geradliniger Achse (III.) und dünnwandige Stäbe mit gekrümmter Achse (IV.). Die angegebenen Beispiele zeigen die Durchführung der Berechnungen.

Der zweite Band behandelt die dünnwandigen Stäbe mit deformierbaren Querschnitten wie auch das nicht-elastische Verhalten dünnwandiger Stäbe. Er zeigt zudem den Einfluß von Kriechen und Schwinden des Betons in dünnwandigen Verbund- und vorgespannten Stäben.

An dieser Stelle soll unserem Freund und jahrzehntelangem Mitarbeiter, Dipl.-Ing. *S. Milosawljević*, welcher im Februar 1971 durch einen Autounfall ums Leben kam, herzlichst gedankt werden. Gleichzeitig gebührt unser Dank Dipl.-Ing. *Duniza Scherif*, Assistent von *N. Hajdin*, für die Berechnung einiger hier veröffentlichter Beispiele wie auch für die Kontrolle des Manuskriptes und der Abbildungen.

Festgehalten werden soll, daß ohne die große Unterstützung durch das Institut für bauwissenschaftliche Forschung Zürich, Stiftung Kollbrunner/Rodio, wie auch durch die Stahlton AG, Zürich (Präsident Dr. h. c. *Max Birkenmaier*), dieses Buch nicht hätte herausgegeben werden können.

Außerdem soll an dieser Stelle unser Dank dem Springer-Verlag für die gewohnte gute Ausstattung dieses Buches übermittelt werden.

Zürich und Belgrad,
im Januar 1972 **Curt F. Kollbrunner · Nikola Hajdin**

---

[1] *C. F. Kollbrunner* und *N. Hajdin:* Beitrag zur Berechnung von Stauwehrklappen. Mitteilungen über Forschung und Konstruktion im Stahlbau. Heft Nr. 28, Dezember 1961. Verlag Leemann, Zürich.

C. F. Kollbrunner und *N. Hajdin:* Die St. Venantsche Torsion. Mitteilungen der Technischen Kommission, Heft 26. Sept. 1963. Verlag Schweizer Stahlbau-Vereinigung, Zürich.

C. F. Kollbrunner und *N. Hajdin:* Wölbkrafttorsion dünnwandiger Stäbe mit offenem Profil. Mitteilungen der Technischen Kommission. Teil I, Heft 29, Oktober 1964, Teil II, Heft 30, März 1965. Verlag Schweizer Stahlbau-Vereinigung, Zürich.

C. F. Kollbrunner und *N. Hajdin:* Wölbkrafttorsion dünnwandiger Stäbe mit geschlossenem Profil. Mitteilungen der Technischen Kommission, Heft 32. Juni 1966. Verlag Schweizer Stahlbau-Vereinigung, Zürich.

C. F. Kollbrunner und *N. Hajdin:* Beitrag zur Theorie dünnwandiger Stäbe mit gekrümmter Achse. Institut für bauwissenschaftliche Forschung. Stiftung Kollbrunner/Rodio. Heft Nr. 8, Juni 1969. Verlag Leemann, Zürich.

Inhaltsverzeichnis

Bezeichnungen X
Einführung 1

Erster Teil
Stäbe mit undeformierbaren Querschnitten

I. St. Venantsche Torsion dünnwandiger Stäbe 9

  1. Die Grundgleichungen der St. Venantschen Torsion 9
  2. Dünnwandige, offene Profile 22
  3. Dünnwandige, geschlossene Profile 35
  4. Dünnwandige, offen-geschlossene Profile 44
  5. Veränderliches Torsionsmoment 45

II. Dünnwandige Stäbe mit offenem Profil und geradliniger Achse 49

  1. Die Theorie des dünnwandigen Stabes mit offenem Profil 49
    1.1. Die Verformung des Stabes 49
    1.2. Beziehungen zwischen den Spannungen und den Formänderungen. Gleichgewichtsbedingungen. Schnittkräfte 54
    1.3. Differentialgleichungen des Stabes. Wölbkrafttorsion 60
    1.4. Darstellung der Spannungen mittels der Schnittgrößen 64
    1.5. Vereinfachungen. Grenzfälle der Beanspruchung 69

  2. Querschnittswerte 72
    2.1. Sektorielle Koordinate und Schubmittelpunkt 72
    2.2. Rechnerische Bestimmung der Querschnittswerte 78
    2.3. Querschnittswerte einiger einfacherer Profile 87
      a) Der I-Querschnitt mit ungleichen Flanschen 88
      b) Der [-Querschnitt 90
      c) Das ⌐-Profil 92
      d) Der Kreisbogen 93

  3. Berechnung auf Wölbkrafttorsion für einzelne Lastfälle 96
    3.1. Randbedingungen. Allgemeine Lösung der Differentialgleichung der Wölbkrafttorsion 96
    3.2. Torsion des Stabes unter Querbelastung 102
      a) Belastung durch ein an einem Stabende angreifendes Torsionsmoment T^* 102
      b) Belastung durch ein konzentriertes Torsionsmoment an einer beliebigen Stelle 106
      c) Belastung durch ein verteiltes Torsionsmoment m_D 109
      d) Einfluß eines äußeren konzentrierten Biegungsmomentes . . . 112
      e) Einfluß eines äußeren, verteilten Biegungsmomentes 114

Inhaltsverzeichnis

3.3. Torsion des Stabes unter Belastung in der Längsrichtung 114
    a) Belastung durch ein Bimoment M_ω^* an einem Stabende 114
    b) Belastung durch ein an einer beliebigen Stabstelle angreifendes Bimoment 116
    c) Belastung durch ein äußeres verteiltes Bimoment 117

3.4. Beispiel der Berechnung 132
3.5. Veränderliche Querschnitte 135

4. Stabsysteme 139
  4.1. Einleitung 139
  4.2. Prinzip der virtuellen Arbeit bei der Variation der Spannungen 140
  4.3. Bestimmung der Verschiebungen 145
  4.4. Kraftgrößenmethode 148
  4.5. Durchlaufender Träger 155
  4.6. Durchlaufender Träger auf elastisch drehbaren Stützen 162
  4.7. Bemerkungen zur Berechnung von Rahmen und Trägerrosten 165
  4.8. Durch Querverbindungen ausgesteifte Stäbe 170

III. Dünnwandige Stäbe mit geschlossenem Profil und geradliniger Achse 182

1. Näherungstheorie des dünnwandigen Stabes mit geschlossenem Profil 182
  1.1. Grundlegende Annahmen. Verformung des Stabes 182
  1.2. Beziehungen zwischen Spannungen und Verformungen. Gleichgewichtsbedingungen, Schnittkräfte 183
  1.3. Differentialgleichungen des Stabes. Wölbkrafttorsion 185
  1.4. Ausdrücke für die Spannungen in Abhängigkeit von den Schnittgrößen . . 188
  1.5. Geometrische Kennwerte des Querschnitts 194
  1.6. Lösung der Differentialgleichung und die Randbedingungen 201
  1.7. Torsion des Stabes unter Querbelastung 203

    a) Belastung durch ein konzentriertes Torsionsmoment an einer beliebigen Stelle 203
    b) Belastung durch ein verteiltes Torsionsmoment m_D 208

  1.8. Torsion des Stabes unter Belastung in der Längsrichtung 209

    a) Belastung durch ein Bimoment M_ω^* an einem Stabende 209
    b) Belastung durch ein an einer beliebigen Stelle angreifendes Bimoment 211
    c) Belastung durch ein äußeres verteiltes Bimoment 211

2. Berechnung des dünnwandigen Stabes mit geschlossenem Profil als langes prismatisches Faltwerk mit unverformbarem Querschnitt 212
  2.1. Voraussetzungen. Formänderungen des Stabes 212
  2.2. Differentialgleichungen des Stabes. Randbedingungen und Schnittkräfte . 214
  2.3. Lösung der Aufgabe in Matrizenform 221
  2.4. Kastenträger mit einfach-symmetrischem Querschnitt. Näherungslösung für Profile mit einer Symmetrieachse 225

IV. Dünnwandige Stäbe mit gekrümmter Achse 236

1. Einleitung 236
2. Grundlegende Voraussetzungen. Verformung des Stabes 237
3. Spannungen und Gleichgewichtsbedingungen 248

4. Beziehungen zwischen den Schnittkräften und Formänderungen. Differentialgleichungen des Stabes 254
5. Torsion des statisch bestimmten Stabes mit gekrümmter Achse. Berechnung des Stabes mittels der Kraftgrößenmethode 263
6. Numerische Lösung 273

Literatur 289

Namenverzeichnis 295

Inhalt des 2. Bandes

Zweiter Teil: **Stäbe mit deformierbaren Querschnitten**

Dritter Teil: **Nicht-elastisches Verhalten dünnwandiger Stäbe**

Bezeichnungen

e	Abstand von der Mittelfläche in Richtung der Normalen
h	Abstand der Tangente zur Profilmittellinie vom Pol
h_n	Abstand der Normalen zur Profilmittellinie vom Pol
$\vec{i}, \vec{j}, \vec{k}$	Einheitsvektoren in den Richtungen x, y, z
$\vec{i}\,', \vec{j}\,', \vec{k}\,'$	Einheitsvektoren in den Richtungen der Tangenten an die Koordinatenlinien nach der Verformung
l	Stablänge
m_D, m_P	Äußeres verteiltes Torsionsmoment
m_x, m_y	Äußere verteilte Biegemomente
m_ω	Äußeres verteiltes Bimoment
$\vec{n}$	Einheitsvektor in der Richtung der Normalen auf die Mittelfläche
$\vec{p}(p_x, p_y, p_z)$ $\vec{p}(p_n, p_s, p_z)$	Linienbelastung
$\vec{\bar{p}}(\bar{p}_x, \bar{p}_y, \bar{p}_z)$ $\vec{\bar{p}}(\bar{p}_n, \bar{p}_s, \bar{p}_z)$	Flächenbelastung
q	Schubfluß
$\vec{r}$	Ortsvektor des beliebigen Punktes der Mittelfläche nach der Verformung
$\vec{r}_0$	Ortsvektor des beliebigen Punktes der Mittelfläche vor der Verformung
s	Koordinate der Profilmittellinie
t	Wandstärke
$\vec{t}$	Einheitsvektor in der Richtung der Tangente auf die Profilmittellinie
u	Verschiebung in Richtung der Normalen zur Mittelfläche
$\vec{u}(u, v, w)$ $\vec{u}(\xi, \eta, w)$	Verschiebungsvektor des Punktes der Mittelfläche
$\vec{u}_1$	Projektion der Verschiebung u auf der x,y-Ebene
$\vec{u}_*(u, v_*, w_*)$ $\vec{u}_*(\xi_*, \eta_*, w_*)$	Verschiebungsvektor des beliebigen, im Abstand e von der Mittelfläche gelegenen Punktes
v, v_*	Verschiebung in Richtung der Tangente zur Profilmittellinie
w, w_*	Verschiebung in Richtung der Stabachse
x, y x_*, y_*	Kartesische Koordinaten der Profilmittellinie bzw. des Querschnitts
z	Koordinate in Richtung der Stabachse
A, A_i	Eingeschlossene Fläche
C	Schwerpunkt
D	Schubmittelpunkt
E	Elastizitätsmodul
$E' = \dfrac{E}{1-\nu^2}$	
F	Querschnittsfläche $dF = t\,ds$ $dF_* = de\,ds$
$\tilde{F}$	Fläche des abgeschnittenen Teiles des Querschnitts
G	Schubmodul
$I_{hh} = \int\limits_F h^2\,dF$	Zentrales Trägheitsmoment, $dF = t\,ds$

$$\left.\begin{aligned}I_{xx} &= \int_F x^2\, dF \\ J_{xx} &= \int_F x_*^2\, dF_*\end{aligned}\right\} \text{Flächenträgheitsmoment, } dF_* = de\,ds$$

$$\left.\begin{aligned}I_{yy} &= \int_F y^2\, dF \\ J_{yy} &= \int_F y_*^2\, dF_*\end{aligned}\right\} \text{Flächenträgheitsmoment}$$

$$\left.\begin{aligned}I_{xy} &= \int_F xy\, dF \\ J_{xy} &= \int_F x_* y_*\, dF_*\end{aligned}\right\} \text{Deviationsmoment}$$

$$\left.\begin{aligned}I_{\omega\omega} &= \int_F \left(1 - \frac{x}{R}\right) \omega^2\, dF \\ J_{\omega\omega} &= \int_F \omega_*^2\, dF_*\end{aligned}\right\} \text{Sektorielles Trägheitsmoment}$$

$$\left.\begin{aligned}I_{x\omega} &= \int_F x\omega\, dF \\ J_{x\omega} &= \int_F x_* \omega_*\, dF_*\end{aligned}\right\} \text{Sektorielles Deviationsmoment}$$

$$\left.\begin{aligned}I_{y\omega} &= \int_F y\omega\, dF \\ J_{y\omega} &= \int_F y_* \omega_*\, dF_*\end{aligned}\right\} \text{Sektorielles Deviationsmoment}$$

K, K_* Torsionskonstante

$$\left.\begin{aligned}M_x &= \int_F \sigma_z x\, dF \\ M_x &= \int_F \sigma_z x_*\, dF_*\end{aligned}\right\} \text{Biegemoment}$$

$$\left.\begin{aligned}M_y &= \int_F \sigma_z y\, dF \\ M_y &= \int_F \sigma_z y_*\, dF_*\end{aligned}\right\} \text{Biegemoment}$$

M_x^*, M_y^* Äußere konzentrierte Biegemomente
M_ω Bimoment
M_ω^* Äußeres konzentriertes Bimoment
N Normalkraft
O Nullpunkt der Profilmittellinie, Koordinatennullpunkt
P Äußere Kraft. Drehpol
Q_x, Q_y Querkräfte in x und y Richtungen
R Krümmungsradius der Schwerachse

$$\left.\begin{aligned}S_x &= \int_F x\, dF \\ S_y &= \int_F y\, dF\end{aligned}\right\} \text{Statische Momente}$$

$\tilde{S}_x, \tilde{S}_y$ Statische Momente des abgeschnittenen Teiles $\tilde{F}$ des Querschnitts

$S_\omega = \int_F \omega\, dF$ Sektorielles statisches Moment

Bezeichnungen

$\tilde{S}_\omega = \int_F \omega\, dF$ Sektorielles statisches Moment des abgeschnittenen Teiles $\tilde{F}$ des Querschnitts

T Torsionsmoment
T^* Äußeres konzentriertes Torsionsmoment
T_S St. Venantsches Torsionsmoment
T_ω Wölbtorsionsmoment
$\overline{U}$ Arbeit der virtuellen inneren Kräfte
$\overline{W}$ Arbeit der virtuellen äußeren Kräfte
$\gamma_{zx}, \gamma_{yz}, \gamma_{xy}$ ⎫
$\gamma_{zs}, \gamma_{zn}, \gamma_{sn}$ ⎬ Gleitverzerrungen
γ_s, γ_w ⎭
δ_i, δ Wirkliche Verschiebungen
$\varepsilon_x, \varepsilon_y, \varepsilon_z$ ⎫
$\varepsilon_n, \varepsilon_s$ ⎬ Dehnungen
η, η_* Verschiebung in der Richtung der y-Achse
$\vartheta = \vartheta(z)$ Wölbmaß
ν Poissonsche Zahl
ξ, ξ_* Verschiebung in der Richtung der x-Achse
$\vec{\sigma}_z$ Spannungsvektor
σ_z Normalspannung
$\tau_{zx}, \tau_{yz}, \tau_{xy}$ ⎫
τ_{zs}, τ_{zn} ⎬ Schubspannungen
$\tau_s, \tau_w, \tau_B, \tau_T$ ⎭
$\tilde{\tau}$ Schubspannungsverteilungs-Funktion
φ Verdrehung des Stabes
φ' Spezifische Stabverdrehung
$\omega, \hat{\omega}$ Sektorielle Koordinate, Einheitsverwölbung
ω_* Verallgemeinerte sektorielle Koordinate
θ Verwindung des Stabes
θ' Spezifische Verwindung
Φ Spannungsfunktion

Einführung

Dünnwandige Stäbe finden immer häufigere Anwendung im Bauingenieurwesen, Maschinenbau, Aeronautik und anderen Gebieten der Technik.

Klarere Einsicht in das Verhalten dünnwandiger Stäbe unter zusammengesetzter Beanspruchung, besonders bei Torsion, welcher hier eine hervorragende Bedeutung zukommt, gewann man im ersten Dezennium dieses Jahrhunderts. Die Torsion ist, verglichen mit Biege- und Axial-Beanspruchung, speziell im Falle dünnwandiger Stäbe, ihrer Natur nach ein schwierigeres Problem, und relativ spät gewonnene Erkenntnisse über dasselbe sind eine Folge des Entwicklungsweges der Festigkeitslehre.

Außer den Arbeiten der Pioniere auf diesem Gebiet, wie denjenigen von *Bach*[1] und *Timoshenko*[2], müssen die in der Schweizerischen Bauzeitung erschienenen Abhandlungen von *Maillart*[3] und *Eggenschwyler*[4] erwähnt werden.

Bach hat als erster auf experimentellem Wege das Problem der Wölbkrafttorsion wahrgenommen. Er betrachtete das Verhalten eines Stabes mit [-förmigem Querschnitt unter der Belastung durch in einer normal zur Symmetrieebene des Querschnittes gelegenen Ebene wirkende Kräfte. Dabei konnte er feststellen, daß im Falle, wenn die Belastungsebene durch die Schwerlinie des Stabes geht, sich Querschnitte auch in ihrer Ebene verdrehen. Außerdem wichen die in den einzelnen Querschnittspunkten festgelegten Dehnungen von denjenigen ab, wie sie zufolge der Biegungstheorie zu erwarten waren. Leider konnte *Bach* dieses Verhalten des Stabes nicht richtig auslegen, wodurch die Erfassung dieses Problems beträchtlich verzögert wurde.

Die richtige Auslegung dieser Wahrnehmungen gelang später *Maillart*. Die erste theoretische Arbeit stammt von *Timoshenko*. Er berichtet über den I-Querschnitt. Bei der Behandlung der Stabilitätsprobleme konnte er eine Lösung für die Wölbkrafttorsion des Stabes mit I-Querschnitt finden.

Bis zu den dreißiger Jahren dieses Jahrhunderts ist die Entwicklung der Problematik dieses Gebietes durch die Bedürfnisse des Bauwesens bedingt. Der rasche Aufschwung der Forschung auf dem Gebiet der dünnwandigen Stäbe sowie das wachsende Interesse für diese Art von Konstruktion begann sich nach den

---

[1] *C. von Bach:* Versuche über die tatsächliche Widerstandsfähigkeit von Balken mit [-förmigem Querschnitt. Zeitschrift des Vereins Deutscher Ingenieure, 1909, S. 170 und 1910, S. 382.

[2] *S. Timoshenko:* Einige Stabilitätsprobleme der Elastizitätstheorie. Zeitschrift für Mathematik und Physik. 1910, Bd. 58, S. 337—385.

[3] *R. Maillart:* Zur Frage der Biegung. Schweizerische Bauzeitung, 1921, Bd. 77, S. 195 bis 197, und 1921, Bd. 78, S. 18.

[4] *A. Eggenschwyler:* Über die Festigkeitsberechnung von Schiebetoren und ähnlichen Bauwerken. Diss. E. T. H., 1921.

A. Eggenschwyler: Über Drehung und Biegung von [-Eisen. Schweizerische Bauzeitung, 1922, Bd. 80, S. 205—207.

dreißiger Jahren für den Bereich der Luftfahrt abzuzeichnen. Eine ganze Reihe von Arbeiten, beginnend mit denjenigen von *Wagner*[1] und *Ebner*[2], gefolgt von vielen anderen, haben dazu beigetragen, zahlreiche Probleme abzuklären sowie neue zu erkennen und damit die breiten Grundlagen für die praktische Spannungsermittlung und das Stabilitätsverhalten dünnwandiger Stäbe zu schaffen.

Die technische Theorie der Stäbe mit offenem Querschnitt wurde vor dem zweiten Weltkrieg und unmittelbar danach vollständig aufgebaut. Ebenso konnten auch alle grundsätzlichen, die Theorie der dünnwandigen Stäbe mit geschlossenem Profil betreffenden Fragen gelöst werden. Sowohl hinsichtlich der Allgemeinheit in den Formulierungen als auch in bezug auf die Weite des erfaßten Bereiches kommt den Arbeiten von *Wlassow*[3] eine ganz hervorragende Bedeutung zu.

Mit den immer größeren Anwendungen der Schweißtechnik und der damit verbundenen Entwicklung hochwertiger Werkstoffe haben sich im Bauwesen ganz neuartige Tragwerkskonzeptionen, besonders seit dem zweiten Weltkrieg, durchgesetzt und damit den Anwendungsbereich der Theorie der dünnwandigen Stäbe auf alle Zweige des Stahlbaues erweitert. Desgleichen nehmen dünnwandige Stäbe einen immer größeren Platz bei den Tragwerken aus Stahlbeton sowie bei den Verbund- und vorgespannten Konstruktionen ein.

Gewisse aus Stahlbeton oder aus vorgespanntem Stahlbeton ausgeführte Tragwerke sowie z. B. prismatische und zylindrische Faltwerke gehören infolge ihrer kennzeichnenden Merkmale und ihres, durch die konstruktive Anordnung bedingten, statischen Verhaltens (Zahl und Art der Quersteifen, Verhältnis der Querschnittsabmessungen zur Länge des Tragwerks) sowie hinsichtlich der Spannungsermittlung oft in den Bereich der dünnwandigen Stäbe. Brücken, besonders aus vorgespanntem Stahlbeton, zählen ebenfalls oft zu den dünnwandigen Stäben.

Den dünnwandigen Stab als konstruktives Element können wir auf zweierlei Weise definieren:

Erstens können wir ihn als Stab der klassischen Baustatik mit gerader oder schwach gekrümmter Achse auffassen, welcher jedoch nicht mehr wie ein Stab mit Vollquerschnitt angesehen werden darf, weil die Wandstärken der Elemente, aus denen der Querschnitt besteht, klein im Verhältnis zu seinen charakteristischen Abmessungen (Breite, Höhe) sind.

Zweitens können wir ihn als prismatische, zylindrische (bzw. zylindroide) oder schwach gekrümmte Translationsschale, deren Querschnittsabmessungen klein im Verhältnis zu ihrer Länge sind, ansehen.

---

[1] H. *Wagner*: Verdrehung und Knickung von offenen Profilen. Festschrift 25 Jahre T.H. Danzig, 1929. Siehe auch Luftfahrtforschung, 1934, Bd. 11, S. 329.
H. *Wagner* und W. *Pretsher*: Verdrehung und Knickung von offenen Profilen. Luftfahrtforschung, 1934, Bd. 11, Heft 6, S. 174—180.

[2] H. *Ebner*: Die Beanspruchung dünnwandiger Kastenträger auf Drillung bei behinderter Querschnittswölbung. 349, Deutsche Versuchsanstalt für Luftfahrt, Jahrbuch 1933, S. 72, und Zeitschrift für Flugtechnik und Motorluftfahrt, 1933, S. 645—655 und 684—692.
H. *Ebner*: Zur Festigkeit von Schalen- und Rohrholmflügeln. Luftfahrtforschung, 1937, Bd. 14.

[3] W. S. *Wlassow*: Dünnwandige elastische Stäbe. Bd. 1 und Bd. 2. VEB Verlag für Bauwesen, Berlin, 1964/1965.

Man kann sich den dünnwandigen Stab sowohl aus dem Stab als auch aus der Schale hervorgegangen denken, so daß man ihn als Übergangsform dieser beiden Grundformen ansehen kann.

Die Einteilung der dünnwandigen Stäbe kann, wie jede Klassifizierung, nach dem Zweck, für welche sie benötigt wird, erfolgen. Für uns sind die Verfahren, nach welchen die einzelnen konstruktiven Formen berechnet werden können, von Bedeutung. Wir treffen daher die Einteilung vom Gesichtspunkte der Deformationen des Stabes aus, d. h. von der Art seiner Verformung infolge äußerer Einflüsse, welche die Berechnungsart bestimmen.

St. Venantsche Torsion (Kapitel I.)

Am Anfang dieses Buches wird die St. Venantsche Torsion dünnwandiger Stäbe dargestellt. Beginnend mit den Grundgleichungen der St. Venantschen Torsion werden die Formeln für Spannungen und Deformationen der offenen und geschlossenen Profile hergeleitet.

Dieses Kapitel dient in erster Linie als Einführung der folgenden Kapitel. Durch die Beschreibung der Verformung des Stabes ergibt sich eine klare Einsicht in das Verhalten des Stabes bei der St. Venantschen Torsion sowie das notwendige Kriterium, mit welchem die Stäbe bei verschiedenem Torsionsmoment näherungsweise nach den Formeln der St. Venantschen Torsion berechnet werden können.

Dabei wird die Verwölbung des Querschnitts so beschrieben, daß auch die relative Verwölbung des Querschnitts in bezug auf die Profilmittellinie zum Ausdruck kommt. Die Veränderlichkeit der Verschiebung in Richtung der Stabachse spielt eine gewisse Rolle bei der Wölbkrafttorsion von Stäben mit nicht ausgesprochen dünnen Wänden.

Dünnwandige Stäbe mit offenem Profil und geradliniger Achse (Kapitel II.)

Für die Stäbe mit offenem Profil, welche entweder in ihren Querschnittsebenen genügend steif oder durch Querspanten derart ausgesteift sind, daß ihre Querschnittskontur als praktisch unverformbar in ihrer Ebene angesehen werden darf, sind die Voraussetzungen: Unverformbarkeit der Querschnitte in ihren Ebenen sowie Vernachlässigung der Gleitverzerrung in der Mittelfläche, berechtigt.

Die Anwendung dieser Theorie auf gerade Stäbe ermöglicht, den hervorgerufenen zusammengesetzten Spannungs- und Deformationszustand in zwei Anteile zu zerlegen, wovon der eine den infolge Biegung und Längskraft und der andere den infolge Torsion hervorgerufenen Zustand beschreibt. Der die Torsion betreffende Anteil wird als Wölbkrafttorsion bezeichnet.

Im Unterschied zur klassischen Theorie wird hier auch die Veränderlichkeit der Normalspannungen σ_z — auch der durch die Verwölbung bedingten — längs der Wandstärke berücksichtigt.

Die Verwölbung des Querschnitts wird durch eine Funktion gekennzeichnet, welche nicht nur von der Koordinate s längs der Profilmittellinie, sondern auch vom Abstand des betrachteten Punktes von derselben abhängt. Diese Theorie kann von praktischer Bedeutung für solche Querschnitte angesehen werden, bei welchen die Wandstärken nicht ausgesprochen klein sind.

Bei Stahlkonstruktionen ist dies unter anderem der Fall bei Gurtprofilen mit dickwandigen Lamellen oder aus einer größeren Anzahl von Lamellen zusammengesetzten Gurtplatten.

Die Anwendung dieser Theorie kann sich als geeignet für die Berechnung dünnwandiger Stäbe aus Stahlbeton oder aus Vorspannbeton erweisen.

Die Beanspruchung durch den sogenannten St. Venantschen Anteil des Torsionsmomentes wird aus der Kirchhoff-Loveschen Hypothese über die Richtung der Normalen nach der Verformung abgeleitet.

Durch die Anwendung des Prinzips der virtuellen Verschiebungen bei der Aufstellung der Gleichgewichtsbedingungen werden alle charakteristischen Beziehungen für die Schnittkräfte auf eine einheitliche Art erhalten. Dies gilt sowohl für die Schnittkräfte im klassischen Sinne als auch für die dem dünnwandigen Stab zugehörigen Schnittkräfte, wie Bimoment und St. Venantsches Torsionsmoment.

Die dünnwandigen Stäbe mit dem längs der Achse veränderlichen Querschnitt werden in der Literatur verhältnismäßig wenig behandelt.[1] Da dieses Problem mit großem Rechenaufwand verbunden ist und die praktische Berechnung mit den klassischen Berechnungsmitteln kaum durchgeführt wird, scheint uns der folgende Vorschlag geeignet zu sein: Die elektronische Berechnung der auf Biegung beanspruchten Träger mit veränderlichem Querschnitt wird üblicherweise durch die Teilung des Trägers in eine gewisse Anzahl von Teilstücken mit konstanten Querschnitten vorgenommen. Unter Berücksichtigung der Übergangsbedingungen wird die Lösung für den ganzen Träger erhalten. Im Abschnitt 3.3.4 dieses Kapitels wird eine entsprechende Lösung der Torsion in Matrizenform, welche einer Anwendung der elektronischen Rechengeräte angepaßt ist, gegeben.

Die aus dünnwandigen Stäben bestehenden Tragwerksysteme werden im Abschnitt 4 dieses Kapitels behandelt. Diese Berechnung stellt eine Erweiterung der klassischen Statik dar.

Aus zwei oder mehreren Stäben bestehende Systeme erleiden in der Regel stets eine zusammengesetzte Beanspruchung. Nur in besonderen Fällen ist es möglich, die Beanspruchung auf Wölbkrafttorsion von den übrigen Beanspruchungen zu trennen.

Durch die Anwendung der Kraftgrößenmethode wird eine Anzahl von praktisch interessanten und wichtigen Problemen berechnet.

---

[1] *Z. Cywiński:* Torsion des dünnwandigen Stabes mit veränderlichem, einfach symmetrischem offenem Querschnitt. Der Stahlbau, 1964, Heft 10, S. 301—307.

Z. Cywiński und *C. F. Kollbrunner:* Drillknicken dünnwandiger I-Stäbe mit veränderlichen, doppelt-symmetrischen Querschnitten. Institut für bauwissenschaftliche Forschung, Zürich. Heft Nr. 18, Februar 1971. Verlag Leemann, Zürich.

Dünnwandige Stäbe mit geschlossenem Profil und geradliniger Achse (Kapitel III.)

Die Trennung der Theorie der Stäbe mit geschlossenem von derjenigen der Stäbe mit offenem Profil ist, besonders hinsichtlich der Wölbkrafttorsion, durch den Umstand bedingt, daß die Voraussetzung über die Vernachlässigung der Gleitverzerrung der Stabmittelfläche für Stäbe mit geschlossenem Querschnitt nicht zutrifft. Dank dieser Voraussetzung war es möglich, das Problem der Wölbkrafttorsion in dem Maße zu vereinfachen, daß die Theorie des geraden Stabes mit *offenem* Querschnitt auf eine Form gebracht werden konnte, welche als eine Erweiterung der klassischen Lehren der Festigkeit und der Baustatik angesehen werden kann.

Versuche, diese Theorie der offenen Profile auch auf geschlossene Querschnitte zu übertragen, haben jedoch zu keinen befriedigenden Ergebnissen geführt.[1] Die Abweichungen gegenüber genaueren Lösungen, welche von dem tatsächlichen Verhalten solcher Querschnitte besser angepaßten Voraussetzungen ausgehen, sind so groß, daß sie, vom technischen Gesichtspunkt aus gesehen, nicht zulässig sind.

Die Verwölbung der Querschnitte ist bei Stäben mit geschlossenem Profil bedeutend geringer als bei solchen mit offenem Profil. Bei gewissen Formen der Profilmittellinie mit geschlossener Kontur treten infolge einer Beanspruchung durch Torsion überhaupt keine Querschnittsverwölbung und somit auch keine Normalspannungen auf.

Die in Richtung der Stabachse infolge Wölbverhinderung auftretenden Normalspannungen sind für die Tragfähigkeit des Stabes von geringerer Bedeutung als im Falle des offenen Querschnittes.

Sehr häufig werden von den projektierenden Ingenieuren die durch die behinderte Verwölbung hervorgerufenen Normalspannungen vernachlässigt und nur die durch die Torsion hervorgerufenen Schubspannungen berechnet, wie im Falle der St. Venantschen Torsion. Bei einer solchen approximativen Berechnung stellt sich (außer für die Sonderfälle der symmetrischen Querschnitte) die Frage, auf welchen Querschnittspunkt die Querbelastung bezogen werden muß, um die Biegebeanspruchung von derjenigen durch die Torsion hervorgerufenen trennen zu können. Die Lage des Schubmittelpunktes als Bezugspunkt hängt von der Verwölbung des Querschnitts ab. Sie wird aus der Form der durch die St. Venantsche Torsion verwölbten Querschnittsfläche bestimmt.

Die erwähnten Schlußfolgerungen über die Bedeutung der Wölbkrafttorsion für geschlossene Profile haben jedoch nur beschränkte Gültigkeit und lassen sich nicht verallgemeinern. Je nach der Form des Querschnitts, der Art der Belastung und den Randbedingungen können durch die Verhinderung der Querschnittsverwölbung Spannungen hervorgerufen werden, wobei besonders die Normalspannungen, auch bei geschlossenen Profilen, sehr bedeutend und somit für die Tragfähigkeit des Bauwerkes von Einfluß sein können.

---

[1] Siehe z. B.: *Th. von Kármán* und *N. B. Christensen:* Methods of Analysis for Torsion with variable Twist. Journal of the Aeronautical Sciences, 1944, Bd. 11, Heft 2, S. 110—124, und *C. F. Kollbrunner* und *N. Hajdin:* Wölbkrafttorsion dünnwandiger Stäbe mit geschlossenem Profil. Mitteilungen der Technischen Kommission der Schweizer Stahlbau-Vereinigung, 1966, Heft Nr. 32, Zürich.

Eine besondere Art von Stäben mit geschlossenem Profil sind die sehr dünnwandigen, jedoch mit kräftigen Längsrippen verstärkten Tragelemente. Die durch die Wölbverhinderung hervorgerufenen Normalspannungen klingen bei diesem Konstruktionstyp bedeutend langsamer als bei dem nicht durch Längsrippen verstärkten ab.

Im ersten Teil dieses Kapitels ist eine angenäherte Theorie des Stabes mit geschlossenem Profil angegeben, welche sich auf die Vorschläge von *Umanski*,[1] *Benscoter*[2] und *Heilig*[3] gründet.

Das Verfahren geht von der Voraussetzung aus, daß die Änderung der Verschiebung w in Richtung der Stabachse längs der Profilmittellinie, die gleiche ist wie bei der St.Venantschen Torsion geschlossener Profile. Die Voraussetzung über den Verlauf der Axialverschiebung w längs der Profilmittellinie ermöglicht eine Berechnungsmethode, welche eine große Ähnlichkeit mit der entsprechenden für die offenen Profile angewandten aufweist.

Die Anwendung der von *Wlassow*[4] vorgeschlagenen Theorie der dünnwandigen Stäbe mit geschlossenem Profil auf in ihrer Ebene unverformbare Querschnitte ermöglicht die Lösung des Problems der Wölbkrafttorsion mit tragbarem Arbeits- und Zeitaufwand bis zu einer gewünschten Genauigkeit. Der Vorteil dieses Verfahrens für alle jene Fälle, bei denen es von besonderem Interesse ist, eine möglichst genaue Lösung zu erhalten, liegt auch in dessen Eignung zur Durchführung in Matrizenform und Auswertung mittels Rechenautomaten. Diese Theorie wird im Abschnitt 2 des Kapitels behandelt.

Dünnwandige Stäbe mit gekrümmter Achse (Kapitel IV.)

In neuester Zeit erhält die Erforschung des Verhaltens dünnwandiger Stäbe mit gekrümmter Achse besonderes Interesse.[5] Dies ist unter anderem auch eine Folge immer häufigerer Anwendung der gekrümmten Brücken und anderer in einer Ebene gekrümmter Konstruktionen.

In diesem Kapitel ist die Theorie des dünnwandigen Stabes mit offenem Profil und kreisförmiger Achse angegeben. Diese Theorie kann auch als Näherungslösung für die Stäbe mit geschlossenem Profil angewendet werden. Dabei wird eine Analogie mit der im Kapitel III.1 dargelegten Theorie des Stabes mit geschlossenem Profil ausgenutzt.

---

[1] *A. A. Umanski:* Torsion und Biegung dünnwandiger Luftfahrtkonstruktionen (Aviakonstrukcij), Olrongiz, 1939, Moskau (russisch).

[2] *S. U. Benscoter:* A Theory of Torsion Bending for Multicell Beams. Journal of Appl. Mechanics, 1954, Bd. 21, Heft 1, S. 25—34.

[3] *R. Heilig:* Beitrag zur Theorie der Kastenträger beliebiger Querschnittsform. Stahlbau, 1961, Heft 11, S. 333—349.

[4] *W. S. Wlassow:* Dünnwandige elastische Stäbe. Bd. 1 und Bd. 2. VEB Verlag für Bauwesen, Berlin, 1964/1965.

[5] Siehe z. B.: *R. Dabrowski:* Gekrümmte dünnwandige Träger. Springer-Verlag, Berlin–Heidelberg–New York, 1968, und *C. F. Kollbrunner* und *N. Hajdin:* Beitrag zur Theorie dünnwandiger Stäbe mit gekrümmter Achse. Institut für bauwissenschaftliche Forschung. Zürich. 1969, Heft 8. Verlag Leemann, Zürich.

Es werden keinerlei Annahmen über die Lage des Schubmittelpunktes und die Querschnittsform getroffen. Die grundlegenden Differentialgleichungen werden mittels der Verschiebungsmethode abgeleitet.

Die abgeleiteten Differentialgleichungen nach den unbekannten Verschiebungsparametern geben für die entsprechenden Randbedingungen die Lösung der Aufgabe für beliebige Belastungen.

Im Abschnitt 6 dieses Kapitels ist die numerische Methode zur Lösung der Differentialgleichungen angegeben. In Matrizenform aufgestellt, ermöglicht sie eine vollständige Lösung des auf Biegung und Torsion beanspruchten Stabes. Der Berechnungsgang ist so konzipiert, daß er ein relativ einfaches Programmieren und nachher elektronale Berechnung ermöglicht. Durch die Verwendung des Verfahrens wird eine hinreichend genaue Lösung für den Stab mit veränderlichem Krümmungshalbmesser erhalten.

Die Stäbe mit veränderlichem Querschnitt können in analoger Weise mit dem in Kapitel II.3, Abschnitt 3.5 gezeigten Vorgang berechnet werden. Dabei wird eine entsprechende numerische Lösung für jedes Teilstück erhalten und die entsprechenden Übergangsbedingungen gestellt.

Im Abschnitt 5 dieses Kapitels wird die bekannte ,,Trennung'' der Wölbkrafttorsion von der Axial- und Biegebeanspruchung vorgenommen und der Weg für die schrittweise Lösung der Aufgabe gezeigt.

Erster Teil
STÄBE MIT UNDEFORMIERBAREN QUERSCHNITTEN

I. St. Venantsche Torsion dünnwandiger Stäbe

1. Die Grundgleichungen der St. Venantschen Torsion

Wir betrachten einen geraden Stab mit beliebigem, auf die ganze Stablänge unveränderlichem Querschnitt.

Der Stab sei aus einem homogenen, isotropen Material, für welches das Hookesche Gesetz Gültigkeit hat.

An den Stabenden wirken Kräftepaare, deren einzelne Kräfte in den Ebenen der Endquerschnitte liegen. Die Kräftepaare stehen miteinander im Gleichgewicht.

Mit dem Stab fest verbunden sei ein Kartesisches Koordinatensystem, dessen Ursprung im Schwerpunkt eines Endquerschnittes liegt. Die Achsen x und y liegen in der Querschnittsebene und als z-Achse wird die Verbindungsgerade der Schwerpunkte C der Stabquerschnitte gewählt (Abb. I.1).

Als positiv gilt dasjenige Moment T^* des einzelnen Kräftepaares, welches in einer Ebene mit einer normalen positiven z-Achse einen dem Uhrzeiger entgegengesetzten Drehsinn hat.

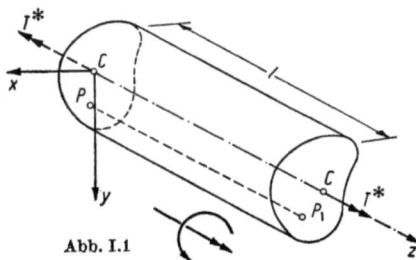

Abb. I.1

Wir gehen von der Voraussetzung aus, daß von den einzelnen Spannungskomponenten nur die Spannungen τ_{zx} und τ_{yz} von Null verschieden sind:

$$\left.\begin{array}{l} \tau_{zx} \neq 0, \quad \tau_{yz} \neq 0 \\ \sigma_x = \sigma_y = \sigma_z = \tau_{xy} = 0 \end{array}\right\} \quad (\text{I.1})$$

Wir betrachten nun ein aus dem Stab herausgeschnittenes Parallelepiped mit zu den drei Koordinatenebenen parallelen Seitenflächen. Die Kantenlängen des Parallelepipedes seien dx, dy und dz.

Auf die Seitenflächen wirken Kräfte, deren Größe wir erhalten, wenn wir die entsprechenden Spannungen mit den Flächeninhalten, in denen sie angreifen, multiplizieren.

Unter der Voraussetzung, daß die Spannungen stetige Funktionen der Koordinaten sind, werden sich die an zwei gegenüberliegenden Flächen wirkenden Kräfte um die kleinen Größen

$$\frac{\partial \tau_{zx}}{\partial z} dz, \quad \frac{\partial \tau_{yz}}{\partial y} dy, \ldots \text{ usw.}$$

voneinander unterscheiden.

Die für alle in der Richtung der x-Achse wirkenden Kräfte aufgestellte Gleichgewichtsbedingung ergibt:

$$-\tau_{zx} dx dy + \left(\tau_{zx} + \frac{\partial \tau_{zx}}{\partial z} dz\right) dx dy = 0$$

bzw.

$$\frac{\partial \tau_{zx}}{\partial z} = 0. \tag{I.2}$$

Ebenso erhält man aus der Gleichgewichtsbedingung aller in der y-Achse wirkenden Kräfte:

$$\frac{\partial \tau_{yz}}{\partial z} = 0. \tag{I.3}$$

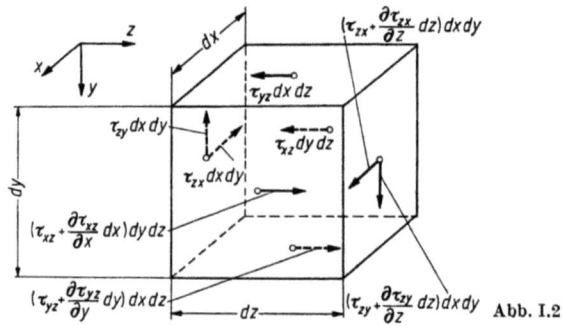

Abb. I.2

Die Summe aller Kräfte in Richtung der z-Achse ergibt:

$$\frac{\partial \tau_{zx}}{\partial x} + \frac{\partial \tau_{yz}}{\partial y} = 0 \tag{I.4}$$

Die Gleichungen (I.2), (I.3) und (I.4) sind die besondere Form der Navierschen Gleichungen[1] für den Fall, daß alle Spannungskomponenten, bis auf τ_{zx} und τ_{yz}, verschwinden. Stellen wir die Bedingung, daß die Summe der Momente aller Kräfte in bezug auf die drei zu den Koordinatenachsen parallelen Achsen gleich Null ist, so erhalten wir — unter Vernachlässigung der Größen höherer Kleinheitsordnung

---

[1] Siehe z. B. *S. Timoshenko:* Theory of Elasticity. New York and London, McGraw Hill Book Company, 1934, S. 195.

1. Die Grundgleichungen der St. Venantschen Torsion

— den bekannten Satz von der Gleichheit zugeordneter Schubspannungen in aufeinander senkrechten Schnittflächen, nämlich:

$$\tau_{xz} = \tau_{zx}, \quad \tau_{yz} = \tau_{zy}.$$

Aus diesen Gleichungen folgt unmittelbar, daß die Schubspannungen unabhängig von z sind, beziehungsweise, daß die Schubspannungsverteilung für alle Stabquerschnitte dieselbe ist, d. h.:

$$\tau_{zx} = \tau_{zx}(x, y)$$

und

$$\tau_{yz} = \tau_{yz}(x, y). \tag{I.5}$$

Die Resultierende der Schubspannungen werden wir mit τ_z bezeichnen:

$$\tau_z = \sqrt{\tau_{zx}^2 + \tau_{yz}^2}. \tag{I.6}$$

Zur Bestimmung dieser beiden unbekannten Funktionen steht uns nur eine Differentialgleichung (I.4) zur Verfügung. — Um die Aufgabe lösen zu können, müssen wir auch den Verzerrungszustand des Stabes betrachten.

Wir bezeichnen mit ξ, η und w die Komponenten der Verschiebungen der Punkte des Stabes in den Richtungen der x-, y- und z-Achsen. Zwischen den Komponenten der Verschiebungen und den Verzerrungskomponenten bestehen im Falle des räumlichen Formänderungszustandes die geometrischen Bedingungen:

$$\left.\begin{array}{l} \varepsilon_x = \dfrac{\partial \xi}{\partial x}, \quad \varepsilon_y = \dfrac{\partial \eta}{\partial y}, \quad \varepsilon_z = \dfrac{\partial w}{\partial z} \\[2mm] \gamma_{xy} = \dfrac{\partial \xi}{\partial y} + \dfrac{\partial \eta}{\partial x}, \quad \gamma_{yz} = \dfrac{\partial \eta}{\partial z} + \dfrac{\partial w}{\partial y} \\[2mm] \gamma_{zx} = \dfrac{\partial \xi}{\partial z} + \dfrac{\partial w}{\partial x} \end{array}\right\} \tag{I.7, a—f}.$$

Andererseits bestehen auf Grund des Hookeschen Elastizitätsgesetzes die folgenden Beziehungen zwischen den Schubspannungen τ_{zx} und τ_{yz} und den von ihnen verursachten Winkeländerungen:

$$\gamma_{zx} = \frac{1}{G}\tau_{zx}, \quad \gamma_{yz} = \frac{1}{G}\tau_{yz} \tag{I.8}$$

wo G das Gleitmaß oder der Schubmodul ist.

Die anderen Verzerrungskomponenten ε_x, ε_y, ε_z und γ_{xy} sind mit Rücksicht darauf, daß die Spannungen σ_x, σ_y, σ_z und τ_{xy} gemäß Voraussetzung Null sind, ebenfalls identisch gleich Null.

Wir behalten die Spannungen τ_{zx} und τ_{yz} als urspüngliche unbekannte Größen bei und untersuchen auf Grund der Gleichungen (I.7) und (I.8) in was für einer Beziehung sie zueinander stehen müssen.

Aus den Gleichungen (I.7) ist klar ersichtlich, daß die 6 Verzerrungskomponenten ε_x, ε_y, ε_z, γ_{xy}, γ_{yz}, γ_{zx} nicht voneinander unabhängige Funktionen sind, da sie durch nur 3 Verschiebungskomponenten ausgedrückt werden können.

Wir bilden nun die zweiten partiellen Differentialquotienten der Gleichungen (I.7, d—f), und zwar der Gleichung (I.7d) nach x und z, der Gleichung (I.7e) zweimal nach x unter gleichzeitiger Multiplikation mit -1, Gleichung (I.7f) nach x und y und addieren dieselben. Unter Beachtung, daß $\gamma_{xy} = 0$ und $\partial \xi/\partial x = 0$, erhalten wir die Gleichung:

$$\frac{\partial^2 \gamma_{zx}}{\partial x \, \partial y} - \frac{\partial^2 \gamma_{yz}}{\partial x^2} = 0. \tag{I.9}$$

Auf ähnliche Weise erhalten wir durch Bildung der zweiten partiellen Differentialquotienten von

Gleichung (I.7d) nach y und z
Gleichung (I.7e) nach x und y und
Gleichung (I.7f) zweimal nach y

unter gleichzeitiger Multiplikation mit -1 und Addition:

$$-\frac{\partial^2 \gamma_{zx}}{\partial y^2} + \frac{\partial^2 \gamma_{yz}}{\partial x \, \partial y} = 0. \tag{I.10}$$

Die Gleichungen (I.9) und (I.10) stellen den Sonderfall der St. Venantschen Verträglichkeitsbedingungen dar.

Unter Berücksichtigung der Gleichungen (I.8) können wir die Gleichungen (I.9) und (I.10) auch in folgender Form schreiben:

$$\left.\begin{array}{l} \dfrac{\partial}{\partial x}\left(\dfrac{\partial \tau_{zx}}{\partial y} - \dfrac{\partial \tau_{yz}}{\partial x}\right) = 0 \\[2mm] \dfrac{\partial}{\partial y}\left(\dfrac{\partial \tau_{zx}}{\partial y} - \dfrac{\partial \tau_{yz}}{\partial x}\right) = 0 \end{array}\right\} \tag{I.11}$$

Aus den Gleichungen (I.11) folgt unmittelbar:

$$\frac{\partial \tau_{zx}}{\partial y} - \frac{\partial \tau_{yz}}{\partial x} = -C \tag{I.12}$$

wo C eine vorläufig noch unbekannte Konstante ist.

Die Gleichungen (I.4) und (I.12) stellen ein System zweier partieller Differentialgleichungen erster Ordnung der unbekannten Funktionen τ_{zx} und τ_{yz} dar.

Die Integration dieses Systems für entsprechende Randbedingungen ergibt die Lösung der Aufgabe.

Die Gleichungen (I.4) und (I.12) können durch Einführung der sogenannten Spannungsfunktion auf eine Differentialgleichung zweiter Ordnung zurückgeführt werden. Diese Spannungsfunktion Φ muß folgende Eigenschaften besitzen:

$$\frac{\partial \Phi}{\partial x} = -\tau_{yz} \quad \text{und} \quad \frac{\partial \Phi}{\partial y} = \tau_{zx}. \tag{I.13}$$

Dadurch wird Gleichung (I.4) identisch befriedigt und Gleichung (I.12) geht durch Einsetzen von Φ in die Differentialgleichung zweiter Ordnung

$$\frac{\partial^2 \Phi}{\partial x^2} + \frac{\partial^2 \Phi}{\partial y^2} = -C \tag{I.14}$$

über.

Die Lösung dieser Aufgabe ist mit den Randbedingungen verbunden.

Wenn wir voraussetzen, daß auf dem Mantel des Stabes keine Randkräfte wirken, müssen zufolge des Satzes von der Gleichheit zugeordneter Schubspannungen die senkrecht zur Begrenzungslinie des Stabquerschnittes gerichteten Komponenten der totalen Schubspannung für alle Punkte des Randes gleich Null sein.

Wenn die Normale $\vec{n}$ auf die Begrenzungslinie mit der positiven Richtung der x-Achse den Winkel α einschließt, ist die Projektion τ_{zn} der Spannung τ_z auf die Richtung dieser Normalen (Abb. I.3):

$$\tau_{zn} = \tau_{zx} \cos \alpha + \tau_{yz} \sin \alpha = 0.$$

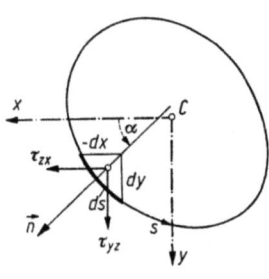

Abb. I.3

Da wegen der angenommenen positiven Richtung für s

$$\cos \alpha = \frac{dy}{ds} \quad \text{und} \quad \sin \alpha = -\frac{dx}{ds}$$

sind, erhalten wir:

$$\tau_{zx} \frac{dy}{ds} - \tau_{yz} \frac{dx}{ds} = 0$$

bzw. unter Berücksichtigung von (I.13)

$$\frac{\partial \Phi}{\partial y} \frac{dy}{ds} + \frac{\partial \Phi}{\partial x} \frac{dx}{ds} = \frac{\partial \Phi}{\partial s} = 0.$$

Daraus folgt, daß die Spannungsfunktion Φ längs der Begrenzungslinie des Querschnitts den konstanten Wert

$$\Phi(s) = H \tag{I.15}$$

haben muß.

Für volle Querschnitte, d. h. solche, welche nur eine in sich geschlossene Begrenzungslinie aufweisen, kann die Konstante H einen beliebigen Wert haben, da sie die Größe der Schubspannungen nicht beeinflußt. Der Einfachheit halber wird dieser Wert gewöhnlich gleich Null gesetzt:

$$\Phi(s) = 0. \tag{I.16}$$

Bei Hohlquerschnitten, d. h. bei solchen, die infolge der Hohlräume zwei oder mehr in sich geschlossene Begrenzungslinien aufweisen, können wir nur für eine Begrenzungslinie die Konstante H beliebig wählen. Für die übrigen Randkurven ergeben sich bestimmte und untereinander verschiedene Werte dieser Konstanten.

Auf die Bestimmung der Konstanten H bei Hohlquerschnitten kommen wir später zurück.

Wir betrachten nun, welche Art der Belastung der Stabenden dieser Lösung entspricht.

Auf Grund der über die Spannungen gemachten Voraussetzung muß an den Stabenden eine Oberflächenbelastung wirken, welche die gleiche Verteilung hat wie die Spannungen τ_{zx} und τ_{yz}. Verständlicherweise kann eine solche Belastungsverteilung bei tatsächlich vorkommenden Fällen von Bauwerken nicht erwartet werden. Gemäß dem Prinzip von *St. Venant* kann diese Lösung — mit Ausnahme für die an die Stabenden grenzenden Bereiche — auch für jene Fälle Anwendung finden, für welche das Bezugsmoment und die Resultierende der inneren Kräfte gleich sind der entsprechenden äußeren, durch die Belastung der Stabenden hervorgerufenen Einflüsse.

Für $z = l$ erhalten wir:

$$Q_x^* = Q_x = \iint_F \tau_{zx}\, dx\, dy = \iint \frac{\partial \Phi}{\partial y}\, dx\, dy = \int dx \int \frac{\partial \Phi}{\partial y}\, dy, \tag{I.17}$$

$$Q_y^* = Q_y = \iint_F \tau_{yz}\, dx\, dy = -\iint \frac{\partial \Phi}{\partial x}\, dx\, dy = -\int dy \int \frac{\partial \Phi}{\partial x}\, dx \tag{I.18}$$

$$T^* = T = \iint_F (\tau_{yz} x - \tau_{zx} y)\, dx\, dy = -\iint \frac{\partial \Phi}{\partial x} x\, dx\, dy - \iint \frac{\partial \Phi}{\partial y} y\, dx\, dy$$

$$\tag{I.19}$$

Mit Q_x^* und Q_y^* sind hier die Projektionen der Resultierenden der äußeren Belastung auf die Achsen x und y bezeichnet. Die Größen Q_x, Q_y und T bedeuten der Reihe nach die Querkräfte in den Richtungen x und y und das Torsionsmoment des Stabes.

Infolge $\Phi(s) = 0$ sind die Integrale

$$\int \frac{\partial \Phi}{\partial y}\, dy \quad \text{und} \quad \int \frac{\partial \Phi}{\partial x}\, dx$$

in den Gleichungen (I.17) und (I.18) gleich Null. Daraus folgt, daß auch

$$Q_x^* = 0, \quad Q_y^* = 0$$

sind.

Durch die partielle Integration der rechten Seite der Gleichung (I.19), (Abb. I.4), erhalten wir:

$$T^* = 2 \iint \Phi \, dx \, dy - \iint \frac{\partial (\Phi y)}{\partial y} \, dx \, dy - \iint \frac{\partial (\Phi x)}{\partial x} \, dx \, dy =$$
$$= 2 \iint \Phi \, dx \, dy - \int [\Phi y]_{y_1}^{y_2} \, dx - \int [\Phi x]_{x_1}^{x_2} \, dy.$$

Da $\Phi(s) = 0$, sind die beiden letzten Glieder in dieser Gleichung ebenfalls gleich Null, und wir erhalten:

$$T^* = 2 \iint_F \Phi \, dx \, dy. \qquad (\text{I}.20)$$

Durch die Gleichung (I.20) ist die Konstante C aus der Gleichung (I.14) bestimmt.

Der durch die Ausdrücke (I.1) vorausgesetzte Spannungszustand entspricht somit der Belastung der Stabenden durch zwei gegengleiche Torsionsmomente.

Auf diese Weise wird das Torsionsproblem des vollen, an seinen Enden durch gegengleiche Momente T^* belasteten Stabes auf die Ermittlung der Spannungsfunktion Φ, welche die Differentialgleichung (I.14) befriedigt und am Rand des Querschnitts den Wert Null annimmt, zurückgeführt.

Den Wert der unbekannten Konstante C finden wir mittels der Gleichung (I.20) aus dem gegebenen Moment T^*.

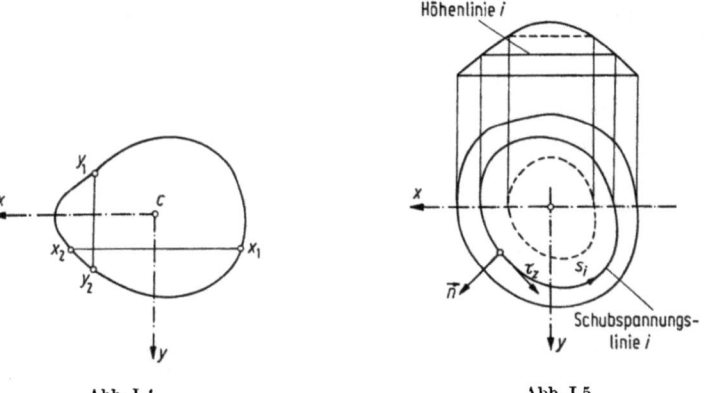

Abb. I.4   Abb. I.5

Die geometrische Deutung der Spannungsfunktion ergibt eine über den Stabquerschnitt gespannte, doppelt gekrümmte Fläche. Das Torsionsmoment ist nach Gleichung (I.20) gleich dem Inhalt des durch diese Fläche und den Querschnitt begrenzten Körpers. Wir suchen nun innerhalb des Querschnitts eine in sich geschlossene Linie, welche die Eigenschaft besitzt, daß die Richtung der resultierenden Schubspannung mit der Tangente an dieselbe zusammenfällt. Da daher (siehe Abb. I.5)

$$\tau_{zn} = \frac{\partial \Phi}{\partial s_i} = 0$$

ist, muß die Spannungsfunktion Φ, wie im Falle der Begrenzungslinie des Querschnitts, längs dieser Linie den konstanten Wert

$$\Phi(s_i) = H_i$$

haben.

Diese Linien werden als Schubspannungslinien bezeichnet. Wenn wir die Spannungsfunktion Φ als krumme Fläche auffassen, so sind die Schubspannungslinien die Projektion der Höhenlinien auf den Querschnitt.

Aus den Gleichungen (I.7) folgt, mit Rücksicht auf $\varepsilon_x = \varepsilon_y = \varepsilon_z = \gamma_{xy} = 0$

$$\frac{\partial \xi}{\partial x} = \frac{\partial \eta}{\partial y} = \frac{\partial w}{\partial z} = 0 \qquad (\text{I.21})$$

und

$$\frac{\partial \xi}{\partial y} + \frac{\partial \eta}{\partial x} = 0. \qquad (\text{I.22})$$

Aus Gleichung (I.21) folgt, daß ξ nur eine Funktion von y und z, η nur eine solche von x und z ist und w nur von x und y abhängt:

$$\begin{aligned} \xi &= \xi(y, z) \\ \eta &= \eta(x, z) \\ w &= w(x, y). \end{aligned} \qquad (\text{I.23, a–c})$$

Damit Gleichung (I.22) für jedes z befriedigt werden kann, muß mit Rücksicht auf die Gleichungen (I.23a, b) ξ eine lineare Funktion in bezug auf y und η in bezug auf x sein.

Die Verzerrungen γ_{zx} und γ_{yz} sind gemäß den Gleichungen (I.5) und (I.8) nur Funktionen der Koordinaten des Querschnitts, und aus den Gleichungen (I.7e, f) folgt unmittelbar, daß die Verschiebungen ξ und η lineare Funktionen auch in bezug auf z sind. Auf Grund dieser Überlegungen können wir die Ausdrücke für die Verschiebungen ξ und η in der allgemeinsten Form:

$$\xi = A_1 y z + B_1 y + C_1 z + D_1 \qquad (\text{I.24})$$

$$\eta = A_2 x z + B_2 x + C_2 z + D_2 \qquad (\text{I.25})$$

aufschreiben, wo $A_1, A_2, B_1, B_2, C_1, C_2, D_1, D_2$ vorläufig beliebige Konstanten sind.

Aus Gleichung (I.22) bzw., weil $\gamma_{xy} = 0$ ist, folgt, daß nach der Formänderung die Projektion auf die xy-Ebene des von zwei beliebigen im Querschnitt gelegenen Richtungen eingeschlossenen Winkels unverändert bleibt.

Durch Einsetzen der Ausdrücke (I.24) und (I.25) in Gleichung (I.22) erhalten wir:

$$\begin{aligned} A_2 &= -A_1 = A_0 \\ B_2 &= -B_1 = B_0. \end{aligned}$$

Die Gleichungen (I.24) und (I.25) können wir auch in folgender Form schreiben:

$$\begin{aligned} \xi &= -A_0(y - k_2) z - B_0 y + D_1 \\ \eta &= A_0(x - k_1) z + B_0 x + D_2. \end{aligned}$$

1. Die Grundgleichungen der St. Venantschen Torsion

Die Konstanten A_0, B_0, D_1, D_2, k_1 und k_2 bestimmen wir derart, daß wir die Lage des Stabes als starren Körper im Raum festlegen. Wir nehmen an, daß sich der Querschnitt $z = 0$ (Abb. I.1) nicht in seiner Ebene verdreht, d. h., daß[1]

$$\frac{\partial \xi}{\partial y} - \frac{\partial \eta}{\partial x} = 0 \quad \text{ist,} \quad \text{für} \quad x = y = z = 0. \tag{I.26}$$

Außerdem seien die Verschiebungen ξ und η des beliebig gewählten Punktes $P(x_P, y_P, 0)$ im Endquerschnitt $z = 0$ sowie des diesem entsprechenden Punktes $P_1(x_P, y_P, l)$ im anderen Endquerschnitt $z = l$ (Abb. I.1) gleich Null.

$$\xi = \eta = 0, \quad \text{für} \quad \left\{ x = x_P,\ y = y_P,\ \begin{matrix} z = 0 \\ z = l \end{matrix} \right\} \tag{I.27}$$

Aus der Bedingung (I.26) finden wir

$$B_0 = 0$$

und aus (I.27)

$$D_1 = D_2 = 0 \quad \text{und} \quad k_1 = x_P,\ k_2 = y_P.$$

Auf diese Weise erhalten wir schließlich:

$$\xi = -A_0(y - y_P)z \tag{I.28}$$

$$\eta = A_0(x - x_P)z. \tag{I.29}$$

Aus diesen Gleichungen folgt, daß die zur Stabachse parallele Gerade, welche durch die Punkte P und P_1 hindurchgeht, auch nach der Formänderung gerade bleibt. Ferner verdreht sich jeder Querschnitt des Stabs in bezug auf den Endquerschnitt $z = 0$ und dieser Geraden als Drehachse um den Winkel:

$$\varphi = A_0 z. \tag{I.30}$$

Jede Gerade parallel zur Stabachse kann zur Drehachse $\overline{PP_1}$ werden, was nur von dem Umstand abhängt, welches Punktepaar PP_1 wir mittels Gleichung (I.27) als unbeweglich in den Richtungen x und y festlegen.

Es muß betont werden, daß im Falle der reinen Torsion die Spannungen τ_{zx} und τ_{yz} zufolge der Gleichungen (I.14) und (I.15) vollkommen unabhängig von der Wahl der Drehachse sind.

Die auf die Einheit der Stablänge bezogene Verdrehung des Stabes, welche, wie später gezeigt werden soll, in unmittelbarem Zusammenhang mit dem Torsionsmoment steht, erhalten wir durch Differentiation von φ nach z:

$$\varphi' = \frac{d\varphi}{dz} = A_0. \tag{I.31}$$

---

[1] Siehe z. B. *C. Biezeno* und *R. Grammel:* Technische Dynamik. Springer, Berlin, 1939, S. 24.

Die Verwölbung des Querschnitts bzw. die Verschiebung w in Richtung der Stabachse erhalten wir aus den Ausdrücken (I.7e, f) unter Berücksichtigung der Gleichungen (I.28), (I.29) und (I.31) zu:

$$\frac{\partial w}{\partial x} = -\frac{1}{G}\tau_{zx} + \varphi'(y - y_P), \qquad (I.32)$$

$$\frac{\partial w}{\partial y} = \frac{1}{G}\tau_{yz} - \varphi'(x - x_P). \qquad (I.33)$$

Durch Integration erhalten wir:

$$w = \frac{1}{G}\left[\int_0^x \tau_{zx}\,dx + \int_0^y \tau_{yz}\,dy\right]_{x=0} + \varphi'(yx - y_P x + x_P y) + w_0, \qquad (I.34)$$

wo w_0 eine beliebige Konstante ist, die aus der Bedingung für die Verschiebung des Stabes als starrer Körper in der Richtung seiner Achse ermittelt wird.

Aus diesem Ausdruck ist ersichtlich, daß die Lage der Drehachse des Stabes von Einfluß auf die Größe der Verschiebung w ist. Dieser Einfluß drückt sich durch die linearen Glieder, welche in den Konstanten x_P und y_P enthalten sind, aus. Für verschiedene Drehachsen erhalten wir verschiedene Verschiebungen w.

Betrachten wir zwei Drehachsen, so wird sich die Verschiebung für diese beiden Fälle durch eine Schiefstellung des ganzen Querschnitts unterscheiden.

Der Ausdruck (I.34) gilt für jedes kartesische Koordinatensystem ($0xyz$), für welches die z-Achse parallel zur Stabachse ist.

Für den Fall, daß der Querschnitt nach der Formänderung eben bleibt, d. h., daß w eine lineare Funktion der Koordinaten x und y ist, besteht die Möglichkeit, die Wahl der Drehachse derart zu treffen, daß die Ebene des verformten Querschnitts in die Ebene des ursprünglichen fällt.

Alle Querschnitte erleiden gemäß den Gleichungen (I.23c) bzw. (I.34) dieselbe Verwölbung. Um die reine Torsion verwirklichen zu können, ist es erforderlich, daß der Stab sich in der Richtung seiner Achse ungehindert verformen kann.

So ist z. B. die Lösung der Aufgabe der an einem Ende durch ein Moment T^* belasteten Konsole (Abb. I.6) kein Problem der reinen Torsion.

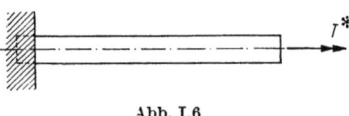

Abb. I.6

Die Konsole ist zwar im eingespannten Teil durch das Reaktionsmoment T^* beansprucht, jedoch haben die Punkte des Einspannungsquerschnitts keine Möglichkeit, sich in Richtung der Stabachse zu verschieben. Bei diesem Belastungsfall treten auch Normalspannungen σ_z auf, weshalb er in das Gebiet der Wölbkrafttorsion fällt.

1. Die Grundgleichungen der St. Venantschen Torsion

Zum Schluß ist es noch erforderlich, den unmittelbaren Zusammenhang zwischen spezifischer Verdrehung und Spannungsfunktion herzustellen sowie zu zeigen, was für eine mechanische Bedeutung der Konstanten C aus Gleichung (I.12) bzw. (I.14) eigen ist.

Durch Differenzierung der Gleichung (I.7f) nach y und der Gleichung (I.7e) nach x sowie Subtraktion dieser von Gleichung (I.7f) erhalten wir:

$$\frac{\partial \tau_{zx}}{\partial y} - \frac{\partial \tau_{yz}}{\partial x} = G \frac{\partial}{\partial z}\left(\frac{\partial \xi}{\partial y} - \frac{\partial \eta}{\partial x}\right).$$

Durch Einsetzen der Ausdrücke für ξ und η in die rechte Seite dieser Gleichung geht sie über in:

$$\frac{\partial \tau_{zx}}{\partial y} - \frac{\partial \tau_{yz}}{\partial x} = -2G\varphi'$$

wodurch, unter Berücksichtigung von Gleichung (I.12), die mechanische Bedeutung der Konstanten C gegeben ist durch:

$$C = 2G\varphi'. \tag{I.35}$$

Ist $\overline{\Phi}$ die Lösung der Gleichung (I.14) für $C = 2G\varphi' = 1$, so können wir den Ausdruck für das Torsionsmoment T^* auf Grund der Gleichung (I.20) in der folgenden Form schreiben:

$$T^* = 4G\varphi' \iint_F \overline{\Phi}\, dx\, dy$$

bzw.

$$T^* = GK\varphi' \tag{I.36}$$

wo

$$\overline{\Phi} = \frac{\Phi}{2G\varphi'} \tag{I.37}$$

und

$$K = 4 \iint_F \overline{\Phi}\, dx\, dy \tag{I.38}$$

sind.

Die Konstante K heißt die Torsionskonstante und hängt ausschließlich von den geometrischen Kennzeichen des Querschnitts ab.

Die Dimension der Torsionskonstanten ist (Länge)[4].

Aus Gleichung (I.36) folgt:

$$\varphi' = \frac{T^*}{GK}. \tag{I.39}$$

Der Ausdruck für die spezifische Verdrehung hat die gleiche Form wie derjenige für die Krümmung bei der Biegung.

Indessen ist die Bestimmung der Torsionskonstanten K komplizierter als diejenige des Trägheitsmomentes beim Biegungsproblem. Um die Konstante K bestimmen zu können, ist es notwendig, die Spannungsfunktion Φ zu kennen. Diese wird als Lösung des früher behandelten Randwertproblems gefunden.

Für Querschnitte, welche eine oder mehrere Öffnungen aufweisen (Abb. I.7), stellt sich die Frage, auf welche Weise die Konstante H gesondert für jede Begrenzungslinie bestimmt werden kann.

Für den äußeren Rand können wir festlegen: $H = 0$, während der Wert der Konstanten H_i auf der Begrenzungslinie L_i erst bestimmt werden kann, wenn auch die Verschiebung w berücksichtigt wird. Die Verschiebung w muß ihrem Wesen nach eine eindeutige Funktion der Koordinaten x und y sein.

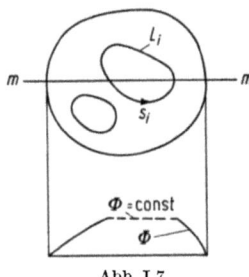

Abb. I.7

Das Linienintegral des Ausdrucks $\partial w/\partial s$ längs der geschlossenen Begrenzungslinie muß demnach gleich Null sein:

$$\oint_s \frac{\partial w}{\partial s}\, ds = 0 \tag{I.40}$$

bzw.:

$$\oint_s \left(\frac{\partial w}{\partial x}\frac{dx}{ds} + \frac{\partial w}{\partial y}\frac{dy}{ds}\right) ds = 0. \tag{I.41}$$

Durch Einsetzen der Ausdrücke (I.32) und (I.33) in Gleichung (I.41) erhalten wir:

$$\frac{1}{G} \oint_s \left(\tau_{zx}\frac{dx}{ds} + \tau_{yz}\frac{dy}{ds}\right) ds + \varphi' \oint_s [(y - y_P)\, dx - (x - x_P)\, dy] = 0.$$

Der Klammerausdruck des ersten Integrals stellt die Größe der totalen Schubspannung τ_z dar, deren Richtung in die Tangente der Begrenzungslinie fällt. Das zweite Integral ist gleich der doppelten Querschnittsfläche der Öffnung. Auf diese Weise erhalten wir:

$$\oint_{s_i} \tau_z\, ds = 2 G \varphi' A_i, \tag{I.42}$$

wo A_i die Fläche der durch die Linie L_i begrenzten Öffnung ist. Die Gleichungen vom Typus der Gleichung (I.42) bilden ein System, aus welchem die unbekannten Konstanten H_i bestimmt werden. Das Torsionsmoment werden wir auf die folgende Weise berechnen. In Abb. I.8 ist die Spannungsfläche des Querschnitts mit der Öffnung gezeigt. Längs der Öffnung hat die Funktion Φ den konstanten Wert $\Phi = H$.

1. Die Grundgleichungen der St. Venantschen Torsion

Legen wir eine beliebige, zur x,y-Ebene parallele Ebene derart, daß die Spannungsfläche geschnitten wird, so erhalten wir eine in sich geschlossene, krumme Linie, deren Projektion auf die Ebene des Querschnitts wir mit g bezeichnen wollen.

Die resultierende τ_z längs der Linie g hat in jedem Punkt die Richtung der Tangente auf diese Linie.

Die Kraft $\tau_z dh\, ds$ überträgt sich über das Flächenelement $dh\, ds$, deren Moment in bezug auf C beträgt:

$$\tau_z h\, dh\, ds,$$

wo h der Normalabstand der Tangente vom Schwerpunkt C ist. Da für die auf der Linie $\Phi = \text{const}$ gelegenen Punkte die Beziehung

$$d\Phi = \frac{\partial \Phi}{\partial h} dh$$

gilt und weil gemäß Gleichung (I.13)

$$\frac{\partial \Phi}{\partial h} = \tau_{zs} = \tau_z$$

ist, überträgt sich über den schraffierten Teil der Querschnittsfläche das Moment

$$dT^* = \left[\oint_g h\, ds\right] d\Phi.$$

Die Größe

$$2A_g = \oint_g h\, ds$$

stellt den doppelten Inhalt der durch die in sich geschlossene Linie begrenzten Fläche dar, und der Ausdruck dT^* den Rauminhalt des Körperteiles von der Schichtstärke $d\Phi$.

Durch Integration über die ganze Fläche des Querschnitts erhalten wir

$$T^* = 2 \int_F A_g\, d\Phi.$$

Das Integral auf der rechten Seite des Ausdrucks für T^* stellt in geometrischer Hinsicht den Inhalt des Raumes dar, welcher der Querschnittsebene, der von der Funktion Φ gebildeten Fläche und der Ebene $\Phi = H$ begrenzt wird, entspricht.

Diese Schlußfolgerung kann auch auf den Querschnitt mit mehreren Öffnungen erweitert werden.

Die Gleichung (I.20) können wir zur Berechnung der Torsionsmomente auch für Querschnitte mit Öffnungen benutzen, indem wir uns die Spannungsfläche Φ in ihren oberhalb der Öffnungen gelegenen Teilen durch Ebenen

$$\Phi = H_i$$

bestimmt denken.

Eine besondere Art von Hohlquerschnitten können wir dadurch erhalten, daß wir eine aus der Lösung für den Vollquerschnitt erhaltene Schubspannungslinie als Begrenzungslinie der Öffnung des Hohlquerschnitts festlegen.

Auf der Oberfläche des Zylinders, dessen Querschnitt durch die Schubspannungslinie begrenzt wird, werden in das Stabinnere keinerlei Kräfte übertragen, da die Spannungen σ_x, σ_y und τ_{xy} gleich Null sind und die totale Schubspannung τ_z tangential zur Querschnittsbegrenzungslinie wirkt.

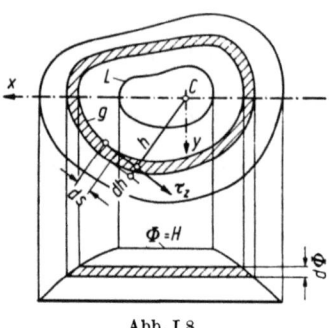

Abb. I.8

Wenn wir voraussetzen, daß an den Stabenden die äußeren Kräfte in gleicher Weise verteilt sind wie die Schubspannungen τ_{zx} und τ_{yz}, können wir den ganzen inneren Stabteil vom äußeren trennen, ohne dadurch den Spannungszustand in diesen Stabteilen zu ändern.

Daraus folgt, daß die Lösung für den Vollquerschnitt gleichzeitig auch die Lösung für den Hohlquerschnitt ist, dessen Hohlraum durch eine Schubspannungslinie des Vollquerschnitts begrenzt ist. Bei der Berechnung des Torsionsmoments mittels Gleichung (I.20) muß die Spannungsfunktion oberhalb der Öffnung durch eine zum Querschnitt parallele Ebene ersetzt werden.

2. Dünnwandige, offene Profile

Die Grundlage für die Betrachtung der Torsion des dünnwandigen Stabes mit offenem Querschnitt bildet die Lösung für den schmalen Rechteckquerschnitt (Abb. I.9). Die Spannungsfläche für diesen Querschnitt ist, mit Ausnahme schma-

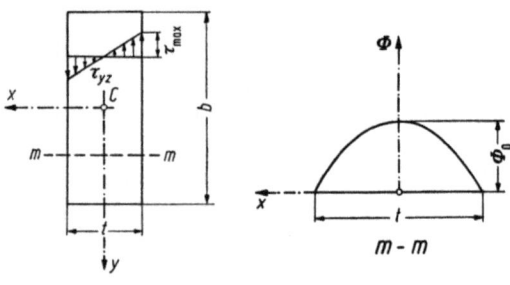

Abb. I.9

ler Zonen längs der kürzeren Seiten, näherungsweise durch die Mantelfläche eines Zylinders bestimmt, dessen Querschnitt parallel zur xz-Ebene eine quadratische Parabel ist (Abb. I.9).

2. Dünnwandige, offene Profile

Der Fehler, welcher durch diese Näherung gemacht wird, ist für Verhältnisse $t/b \leq 1/10$, wie sie den Voraussetzungen für dünnwandige Stäbe entsprechen, sehr klein.

Dieser Fehler ist beispielsweise bei einem Verhältnis $t/b \leq 1/10$ für die Größen der Torsionskonstanten und der maximalen Schubspannung kleiner als 7%.

Die näherungsweise Lösung für die Spannungsfunktion kann in der Form

$$\Phi = \Phi_0 \left(1 - \frac{4x^2}{t^2}\right) \qquad (I.43)$$

angesetzt werden.

Durch Einsetzen dieses Ausdrucks in die Gleichung (I.14) erhalten wir im Hinblick auf die Gleichung (I.35)

$$\Phi_0 = G\varphi' \frac{t^2}{4}. \qquad (I.44)$$

Für die Torsionskonstante erhalten wir zufolge Gleichung (I.38) den Wert

$$K = \frac{1}{2} t^2 \iint_F \left(1 - \frac{4x^2}{t^2}\right) dx\, dy = \frac{1}{3} b t^3. \qquad (I.45)$$

Die Schubspannung τ_{yz} beträgt, mit Ausnahme derjenigen in der Zone längs der kürzeren Rechtecksseiten, gemäß Gleichung (I.13)

$$\tau_{yx} = 2 G \varphi' x, \qquad (I.46)$$

beziehungsweise, wenn für φ' der Ausdruck (I.39) gesetzt wird

$$\tau_{yz} = 2 \frac{T^*}{K} x. \qquad (I.47)$$

Längs der kürzeren Rechtecksseite müssen die Spannungen τ_{yz} auf Grund des Satzes von der Gleichheit zugeordneter Schubspannungen gleich Null sein, so daß die Gleichung (I.46) in der unmittelbaren Nachbarschaft dieser Seiten keine Gültigkeit hat.

Die maximale Schubspannung beträgt

$$\tau_{\max} = \frac{T^*}{K} t, \qquad (I.48)$$

beziehungsweise

$$\tau_{\max} = \frac{3 T^*}{t^2 b}. \qquad (I.49)$$

Die Schubspannung τ_{zx} parallel zur kürzeren Seite des Rechtecks können wir nicht aus der angenommenen Spannungsfunktion erhalten, weil

$$\tau_{zx} = \frac{\partial \Phi}{\partial y} = 0$$

ist.

Aus der genauen Lösung des schmalen Rechteckquerschnitts folgt, daß diese Spannungen nur in den kürzeren Seiten konzentriert sind und daß ihre Intensität kleiner ist als diejenige der größten τ_{yz}-Spannung.

In Hinblick auf ihre Intensität in der Verteilungszone sind die Spannungen τ_{zx} größenmäßig von untergeordneter Bedeutung. Ihr Anteil an der Aufnahme des Torsionsmomentes ist jedoch, mit Rücksicht auf den bedeutend größeren Hebelarm, gleich demjenigen der Spannungen τ_{yz}.

Wir können uns leicht davon überzeugen, indem wir das Moment berechnen, welches durch die Spannungen τ_{yz} hervorgerufen wird (Abb. I.9).

Das Moment der Elementarkraft $\tau_{yz}\,dx\,dy$ in bezug auf den Querschnittsschwerpunkt beträgt:

$$\tau_{yz} \cdot x\,dx\,dy.$$

Das Gesamtmoment für den ganzen Querschnitt erhalten wir durch Integration. Nach Einsetzen des Ausdrucks (I.47) für τ_{yz} ergibt sich:

$$T_1^* = 2\,G\varphi' \iint_F x^2\,dx\,dy = \frac{1}{6}\,G\varphi'\,b\,t^3,$$

beziehungsweise, wenn der Ausdruck (I.45) für die Torsionskonstante eingesetzt wird:

$$T_1^* = \frac{1}{2}\,G\,K\,\varphi'.$$

Dieser Wert ist mit Rücksicht auf Gleichung (I.36) gleich dem halben Torsionsmoment.

Es kann gezeigt werden, daß die Ausdrücke (I.43) bis (I.49) auch genügend genau für das krummlinig begrenzte Profil gemäß Abb. I.10 gelten.

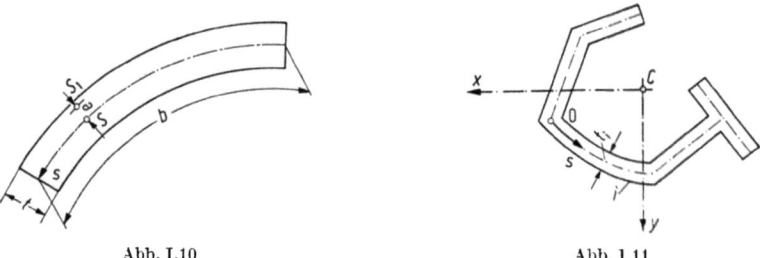

Abb. I.10   Abb. I.11

Dabei muß anstatt x der Wert e gesetzt werden, welcher den Abstand des betrachteten Punktes von der Linie bezeichnet, welche die Wandstärke t halbiert. Wir bezeichnen diese Linie als Profilmittellinie.

Der Querschnitt des dünnwandigen Stabes ist aus an ihren kürzeren Seiten miteinander verbundenen, rechteckigen oder gekrümmten Profilen zusammengesetzt, wobei die Wandstärke t klein ist im Verhältnis zu den Querschnittsabmessungen des Stabes.

2. Dünnwandige, offene Profile

Dünnwandige Stäbe, deren Querschnitt durch eine einzige in sich geschlossene Linie begrenzt ist, bezeichnen wir als Stäbe mit offenem Profil oder als Stäbe mit offenem Querschnitt.

Die angenäherte Lösung für die St. Venantsche Torsionsbeanspruchung für den beliebigen offenen Querschnitt werden wir dadurch erhalten, indem wir annehmen, daß die Spannungsfunktion Φ_i jedes Querschnittsteiles i (schmales Rechteck oder schmales gekrümmtes Element) die Form, wie sie im Ausdruck (I.43) für das schmale Rechteck gegeben ist, habe.

Wir bezeichnen mit s die Länge der Profilmittellinie (Abb. I.11), gemessen von dem vorher festgelegten Punkt 0.

Für den Teil i können wir setzen:

$$\Phi_i = \Phi_{i0}\left(1 - \frac{4e^2}{t_i^2}\right), \tag{I.50}$$

wobei

$$\Phi_{i0} = G\varphi' \frac{t_i^2}{4} \tag{I.51}$$

ist.

Nach Gleichung (I.45) erhalten wir für die Torsionskonstante den Ausdruck:

$$K_i = \frac{1}{2} t_i^2 \iint\limits_{F_i} \left(1 - \frac{4e^2}{t_i^2}\right) de\, ds = \frac{1}{3} t_i^3 \int\limits_{s_i} ds \tag{I.52}$$

beziehungsweise

$$K_i = \frac{1}{3} t_i^3 b_i. \tag{I.53}$$

Das erste Integral im Ausdruck (I.52) bezieht sich auf die gesamte Fläche des Elementes und das zweite auf den zum Element i gehörigen Teil der Profilmittellinie.

Die Torsionskonstante für den ganzen Querschnitt ist durch die Gleichung

$$K = \sum_i K_i = \frac{1}{3} \sum_i t_i^3 b_i \tag{I.54}$$

bestimmt.

Den Ausdruck für die Torsionskonstante können wir zufolge der Gleichung (I.52) auch in der folgenden Form anschreiben:

$$K = \frac{1}{3} \int\limits_s t^3\, ds; \tag{I.55}$$

wo das gegebene, bestimmte Integral sich auf die ganze Profilmittellinie bezieht.

Der Ausdruck (I.55) kann selbstverständlich auch auf Querschnitte mit stetig veränderlicher Wandstärke $t = t(s)$ angewendet werden.

Für die Schubspannung τ_{sz}, deren Richtung in jedem Punkt parallel zur Tangente auf die Profilmittellinie ist und welche wir hinkünftig mit τ_s bezeichnen wollen, erhalten wir nach Gleichung (I.46):

$$\tau_s = 2G\varphi' e, \qquad (I.56)$$

oder zufolge Gleichung (I.47):

$$\tau_s = 2\frac{T^*}{K} e. \qquad (I.57)$$

Die maximale Schubspannung tritt im Querschnittsteil mit der größten Wandstärke t_{max} auf und beträgt:

$$\tau_{s max} = \frac{T^*}{K} t_{max}. \qquad (I.58)$$

Die Schubspannungen τ_{zn} in Richtung der Normalen auf die Profilmittellinie sind im Bereiche der geraden Strecken gleich Null, mit Ausnahme der Knoten, in welchen die einzelnen Elemente aneinanderstoßen, sowie den Enden der Profilmittellinie.

Diese Schubspannungen sind im Vergleich zu den Spannungen $\tau_{zs} = \tau_s$ ebenfalls in den gekrümmten Teilen der Profilmittellinie klein, sofern der Krümmungsradius derselben nicht zu klein ist.

Der Anteil der Spannungen τ_{zn} an der Aufnahme des Torsionsmomentes ist in der angenommenen Spannungsfunktion einbezogen und in der Größe der Torsionskonstanten der Ausdrücke (I.54) und (I.55) enthalten.

Die Ausdrücke (I.54) und (I.55) können als genügend genau für die Berechnung von durch Nietung, Verschraubung oder Schweißung zusammengesetzter Profile angesehen werden.

Die durch die Anwendung der oben angegebenen Formeln gemachten Fehler hängen vom Verhältnis t_i/b_i, von der Anzahl der Knoten, in welchen die Elemente aneinanderstoßen, von den Ausrundungen in den Knoten und an den Profilenden sowie von dem Verhältnis der Wandstärken t_i der benachbarten Querschnittselemente ab. Für Walzprofile müssen die auf Grund der Versuche von *A. Föppl*[1] erhaltenen Werte der Torsionskonstanten nach Gleichung (I.54) bzw. (I.55) mit Korrekturbeiwerten multipliziert werden.

Diese Korrekturbeiwerte betragen:

für das Profil	L	⊓⊏⊐	I	IP
$\eta =$	0,99	1,12	1,31	1,29

Vom Standpunkt des praktischen Ingenieurs aus gesehen ist eine genauere Ermittlung der Torsionskonstanten als hier angegeben kaum von Interesse. Die im Rahmen der vorgeschriebenen Toleranzen zulässigen Abweichungen der Wandstärken der Walzprofile und der Blechdicken sind von derselben Größenordnung wie die möglichen Fehler bei der Bestimmung der Koeffizienten η.

---

[1] *A. Föppl:* Versuche über die Verdrehungssteifigkeit der Walzeisenträger. Sitzungsbericht der Bayr. Akad. d. W., 1921.
A. Föppl: Verdrehungsversuche mit Stäben von kreuzförmigem Querschnitt. V.D.I.-Zeitschrift, 1922, S. 827.

Für besondere Profilformen wurden eine große Anzahl von Untersuchungen durchgeführt, welche vornehmlich theoretische Bedeutung haben.

So hat z. B. *Weber*[1] für die Torsionskonstante einen Ausdruck in der Form

$$K = \frac{1}{3} \sum_i b_{it} t_i^3$$

aufgestellt, wo b_{it} die theoretische Länge eines einzelnen Teiles ist, welche man dadurch erhält, daß man den angenäherten Verlauf der Schubspannungslinien des zusammengesetzten Querschnitts zugrunde legt.

C. Dassen[2] hat eine Lösung für ein Winkelprofil mit vorgeschriebener innerer Ausrundung gegeben. (Methode der konformen Abbildung.) Dabei hat er rechnerische Angaben über die Spannungen an den einzelnen Stellen des Umfangs für 4 verschiedene Ausrundungen gemacht.

C. Schmieden[3] hat, ebenfalls mittels der Methode der konformen Abbildung, die Lösungen für das Winkelprofil, das ⌐ - und ⌐-Profil, unter Vernachlässigung des Einflusses der Ausrundungen auf die Größe der Torsionskonstanten gesucht.

Durch Anwendung der Verfahren von *Ritz* und von *Trefftz* für die näherungsweise Lösung von Randwertaufgaben hat *W. Hofferberth*[4] für eine bestimmte Anzahl von Profilen die untere und die obere Grenze für den Wert der Torsionskonstanten angegeben. Dabei hat er wie *Schmieden* den Einfluß der inneren Ausrundungen vernachlässigt.

W. Hofferberth[5] hat für die näherungsweise Bestimmung des Wertes der Torsionskonstanten für Walzprofile auch von der Differenzenmethode Gebrauch gemacht. Nebst einer Analyse der Resultate seiner Arbeit gibt es abschließend eine Übersicht von nach verschiedenen Verfahren erhaltenen Formeln für K in Tabellenform.

Für Querschnitte, deren Gurt aus mehreren, durch Nieten oder Schweißnähte verbundenen Lamellen besteht, erhebt sich die Frage, ob sich das Lamellenpaket bei der Aufnahme des Torsionsmoments wie ein homogener Rechteckquerschnitt verhält oder ob sich die einzelnen Lamellen bis zu einer gewissen Grenze wie Einzelquerschnitte verhalten.

Von der Betrachtung eines aus Lamellen zusammengesetzten Rechteckquerschnittes ausgehend, haben *F. K. Chang* und *B. G. Johnston*[6] dieses Problem theoretisch und experimentell untersucht und aus diesen Untersuchungen eine Reihe nützlicher Schlußfolgerungen ziehen können.

---

[1] *C. Weber:* Die Lehre der Drehungsfestigkeit. Forschungsarbeiten auf dem Gebiete des Ingenieurwesens. Heft 249, 1921.
C. Weber: Der Verdrehungswinkel von Walzeisenträger. A. Föppl-Festschrift: Beiträge zur technischen Mechanik und technischen Physik. Berlin, Springer, 1924.

[2] *C. Dassen:* Verdrehung eines Winkeleisens mit ausgerundeter innerer Ecke. ZAMM, Bd. 3, 1923, Heft 4.

[3] *C. Schmieden:* Über die Torsion von Walzeisenprofilen. ZAMM, Bd. 10, 1930, Heft 3.

[4] *W. Hofferberth:* Zur Berechnung des Drillungswiderstandes von Walzstahlprofilen mittels direkter Verfahren der Variationsrechnung. Stahlbau, 17. Jahrg., 1944, Heft 3—4.

[5] *W. Hofferberth:* Zur Torsion von Walzstahlprofilen. Stahlbau, 17. Jahrg., 1944, Hefte 12 bis 13.

[6] *F. K. Chang, B. G. Johnston:* Torsion of Plate Girders. Trans. Amer. Soc. of Civ. Eng., Vol. 118A, 1953, S. 337.

R. Barbré: Torsion zusammengesetzter Träger. Der Bauingenieur, Bd. 28, 1953, S. 98.

Unter Vernachlässigung der Reibung zwischen den einzelnen Lamellen in den außerhalb der äußersten Niet- oder Schraubenreihen gelegenen Teilen kann die Torsionskonstante als Summe der Torsionskonstanten des zwischen dieser äußersten Niet- oder Schraubenreihen gelegenen Rechtecks $b_1 t_0$ (Abb. I.12) und den Torsionskonstanten der einzelnen außerhalb gelegenen Rechtecke angeschrieben werden zu:

$$K = \frac{b_1 t_0^3}{3} + \sum_i \frac{c_i t_i^3}{3}$$

wo

$$c_i = c_i^{(1)} + c_i^{(2)}$$

ist.

Diese Schlußfolgerungen können auf beliebige zusammengesetzte Blechträgerprofile angewendet werden.

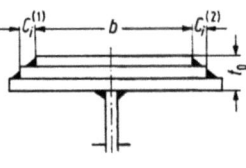

Abb. I.13

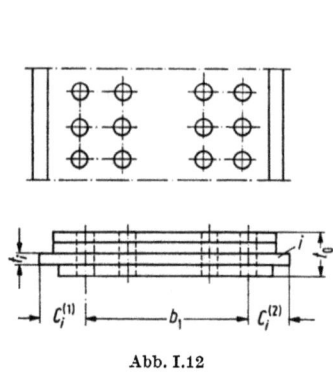

Abb. I.12

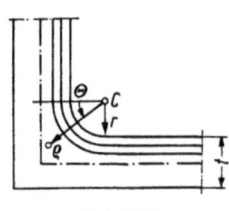

Abb. I.14

Auf ähnliche Weise kann die Torsionskonstante für durch ununterbrochene Schweißnähte (Abb. I.13) verbundene Lamellen berechnet werden.

An den einspringenden Ecken von Walzprofilen und geschweißten Profilen kommt es je nach Art der Ausrundung zu einer Konzentration von Schubspannungen.

Bei einspringenden Ecken ohne Ausrundung erreichen die Schubspannungen theoretische unendlich große Werte.

Um die Größe solcher Spannungsspitzen abschätzen zu können, nehmen wir an, daß die Spannungsfläche im Bereich der inneren Ausrundung angenähert eine rotationssymmetrische Fläche sei.

Die Rotationsachse stehe senkrecht zum Querschnitt und gehe durch den Mittelpunkt C der Ausrundung, deren Radius r sei.

Die Differentialgleichung der Torsion in den Polarkoordinaten ϱ und θ (Abb. I.14) erhalten wir aus Gleichung (I.14) durch Koordinatentransformation. Die kartesischen und die Polarkoordinaten sind durch die Gleichungen

$$\varrho^2 = x^2 + y^2; \qquad \theta = \mathrm{arctg}\,\frac{y}{x}$$

2. Dünnwandige, offene Profile

miteinander verknüpft. Daraus folgt:

$$\frac{\partial \varrho}{\partial x} = \cos\theta; \qquad \frac{\partial \varrho}{\partial y} = \sin\theta;$$

$$\frac{\partial \theta}{\partial x} = -\frac{\sin\theta}{\varrho}; \qquad \frac{\partial \theta}{\partial y} = \frac{\cos\theta}{\varrho}.$$

Durch Benutzung dieser Beziehungen können wir die Ableitungen $\partial^2\Phi/\partial x^2$ und $\partial^2\Phi/\partial y^2$ durch die Koordinaten ϱ und θ ausdrücken. Mit Rücksicht auf den Umstand, daß für die rotationssymmetrische Fläche die Ableitung von Φ nach θ gleich Null ist, erhalten wir schließlich:

$$\frac{d^2\Phi}{d\varrho^2} + \frac{1}{\varrho}\frac{d\Phi}{d\varrho} = -2G\varphi'. \qquad (I.59)$$

Für τ_z erhalten wir:

$$\tau_z = \frac{d\Phi}{d\varrho},$$

und wir können Gleichung (I.59) in folgender Form anschreiben:

$$\frac{d\tau_z}{d\varrho} + \frac{1}{\varrho}\tau_z = -2G\varphi'. \qquad (I.60)$$

Die spezifische Verdrehung φ' drücken wir durch die maximale Schubspannung am Umfang außerhalb des Bereiches der Ecke aus. Aus den Gleichungen (I.56) für $e = t/2$ erhalten wir:

$$\varphi' = \frac{\tau_1}{tG},$$

wo statt $\tau_{\max}$ die Bezeichnung τ_1 eingeführt ist.

Durch Einsetzen dieses Ausdrucks in die Gleichung (I.60) erhalten wir:

$$\frac{d\tau_z}{d\varrho} + \frac{1}{\varrho}\tau_z = -\frac{2\tau_1}{t}.$$

Durch Integration finden wir:

$$\tau_z = \frac{c}{\varrho} - \frac{\tau_1}{t}\varrho.$$

Die Integrationskonstante bestimmen wir, indem wir voraussetzen, daß längs des Kreisbogens $\varrho = r + (t/2)$ die Schubspannung τ_z gleich Null ist. Somit erhalten wir:

$$c = \frac{\tau_1}{t}\left(r + \frac{t}{2}\right)^2$$

und

$$\tau_z = \tau_1\left[\frac{\left(r + \frac{t}{2}\right)^2}{t\varrho} + \frac{\varrho}{t}\right].$$

Den maximalen Wert der Spannung $\tau_z = \tau_2$ erhalten wir für $\varrho = r$ zu:

$$\tau_2 = \tau_1 \left(1 + \frac{t}{4r}\right). \tag{I.61}$$

Für Ausrundungen mit kleinem Halbmesser hat *Trefftz*[1] den Ausdruck

$$\tau_2 = 1{,}71\,\tau_1 \sqrt[3]{\frac{t}{r}} \tag{I.62}$$

angegeben.

Eine Näherungsformel für τ_2 hat *Föppl*[2] unter Benutzung des Satzes von *Stokes* in der Form:

$$\tau_2 = \tau_1 \frac{t}{4r} \left[1 + \sqrt{1 + \left(\frac{4r}{t}\right)^2}\right] \tag{I.63}$$

gegeben.

Dieses Problem wurde auch von *Taylor* und *Griffith*[3] experimentell untersucht, wobei für die Versuche Seifenhaut verwendet wurde. Für kleine Halbmesser wurden auf diese Weise für τ_2 kleinere Werte als die theoretisch ermittelten gefunden, was auf die Schwierigkeit der genauen Abschätzung der Neigung der Seifenhaut in der Nähe des Umfangs zurückzuführen ist.

In der folgenden Tabelle ist eine Übersicht der Spannungen gegeben, welche aus den Gleichungen (I.61), (I.62) und (I.63) sowie aus den Versuchen erhalten wurden, und zwar für die Verhältnisse $r/t = 1/8$, $1/4$, $1/2$ und 1.

$\frac{r}{t}$		$\frac{1}{8}$	$\frac{1}{4}$	$\frac{1}{2}$	1
$\frac{\tau_2}{\tau_1}$	Gl. (I.61)	3,00	2,00	1,50	1,25
	Gl. (I.62)	3,42			
	Gl. (I.63)	4,48	2,41	1,61	1,28
	Versuche	2,50	2,25	2,00	1,75

Die Spannungsspitzen in den einspringenden Ecken stellen im Falle einer stets gleichartigen Beanspruchung des Trägers keine besondere Gefahr für dessen Tragfähigkeit dar.

Im Falle der Überschreitung der Fließgrenze kommt es an diesen Stellen zu plastischen Verformungen, und die Schubspannungen nehmen in der Folge einen Verlauf an, welcher einer Ausrundung mit einem etwas größeren Halbmesser entspricht.

Bei Wechselbeanspruchung können diese Spannungsspitzen jedoch mit der Zeit zum Ermüdungsbruch führen. Bei ausgesprochen sprödem Material kann es

---

[1] *E. Trefftz:* Über die Wirkung einer Abrundung auf die Torsionsspannungen in der inneren Ecke eines Winkeleisens. ZAMM, Bd. 2, 1922, Heft 4.

[2] *A. Föppl* und *L. Föppl:* Drang und Zwang. München und Berlin. Verl. Oldenbourg, 1944, 2. Bd., S. 70.

[3] *G. I. Taylor, A. A. Griffith:* The use of Soap Films in Solving Torsion Problems. Report and Memoranda 333, Adv. Comm. Aeron., 1917, vol. 3, London. S. 920.

2. Dünnwandige, offene Profile

selbst bei der ersten Belastung infolge dieser Spannungserhöhungen zum Bruch kommen.

Die spezifische Verdrehung des Querschnittes ist nach Gleichung (I.39) durch den Ausdruck

$$\varphi' = \frac{T^*}{GK} \qquad (\text{I.64})$$

gegeben.

Die Verschiebung des außerhalb der Profilmittellinie gelegenen Punktes S_* (Abb. I.15) mit den Koordinaten (x_*, y_*) in Richtung der z-Achse bezeichnen wir mit $w_* = w_*(s, e)$.

Wir gehen von dem Ausdruck

$$w_* = \int_0^e \frac{\partial w_*}{\partial e}\, de + \int_{\substack{0 \\ e=0}}^s \frac{\partial w_*}{\partial s}\, ds + w_0 \qquad (\text{I.65})$$

aus, wo w_0 die Verschiebung des vorher gewählten Punktes O auf der Profilmittellinie ist.

Zufolge der Beziehungen:

$$\frac{\partial w_*}{\partial e} = \frac{\partial w_*}{\partial x_*}\frac{dx_*}{de} + \frac{\partial w_*}{\partial y_*}\frac{dy_*}{de}$$

$$\frac{\partial w_*}{\partial s} = \frac{\partial w_*}{\partial x}\frac{dx_*}{ds} + \frac{\partial w_*}{\partial y_*}\frac{dy_*}{ds}$$

und

$$\frac{dy_*}{de} = -\frac{dx_*}{ds} = \sin\alpha; \qquad \frac{dx_*}{de} = \frac{dy_*}{ds} = \cos\alpha$$

wo mit x_* und y_* die kartesischen Koordinaten des beliebigen Punktes S_* (Abb. I.15) bezeichnet sind, können wir, unter Benutzung der Gleichungen (I.32) und (I.33) die Ausdrücke für $\partial w_*/\partial e$ und $\partial w_*/\partial s$ in der folgenden Form schreiben:

$$\frac{\partial w_*}{\partial e} = \frac{1}{G}(\tau_{zx}\cos\alpha + \tau_{yz}\sin\alpha) - \varphi'[(x_* - x_P)\sin\alpha - (y_* - y_P)\cos\alpha], \quad (\text{I.66})$$

$$\frac{\partial w_*}{\partial s} = \frac{1}{G}(\tau_{yz}\cos\alpha - \tau_{zx}\sin\alpha) - \varphi'[(x_* - x_P)\cos\alpha + (y_* - y_P)\sin\alpha]. \quad (\text{I.67})$$

Die mit $1/G$ multiplizierten Ausdrücke in den Gleichungen (I.66) und (I.67) sind die Komponenten τ_{zs} und τ_{zn} der Schubspannung τ_z in den Richtungen der Normalen und Tangente auf die Profilmittellinie:

$$\tau_{zn} = \tau_{zx}\cos\alpha + \tau_{yz}\sin\alpha, \qquad (\text{I.68})$$

$$\tau_{zs} = \tau_{yz}\cos\alpha - \tau_{zx}\sin\alpha. \qquad (\text{I.69})$$

Der Ausdruck in der eckigen Klammer der Gleichung (I.66) stellt den Abstand der Normalen $\vec{n}$ (Abb. I.15) vom Pol P dar, und der entsprechende Ausdruck in der Gleichung (I.67) ist der Abstand der zur Tangente an die Profilmittellinie im Punkt S parallelen Geraden durch den Punkt S_* vom gleichen Pol:

$$h_{nP} = (x_* - x_P) \sin \alpha - (y_* - y_P) \cos \alpha, \tag{I.70}$$

$$h_P^* = (x_* - x_P) \cos \alpha + (y_* - y_P) \sin \alpha. \tag{I.71}$$

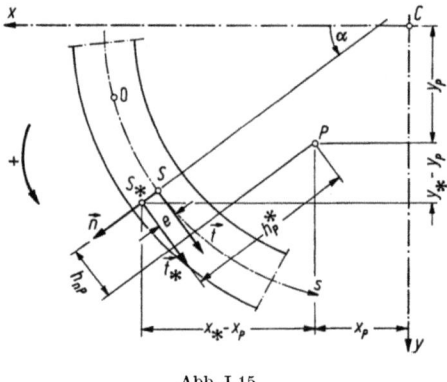

Abb. I.15

Die Abstände h_{nP} und h_P^* betrachten wir als positiv, wenn für eine Ebene mit der positiven z-Achse als Normale die Einheitsvektoren $\vec{n}$ beziehungsweise $\vec{t}_*$ (Abb. I.15) einen dem Uhrzeiger entgegengesetzten Drehsinn haben.

Der Vektor $\vec{n}$ wird so gerichtet, daß er bei einer Verdrehung um $\pi/2$ in dem Uhrzeiger entgegengesetztem Sinne mit der Richtung von $\vec{t}$ übereinstimmt.

Durch Einsetzen der Ausdrücke (I.68) bis (I.71) in die Gleichungen (I.66) und (I.67) erhalten wir:

$$\frac{\partial w_*}{\partial e} = \frac{1}{G} \tau_{zn} - \varphi' h_{nP}, \tag{I.72}$$

$$\frac{\partial w_*}{\partial s} = \frac{1}{G} \tau_{zs} - \varphi' h_P^* \tag{I.73}$$

Auf Grund des Ausdruckes (I.65) erhalten wir nun unter Berücksichtigung, daß zufolge der Annahme über die Spannungsfunktion die Spannungen τ_{zn} vernachlässigt werden sowie daß für $e = 0$ die Schubspannung $\tau_{zs} = \tau_s$ gleich Null ist:

$$w_* = w_*(s, e) = -\varphi' \left(\int_0^s h_P \, ds + \int_0^e h_{nP} \, de \right) + w_0, \tag{I.74}$$

wo $h_P = h_P^*(s, e = 0)$ der Abstand der Tangente $\vec{t}$ vom Pol P ist. Die beiden Integrale im Ausdruck (I.74) haben rein geometrischen Charakter.

Bezeichnen wir mit

$$\omega_P(s) = \int_0^s h_P \, ds \tag{I.75}$$

2. Dünnwandige, offene Profile

und mit

$$\omega_{P*}(s, e) = \int_0^s h_P \, ds + \int_0^e h_{nP} \, de$$

beziehungsweise

$$\omega_{P*}(s, e) = \omega_P(s) + h_{nP} e, \tag{I.76}$$

so können wir den Ausdruck (I.74) in der folgenden Form anschreiben:

$$w_*(s, e) = -\varphi' \omega_{P*} + w_0 \tag{I.77}$$

$$w(s) = w_*(s, e = 0) = -\varphi' \omega_P + w_0. \tag{I.78}$$

Die Funktion $\omega_P = \omega_P(s)$ wird als Einheitsverwölbung oder sektorielle Koordinate bezeichnet.

Ihre Dimension ist [Länge]^2. Geometrisch kann sie als die doppelte Fläche des Sektors der Profilmittellinie (Abb. I.16a) vom Punkt 0 bis zum beliebigen Punkt S, für welchen ihr Wert gesucht wird, aufgefaßt werden. Dieser Umstand führte zur Bezeichnung *sektorielle Koordinate*.

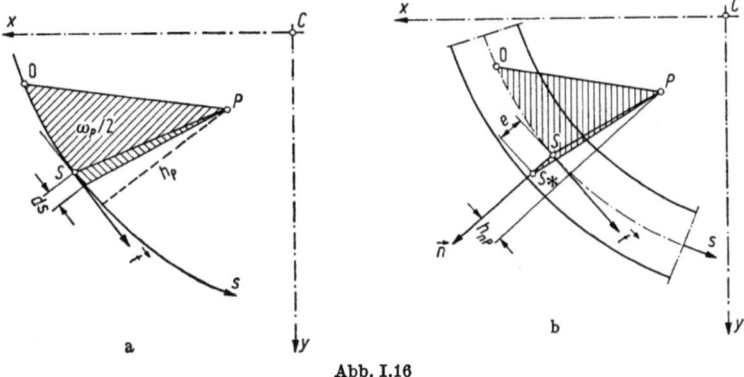

Abb. I.16

Die sektorielle Koordinate gibt die Form der Verwölbung der Profilmittellinie an. Für $\varphi' = 1$ und $w_0 = 0$ erhalten wir

$$w(s) = -\omega_P.$$

Tragen wir die sektoriellen Koordinaten längs der Profilmittellinie auf, so erhalten wir das Diagramm der sektoriellen Koordinaten. Die Werte derselben hängen, wie wir bereits erwähnten, auch von der Wahl des Poles P und des Ursprungs O auf der Profilmittellinie ab:

$$\omega_P = \omega(s, x_P, y_P, 0).$$

Die Form der Verwölbung des gesamten Querschnittes ist durch die Funktion ω_* bestimmt, welche wir als die *verallgemeinerte sektorielle Koordinate* bezeichnen wollen.

Die verallgemeinerte sektorielle Koordinate stellt im geometrischen Sinne den doppelten Wert der in Abb. 16b schraffierten Fläche dar.

Die Differenz $\omega_{P*} - \omega_P$ stellt die bezogene Einheitsverwölbung des Querschnittes in bezug auf die Profilmittellinie dar: Das Zusatzglied $h_{nP}e$ im Ausdruck (I. 76) für ω_{P*} ist im Vergleich zu ω_P in der Regel klein und wird meist vernachlässigt, so daß die Verwölbung des Querschnittes angenähert durch die Funktion ω_P gegeben ist.

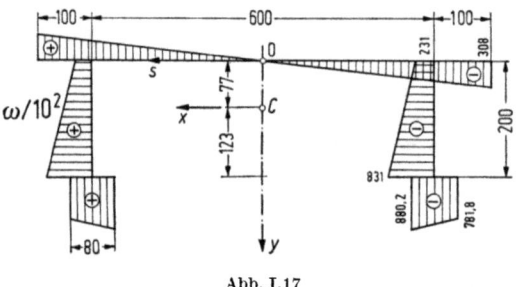

Abb. I.17

Längs des geraden Teiles einer Profillinie ist der Hebelarm h konstant und die Änderung der Einheitsverwölbung demzufolge linear. In Abb. I.17 ist als Beispiel das Einheitsverwölbungs-Diagramm des dort gezeichneten, einfach symmetrischen Querschnitts angegeben. Als Drehachse ist die Schwerlinie des Trägers angenommen. Der Ursprung O wurde auf der Symmetrieachse gewählt, so daß die Integrationskonstante verschwindet.

Eine besondere Art von offenen, dünnwandigen Profilen besteht aus 2 oder mehreren schmalen Rechtecken, deren Mittellinien sich in einem Punkt schneiden.

Lassen wir in den in Abb. I.18 gezeichneten Profilen die Drehachse jeweils durch den Schnittpunkt P der Mittellinien gehen und vernachlässigen wir die relative Verschiebung der Querschnittspunkte in bezug auf die Mittellinien, so geht aus den Gleichungen (I.75) bzw. (I.78) hervor, daß diese Querschnitte auch nach der Formänderung eben und normal zur Stabachse bleiben. Es ist nämlich der Hebelarm dieser Profile (Abb. I.18) für alle Mittellinien gleich 0, woraus folgt, daß auch die Verschiebung identisch gleich Null sein muß. Wählen wir statt der durchgehenden eine beliebige andere zu ihr parallele Drehachse, so wird der Querschnitt auch in diesem Falle eben bleiben [Gleichung (I.34)], sich jedoch in bezug auf die Stabachse schief stellen.

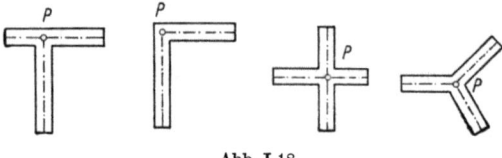

Abb. I.18

Diese Querschnitte werden als wölbfreie Querschnitte bezeichnet. Es muß betont werden, daß dieselben genau genommen nach der Formänderung nicht eben bleiben, wie zum Beispiel der Kreisquerschnitt. Wenn wir jedoch die relative Verschiebung $w_*(s, e) - w(s)$ der außerhalb der Mittellinie gelegenen Querschnittspunkte in bezug auf diese vernachlässigen, können wir diese Profile als wölbfreie Querschnitte ansehen.

3. Dünnwandige, geschlossene Profile

Um die Form der in Abb. I.19 gezeigten Spannungsfläche Φ des dünnwandigen geschlossenen Profils festlegen zu können, nehmen wir, ebenso wie für das offene Profil, an, daß die Schnittkurven in Richtung der Normalen $\vec{n}$ auf die Profilmittellinie quadratische Parabeln sind.

Zufolge der in Kapitel I.1 angestellten Betrachtungen ist der Wert der Spannungsfunktion längs der äußeren Begrenzungslinie der sie darstellenden Fläche gleich Null, und längs der inneren Begrenzungslinie hat sie die konstante Größe $\Phi = H$.

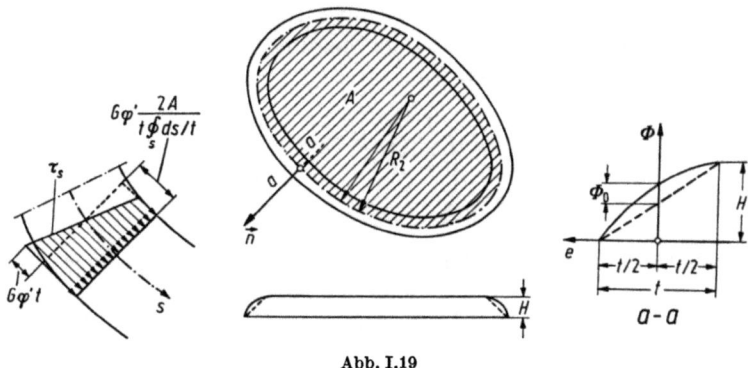

Abb. I.19

Wir stellen für Φ die Gleichung (siehe Abb. I.19)

$$\Phi = \Phi_0 \left(1 - \frac{4e^2}{t^2}\right) + \frac{H}{2}\left(1 - \frac{2e}{t}\right) \tag{I.79}$$

auf.

Für die näherungsweise Bestimmung der Konstanten Φ_0 können wir unter Vernachlässigung der Glieder von der Größenordnung t/R_2, wo R_2 der Krümmungsradius der Profilmittellinie ist, die Gleichung (I.14) benützen, indem wir statt x, y die Parameter e, s einsetzen.

Unter Berücksichtigung des Ausdruckes (I.35) für die Konstante C ergibt sich aus Gleichung (I.14):

$$\Phi_0 = G\varphi' \frac{t^2}{4}.$$

Für die Schubspannung τ_s erhalten wir

$$\tau_s = -\frac{\partial \Phi}{\partial e} = 2G\varphi' e + \frac{H}{t}. \tag{I.80}$$

Aus der Bedingung, daß das Linienintegral $\partial w/\partial s$ längs der in sich geschlossenen krummen Linie gleich Null sein muß, erhalten wir den Wert der Konstanten H.

Die Gleichung (I.42) ergibt, auf die Profilmittellinie angewendet, den Ausdruck

$$H \oint_s \frac{1}{t}\, ds = 2G\varphi' A$$

beziehungsweise:

$$H = \frac{2AG\varphi'}{\oint_s \dfrac{ds}{t}} \tag{I.81}$$

wo A die von der Profilmittellinie eingeschlossene Fläche bedeutet.

Das Torsionsmoment berechnen wir auf Grund von Gleichung (I.20) unter Berücksichtigung des Umstandes, daß die Spannungsfläche oberhalb der Öffnung eben ist. Auf diese Weise erhalten wir:

$$T^* = G\varphi' \left(\frac{1}{3} \oint_s t^3\, ds + \frac{4A^2}{\oint_s \dfrac{ds}{t}} \right). \tag{I.82}$$

Die Torsionskonstante hat zufolge der Gleichung (I.36) den Wert

$$K_* = \frac{1}{3} \oint_s t^3\, ds + \frac{4A^2}{\oint_s \dfrac{ds}{t}}. \tag{I.83}$$

Durch Einsetzen des Ausdruckes (I.81) in die Gleichung (I.80) erhalten wir:

$$\tau_s = 2G\varphi' e + \frac{2AG\varphi'}{t \oint_s \dfrac{ds}{t}} \tag{I.84}$$

oder unter Berücksichtigung der Gleichungen (I.82) und (I.83):

$$\tau_s = 2\frac{T^*}{K_*}\left(e + \frac{A}{t \oint_s \dfrac{ds}{t}} \right). \tag{I.85}$$

Das erste Glied im Ausdruck (I.84) stellt die Größe der Schubspannung im Stabe mit offenem Profil dar, welche erhalten wird, wenn man den betrachteten Stab längs einer seiner Erzeugenden durchschneidet.

Der Einfluß dieses Gliedes im Ausdruck (I.84) auf die Größe der Schubspannung ist in der Regel klein.

Dieses erste Glied kann jedoch auch eine gewisse Bedeutung gewinnen. Dies ist der Fall, wenn die Wandstärke t im Vergleich zu den übrigen Querschnittsabmessungen nicht ausgesprochen klein ist, obwohl der Stab noch unter die Gruppe der Stäbe mit dünnwandigem Querschnitt fällt, so daß die Näherung (I.84) berechtigt ist.

3. Dünnwandige, geschlossene Profile

Die abgeleiteten Formeln stellen eine genauere Lösung für Stäbe dar, wie sie häufig in Konstruktionen aus Stahlbeton oder vorgespanntem Beton angetroffen werden.

Der Vergleich des ersten und des zweiten Gliedes des Ausdruckes (I.83) für die Torsionskonstante K_*, von welcher die Steifigkeit des Stabes gegen die St. Venantsche Torsion abhängt, zeigt, daß die Torsionssteifigkeit des dünnwandigen Stabes mit offenem Profil *unverhältnismäßig kleiner* ist als diejenige des entsprechenden Stabes mit geschlossenem Profil.

So ergibt sich z. B. für einen Stab mit kreisförmiger Profilmittellinie das Verhältnis:

$$\varkappa = \frac{\frac{1}{3}\int_s t^3\, ds}{4A^2} \oint_s \frac{ds}{t} = \frac{1}{3}\left(\frac{t}{R_0}\right)^2$$

wo R_0 der Radius der Profilmittellinie ist.

Nehmen wir nun an, daß die Neigung der Spannungsfunktion in Richtung der Normalen $\vec{n}$ (Abb. I.19) über die ganze Wandstärke t konstant sei, was einer Vernachlässigung des ersten Gliedes der Gleichung (I.79) entspricht, so erhalten wir statt der Ausdrücke (I.80) beziehungsweise (I.84) für die Schubspannung:

$$\tau_s = \frac{H}{t} \tag{I.86}$$

beziehungsweise

$$\tau_s = \frac{2AG\varphi'}{t\oint_s \frac{ds}{t}}. \tag{I.87}$$

Das Produkt $\tau_s \cdot t$, dessen Wert längs der Profilmittellinie konstant ist, nennen wir den *Schubfluß* und wollen ihn mit q bezeichnen:

$$q = H = \tau_s t. \tag{I.88}$$

Für die Torsionskonstante erhalten wir

$$K = \frac{4A^2}{\oint_s \frac{ds}{t}} \tag{I.89}$$

Dieser Ausdruck ist als Bredtsche[1] Formel bekannt. Für $t = $ const geht die Gleichung (I.89) über in:

$$K = \frac{4A^2}{L} t \tag{I.90}$$

wo L der Umfang der Profilmittellinie ist.

---

[1] *R. Bredt:* Kritisc Bemerkungen zur Drehungselastizität. Zeitschrift des Verein deutscher Ingenieure, 1896, S. 815.

Für den Fall, daß der Querschnitt sich aus einer endlichen Zahl von Teilen von der Länge b_i und der Wandstärke t_i zusammensetzt, lautet der Ausdruck für die Torsionskonstante

$$K = \frac{4A^2}{\sum\limits_i \frac{b_i}{t_i}}. \qquad (I.91)$$

Mit Berücksichtigung der Beziehung $G\varphi' = T^*/K$ erhalten wir aus Gleichung (I.87)

$$\tau_s = \frac{T^*}{2At(s)}. \qquad (I.92)$$

Zur Gleichung (I.92) können wir auch direkt aus der Gleichgewichtsbedingung gelangen. Wir betrachten einen beliebigen im Querschnitt gelegenen Punkt P. Das Moment der Differentialkraft $q\,ds$, bezogen auf diesen Punkt, ist:

$$q h_P \, ds,$$

wo h_P der Hebelarm dieser Kraft in bezug auf den Punkt P ist. Das gesamte Moment dieser Kräfte für den ganzen Querschnitt muß gleich dem Torsionsmoment T^* sein:

$$T^* = q \oint_s h_P \, ds.$$

Der Wert des Integrals ist gleich der doppelten Fläche, welche durch die Profilmittellinie eingeschlossen ist, so daß wir schreiben können:

$$T^* = 2qA = 2\tau t \cdot A.$$

Daraus folgt:

$$\tau = \frac{T^*}{2At}.$$

Die ersten Untersuchungen über mehrzellige Querschnitte wurden von H. Lorenz[1] durchgeführt.

Um die Spannungsverteilung sowie die Torsionskonstante für den mehrzelligen Querschnitt bestimmen zu können, gehen wir von der Lösung des einzelligen Querschnitts aus.

Wir betrachten die beliebig gewählte Zelle i des aus n Zellen bestehenden mehrzelligen Querschnitts. Die Begrenzungswand der Zelle i setzt sich aus Teilen der Begrenzungswände der Zellen $k = 1, 2, \ldots, m$ zusammen, so daß sie jeweils zwei Zellen gemeinsam ist (Abb. I.20).

Wir legen nun normal zu der mit s_i bezeichneten Mittellinie der die Zelle i begrenzenden Wand einen Schnitt zwischen den Zellen i und k (Abb. I.21).

Auf Grund der früheren Ausführungen werden die Ordinaten der Spannungsfunktion Φ längs der inneren Begrenzungslinie der Zelle i den Wert q_i und längs derjenigen der Zelle k den Wert q_k haben. Die Schubspannung $\tau_{s,ik}$ im diese beiden

---

[1] *H. Lorenz:* Die Torsion dünnwandiger Hohlzylinder mit Zwischenstegen. Dinglers polytechn. Journal, 92. Jahrg., 1911, Bd. 326, Heft 32.

3. Dünnwandige, geschlossene Profile

Zellen trennenden Teil der Profilmittellinie wird gleich der Neigung der Spannungsfunktion Φ sein (Abb. I.21), so daß:

$$\tau_s(e=0) = \tau_{s,ik} = \frac{q_i - q_k}{t} \tag{I.93}$$

ist.

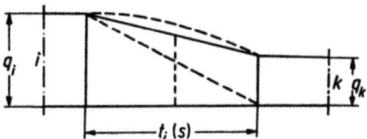

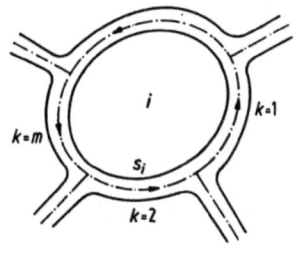

Abb. I.20

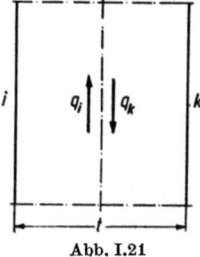

Abb. I.21

Wir wenden jetzt die Bedingung (I.42) auf den durch die Profilmittellinie s umgrenzten Querschnittsteil an.

Im Ausdruck (I.93) für $\tau_{s,ik}$ ist das erste Glied im Zähler konstant längs der ganzen Linie, während sich das zweite Zählerglied sprungweise beim Übergang von einer Zelle zur benachbarten ändert.

Wenn wir dieses im Auge behalten, können wir die Gleichung (I.42) in folgender Form schreiben:

$$q_i \oint_{s_i} \frac{ds}{t} - \sum_{k=1}^{m} q_k \int_{s_{ik}} \frac{ds}{t} = 2G\varphi' A_i, \tag{I.94}$$

wo A_i die durch die Linie s_i begrenzte Fläche und s_{ik} der zwischen den Zellen i und k gelegene Teil der Linie s_i ist.

Wenn wir q_i als Schubfluß auffassen, so ist sein Vorzeichen für die Zelle i positiv, wenn er um die Zelle entgegen dem Uhrzeigersinn fließt. Die schematische Darstellung der Schubflüsse in einem mehrzelligen Querschnitt ist in Abb. I.22 gezeigt.

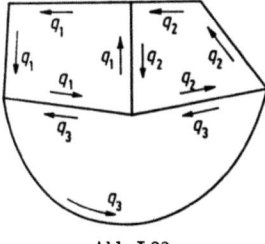

Abb. I.22

I. St. Venantsche Torsion dünnwandiger Stäbe

Bezeichnen wir die Koeffizienten der Unbekannten q_i mit:

$$\eta_{ii} = \oint_{s_i} \frac{ds}{t}, \qquad \eta_{ik} = \int_{s_{ik}} \frac{ds}{t} \tag{I.95}$$

so können wir die Gleichung (I.94) in folgender Form anschreiben:

$$\eta_{ii} q_i - \sum_{k=1}^{m} \eta_{ik} q_k = 2 G \varphi' A_i \tag{I.96}$$

$(i = 1, 2, \ldots, n)$.

Jeder Zelle i entspricht eine Gleichung (I.96), und ihre Gesamtzahl ist gleich der Zellenanzahl n. In jeder Gleichung tritt auf der rechten Seite neben A_i der konstante Faktor $2 G \varphi'$ auf, welcher die bis jetzt noch unbekannte spezifische Verdrehung φ' enthält. Durch die Lösung des Gleichungssystems finden wir die Unbekannten q_i, welche wir in der Form

$$q_i = G \varphi' \bar{q}_i \tag{I.97}$$

anschreiben. Dabei ist $\bar{q}_i$ der Wert der Unbekannten q_i für den Fall $G \varphi' = 1$.

Das Torsionsmoment erhalten wir auf Grund der Gleichung (I.20) unter Berücksichtigung des Umstandes, daß die Spannungsfläche oberhalb der Öffnungen den Wert $H_i = q_i$ hat:

$$T^* = G \varphi' \left[\frac{1}{3} \int_s t^3 \, ds + 2 \sum_{i=1}^{n} A_i \bar{q}_i \right]. \tag{I.98}$$

Die Torsionskonstante hat den Wert:

$$K_* = \frac{T^*}{G \varphi'} = \frac{1}{3} \int_s t^3 \, ds + 2 \sum_{i=1}^{n} A_i \bar{q}_i \tag{I.99}$$

und für den Schubfluß können wir schreiben:

$$q_i = \frac{T^*}{K_*} \bar{q}_i. \tag{I.100}$$

Das erste Integral in der Gleichung (I.98) erstreckt sich über die gesamte Länge der Profilmittellinie.

Auf Grund der Gleichung (I.93) können wir unter Berücksichtigung des Ausdrucks (I.100) die Spannungen an den einzelnen Stellen des Querschnittes bestimmen.

Durch die Vernachlässigung des Gliedes $1/3 \int_s t^3 \, ds$ der Gleichung (I.98) erhalten wir

$$T^* = 2 G \varphi' \sum_{i=1}^{n} A_i \bar{q}_i \tag{I.101}$$

$$K = \frac{T^*}{G \varphi'} = 2 \sum_{i=1}^{n} A_i \bar{q}_i \tag{I.102}$$

3. Dünnwandige, geschlossene Profile

und
$$q_i = \frac{T^*}{K}\bar{q}_i. \tag{I.103}$$

Der Geltungsbereich der Ausdrücke (I.72) und (I.73) erstreckt sich sowohl über die offenen als auch über die geschlossenen Querschnitte. Durch das Einsetzen dieser Ausdrücke in die Gleichung (I.65) erhalten wir, unter der Voraussetzung, daß $\tau_{zn} = 0$ ist:

$$w_* = \frac{1}{G}\int_0^s \tau_s\,ds - \varphi'\left(\int_{e=0}^s h_P\,ds + \int_0^e h_{nP}\,de\right) + w_0(s)$$

beziehungsweise:

$$w_* = -\varphi'\left[\int_0^s (h_P - \bar{\tau})\,ds + h_{nP}e]\right] + w_0, \tag{I.104}$$

wo
$$\bar{\tau} = \frac{\tau_s(e=0)}{G\varphi'} \tag{I.105}$$

ist. Die nur von den geometrischen Charakteristiken des Querschnittes abhängige Größe $\bar{\tau} = \bar{\tau}(s)$ wird gewöhnlich als Schubspannungs-Verteilungsfunktion bezeichnet.

Mit Rücksicht auf die Gleichungen (I.97) und (I.93) ist die Größe $\bar{\tau}$ in dem zwischen den Zellen i und k gelegenen Teilstück durch den Ausdruck

$$\bar{\tau}_{ik} = \frac{\bar{q}_i - \bar{q}_k}{t} \tag{I.106}$$

bestimmt.

Die Größen $\bar{q}_i$ werden, wie bereits erwähnt wurde, durch die Lösung des Gleichungssystems (I.96) für $G\varphi' = 1$ erhalten.

Für den einzelligen Querschnitt ist auf Grund der Gleichungen (I.105), (I.84) und (I.89):

$$\bar{\tau} = \frac{K}{2At}. \tag{I.107}$$

Durch Aufstellen der Gleichungen

$$\hat{\omega}_P(s) = \int_0^s (h_P - \bar{\tau})\,ds \tag{I.108}$$

und
$$\hat{\omega}_{P*}(s,e) = \hat{\omega}_P(s) + h_{nP}\cdot e \tag{I.109}$$

können wir schreiben:
$$w_* = -\varphi'\hat{\omega}_{P*} + w_0. \tag{I.110}$$

Für die Punkte auf der Profilmittellinie, d. h. für $e = 0$, erhalten wir:

$$w(s) = w_*(s, e=0) = -\varphi'\hat{\omega}_P + w_0. \tag{I.111}$$

Die Funktion $\bar\omega_P$ bezeichnen wir, wie bereits vorher, als *Einheitsverwölbung*. Ebenso wollen wir diese Größe in Analogie zum entsprechenden Wert bei den offenen Profilen als sektorielle Koordinate bezeichnen.

Es muß jedoch bemerkt werden, daß wegen des zweiten Gliedes in der Gleichung (I.108) die Größe $\bar\omega_P$ nicht mehr den doppelten Flächeninhalt des Sektors bedeutet.

Die Verformung des gesamten Querschnittes wird durch die *verallgemeinerte sektorielle Koordinate* $\bar\omega_{P*}$ bestimmt, welche durch den Ausdruck (I.109) gegeben ist.

Vernachlässigen wir das Zusatzglied $h_{nP} \cdot e$ gegenüber $\bar\omega_P$, so stellt die Funktion $\bar\omega_P$ die angenäherte Verwölbung des gesamten Querschnittes dar.

Für den einzelligen Querschnitt hat die Funktion $\bar\omega_P$ die Form:

$$\bar\omega_P = \int_0^s \left(h_P - \frac{K}{2At} \right) ds . \tag{I.112}$$

Aus Gleichung (I.112) folgt, daß sich $\bar\omega_P$ längs geradliniger Profilteile konstanter Wandstärke linear verändert. Der Querschnitt, welcher aus geraden Teilstücken konstanter Wandstärke — die jedoch für die einzelnen Teile im allgemeinen verschieden sein kann — zusammengesetzt ist, nimmt nach der Verformung die Gestalt eines Raumpolygons an, welches durch die Verschiebung der Eckpunkte in Richtung der z-Achse entsteht.

Die Querschnitte, welche der Bedingung:

$$d\bar\omega_P = h_P \, ds - \frac{K}{2A} \frac{ds}{t} = 0 \tag{I.113}$$

genügen, bleiben auch nach der Formänderung eben und normal zur Stabachse. Wählen wir nun statt der durch P gehenden Drehachse, auf welche sich die Hebelarme h_P beziehen, eine zu ihr parallele Drehachse, so bleiben die Querschnitte ebenfalls eben, jedoch nicht mehr normal zur Stabachse.

Aus Gleichung (I.113) erhalten wir:

$$t h_P = \frac{K}{2A} = \text{konst}$$

beziehungsweise:

$$t h_P = \frac{\oint_s h_P \, ds}{\oint_s \frac{ds}{t}} = \text{konst} . \tag{I.114}$$

Die Bedingung (I.114) gilt für alle geschlossenen Polygonalquerschnitte konstanter Wandstärke, in welche ein Kreis eingeschrieben werden kann. Wenn wir als Drehachse diejenige wählen, welche durch den Kreismittelpunkt geht, so ist der Hebelarm h_P für alle Polygonseiten gleich, ebenso ist t gemäß Voraussetzung konstant, so daß Gleichung (I.114) erfüllt ist.

3. Dünnwandige, geschlossene Profile

Der dreieckförmige Querschnitt bleibt unabhängig vom Umstand, ob seine Wandstärken gleich oder verschieden sind, nach der Formänderung eben. Die Gestalt des Dreiecks nach der Verformung ist durch drei Gerade bestimmt, welche drei im Raume gelegene Punkte verbinden, durch die jedoch stets eine Ebene bestimmt ist.

Keine Verwölbung erleiden alle jene einzelligen oder mehrzelligen geschlossenen dünnwandigen Querschnitte, welche aus einer Anzahl gerader Teile von der Länge b_i und der Wandstärke t_i bestehen, wenn die Bedingung (I.114) erfüllt ist, welche für solche Profile in der Form

$$t_1 h_{P1} = t_2 h_{P2} = \cdots = t_i h_{Pi} = \cdots = \frac{\sum_i h_{Pi} b_i}{\sum_i \frac{b_i}{t_i}} \tag{I.115}$$

angeschrieben werden kann (Abb. I.23), wo h_{Pi} den Abstand der Seite i vom Pol P darstellt.

Wenn wir den Querschnitt als Fachwerk auffassen[1] und die Wandstärken t_i uns als Stabkräfte denken, so stellt die Gleichung:

$$t_i h_{Pi} - t_{i+1} h_{P,i+1} = 0$$

die Bedingung, daß das Moment der „Stabkräfte", welche im Knotenpunkt $i, i+1$ angreifen, in bezug auf den Punkt P gleich Null sein muß. Mit anderen Worten ausgedrückt, heißt das, daß die „Resultierende" $Ri, i+1$ dieser „Stabkräfte" durch den Punkt P gehen muß. Damit der Querschnitt nach der Formänderung eben bleibt, muß diese Bedingung für jeden Knotenpunkt erfüllt sein.

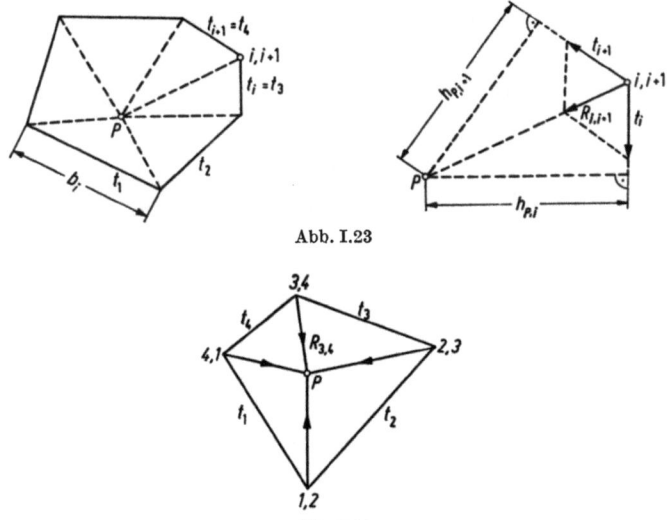

Abb. I.23

Abb. I.24

Für den viereckigen Querschnitt (Abb. I.24) können die Wandstärken t_1, t_2 und t_3 beliebig gewählt und auf Grund dessen die Lage des Punktes P bestimmt

---

[1] *E. Chwalla:* Einführung in die Baustatik, Köln, Stahlbau-Verlag, 1954, S. 177.

werden[1]. Damit der Querschnitt auch nach der Verformung eben bleibt, muß t_4 so bestimmt werden, daß die „Resultierende" $R_{3,4}$ durch P geht.

Zufolge Gleichung (I.115) ist dann auch die Bedingung, daß $R_{4,1}$ durch P geht, erfüllt.

Durch die Bestimmung der Lage des Punktes P von zwei Knotenpunkten aus ist es möglich, für eine beliebige Form des „Fachwerks" in jedem Knotenpunkt eine „Stabkraft" t so zu bestimmen, daß die „Resultierende" der in dem Knoten angreifenden Stabkräfte durch P geht und der Querschnitt somit nach der Formänderung eben bleibt.

4. Dünnwandige, offen-geschlossene Profile

Eine Sonderstellung nehmen in gewisser Hinsicht die kombinierten, d. h. die gemischten offen-geschlossenen Querschnitte ein, deren Profilmittellinie sich aus geschlossenen, kastenförmigen und aus offenen Teilen zusammensetzt.

Der Ausdruck (I.108) für die sektorielle Koordinate $\bar{\omega}_P$ hat auch Gültigkeit für diese Art von Querschnitten, doch muß berücksichtigt werden, daß in den offenen Querschnittsteilen $\bar{\tau}$ gleich Null ist.

In Abb. I.25a ist ein offen-geschlossener Querschnitt gezeigt, welcher sich aus drei Zellen und dem offenen Querschnittsteil zusammensetzt. Der Querschnitt ist in bezug auf die y-Achse symmetrisch. Als Verdrehungsachse wählen wir die Gerade, welche die Punkte P der einzelnen Querschnitte miteinander verbindet.

Um die Werte der Einheitsverwölbung bzw. der sektoriellen Koordinate $\bar{\omega}_P$ längs der Profilmittellinie berechnen zu können, müssen wir vorerst die Funktion $\bar{\tau}$ der Schubspannungsverteilung bestimmen, welche durch die Ausdrücke (I.106) und (I.97) gegeben ist. Die Koeffizienten im Gleichungssystem (I.94) haben die folgenden Werte:

$$\eta_{11} = \eta_{33} = \left(1 + \frac{0{,}5}{1{,}2} + \frac{0{,}5\sqrt{5}}{0{,}5} + \frac{1}{0{,}5}\right)\frac{a}{t_0} = 5{,}6527\,\frac{a}{t_0}$$

$$\eta_{22} = \left(1 + \frac{1}{1{,}2} + 2\,\frac{1}{0{,}5}\right)\frac{a}{t_0} = 5{,}8333\,\frac{a}{t_0}$$

$$\eta_{12} = \eta_{13} = \frac{1}{0{,}5}\frac{a}{t_0} = 2\,\frac{a}{t_0}.$$

Die rechten Seiten haben die Werte:

$$2A_1 = \frac{3}{2}a^2 \quad \text{und} \quad 2A_2 = 2a^2.$$

Aus der Symmetrie des Querschnittes folgt, daß $\bar{q}_3 = \bar{q}_1$ ist, so daß das Gleichungssystem (I.6) unter Berücksichtigung des Ausdruckes (I.97) lautet:

$$5{,}6527\,\bar{q}_1 - 2\,\bar{q}_2 = \frac{3}{2}\,at_0$$

$$-4\,\bar{q}_1 + 5{,}8333\,\bar{q}_2 = 2\,at_0.$$

---

[1] *F. Stüssi:* Zur Biegung und Verdrehung des dünnwandigen schlanken Stahlstabes. Abhandlungen IVBH, sechster Band, 1940/41, S. 283.

5. Veränderliches Torsionsmoment 45

Die Auflösung ergibt:

$$\bar{q}_1 = 0{,}5105 \, at_0,$$

$$\bar{q}_2 = 0{,}6929 \, at_0.$$

Die Schubspannungsverteilungs-Funktion $\bar{\tau}$, welche durch den Ausdruck (I.106) bestimmt wurde, ist in Abb. I.25 b gezeigt.

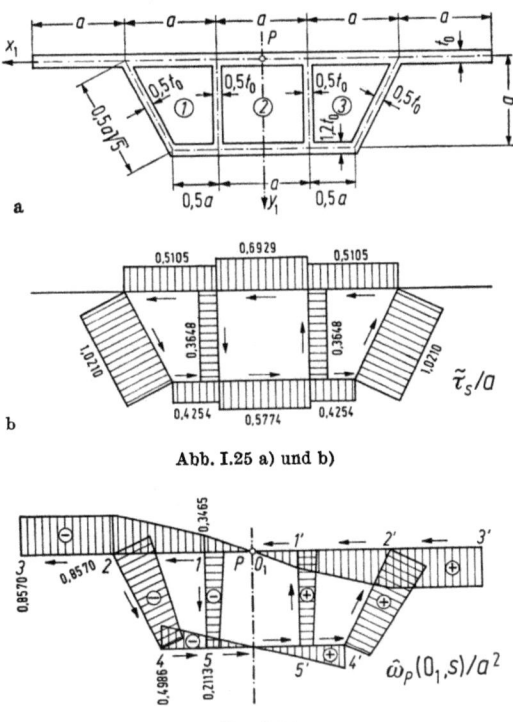

Abb. I.25 a) und b)

Abb. I.26

Die sektorielle Koordinate $\hat{\omega}_P$ wurde mittels des Ausdruckes (I.108) berechnet und ist in Abb. I.26 dargestellt. Der Nullpunkt 0, von welchem aus die Integration vorgenommen wurde, deckt sich mit Punkt P. Es muß bemerkt werden, daß im offenen Querschnittsteil, zwischen den Punkten 2 und 3, das Glied $\bar{\tau}$ gleich Null ist. Außerdem ist, mit Rücksicht auf die gewählte Lage des Poles P, der Tangentenabstand h_P in diesem Teil ebenfalls gleich Null und infolgedessen die sektorielle Koordinate $\hat{\omega}_P$ für das offene Teilstück konstant.

5. Veränderliches Torsionsmoment

Eine Erweiterung der St. Venantschen Torsion auf die Berechnung des Stabes im Falle eines längs der Stabachse veränderlichen Torsionsmomentes $T = T(z)$ ist nur für besondere Formen vom Querschnitt berechtigt. Zu diesen Querschnitten zählen in erster Linie die gedrungenen Voll- und Hohlquerschnitte. Die Abweichung von den nach der St. Venantschen Torsion angenommenen Spannungen tritt bei solchen Stäben nur in der Nähe von Angriffspunkten der äußeren Kräfte ein und hat einen rein lokalen Charakter.

Von den dünnwandigen Stäben mit offenem Profil können nur diejenigen auf diese Weise berechnet werden, welche wölbfreie Querschnitte haben oder eine unbedeutende Abweichung von dieser Bedingung zeigen.

Ein Teil von den geschlossenen Profilen (siehe Kap. III) können näherungsweise durch die Anwendung der St. Venantschen Torsion berechnet werden. Zu dieser Gruppe gehören die sogenannten wölbfreien Querschnitte oder solche, welche nur eine kleine Verwölbung aufweisen.

Bei allen anderen geschlossenen Querschnittsformen wird eine solche Berechnung weniger berechtigt, was von der Art der Belastung, Randbedingungen usw. abhängt.

Wir nehmen an, daß im Falle eines veränderlichen Torsionsmomentes $T = T(z)$ die Beziehung (I.64) angeschrieben werden kann:

$$\varphi' = \frac{T(z)}{GK}, \qquad (\text{I.116})$$

wo mit $T(z)$ das Torsionsmoment als Schnittkraft bezeichnet ist.

Wir betrachten nun ein durch die Querschnitte z und $z + dz$ begrenztes Stabelement (Abb. I.27).

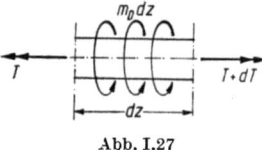

Abb. I.27

Wenn wir mit m_D das äußere verteilte Torsionsmoment bezeichnen und voraussetzen, daß der Stab nur auf Torsion beansprucht ist, dann können wir schreiben:

$$dT + m_D \, dz = 0,$$

beziehungsweise

$$T' = \frac{dT}{dz} = -m_D.$$

Durch Einsetzen dieses Ausdrucks in die Gleichung (I.116) erhalten wir die Differentialgleichung:

$$GK\varphi'' = -m_D. \qquad (\text{I.117})$$

Die Integration ergibt:

$$\varphi = \varphi_0 + \frac{T_0}{GK} z + \varphi_P, \qquad (\text{I.118})$$

wobei mit φ_0 und T_0 die Verdrehung und das Torsionsmoment im Schnitt $z = 0$ angegeben sind. Mit φ_P ist das partikuläre Integral bezeichnet, welches die Bedingungen $\varphi = T = 0$, für $z = 0$, befriedigt.

Im Falle eines im beliebigen Punkt $z = \zeta$ angreifenden Momentes T^* (Abb. II.36) erhalten wir für den linken Teil, d. h. für $z < \zeta$, den Ausdruck (I.118) für $\varphi_P = 0$.

5. Veränderliches Torsionsmoment

Beim Übergang auf den rechten Stabteil ($z > \zeta$) müssen die folgenden Bedingungen erfüllt sein:

$$\varphi^r = \varphi^l,$$
$$T^r = T^l - T^*, \qquad (\text{I}.119)$$

wo mit r die Einflüsse, welche sich auf den rechten, und mit l diejenigen, welche sich auf den linken Stabteil beziehen, bezeichnet sind.

Wenn wir zur Lösung (I.118), für $\varphi_P = 0$, eine solche gleicher Form hinzufügen, welche im Punkt m, d. h. für $z = \zeta$, die Bedingungen

$$\varphi_m = 0,$$
$$T_m = -T^*$$

erfüllt, erhalten wir für den rechten Stabteil die Lösung, welche die Bedingungen (I.119) befriedigt.

Auf diese Weise finden wir:

$$\varphi = \varphi_0 + \frac{T_0}{GK} z \; \Big| \; -\frac{T^*}{GK}(z-\zeta), \qquad (\text{I}.120)$$

wobei der Anteil, welcher für den rechten Stabteil, d. h. für $z > \zeta$, hinzugefügt werden muß, durch eine Vertikallinie getrennt ist.

Für das Torsionsmoment ergibt sich der Ausdruck:

$$T = T_0 \; | \; -T^*. \qquad (\text{I}.121)$$

Im Falle der Belastung durch ein verteiltes Torsionsmoment $m_D(z)$ erhalten wir die Ausdrücke für φ und T auf Grund der Formeln (I.120) und (I.121).

Durch Einsetzen von

$$dT^* = m_D \, d\zeta$$

folgt aus den Gleichungen (I.120) und (I.121):

$$\varphi = \varphi_0 + \frac{T_0}{GK} z \; \Big| \; -\int_0^z m_D(z-\zeta)\, d\zeta$$

und

$$T = T_0 \; \Big| \; -\int_0^z m_D \, d\zeta.$$

Die Randbedingung an einem Stabende kann durch die Verdrehung

$$\varphi = \varphi^* \qquad (\text{I}.122)$$

oder das Torsionsmoment

$$T = T^* \qquad (\text{I}.123)$$

angegeben werden. Dabei sind mit Stern die am betrachteten Stabende gegebenen Einflüsse bezeichnet.

Die homogene Randbedingung

$$\varphi = 0 \qquad (\text{I}.124)$$

wird durch die drehfest gehaltene Lagerung erreicht. Eine solche Lagerung wird auch als Gabellagerung bezeichnet.

Das freie Ende des Stabes wird durch die Bedingung

$$T = 0 \qquad (I.125)$$

gekennzeichnet.

Als Beispiel nehmen wir einen durch Torsionsmoment T^* im Punkt m, $z = \zeta$ (Abb. I.28), belasteten Stab, welcher an beiden Enden drehfest gehalten wird. Auf Grund des Ausdrucks (I.124) ergibt sich aus der Gleichung (I.120) für $z = 0$:

$$\varphi_0 = 0,$$

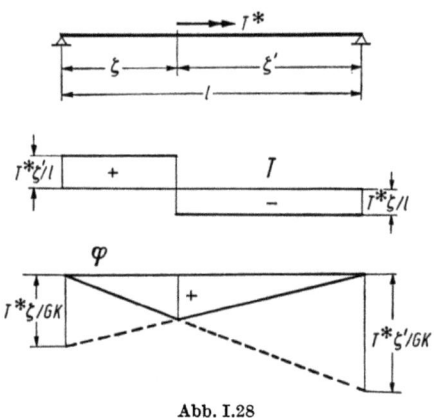

Abb. I.28

und die Verwendung derselben Gleichung liefert für $z = l$:

$$T_0 l - T^*(l - \zeta) = 0$$

beziehungsweise

$$T_0 = T^* \frac{l - \zeta}{l}.$$

Für φ und T ergeben sich die Ausdrücke:

$$\varphi = \frac{T^*}{GK} \left[\frac{\zeta'}{l} z \ \bigg| \ -(z - \zeta) \right].$$

$$T = T^* \left(\frac{\zeta'}{l} \ \bigg| \ -1 \right),$$

wo $\zeta' = l - \zeta$ ist.

Das Diagramm (Abb. I.28) von φ ist dem Biegemomentdiagramm und dasjenige von T dem Querkraftdiagramm des freiaufliegenden Balkens analog.

Verschiedene Lösungen für den Stab und die Stabsysteme können als Sonderfall (für $E' J_{\omega\omega} = 0$) der in den Kapiteln II.3 und II.4 dargelegten Theorie erhalten werden[1].

---

[1] Eine Anzahl von Beispielen dieser Art sind im Buch: *C. F. Kollbrunner* und *K. Basler*: Torsion, Springer-Verlag, Berlin, Heidelberg, New York, 1966, enthalten.

II. Dünnwandige Stäbe mit offenem Profil und geradliniger Achse

1. Die Theorie des dünnwandigen Stabes mit offenem Profil

1.1. Die Verformung des Stabes

Wir betrachten einen geraden, dünnwandigen Stab mit beliebigem offenem Querschnitt (Abb. II.1). Die Mittelfläche des Stabes teilt die Wandstärke t desselben in zwei gleiche Teile. Den Schnitt dieser Mittelfläche mit der Ebene des

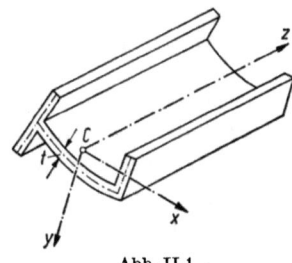

Abb. II.1

Stabquerschnittes bezeichnen wir als Profilmittellinie. Als Achse z des kartesischen Koordinatensystems wählen wir der Einfachheit halber die Verbindungslinie der Querschnitts-Schwerpunkte. Den Koordinatenursprung verlegen wir in einen beliebigen Querschnitt; die Achsen x und y legen wir so, daß sie mit den Trägheitshauptachsen desselben zusammenfallen.

In bezug auf die Verformung des Stabes setzen wir voraus:

a) Die Querschnittsform des Stabes bleibt während der Verformung unverändert.

b) Die Gleitverzerrung in der Mittelfläche des Stabes wird vernachlässigt.

c) Ein senkrecht zur Mittelfläche stehendes Linienelement bleibt auch nach der Verformung gerade und senkrecht zur verformten Mittelfläche, wobei es keine Längenänderung erleidet (Kirchoff-Lovesche Voraussetzung).

Die erste Annahme a) kann vom technischen Standpunkt aus als gerechtfertigt angesehen werden, wenn der Querschnitt genügend steif ist, um quergerichtete Spannungen ohne wesentliche Formänderungen aufzunehmen. Bei dünnwandigen Profilen ist dies leider nicht immer der Fall, und die Verformung des Querschnittes, welche bei der Beanspruchung des Stabes erfolgt, verursacht eine andere Verteilung der inneren Kräfte als auf Grund der getroffenen Annahme.

Die Walzprofile besitzen meistens eine genügend große Quersteifigkeit, welche die Annahme des unverformbaren Querschnittes berechtigt.

Bei mittels Schweiß-, Niet- und Schraubenverbindungen zusammengesetzten Profilen wird eine größere Quersteifigkeit des Trägers durch Anordnung von Querschotten erreicht, welche wesentliche Formänderungen des Querschnitts verhindern und auf diese Weise die getroffene Annahme rechtfertigen.

Die Anordnung und Verteilung dieser Querversteifungen über die Trägerlänge hängt von den geometrischen Kennwerten des Querschnitts, den Auflagerungs- bzw. Randbedingungen des Trägers sowie der Belastungsart ab.

Um die Frage der Anordnung und Verteilung dieser Querversteifungen beantworten zu können, muß man von der Theorie des Stabes mit in ihren Ebenen deformierbaren Querschnitten ausgehen, welche im zweiten Teil des Buches gebracht wird.

Auf Grund der getroffenen Annahme ruft ein in einer beliebigen Querschnittsebene wirkendes Gleichgewichtssystem äußerer Kräfte keine wie immer gearteten Formänderungen des Stabes hervor. Damit diese Bedingung näherungsweise erfüllt werden kann (auch wenn es sich um Einzellasten oder um auf nur kleine Flächen verteilte Belastungen großer Intensität handelt), ist es erforderlich, daß an diesen Krafteinleitungsstellen genügend starke Querversteifungen vorhanden sind.

Stäbe aus Stahlbeton oder aus vorgespanntem Stahlbeton, deren Querschnitte so beschaffen sind, daß die Stäbe als dünnwandig angesehen werden können, besitzen in der Regel eine genügend große Quersteifigkeit, um die Annahme der Unveränderlichkeit der Querschnittsform zu erfüllen. Die Verformbarkeit des Querschnittes kann bei jenen Stäben aus Stahl- oder Spannbeton eine wesentliche Rolle spielen, welche in die Gruppe der langen prismatischen Schalen (Faltwerke) fallen.

Die Querschnitte dieser Stab-Schalen können, obgleich das Verhältnis der Querschnittsabmessungen zur Stablänge klein ist, wesentliche Formänderungen erleiden. Es wird von der Anzahl und Anordnung der Querversteifungen, von der Form des Querschnittes, der Querverschieblichkeit sowie der Belastung usw. abhängen, ob die Berechnung eines solchen Stabes auf Grund der Annahme über die Unveränderlichkeit der Form seiner Querschnitte berechtigt ist oder ob es notwendig ist, die statische Analyse auf Grund der Theorie, welche die Verformbarkeit der Stabquerschnitte berücksichtigt, durchzuführen, wie dies im zweiten Teil des Buches gezeigt wird.

Die zweite Annahme b) stellt eine gewisse Verallgemeinerung der Hypothese von *Bernoulli* dar, auf welcher die übliche Theorie des Balkenträgers aufgebaut ist. Für Stäbe mit offenem Profil kann die Vernachlässigung der Gleitverzerrung in der Mittelfläche des Stabes als berechtigt angesehen werden. Die Schubspannungen τ_{zs} in der Mittelfläche können unter Berücksichtigung dieser Annahme nicht unmittelbar, d. h. mit Hilfe des Gesetzes von *Hooke* bestimmt werden.

Hingegen können wir diese Schubspannungen unter Zuhilfenahme der Gleichgewichtsbedingungen aus den gegebenen Normalspannungen σ_z erhalten.

Die dritte Annahme c), welche in der Theorie der Platten und Schalen üblich ist, kann als vollauf gerechtfertigt angesehen werden, da die Wandstärke des dünnwandigen Stabes klein ist sowohl im Verhältnis zu den Querschnittsabmessungen als auch zur Stablänge. Diese Voraussetzung ermöglicht es uns,

1. Die Theorie des dünnwandigen Stabes mit offenem Profil

wie im folgenden gezeigt wird, den St. Venantschen Anteil auf natürliche Weise in die Beanspruchung des Stabes auf Torsion einzubeziehen.

Wir bestimmen die Lage eines beliebigen Punktes auf der Mittelfläche des Stabes wie bisher durch Einführung eines Systems orthogonaler Koordinaten s und z. Dabei ist die Koordinate s die Länge der Profilmittellinie, gemessen von einer vorher bestimmten Erzeugenden der Mittelfläche aus. Den Abstand des beliebigen Punktes von der Mittelfläche bezeichnen wir mit e. Die Verschiebungskomponenten der Punkte der Profilmittellinie in den Richtungen e, s und z bezeichnen wir mit u, v und w, die Verschiebungskomponenten von außerhalb der Profilmittellinie gelegenen Punkten mit u_*, v_* und w_*. Unter Berücksichtigung der ersten Annahme ist die Verschiebung des beliebigen Punktes in der Querschnittsebene durch drei Parameter bestimmt. Als Parameter wählen wir die Verschiebungen ξ_P und η_P des beliebig angenommenen Poles P mit den Koordinaten x_P und y_P und die Verdrehung φ_P des Querschnittes um diesen Punkt.

Die Verschiebungskomponenten ξ_* und η_* des beliebigen Punktes $S_*(x_*, y_*)$ in den Richtungen x und y sind dann durch die Ausdrücke

$$\xi_* = \xi_P - (y_* - y_P)\varphi_P,$$
$$\eta_* = \eta_P + (x_* - x_P)\varphi_P \tag{II.1}$$

bestimmt (Abb. II.2).

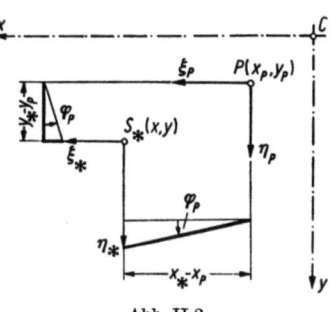

Abb. II.2

Die Verschiebungen u_* und v_* sind durch die Verschiebungen ξ_* und η_* mittels der Gleichungen

$$u_* = \eta_* \sin \alpha + \xi_* \cos \alpha,$$
$$v_* = \eta_* \cos \alpha - \xi_* \sin \alpha \tag{II.2}$$

gegeben, wo α der Winkel ist, den die durch S_* gezogene Normale auf die Profilmittellinie mit der positiven Richtung der x-Achse einschließt.

Setzen wir die Ausdrücke (II.1) für ξ_* und η_* in die Gleichungen (II.2) ein, so erhalten wir:

$$u_* = \eta_P \sin \alpha + \xi_P \cos \alpha + \varphi_P[(x_* - x_P) \sin \alpha - (y_* - y_P) \cos \alpha], \tag{II.3}$$
$$v_* = \eta_P \cos \alpha - \xi_P \sin \alpha + \varphi_P[(x_* - x_P) \cos \alpha + (y_* - y_P) \sin \alpha]. \tag{II.4}$$

Der Ausdruck in der eckigen Klammer der Gleichung (II.3) stellt den Abstand h_{nP} der Normalen $\vec{n}$ (siehe Abb. I.15 und Gleichung (I.70)) und der entsprechende Ausdruck in der Gleichung (II.4) den Abstand h_P^* der durch S_* parallel zur

Tangente an die Profilmittellinie gezogenen Geraden (siehe Abb. I.15 und Gleichung (I.71)) vom Pol P dar.

Unter Berücksichtigung dieser Beziehungen können wir die Gleichungen (II.3) und (II.4) in folgender Form schreiben:

$$u_* = \eta_P \sin \alpha + \xi_P \cos \alpha + \varphi_P h_{nP}, \qquad (II.5)$$

$$v_* = \eta_P \cos \alpha - \xi_P \sin \alpha + \varphi_P h_P^*. \qquad (II.6)$$

Auf Grund der zweiten Annahme folgt unmittelbar:

$$\gamma_{zs} = \frac{\partial v}{\partial z} + \frac{\partial w}{\partial s} = 0; \qquad (II.7)$$

beziehungsweise

$$\frac{\partial w}{\partial s} = -\frac{\partial v}{\partial z}, \qquad (II.8)$$

wobei, wie bereits erwähnt wurde,

$$v = v_*(s, z, e = 0) \quad \text{und} \quad w = w_*(s, z, e = 0)$$

sind.

Aus der Annahme c) folgt, daß die Gleitverzerrung γ_{zn*} im beliebigen Punkt auch gleich Null sein muß, so daß wir schreiben können:

$$\gamma_{zn*} = \frac{\partial u_*}{\partial z} + \frac{\partial w_*}{\partial e} = 0, \qquad (II.9)$$

beziehungsweise

$$\frac{\partial w_*}{\partial e} = -\frac{\partial u_*}{\partial z}. \qquad (II.10)$$

Die Integration des totalen Differentiales der Funktion w_* ergibt:

$$w_*(s, e, z) = \int_0^e \frac{\partial w_*}{\partial e} de + \int_0^s \frac{\partial w}{\partial s} ds + w_0(z), \qquad (II.11)$$

wo $w_0(z)$ eine beliebige Funktion von z ist.

Unter Berücksichtigung der Gleichungen (II.8) und (II.10) geht der Ausdruck (II.11) über in:

$$w_* = -\int_0^e \frac{\partial u_*}{\partial z} de - \int_0^s \frac{\partial v}{\partial z} ds + w_0(z). \qquad (II.12)$$

Setzen wir in die Gleichung (II.12) die Ausdrücke (II.5) und (II.6) für u_* und $v = v_*(s, z, e = 0)$ ein, so erhalten wir nach der Integration

$$w_* = w_0 - \eta_P' y_* - \xi_P' x_* - \varphi_P' \omega_{P*}, \qquad (II.13)$$

wo die mit Strichen versehenen Werte deren Ableitungen nach z bedeuten. Mit x_* und y_* sind die Kartesischen Koordinaten des beliebigen Punktes S_* bezeichnet

1. Die Theorie des dünnwandigen Stabes mit offenem Profil

und mit ω_{P*} der Ausdruck:

$$\omega_{P*} = \int_0^s h_P \, ds + \int_0^e h_{nP} \, de \qquad (II.14)$$

oder:

$$\omega_{P*} = \omega_P + h_{nP} e, \qquad (II.15)$$

wobei $h_P = h_P^*(s, e = 0)$ der Abstand der Tangente t vom Pol P ist (siehe Abb. I.15).

Die Größe

$$\omega_P = \int_0^s h_P \, ds$$

haben wir im ersten Kapitel als sektorielle Koordinate oder Einheitsverwölbung bezeichnet und den ganzen Ausdruck (II.15) verallgemeinerte sektorielle Koordinate genannt. In der klassischen Theorie der Wölbkrafttorsion wird nur das erste Glied der Gleichung (II.15) berücksichtigt, welches von der Lage des Punktes S auf der Profilmittellinie abhängt.

Aus den Voraussetzungen über die Verformungen des Stabes folgt, daß nur die Dehnung ε_{z*} in Richtung der z-Achse sowie die Gleitverzerrung $\gamma_{zs*} = \gamma_s$ von Null verschieden sind. Dazu muß bemerkt werden, daß auf Grund der Annahme b) beziehungsweise der Gleichung (II.7) für die Mittelfläche des Stabes auch die Gleitverzerrung Null ist:

$$\gamma_{zs*}(e = 0) = 0.$$

Für ε_{z*} erhalten wir:

$$\varepsilon_{z*} = \frac{\partial w_*}{\partial z} = w_0' - \eta_P'' y_* - \xi_P'' x_* - \varphi_P'' \omega_{P*}. \qquad (II.16)$$

Unter Berücksichtigung, daß

$$\frac{dx_*}{ds} = -\sin \alpha$$

und

$$\frac{dy_*}{ds} = \cos \alpha \qquad (II.17)$$

sind, erhalten wir für $\gamma_s = \gamma_{zs*}$ auf Grund der Gleichungen (II.6) und (II.13) zunächst

$$\gamma_s = \frac{\partial v_*}{\partial z} + \frac{\partial w_*}{\partial s} = \varphi_P' h_P^* - \varphi_P' \left(\frac{\partial \omega_P}{\partial s} + \frac{\partial h_{nP}}{\partial s} e \right)$$

und weil

$$\frac{\partial \omega_P}{\partial s} = h_P; \quad \frac{\partial h_{nP}}{\partial s} = -1; \quad \text{ferner} \quad h_P^* - h_P = e;$$

sind, folgt:

$$\gamma_s = 2 \varphi_P' e. \qquad (II.18)$$

1.2. Beziehungen zwischen den Spannungen und den Formänderungen. Gleichgewichtsbedingungen. Schnittkräfte

Auf Grund des Hookeschen Gesetzes und unter Berücksichtigung der Voraussetzungen über die Formänderungen erhalten wir (Abb. II.3a)

$$\sigma_z = E' \varepsilon_z, \tag{II.19}$$

wo $E' = E/(1 - \nu^2)$, E der Elastizitätsmodul und ν die Poissonsche Zahl ist.

Den von der Gleitverzerrung γ_s abhängigen Teil der Schubspannung τ_{zs} bezeichnen wir mit τ_s und erhalten:

$$\tau_s = G \gamma_s, \tag{II.20}$$

wo G der Gleit- oder Schubmodul ist.

Dieser Schubspannungsanteil ist auf Grund der Gleichung (II.18) antimetrisch über die Wandstärke verteilt (Abb. II.3b). Der andere, gleichmäßig über die Wandstärke verteilte Anteil der Schubspannung (Abb. II.3c), welchen wir mit τ_w bezeichnen wollen, kann leider nicht unmittelbar durch die Gleitverzerrung der Mittelfläche bestimmt werden, da wir bei den Annahmen über die Formänderungen die Voraussetzung über die Vernachlässigbarkeit derselben getroffen haben.

Wie wir bereits erwähnt haben, können wir diesen Anteil der Schubspannung τ_{zs} durch Benützung der Gleichgewichtsbedingungen ausdrücken. Die Schubspannung τ_{zs} ergibt sich als Summe

$$\tau_{zs} = \tau_s + \tau_w. \tag{II.21}$$

Ebenso kann auch die Schubspannung τ_{zn} wegen der Voraussetzung c) nicht durch die entsprechende Gleitverzerrung bestimmt werden.

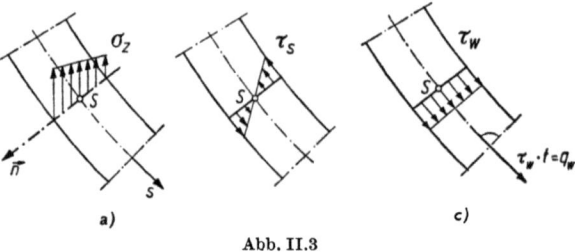

Abb. II.3

Auf Grund der Gleichungen (II.16) und (II.18) können wir die Spannungen σ_z und τ_s auch mittels der Verschiebungsparameter ξ_P, η_P, w_0 und φ_P ausdrücken:

$$\sigma_z = E'(w_0' - \eta_P'' y_* - \xi_P'' x_* - \varphi_P'' \omega_{P*}) \tag{II.22}$$

und

$$\tau_s = 2 G \varphi_P' e. \tag{II.23}$$

Die Normalspannung σ_z ist längs der Wandstärke linear veränderlich.

1. Die Theorie des dünnwandigen Stabes mit offenem Profil

Die Gleichgewichtsbedingungen stellen wir unter Anwendung des Prinzips der virtuellen Arbeit auf.

Wir schneiden aus dem Stabe ein durch die Querschnitte $z = z_0$ und $z = z_0 + dz$ begrenztes Element heraus und lassen auf dasselbe die entsprechenden Kräfte wirken. Im beliebigen Punkt des Querschnittes $z = z_0$ wirkt der Spannungsvektor $\vec{\sigma}_z$ mit den Komponenten $\sigma_z = \sigma$, τ_{zs}, τ_{zn}, und im entsprechenden Punkt des Querschnittes $z = z_0 + dz$ wirkt der Spannungsvektor $\vec{\sigma}_z + \partial\vec{\sigma}_z/\partial z\,(dz)$ (Abb. II.4).

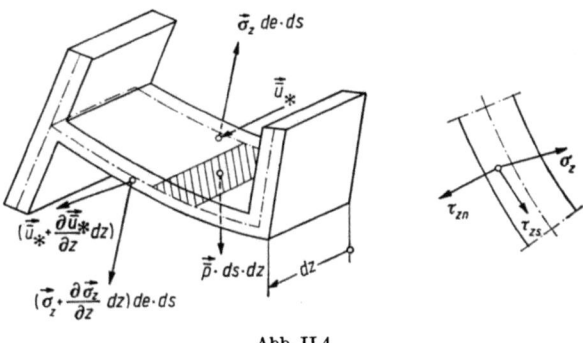

Abb. II.4

Die räumliche Belastung $\vec{p}_*$ mit den Komponenten p_{*x}, p_{*y} und p_{*z} in den Richtungen x, y und z nehmen wir als über die Wandstärke gleichmäßig verteilt an. Durch Reduktion auf die Mittelfläche des Stabes erhalten wir die Flächenbelastung

$$\vec{\bar{p}} = \vec{p}_* t \tag{II.24}$$

mit den Komponenten

$$\bar{p}_x = p_{x*}t, \quad \bar{p}_y = p_{y*}t, \quad \bar{p}_z = p_{z*}t \tag{II.25, a—c}$$

in den Richtungen x, y und z.

Der Vektor der virtuellen Verschiebung $\vec{u}_*$ ist eine stetige Funktion der Koordinaten, welcher die vorher aufgestellten Bedingungen über die Formänderung erfüllt:

$$\vec{u}_* = \bar{\xi}_*\vec{i} + \bar{\eta}_*\vec{j} + \bar{w}_*\vec{k}, \tag{II.26}$$

wo $\bar{\xi}_*$, $\bar{\eta}_*$ und $\bar{w}_*$ dessen Komponenten in den Richtungen x, y und z und $\vec{i}$, $\vec{j}$ und $\vec{k}$ die Einheitsvektoren in diesen Richtungen bedeuten.

Bezeichnen wir mit $\overline{W}$ die Arbeit der äußeren und mit $\overline{U}$ die Arbeit der inneren Kräfte bei dem gegebenen Vektor der virtuellen Verschiebung $\vec{u}_*$, so können wir das Prinzip der virtuellen Verschiebungen wie folgt formulieren:

$$\overline{W} + \overline{U} = 0. \tag{II.27}$$

Die Spannungsvektoren $\vec{\sigma}_z$, bzw. $\vec{\sigma}_z + \partial\vec{\sigma}_z/\partial z\,(dz)$, sowie Belastung $\vec{\bar{p}}$ sind äußere Kräfte, welche auf das in Abb. II.4 gezeigte Element wirken. Die auf die

II. Dünnwandige Stäbe mit offenem Profil und geradliniger Achse

Einheit der Stablänge bezogene Arbeit dieser Kräfte beträgt:

$$\overline{W} = \int_F \left(\frac{\partial \vec{\sigma}_z}{\partial z} \vec{u}_* + \vec{\sigma}_z \frac{\partial \vec{u}_*}{\partial z} \right) dF_* + \int_s \vec{\bar{p}} \vec{u} \, ds, \tag{II.28}$$

wo $dF_* = de\,ds$ ist. Das erste Integral erstreckt sich über die Querschnittsfläche und das zweite über die gesamte Länge der Profilmittellinie.

Unter Berücksichtigung, daß

$$\bar{\varepsilon}_{n*} = \bar{\gamma}_{sn*} = \bar{\gamma}_{zn*} = \bar{\varepsilon}_{s*} = 0$$

sind, erhalten wir die Arbeit der inneren Kräfte, bezogen auf die Einheit der Stablänge zu:

$$\overline{U} = -\int_F (\sigma_z \bar{\varepsilon}_{z*} + \tau_s \bar{\gamma}_s) \, dF_*. \tag{II.29}$$

Den Spannungsvektor $\vec{\sigma}_z$ drücken wir nun durch seine Projektionen auf die Achsen x, y und z aus:

$$\vec{\sigma}_z = (\tau_{zn} \cos \alpha - \tau_{zs} \sin \alpha) \vec{i} + (\tau_{zn} \sin \alpha + \tau_{zs} \cos \alpha) \vec{j} + \sigma_z \vec{k}. \tag{II.30}$$

Setzen wir die Gleichungen (II.26) und (II.30) in den Ausdruck (II.28) für $\overline{W}$ ein, so erhalten wir:

$$\overline{W} = \int_F [(\tau'_{zn} \cos \alpha - \tau'_{zs} \sin \alpha) \bar{\xi}_* + (\tau'_{zn} \sin \alpha + \tau'_{zs} \cos \alpha) \bar{\eta}_* + \sigma_z' \bar{w}_*$$
$$+ (\tau_{zn} \cos \alpha - \tau_{zs} \sin \alpha) \bar{\xi}_*' + (\tau_{zn} \sin \alpha + \tau_{zs} \cos \alpha) \bar{\eta}_* + \sigma_z \bar{w}_*'] \, dF_*$$
$$+ \int_s (\bar{p}_x \bar{\xi} + \bar{p}_x \bar{\eta} + p_z \bar{w}) \, ds = 0. \tag{II.31}$$

Für die Komponenten $\bar{\xi}_*$, $\bar{\eta}_*$ und $\bar{w}_*$ wählen wir Ausdrücke von der gleichen Form, wie wir sie für die wirklichen Verschiebungen benützt haben.

Auf Grund der Gleichungen (II.1) und (II.13) erhalten wir:

und
$$\left. \begin{array}{l} \bar{\xi}_* = \bar{\xi}_P - (y_* - y_P) \bar{\varphi}_P \\ \bar{\eta}_* = \bar{\eta}_P + (x_* - x_P) \bar{\varphi}_P \\ \bar{w}_* = \bar{w}_0 - \bar{\eta}_P' y_* - \bar{\xi}_P' x_* - \bar{\varphi}_P' \omega_{P*} \end{array} \right\} \tag{II.32}$$

Die Parameter $\bar{\xi}_P$, $\bar{\eta}_P$, $\bar{\varphi}_P$ und $\bar{w}_0$ sind beliebige Funktionen der Koordinate z und, allgemein genommen, unabhängig von der wirklichen Stabbelastung.

Für die Verzerrungskomponenten $\bar{\varepsilon}_{z*}$ und $\bar{\gamma}_s$ erhalten wir:

$$\bar{\varepsilon}_{z*} = \bar{w}_0' - \bar{\eta}_P'' y_* - \bar{\xi}_P'' x_* - \bar{\varphi}_P'' \omega_{P*}, \tag{II.33}$$

$$\bar{\gamma}_s = 2 \bar{\varphi}_P' e. \tag{II.34}$$

1. Die Theorie des dünnwandigen Stabes mit offenem Profil

Wir setzen nun zunächst die Ausdrücke (II.32) in die Gleichung (II.31) und sodann die Ausdrücke (II.33) und (II.34) in die Gleichung (II.29) ein. Die Gleichung (II.27) erhalten wir mit den für $\overline{U}$ und $\overline{W}$ eingesetzten und nach den Parametern $\bar{\xi}_P$, $\bar{\eta}_P$, $\bar{\varphi}_P$ und $\overline{w}_0$ und deren Ableitungen geordneten Ausdrücken in der folgenden Form:

$$\left.\begin{aligned}
& \overline{w}_0 \left\{ \int_F \sigma_z' \, dF_* + \int_s \overline{p}_z \, ds \right\} \\
& + \bar{\xi}_P \left\{ \int_F (\tau'_{zn} \cos \alpha - \tau'_{zs} \sin \alpha) \, dF_* + \int_s \overline{p}_x \, ds \right\} \\
& + \bar{\eta}_P \left\{ \int_F (\tau'_{zn} \sin \alpha + \tau'_{zs} \cos \alpha) \, dF_* + \int_s \overline{p}_y \, ds \right\} \\
& + \bar{\varphi}_P \left\{ \int_F (\tau'_{zn} h_{nP} + \tau'_{zs} h_P^*) \, dF_* + \int_s [\overline{p}_y(x - x_P) - \overline{p}_x(y - y_P)] \, ds \right\} \\
& - \bar{\xi}_P' \left\{ \int_F [\sigma_z' x_* - (\tau_{zn} \cos \alpha - \tau_{zs} \sin \alpha)] \, dF_* + \int_s x\overline{p}_z \, ds \right\} \\
& - \bar{\eta}_P' \left\{ \int_F [\sigma_z' y_* - (\tau_{zn} \sin \alpha + \tau_{zs} \cos \alpha)] \, dF_* + \int_s y\overline{p}_z \, ds \right\} \\
& - \bar{\varphi}_P' \left\{ \int_F [\sigma_z' \omega_{P*} - (\tau_{zn} h_{nP} + \tau_{zs} h_P^*) + 2\tau_s e] \, dF_* + \int_s \omega_{P*} \overline{p}_z \, ds \right\} = 0
\end{aligned}\right\} \quad (II.35)$$

wo $dF_* = de \, ds$ ist.

Da die Größen $\overline{w}_0$, $\bar{\xi}_P$, $\bar{\eta}_P$, $\bar{\varphi}_P$, $\bar{\xi}_P'$, $\bar{\eta}_P'$ und $\bar{\varphi}_P'$ sowohl untereinander als auch von Null verschiedene Werte annehmen können, müssen, damit die Gleichung (II.35) befriedigt wird, die Ausdrücke in den geschweiften Klammern gleich Null sein. Auf diese Weise erhalten wir das folgende Gleichungssystem:

$$\left.\begin{aligned}
& \int_F \sigma_z' \, dF_* + \int_s \overline{p}_z \, ds = 0 \\
& \int_F (\tau'_{zn} \cos \alpha - \tau'_{zs} \sin \alpha) \, dF_* + \int_s \overline{p}_x \, ds = 0 \\
& \int_F (\tau'_{zn} \sin \alpha + \tau'_{zs} \cos \alpha) \, dF_* + \int_s \overline{p}_y \, ds = 0 \\
& \int_F (\tau'_{zn} h_{nP} + \tau'_{zs} h_P^*) \, dF_* + \int_s [\overline{p}_y(x - x_P) - \overline{p}_x(y - y_P)] \, ds = 0 \\
& \int_F [\sigma_z' x_* - (\tau_{zn} \cos \alpha - \tau_{zs} \sin \alpha)] \, dF_* + \int_s y\overline{p}_z \, ds = 0 \\
& \int_F [\sigma_z' y_* - (\tau_{zn} \sin \alpha + \tau_{zs} \cos \alpha)] \, dF_* + \int_s x\overline{p}_z \, ds = 0 \\
& \int_F [\sigma_z' \omega_{P*} - (\tau_{zn} h_{nP} + \tau_{zs} h_P^*)] \, dF_* + \int_s \omega_{P*} \overline{p}_z \, ds = 0
\end{aligned}\right\} \quad (II.36)$$

58   II. Dünnwandige Stäbe mit offenem Profil und geradliniger Achse

Die Schnittkräfte des Stabes definieren wir wie folgt:

$$\left.\begin{aligned}
N &= \int_F \sigma_z \, dF_* \\
Q_x &= \int_F (\tau_{zn} \cos \alpha - \tau_{zs} \sin \alpha) \, dF_* \\
Q_y &= \int_F (\tau_{zn} \sin \alpha + \tau_{zs} \cos \alpha) \, dF_* \\
T_P &= \int_F (\tau_{zn} h_{nP} + \tau_{zs} h_P^*) \, dF_* \\
M_x &= \int_F \sigma_z x_* \, dF_* \\
M_y &= \int_F \sigma_z y_* \, dF_* \\
M_{\omega P} &= \int_F \sigma_z \omega_{P*} \, dF_* \\
T_s &= 2 \int_F \tau_s e \, dF_*
\end{aligned}\right\} \quad \text{(II.37, a—h)}$$

Die ersten drei Ausdrücke stellen der Reihe nach die Normalkraft und die Querkräfte des Querschnittes dar.

Durch die Ausdrücke (II.37, d—f) sind das Torsionsmoment in bezug auf den Punkt P sowie die Biegungsmomente in bezug auf die Achsen x und y bestimmt.

Durch den Ausdruck (II.37, g) ist das Bimoment (Wölbzwang, Wölbdrillmoment) gegeben. Diese Größe ist kennzeichnend für die Wölbkrafttorsion. Ihre Dimension ist $[QL^2]$, wo mit Q eine Kraft bezeichnet ist.

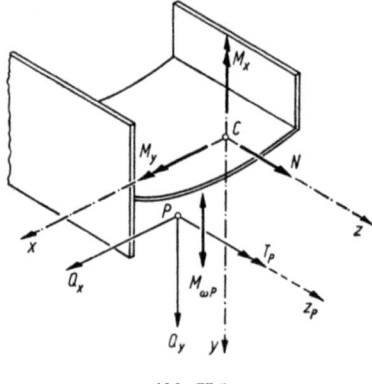

Abb. II.5

Die Größe T_s werden wir als St. Venantsches Torsionsmoment bezeichnen. Die Größe T_P stellt das gesamte Torsionsmoment des Querschnittes dar, wogegen T_s nur ein Anteil des Gesamttorsionsmomentes ist. Von diesen Größen und deren Bedeutung wird noch im folgenden Kapitel die Rede sein.

Die Schnittkräfte N, M_x, M_y, Q_x, Q_y, T_P und $M_{\omega P}$ sind in Abb. II.5 gezeigt.

1. Die Theorie des dünnwandigen Stabes mit offenem Profil

Die Belastungsglieder in den Gleichungen (II.36) bezeichnen wir wie folgt:

$$\left.\begin{aligned} p_x &= \int_s \overline{p}_x \, ds \\ p_y &= \int_s \overline{p}_y \, ds \\ p_z &= \int_s \overline{p}_z \, ds \\ m_P &= \int_s [\overline{p}_y(x - x_P) - \overline{p}_x(y - y_P)] \, ds \\ m_x &= \int_s x \overline{p}_z \, ds \\ m_y &= \int_s y \overline{p}_z \, ds \\ m_{\omega P} &= \int_s \omega_P \overline{p}_z \, ds \end{aligned}\right\} \quad \text{(II.38, a—g)}$$

Die bestimmten Integrale in den Ausdrücken (II.38, a—g) stellen der Reihe nach die Linienbelastungen in den Richtungen x, y und z dar, und die Ausdrücke m_P, m_x, m_y und $m_{\omega P}$ sind das äußere verteilte Torsionsmoment, die Biegemomente und das Bimoment. Nach Einsetzen der Ausdrücke (II.37) und (II.38) in die Gleichungen (II.36) erhalten wir die folgenden Gleichgewichtsbedingungen:

$$\left.\begin{aligned} N' + p_z &= 0 \\ Q_x' + p_x &= 0 \\ Q_y' + p_y &= 0 \\ T_P' + m_P &= 0 \end{aligned}\right\} \quad \text{(II.39, a—d)}$$

$$\left.\begin{aligned} M_x' - Q_x + m_x &= 0 \\ M_y' - Q_y + m_y &= 0 \\ M'_{\omega P} - T_{\omega P} + m_{\omega P} &= 0 \end{aligned}\right\} \quad \text{(II.40, a—c)}$$

wo

$$T_{\omega P} = T_P - T_s \quad \text{(II.41)}$$

ist.

Die Größe $T_{\omega P}$ werden wir als Wölbtorsionsmoment bezeichnen.

Durch die Anwendung des Prinzips der virtuellen Arbeit wurde die unmittelbare Einführung des Bimomentes in die Gleichgewichtsbedingungen sowie das Aufstellen einer direkten Beziehung zwischen dem Bimoment und dem Anteil $T_{\omega P}$ des Torsionsmomentes ermöglicht.

Wenn wir die Größen Q_x, Q_y und T_P mittels des Systems (II.40) ausdrücken und diese Werte in die Gleichungen (II.39) einsetzen, erhalten wir das folgende

Gleichungssystem:

$$\left.\begin{aligned} N' + p_z &= 0 \\ M_x'' + p_x + m_x' &= 0 \\ M_y'' + p_y + m_y' &= 0 \\ M_{\omega P}'' + T_s' + m_P + m_{\omega P}' &= 0 \end{aligned}\right\} \quad \text{(II.42, a—d)}$$

1.3. Differentialgleichungen des Stabes. Wölbkrafttorsion

Die Schnittkräfte N, M_x, M_y, $M_{\omega P}$ und T_s können wir mittels der Parameter ξ_P, η_P, φ_P und w_0 ausdrücken, wenn wir in die Gleichungen (II.37a, e—h) die Ausdrücke (II.22) und (II.23) für σ_z und τ_s einsetzen:

$$\left.\begin{aligned} N &= E'(F w_0' - S_{\omega P}\varphi_P'') \\ M_x &= -E'(J_{xx}\xi_P'' + J_{x\omega P}\varphi_P'') \\ M_y &= -E'(J_{yy}\eta_P'' + J_{y\omega P}\varphi_P'') \\ M_{\omega P} &= -E'(J_{x\omega P}\xi_P'' + J_{y\omega P}\eta_P'' + J_{\omega\omega P}\varphi_P'') \\ T_s &= GK\varphi' \end{aligned}\right\} \quad \text{(II.43, a—e)}$$

wo:

$$\left.\begin{aligned} F &= \int_F dF_* \\ J_{xx} &= \int_F x_*^2 \, dF_* \\ J_{yy} &= \int_F y_*^2 \, dF_* \end{aligned}\right\} \quad \text{(II.44, a—c)}$$

und

$$\left.\begin{aligned} S_{\omega P} &= \int_F \omega_{P*} \, dF_* = \int_F \omega_P \, dF \\ J_{x\omega P} &= \int_F x_* \omega_{P*} \, dF_* \\ J_{y\omega P} &= \int_F y_* \omega_{P*} \, dF_* \\ J_{\omega\omega P} &= \int_F \omega_{P*}^2 \, dF_* \\ K &= 4\int_F e^2 \, dF_* = \frac{1}{3}\int t^3 \, ds \end{aligned}\right\} \quad \text{(II.45, a—e)}$$

bedeuten.

Die bestimmten Integrale (II.44, a—c) stellen die wohlbekannten Querschnittswerte, d. h. die Querschnittsfläche sowie die auf die Hauptachsen bezogenen Trägheitsmomente dar. Es soll festgehalten werden, daß bei der Bestimmung dieser Trägheitsmomente auch die Eigenträgheitsmomente der Querschnittsteile in bezug auf die Profilmittellinienabschnitte berücksichtigt werden.

Die Integrale (II.45, a—d) werden durch die sektorielle Koordinate ω_{P*} ausgedrückt und hängen von der Wahl des Poles P, sowie von der Wahl des Nullpunktes 0 auf der Profilmittellinie ab.

Die Größe $J_{\omega\omega P}$ wollen wir als das sektorielle Trägheitsmoment des Querschnittes bezeichnen. Sie hat die Dimension $[L^6]$ und wird aus dem gegebenen Diagramm der sektoriellen Koordinate ω_{P*} berechnet.

Die Ausdrücke (II.43, a—c) wären bedeutend einfacher und der Form nach gleich den in der Theorie des Balkenträgers üblichen, wenn die, als Koeffizienten von φ_P'' auftretenden Integrale verschwinden würden, d. h. wenn:

$$\left.\begin{array}{l} S_{\omega P} = 0 \\ J_{x\omega P} = 0 \\ J_{y\omega P} = 0 \end{array}\right\} \qquad (II.46, a-c)$$

gesetzt werden kann.

Die Werte der bestimmten Integrale (II.45, b und c) hängen von der Lage des Poles P und derjenige des Integrals (II.45a) von der Lage des Nullpunktes 0 ab.

Durch eine günstige Wahl dieser Punkte können wir erreichen, daß die Gleichungen (II.46, b, c) befriedigt werden.

Die Größe $S_{\omega P}$ wird sektorielles statisches Moment, die Größe $J_{x\omega P}$ bzw. $J_{y\omega P}$ sektorielles Deviationsmoment genannt.

Die Frage der praktischen Bestimmung des Punktes D mit den Koordinaten x_D und y_D, für welchen die Gleichungen (II.46, b und c) befriedigt werden und der gewöhnlich als *Schubmittelpunkt* bezeichnet wird, sowie des ausgezeichneten Nullpunktes 0, wird im folgenden Kapitel gesondert behandelt.

Im weiteren wird die sektorielle Koordinate, die sich auf den Schubmittelpunkt D bezieht, mit ω_{D*} bezeichnet. Die sektorielle Koordinate, welche auch die Bedingung (II.46, a) erfüllt, werden wir mit ω_* bezeichnen und *normierte sektorielle Koordinate* nennen. Ihre Dimension ist $[L^2]$.

Wenn die Gleichungen (II.46) befriedigt sind, gehen die Gleichungen (II.43, a—d) über in:

$$\left.\begin{array}{l} N = E' F w_0' \\ M_x = -E' J_{xx} \xi'' \\ M_y = -E' J_{yy} \eta'' \\ M_\omega = -E' J_{\omega\omega} \varphi'' \end{array}\right\} \qquad (II.47, a-d)$$

wobei jetzt ξ und η die Verschiebungen des Schubmittelpunktes D in Richtung der Koordinatenachsen x und y, φ die Verdrehung des Querschnittes um diesen Punkt und $J_{\omega\omega}$ das sektorielle Trägheitsmoment

$$J_{\omega\omega} = \int_F \omega_*^2 \, dF_* \qquad (II.48)$$

bedeuten.

II. Dünnwandige Stäbe mit offenem Profil und geradliniger Achse

Der Ausdruck für T_s ist der gleiche wie der entsprechende Ausdruck im Falle einer Beanspruchung des Stabes durch St. Venantsche Torsion (siehe Gleichung (I.64)). Ebenso ist die Verteilung der Schubspannungen τ_s [siehe den Ausdruck (II.23)] dieselbe wie diejenige dieser Spannungen für den Fall der St. Venantschen Torsion.

Man muß sich indessen vor Augen halten, daß hier die Größen T_s und φ' im allgemeinen Fall längs der Stablänge veränderlich sind.

In der technischen Theorie der Wölbkrafttorsion wird *a priori* vorausgesetzt, daß ein Teil der Schubspannungen in gleicher Weise wie im Falle der St.Venantschen Torsion verteilt ist.

Hier wurde diese Voraussetzung nicht gemacht. Statt dessen sind wir von der Annahme c) über die Erhaltung der senkrechten Lage der Normalen auf die Mittelfläche ausgegangen, welche für die Theorie der Schalen und Platten kennzeichnend ist und sind auf diesem Weg zum gleichen Resultat hinsichtlich der Verteilung der Schubspannungen τ_s gelangt.

Die Schnittkräfte Q_x, Q_y und T_ω können wir, durch Heranziehung der Gleichgewichtsbedingungen (II.40), auf mittelbare Weise über die Parameter ξ, η, φ und w_0 ausdrücken und erhalten:

$$\left. \begin{aligned} Q_x &= M_x' + m_x \\ Q_y &= M_y' + m_y \\ T_\omega &= M_\omega' + m_\omega \end{aligned} \right\} \qquad \text{(II.49, a—c)}$$

Durch einsetzen der Ausdrücke für M_x, M_y und M_ω aus den Gleichungen (II.47, b—d) ergibt sich:

$$\left. \begin{aligned} Q_x &= -E'J_{xx}\xi''' + m_x \\ Q_y &= -E'J_{yy}\eta''' + m_y \\ T_\omega &= -E'J_{\omega\omega}\varphi''' + m_\omega \end{aligned} \right\} \qquad \text{(II.50, a—c)}$$

Das gesamte Torsionsmoment T ist durch den Ausdruck

$$T = T_\omega + T_s = -E'J_{\omega\omega}\varphi''' + GK\varphi' + m_\omega, \qquad \text{(II.51)}$$

gegeben.

Durch einsetzen der Ausdrücke (II.47, a—d) in die Gleichgewichtsbedingungen (II.42) erhalten wir:

$$\left. \begin{aligned} E'Fw_0'' &= -p_z \\ E'J_{xx}\xi^{IV} &= p_x + m_x' \\ E'J_{yy}\eta^{IV} &= p_y + m_y' \end{aligned} \right\} \qquad \text{(II.52, a—c)}$$

und

$$E'J_{\omega\omega}\varphi^{IV} - GK\varphi'' = m_D + m_\omega'. \qquad \text{(II.53)}$$

Es muß hervorgehoben werden, daß wir zufolge der Auswahl der Punkte D und O gemäß den Gleichungen (II.46) ein System voneinander unabhängiger Differentialgleichungen erhalten haben. Im allgemeinen Fall, dann nänlich, wenn

1. Die Theorie des dünnwandigen Stabes mit offenem Profil

wir statt des Punktes D den beliebigen Punkt P wählen und statt als Nullpunkt O, einen beliebigen auf der Profilmittellinie gelegenen Punkt, erhalten wir ein System simultaner Differentialgleichungen. Für eine gegebene Belastung und gegebene Randbedingungen erfolgt die Integration der Gleichungen (II.52) nach den üblichen Methoden der Festigkeitslehre und der Baustatik.

Die Gleichung (II.53) stellt die Differentialgleichung der *Wölbkrafttorsion* dar, mit deren Integration wir uns im Kapitel II.3 befassen werden.

Für den Fall, daß auch die Randbedingungen für jede der Gleichungen der Systeme (II.52) und (II.53) voneinander unabhängig sind, was in der Regel der Fall ist, wollen wir den Einfluß der Belastung auf die Beanspruchung des Stabes betrachten.

Wenn die Belastung senkrecht zur Stabachse wirkt, so ist:

$$p_z = m_x = m_y = m_\omega = 0.$$

Damit der Stab nur eine Biegungsbeanspruchung erhält, ist es notwendig, daß $\varphi \equiv 0$ erfüllt ist. Die Gleichung (II.52) wird die triviale Lösung $\varphi \equiv 0$ haben, wenn $m_D \equiv 0$ ist und die Randbedingungen homogen sind. Die Bedingung dafür, daß m_D gleich Null wird, ist, daß die Richtungslinie der Belastung die Schubachse schneidet (Abb. II.6).

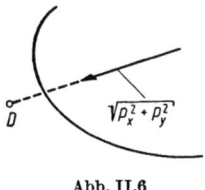

Abb. II.6

In Übereinstimmung mit dieser Tatsache wurde für den Punkt D die Bezeichnung *Schubmittelpunkt*, welche von *Maillart*[1] eingeführt wurde, gewählt.

Anderseits wird im Falle, daß $p_x = p_y = 0$ ist und keine äußeren konzentrierten Kräfte angreifen, ein gleichförmig verteiltes Torsionsmoment m_D, ebenso wie ein konzentriertes Torsionsmoment T^* nur Torsionsspannungen hervorrufen. In diesem Falle verdrehen sich die Stabquerschnitte um die Schubachse.

Aus dem Vorhergehenden geht die zweifache Bedeutung des Schubmittelpunktes hervor. Dieser Punkt kann in der Weise definiert werden, daß die Resultierende der in der Querschnittsebene gelegenen, inneren Kräfte durch denselben gehen muß, damit Biegung ohne Verdrehung vorliegt; andrerseits ist er derjenige Punkt, um welchen sich der Querschnitt bei Torsion ohne Biegung verdreht.[2]

Ein beliebiges System äußerer Kräfte, welches in zur Schubachse des Stabes senkrecht gelegenen Ebenen liegt, kann durch Reduktion auf diese Schubachse in zwei getrennte Systeme von Kräften bzw. Momenten zerlegt werden: in eines, welches nur Biegung und in ein zweites, welches nur Torsion hervorruft.

---

[1] *R. Maillart:* Zur Frage der Biegung. Schweizerische Bauzeitung Bd. 77 (1921) S. 195 bis 197 und Bd. 78 (1921) S. 18.

[2] Die zweite Bedeutung des Schubmittelpunktes wurde von *C. Weber* in seiner Arbeit: Übertragung des Drehmomentes in Balken mit doppelflanschigem Querschnitt. ZAMM, Bd. 6, 1926, H. 2, S. 85—97 erstmals bewiesen.

Wir betrachten nun gesondert den Belastungsfall von in der Richtung der Stabachse wirkenden Kräften. Aus den Gleichungen (II.52) und (II.53) geht unter Berücksichtigung der Ausdrücke (II.38) hervor, daß im allgemeinen Fall eine solche Belastung eine zusammengesetzte Beanspruchung hervorruft.

Es muß festgestellt werden, daß die Größe m_ω und somit die Torsion des Stabes von der Verteilung der Flächenbelastung $\bar{p}_z$ in bezug auf die Profilmittellinie abhängt. Mit anderen Worten ausgedrückt, tritt die Torsion auch bei einer in der Richtung der Stabachse gelegenen äußeren Belastung auf.

Zum Unterschied von der Berechnung von Stäben mit vollen Querschnitten ist es in diesem Falle nicht statthaft, die Belastung und im allgemeinen die in der Richtung der Stabachse wirkenden Kräfte durch deren Resultierende zu ersetzen, weil die Verteilung der Kräfte in bezug auf die Profilmittellinie Einfluß auf die Torsion des Stabes hat.

Im Gegensatz dazu dürfen wir diejenigen Kräfte, die in zur Stabachse senkrechten Ebenen liegen, mit Rücksicht auf die Voraussetzung a) im gegebenen Querschnitt durch deren Resultierende ersetzen.

1.4. Darstellung der Spannungen mittels der Schnittgrößen

Die Größen w_0', ξ'', η'' und φ'' der Gleichung (II.22) für σ_z drücken wir unter Zuhilfenahme der Beziehungen (II.47) durch die Schnittgrößen aus und erhalten:

$$\sigma_z = \frac{N}{F} + \frac{M_x}{J_{xx}} x_* + \frac{M_y}{J_{yy}} y_* + \frac{M_\omega}{J_{\omega\omega}} \omega_*. \qquad \text{(II.54)}$$

Die ersten drei Glieder der rechten Seite dieser Gleichung stellen den wohlbekannten Ausdruck für die Normalspannung eines axial und auf Biegung beanspruchten Stabes dar. Das letzte Glied stellt den Einfluß der Verwölbung auf die Normalspannung dar und ist für die Wölbkrafttorsion kennzeichnend. Diese Spannungsanteile bilden auf Grund der Gleichungen (II.46) ein eigenes Gleichgewichtssystem.

Dazu ist zu bemerken, daß die Größen N, M_x und M_y stets aus der Gleichgewichtsbedingung der äußeren und inneren Kräfte, unabhängig von der Formänderung, bestimmt werden können, sobald die äußeren Belastungs- und Auflagerkräfte gegeben sind. Hingegen ist dies für das Bimoment M_ω nicht der Fall. Dieses kann nur durch den Verdrehungswinkel φ bestimmt werden.

Die Schubspannung τ_s ist auf Grund der Ausdrücke (II.23) und (II.43e) mit

$$\tau_s = 2 \frac{T_s}{K} e \qquad \text{(II.55)}$$

gegeben.

Zur Bestimmung des Ausdruckes für die Schubspannung τ_w denken wir uns ein Element aus dem Stab derart herausgeschnitten, daß wir zwei Ebenen im Abstand dz senkrecht zur Stabachse legen und eine Ebene parallel zur Stabachse und senkrecht zur Profilmittellinie, welche durch den Punkt S geht, in welchem wir die Spannung τ_w bestimmen wollen (Abb. II.7).

1. Die Theorie des dünnwandigen Stabes mit offenem Profil

Wir stellen nun die Bedingung für das Gleichgewicht aller auf dieses Element wirkenden Kräfte in der Richtung z auf und erhalten:

$$t\tau_w = -\int_{\tilde{F}} \frac{\partial \sigma_z}{\partial z} dF_* - \int_{\tilde{s}} \bar{p}_z ds,$$

wo $\tilde{F}(s)$ die Fläche des abgeschnittenen Querschnittsteiles und $\tilde{s}$ die Länge der Profilmittellinie desselben ist.

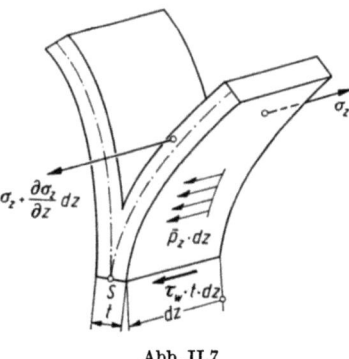

Abb. II.7

Durch Einsetzen der Gleichung (II.54) für σ_z in den obigen Ausdruck erhalten wir:

$$t\tau_w = -N'\frac{\tilde{F}}{F} - \int_{\tilde{s}} \bar{p}_z ds - M_x'\frac{\tilde{S}_x}{J_{xx}} - M_y'\frac{\tilde{S}_y}{J_{yy}} - M_\omega'\frac{\tilde{S}_\omega}{J_{\omega\omega}} \quad \text{(II.56)}$$

wo:

$$\left.\begin{aligned}
\tilde{F} &= \int_{\tilde{F}} dF_* = \int_{\tilde{F}} dF \\
\tilde{S}_x &= \int_{\tilde{F}} x_* dF_* = \int_{\tilde{F}} x\, dF \\
\tilde{S}_y &= \int_{\tilde{F}} y_* dF_* = \int_{\tilde{F}} y\, dF \\
\tilde{S}_\omega &= \int_{\tilde{F}} \omega_* dF_* = \int_{\tilde{F}} \omega\, dF
\end{aligned}\right\} \quad \text{(II.57)}$$

bedeuten und $dF = t\, ds$ ist.

Die Größen $\tilde{S}_x$ und $\tilde{S}_y$ stellen die statischen Momente des abgeschnittenen Querschnittsteiles in bezug auf die Achsen y und x dar und $\tilde{S}_\omega$ ist das sektorielle statische Moment desselben.

Der Ausdruck

$$q = t\tau_w \quad \text{(II.58)}$$

wird oft als *Schubfluß* bezeichnet.

Mit Berücksichtigung der Gleichungen (II.42a) und (II.49) können wir den Ausdruck für τ_w auch in der folgenden Form anschreiben:

$$\tau_w = \frac{1}{t}\left(p_z \frac{\bar{F}}{F} - \int_{\bar{s}} \bar{p}_z\, ds\right) - \frac{\bar{Q}_x \tilde{S}_x}{J_{xx} t} - \frac{\bar{Q}_y \tilde{S}_y}{J_{yy} t} - \frac{\bar{T}_\omega \tilde{S}_\omega}{J_{\omega\omega} t} \quad (II.59)$$

wo:

$$\left.\begin{array}{l} \bar{Q}_x = Q_x - m_x \\ \bar{Q}_y = Q_y - m_y \\ \bar{T}_\omega = T_\omega - m_\omega \end{array}\right\} \quad (II.60, a-c)$$

und sind.

Schließlich können wir die Schubspannung τ_w auch durch die Verschiebungs-Grundparameter ξ, η und φ ausdrücken und erhalten durch Benutzung der Gleichungen (II.50):

$$\tau_w = \frac{1}{t}\left(p_z \frac{\bar{F}}{F} - \int_{\bar{s}} \bar{p}_z\, ds\right) + \frac{E'}{t}(\tilde{S}_x \xi''' + \tilde{S}_y \eta''' + \tilde{S}_\omega \varphi'''). \quad (II.61)$$

Unter der Voraussetzung einer polygonalen Form der Profilmittellinie, oder wenn sich diese mit genügender Genauigkeit durch einen Polygonzug darstellen läßt, können auf den einzelnen Polygonseiten der Profilmittellinie die Schubspannungen $\tau_{zn} = \bar{\tau}_{zn}$ aus den Gleichgewichtsbedingungen bestimmt werden (Abb. II.8).

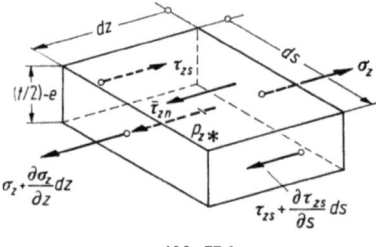

Abb. II.8

Die Bedingung für das Gleichgewicht der Kräfte in der Richtung der z-Achse ergibt:

$$\bar{\tau}_{zn} = -\int_e^{t/2}\left(\frac{\partial \sigma_z}{\partial z} + \frac{\partial \tau_{zs}}{\partial s}\right) de - \int_e^{t/2} p_{z*}\, de. \quad (II.62)$$

Auf den geraden Strecken der Profilmittellinie ist

$$\frac{\partial \tau_s}{\partial s} = 0. \quad (II.63)$$

1. Die Theorie des dünnwandigen Stabes mit offenem Profil

Unter Berücksichtigung der Ausdrücke (II.54), (II.56) und (II.25c) erhalten wir:

$$\bar{\tau}_{zn} = -\frac{1}{2}\left(\frac{M_x'}{J_{xx}}\cos\alpha + \frac{M_y'}{J_{yy}}\sin\alpha + \frac{M_\omega'}{J_{\omega\omega}}h_n\right)\left(\frac{t^2}{4} - e^2\right). \qquad \text{(II.64)}$$

Bei der Berechnung von $\bar{\tau}_{zn}$ muß man darauf achten, daß die Beziehungen:

$$\frac{d\tilde{S}_x}{ds} = tx$$

$$\frac{d\tilde{S}_y}{ds} = ty$$

$$\frac{d\tilde{S}_\omega}{ds} = th_P$$

sowie

$$\left.\begin{array}{l} x_* - x = e\cos\alpha \\ y_* - y = e\sin\alpha \\ \omega_* - \omega = eh_n \end{array}\right\} \qquad \text{(II.65)}$$

und

gelten.

Für die Schubspannung $\bar{\tau}_{zn}$ können wir auch die beiden folgenden Ausdrücke aufstellen:[1]

$$\bar{\tau}_{zn} = -\frac{1}{2}\left(\frac{\bar{Q}_x}{J_{xx}}\cos\alpha + \frac{\bar{Q}_y}{J_{yy}}\sin\alpha + \frac{\bar{T}_\omega}{J_{\omega\omega}}h_n\right)\left(\frac{t^2}{4} - e^2\right) \qquad \text{(II.66)}$$

oder

$$\bar{\tau}_{zn} = \frac{E'}{2}\left(\xi''' \cos\alpha + \eta''' \sin\alpha + \varphi''' h_n\right)\left(\frac{t^2}{4} - e^2\right). \qquad \text{(II.67)}$$

Die Ausdrücke (II.66) und (II.67) haben, wie bereits weiter oben erwähnt wurde, nur für die geraden Strecken oder allenfalls für Teilstücke der Profilmittellinie mit geringer Krümmung Gültigkeit.

Dagegen können in den Knoten der Profilmittellinie, sowie an deren Enden die Schubspannungen $\bar{\tau}_{zn}$ zufolge der getroffenen Voraussetzungen leider nicht bestimmt werden.

Wir können jedoch den Anteil dieser Spannungen an der Aufnahme des Torsionsmomentes leicht berechnen:

Aus Gleichung (II.37, a) folgt für $P = D$:

$$T = \int_F [\tau_{zn} h_n + (\tau_s + \tau_w)(h + e)]\, dF_*. \qquad \text{(II.68)}$$

Mit Berücksichtigung, daß:

$$\int_F \tau_w e\, dF_* = 0$$

---

[1] Die Abstände h_D und h_{nD} der Tangente und der Normalen werden im weiteren ohne Index D geschrieben.

und
$$\int_F \tau_s h\, dF_* = 0$$
sind, erhalten wir:
$$T = \int_F (\tau_{zn} h_n + \tau_s e + \tau_w h)\, dF_*. \tag{II.69}$$

Setzen wir nun statt τ_{zn} die Größe $\bar{\tau}_{zn}$ ein, so erhalten wir
$$T = \int_F (\bar{\tau}_{zn} h_n + \tau_s e + \tau_w h)\, dF_* + \Delta T, \tag{II.70}$$
wo
$$\Delta T = \int_F (\tau_{zn} - \bar{\tau}_{zn}) h_n\, dF_* \tag{II.71}$$
ist.

Durch Einsetzen der Ausdrücke (II.67), (II.55) und (II.61) in die Gleichung (II.70) erhalten wir nach der Integration:
$$T = T_\omega + \frac{1}{2} T_s + \Delta T.$$

Der Anteil der Schubspannungen $\tau_{zn} - \bar{\tau}_{zn}$ ist somit der gleiche wie bei der St. Venantschen Torsion, d. h. gleich der Hälfte des Momentes T_s:
$$\Delta T = \frac{1}{2} T_s. \tag{II.72}$$

Bei der Berechnung des bestimmten Integrals (II.70) sind die folgenden Ausdrücke zu beachten:

$$\left.\begin{aligned}
\int_s \left(\tilde{S}_x h + \frac{1}{12} t^3 h_n \cos\alpha\right) ds &= J_{x\omega} = 0 \\
\int_s \left(\tilde{S}_y h + \frac{1}{12} t^3 h_n \sin\alpha\right) ds &= J_{y\omega} = 0 \\
\int_s \left(\tilde{S}_\omega h^2 + \frac{1}{12} t^3 h_n{}^2\right) ds &= J_{\omega\omega} \\
\int_s \left(p_z \frac{F}{F} - \int_{\tilde{s}} \bar{p}_z\, ds\right) h\, ds &= m_\omega.
\end{aligned}\right\} \tag{II.73}$$

und

Auf Grund des Ausdruckes (II.70) ist das Wölbtorsionsmoment T_ω durch die Schubspannungen τ_w und $\bar{\tau}_{zn}$ gegeben:
$$T_\omega = \int_F (\bar{\tau}_{zn} h_n + \tau_w h)\, dF_*. \tag{II.74}$$

1. Die Theorie des dünnwandigen Stabes mit offenem Profil

Die Richtigkeit der Gleichung (II.74) können wir auch in der Weise überprüfen, daß wir in dieselbe für $\bar{\tau}_{zn}$ und τ_w die Ausdrücke (II.61) und (II.67) einsetzen und nach der Integration den Ausdruck (II.50, c) für T_ω erhalten.

1.5. Vereinfachungen. Grenzfälle der Beanspruchung

In der klassischen Theorie der Wölbkrafttorsion wird die Änderung der Größe der Normalspannungen

$$\sigma_z = \sigma_z(s, z) \tag{II.75}$$

längs der Wandstärke vernachlässigt.

Mit anderen Worten ausgedrückt nehmen wir an, daß die Normalspannungen σ_z in allen Punkten der Normalen $\vec{n}$ ungefähr gleich groß der entsprechenden Spannung σ_z im Punkt S sind. Wenn wir von dieser Vereinfachung Gebrauch machen, erhalten wir statt des Ausdruckes (II.22) für die Normalspannung σ_z:

$$\sigma_z = \sigma_z(s, z) = E'(w_0' - \eta_P'' y - \xi_P'' x - \varphi_P'' \omega_P), \tag{II.76}$$

wobei, wie bereits weiter oben erwähnt wurde, sich die Koordinaten y, x und ω_P auf die Punkte der Profilmittellinie beziehen.

In den Ausdrücken (II.37, a, e, f und g) müssen, mit Rücksicht auf die angenommene Vereinfachung, ebenfalls die Sterne als Index weggelassen werden:

$$\left. \begin{array}{l} N = \int\limits_F \sigma_z \, dF \\[4pt] M_x = \int\limits_F \sigma_z x \, dF \\[4pt] M_y = \int\limits_F \sigma_z y \, dF \\[4pt] M_{\omega P} = \int\limits_F \sigma_z \omega_P \, dF \end{array} \right\} \tag{II.77, a—d}$$

wo $dF = t \, ds$ ist.

Statt der Ausdrücke (II.44, a—c) können wir schreiben:

$$\left. \begin{array}{l} F = \int\limits_F dF \\[4pt] I_{xx} = \int\limits_F x^2 \, dF \\[4pt] I_{yy} = \int\limits_F y^2 \, dF \end{array} \right\} \tag{II.78, a—c}$$

Die Größen I_{xx} und I_{yy} stellen die Trägheitsmomente in bezug auf die Hauptachsen dar. Bei der Berechnung dieser Größen werden im Unterschied zur Berechnung der Größen J_{xx} und J_{yy} die Eigenträgheitsmomente der Elemente ds in bezug auf die Profilmittellinie vernachlässigt. Man nimmt also für die Berechnung von I_{xx} und I_{yy} an, daß das ganze Flächenteilchen $t \, ds = dF$ in der Profilmittellinie konzentriert sei.

II. Dünnwandige Stäbe mit offenem Profil und geradliniger Achse

Auf ähnliche Weise erhalten wir statt $J_{x\omega P}$ und $J_{y\omega P}$:

$$\left.\begin{aligned} I_{x\omega P} &= \int_F x\,\omega_P\,dF \\ I_{y\omega P} &= \int_F y\,\omega_P\,dF \end{aligned}\right\} \qquad \text{(II.79, a, b)}$$

Die Ausdrücke (II.47) und (II.50) für die Schnittkräfte lauten nun:

$$\left.\begin{aligned} N &= E'F w_0' \\ M_x &= -E' I_{xx} \xi'' \\ M_y &= -E' I_{yy} \eta'' \\ M_\omega &= -E' I_{\omega\omega} \varphi'' \end{aligned}\right\} \qquad \text{(II.80, a—d)}$$

und

$$\left.\begin{aligned} Q_x &= -E' I_{xx} \xi''' + m_x \\ Q_y &= -E' I_{yy} \eta''' + m_y \\ T_\omega &= -E' I_{\omega\omega} \varphi''' + m_\omega \end{aligned}\right\} \qquad \text{(II.81, a—c)}$$

wo

$$I_{\omega\omega} = \int_F \omega^2\,dF \qquad \text{(II.82)}$$

ist.

Das gesamte Torsionsmoment T ist durch den Ausdruck

$$T = T_\omega + T_s = -E' I_{\omega\omega} \varphi''' + GK\varphi' + m_\omega \qquad \text{(II.83)}$$

bestimmt.

Statt der Differentialgleichungen (II.52) und (II.53) erhalten wir:

$$\left.\begin{aligned} E'F w_0'' &= -p_z \\ E' I_{xx} \xi^{IV} &= p_x + m_x' \\ E' I_{yy} \eta^{IV} &= p_y + m_y' \end{aligned}\right\} \qquad \text{(II.84, a—c)}$$

und

$$E' I_{\omega\omega} \varphi^{IV} - GK\varphi'' = m_D + m_\omega'. \qquad \text{(II.85)}$$

Der Ausdruck (II.54) für die Normalspannung σ_z geht über in

$$\sigma_z = \frac{N}{F} + \frac{M_x}{I_{xx}} x + \frac{M_y}{I_{yy}} y + \frac{M_\omega}{I_{\omega\omega}} \omega, \qquad \text{(II.86)}$$

und statt des Ausdruckes (II.59) für τ_w erhalten wir nun:

$$\tau_w = \frac{1}{t}\left(p_z \frac{F}{F} - \int_{\tilde{s}} \bar{p}_z\,ds\right) - \frac{\bar{Q}_x \tilde{S}_x}{I_{xx} t} - \frac{\bar{Q}_y \tilde{S}_y}{I_{yy} t} - \frac{\bar{T}_\omega \tilde{S}_\omega}{I_{\omega\omega} t}. \qquad \text{(II.87)}$$

Aus der Vereinfachung (II.75) sowie aus den Ausdrücken (II.86) und (II.87) für σ_z und τ_w ergibt sich, daß die Schubspannung $\bar{\tau}_{zn}$ gleich Null ist.

Das Wölbtorsionsmoment T_ω ist nur durch die Schubspannungen τ_w bestimmt:

$$T_\omega = \int_F \tau_w h\, dF. \qquad (II.88)$$

Im Falle, daß die Steifigkeit GK gegenüber der Beanspruchung auf St.Venantsche Torsion klein ist im Vergleich zur Verwölbungssteifigkeit $E'I_{\omega\omega}$ bzw. wenn

$$+l\sqrt{\frac{GK}{EI_{\omega\omega}}} \ll 1 \qquad (II.89)$$

ist, können wir die St.Venantsche Torsion vernachlässigen, und die Differentialgleichung der Torsion (II.53) erhält die einfache Form:

$$EI_{\omega\omega}\varphi^{IV} = m_D + m_\omega'. \qquad (II.90)$$

Diese Gleichung hat dieselbe Form wie die Differentialgleichung für die Biegung, und man kann bei der Lösung derselben die Analogie mit der Biegetheorie heranziehen. So sind die Ausdrücke für das Bimoment M_ω und das Torsionsmoment $T_\omega = T$ analog den Ausdrücken für das Biegungsmoment und die Querkraft:[1]

$$\left.\begin{array}{l} M_\omega = -E'I_{\omega\omega}\varphi'' \\ T_\omega = -E'I_{\omega\omega}\varphi''' \end{array}\right\} \qquad (II.91a, b)$$

Untersuchungen zeigen, daß für Stäbe bei welchen das Verhältnis der Wandstärke t zur charakteristischen Querschnittsdimension b kleiner als 0,02 ist, d. h.

$$\frac{t}{b} < 0{,}02,$$

die angegebenen Näherungen gerechtfertigt sind.

Bei der Anwendung dieser Näherung muß man darauf achten, daß dieselbe nicht im Widerspruch zu den Randbedingungen steht. So ist z. B. im Falle einer der St.Venantschen Torsion entsprechenden Beanspruchung das Bimoment M_ω gleich Null, und das Torsionsmoment besteht ausschließlich aus dem sogenannten St.Venantschen Anteil des Torsionsmomentes.

Der zweite Grenzfall tritt ein, wenn die Verwölbungssteifigkeit vernachlässigbar klein ist im Vergleich zur St.Venantschen Torsionssteifigkeit. Dies ist der Fall, wenn:

$$\sqrt{\frac{EI_{\omega\omega}}{GK}}\frac{1}{l} \ll 1 \qquad (II.92)$$

ist. Das Torsionsproblem wird dann auf die Differentialgleichung

$$GK\varphi'' = -m_D$$

zurückgeführt, welche im ersten Kapitel behandelt wurde.

---

[1] Für $m_\omega = 0$.

72   II. Dünnwandige Stäbe mit offenem Profil und geradliniger Achse

Für die sogenannten wölbfreien Querschnitte ist $\sqrt{EI_{\omega\omega}/GK}\,(1/l) = 0$ (siehe Abb. I.18).

Die Vernachlässigung des Einflusses der Verwölbung auf den Spannungszustand ist bei gedrungenen Stäben gerechtfertigt, welche gewöhnlich nicht in den Bereich der dünnwandigen Stäbe mit offenem Profil fallen.

2. Querschnittswerte

2.1. Sektorielle Koordinate und Schubmittelpunkt

Im Kapitel II.1. haben wir den Begriff der sektoriellen Koordinate oder Einheitsverwölbung definiert.

Wir betrachten einen Querschnitt und wählen einen in diesem gelegenen Punkt $P\,(x_P, y_P)$, auf welchen wir dessen Normalabstände h_P zur Profilmittellinie beziehen. Ebenso wählen wir auf der Profilmittellinie den beliebigen Nullpunkt O_1 (Abb. II.9).

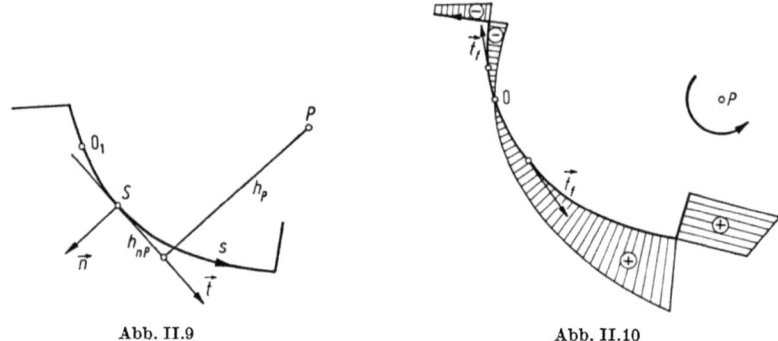

Abb. II.9   Abb. II.10

Den Zuwachs der sektoriellen Koordinate

$$d\omega = h_P\,ds \qquad (II.93)$$

fassen wir als positiv auf, wenn im betrachteten Punkt S für den Querschnitt mit der $+z$-Achse als Normale der Vektor der Tangente $\vec{t}$ in bezug auf den Pol einen dem Uhrzeiger entgegengesetzten Drehsinn hat.

Im Ausdruck für den Zuwachs $d\omega_{P*}$ der verallgemeinerten sektoriellen Koordinate

$$d\omega_{P*} = h_P\,ds + h_{nP}\,de \qquad (II.94)$$

ist der Abstand h_{nP} der Normalen $\vec{n}$ vom Pol P positiv, wenn der Vektor der Normalen $\vec{n}$ in bezug auf den Pol P einen dem Uhrzeiger entgegengesetzten Drehsinn hat. Dabei ist, wie bereits im Kapitel II.1 erwähnt wurde, der Richtungssinn des Vektors der Normalen $\vec{n}$ derart, daß er sich bei einer Drehung um $\pi/2$ entgegen dem Uhrzeigersinn mit dem Vektor $\vec{t}$ deckt.

Für die rechnerische Bestimmung der sektoriellen Koordinate $\omega_P\,(O_1, s)$ können wir bezüglich der Vorzeichen die folgende Analogie benutzen: Wir denken uns den Nullpunkt als Quelle, von der aus eine Flüssigkeit in beide Richtungen strömt.

2. Querschnittswerte

Den Geschwindigkeitsvektor der gedachten Flüssigkeit bezeichnen wir mit $\vec{t}_f$. Der Zuwachs $d\omega$ in der Richtung $\vec{t}_f$ wird positiv sein, wenn der Drehsinn dieses Vektors in bezug auf den Pol P entgegen demjenigen des Uhrzeigers gerichtet ist (Abb. II.10).

Wie bereits früher erwähnt wurde, wird durch das Auftragen der Größen ω_P als Ordinaten von der Profilmittellinie aus das Diagramm der sektoriellen Koordinate des Querschnitts erhalten (Abb. II.10).

Wir stellen nun eine Beziehung her zwischen der auf den Pol P bezogenen verallgemeinerten sektoriellen Koordinate ω_{P*} und der Koordinate ω_{Q*}, welche sich auf den ebenfalls beliebig gewählten Pol Q mit den Koordinaten x_Q und y_Q bezieht. Der Nullpunkt O_1 mit den Koordinaten x_0 und y_0 sei jedoch derselbe für ω_{P*} und ω_{Q*}.

Der Zuwachs der sektoriellen Koordinate $d\omega_{P*}$ ist durch den Ausdruck (II.94) gegeben, und derjenige von ω_Q durch

$$d\omega_{Q*} = h_Q\, ds + h_{nQ}\, de. \tag{II.95}$$

Unter Berücksichtigung der Ausdrücke (I.70) und (I.71) für $e = 0$ können wir die Normalabstände h_P und h_Q, bzw. h_{nP} und h_{nQ} durch kartesische Koordinaten in folgender Form ausdrücken:

$$\left. \begin{array}{l} h_P = (x - x_P) \cos \alpha + (y - y_P) \sin \alpha \\ h_Q = (x - x_Q) \cos \alpha + (y - y_Q) \sin \alpha \end{array} \right\} \tag{II.96 a, b}$$

und

$$\left. \begin{array}{l} h_{nP} = (x - x_P) \sin \alpha - (y - y_P) \cos \alpha \\ h_{nQ} = (x - x_Q) \sin \alpha - (y - y_Q) \cos \alpha \end{array} \right\} \tag{II.97 a, b}$$

wo α der Winkel ist, den die Normale im auf der Profilmittellinie gelegenen, betrachteten Punkt mit der positiven Richtung der x-Achse einschließt.

Da $-dx/ds = \sin \alpha$ und $dy/ds = \cos \alpha$ ist, können wir die Gleichungen (II.94) und (II.95) durch Einsetzen der Ausdrücke für h_P, h_Q, h_{nP} und h_{nQ} auch in folgender Form anschreiben:

$$d\omega_{P*} = (x - x_P)\, dy - (y - y_P)\, dx + [(x - x_P) \sin \alpha - (y - y_P) \cos \alpha]\, de \tag{II.98}$$

und

$$d\omega_{Q*} = (x - x_Q)\, dy - (y - y_Q)\, dx + [(x - x_Q) \sin \alpha - (y - y_Q) \cos \alpha]\, de. \tag{II.99}$$

Durch Subtraktion der Gleichung (II.99) von Gleichung (II.98) erhalten wir:

$$\begin{aligned} d(\omega_{P*} - \omega_{Q*}) = &(y_P - y_Q)\, dx - (x_P - x_Q)\, dy \\ &+ [(y_P - y_Q) \cos \alpha - (x_P - x_Q) \sin \alpha]\, de, \end{aligned}$$

und die Integration der linken und der rechten Seite dieser Gleichung ergibt:

$$\omega_{P*} = \omega_{Q*} + (y_P - y_Q)(x + e \cos \alpha) - (x_P - x_Q)(y + e \sin \alpha) + C, \tag{II.100}$$

wo C die Integrationskonstante ist.

Durch die Benutzung der Ausdrücke (II.65) können wir die obige Gleichung in der folgenden Form anschreiben:

$$\omega_{P*} = \omega_{Q*} + (y_P - y_Q)x_* - (x_P - x_Q)y_* + C. \qquad \text{(II.101)}$$

Die Konstante C bestimmen wir aus der Bedingung, daß im Nullpunkt O_1, für welchen wir voraussetzen, daß er sowohl für die sektorielle Koordinate ω_{P*} als auch für ω_{Q*} gilt, die folgende Gleichung:

$$\omega_P(O_1) = \omega_Q(O_1) = 0$$

erfüllt ist.

Auf diese Weise erhalten wir:

$$(y_P - y_Q)x_0 - (x_P - x_Q)y_0 + C = 0$$

bzw.

$$C = -(y_P - y_Q)x_0 + (x_P - x_Q)y_0. \qquad \text{(II.102)}$$

Durch Einsetzen des Ausdrucks (II.102) in die Gleichung (II.101) erhalten wir:

$$\omega_{P*} = \omega_{Q*} + (y_P - y_Q)(x_* - x_0) - (x_P - x_Q)(y_* - y_0). \qquad \text{(II.103)}$$

Durch die Gleichung (II.103) sind die beiden Größen ω_{P*} und ω_{Q*} unmittelbar miteinander verknüpft.

Für die weitere Betrachtung ist es erforderlich, zu untersuchen, in was für einer Beziehung die sektorielle Koordinate $\omega_{P*}(O, s, e)$, welche sich auf den Nullpunkt O bezieht (Abb. II.11), zur auf den Nullpunkt O_1 bezogenen sektoriellen Koordinate $\omega_{P*}(O_1, s, e)$ steht.

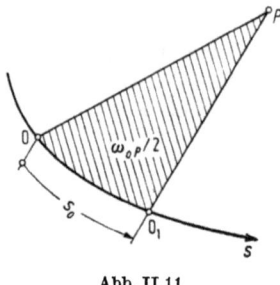

Abb. II.11

Gemäß der Definition der sektoriellen Koordinate ist diese durch die Gleichung

$$\omega_{P*}(O_1, s, e) = \int_{O_1}^{s} h_P \, ds + \int_{e=0}^{e} h_{nP} \, de$$

bzw.

$$\omega_{P*}(O, s, e) = \int_{O}^{s} h_P \, ds + \int_{e=0}^{e} h_{nP} \, de$$

bestimmt.

2. Querschnittswerte

Durch Subtraktion der ersten von der zweiten Gleichung erhalten wir (Abb. II.11):

$$\omega_{P*}(O, s, e) = \omega_{P*}(O_1, s, e) + \int_O^{O_1} h_P\, ds$$

und wenn wir setzen:

$$\omega_{0P} = \int_O^{O_1} h_P\, ds$$

folgt:

$$\omega_{P*}(O, s, e) = \omega_{P*}(O_1, s, e) + \omega_{0P}. \tag{II.104}$$

Die Konstante ω_{0P} ist gleich der doppelten in Abb. II.11 schraffiert eingetragenen Fläche. Die Strecke s_0, welche zu dieser Fläche gehört, ist der längs der Profilmittellinie gemessene Abstand der Punkte O und O_1.

Im Kapitel II.1 haben wir den Schubmittelpunkt D als denjenigen Punkt definiert, für welchen folgende Gleichungen erfüllt sind:

$$\begin{aligned} J_{x\omega_D} &= \int_F \omega_{D*} x_*\, dF_* = 0 \\ J_{y\omega_D} &= \int_F \omega_{D*} y_*\, dF_* = 0 \end{aligned} \tag{II.105a, b}$$

Wir wählen im betrachteten Querschnitt den beliebigen Punkt Q sowie den Punkt O_1 als Nullpunkt. Durch die Gleichung (II.103) ist die Beziehung zwischen den auf zwei beliebige Pole bezogenen sektoriellen Koordinaten mit gemeinsamem Nullpunkt gegeben.

Es sei nun $\omega_{D*}(O_1, s, e)$ die auf den Schubmittelpunkt bezogene und $\omega_{Q*}(O_1, s, e)$ die auf den beliebig gewählten Pol Q bezogene sektorielle Koordinate. Nach Gleichung (II.101) können wir dann setzen:

$$\omega_{D*} = \omega_{Q*} + (y_D - y_Q) x_* - (x_D - x_Q) y_* + C. \tag{II.106}$$

Durch Einsetzen dieses Ausdrucks für ω_{D*} in die Bedingungsgleichungen (II.105a, b) erhalten wir:

$$\left.\begin{aligned} \int_F \omega_{Q*} x_*\, dF_* + (y_D - y_Q)\int_F x_*^2\, dF_* - (x_D - x_Q)\int_F x_* y_*\, dF_* \\ + C\int_F x_*\, dF_* = 0 \\ \int_F \omega_{Q*} y_*\, dF_* + (y_D - y_Q)\int_F x_* y_*\, dF_* - (x_D - x_Q)\int_F y_*^2\, dF \\ + C\int_F y_*\, dF_* = 0. \end{aligned}\right\} \tag{II.107a, b}$$

Da wir zu Beginn unserer Betrachtung vorausgesetzt haben, daß die Achsen x und y, die durch den Schwerpunkt gehen, die Hauptträgheitsachsen des Querschnittes sind, müssen in bezug auf dieselben sowohl das Deviationsmoment als auch die beiden statischen Momente gleich Null sein:

$$\int_F x_* y_* \, dF_* = 0$$

$$\int_F y_* \, dF_* = 0$$

$$\int_F x_* \, dF_* = 0$$

Damit erhalten wir:

$$J_{x\omega_Q} + (y_D - y_Q) J_{xx} = 0$$

und

$$J_{y\omega_Q} - (x_D - x_Q) J_{yy} = 0,$$

bzw.

$$\left. \begin{array}{l} y_D - y_Q = -\dfrac{J_{x\omega_Q}}{J_{xx}}, \\[2mm] x_D - x_Q = \dfrac{J_{y\omega_Q}}{J_{yy}}, \end{array} \right\} \qquad \text{(II.108a, b)}$$

wo

$$\left. \begin{array}{l} J_{x\omega_Q} = \int_F x_* \omega_{Q*} \, dF_* \\[2mm] J_{y\omega_Q} = \int_F y_* \omega_{Q*} \, dF_* \end{array} \right\} \qquad \text{(II.109a, b)}$$

bedeuten.

Die Koordinaten des Schubmittelpunktes sind auf Grund der Gleichungen (II.108a, b) durch

$$\left. \begin{array}{l} y_D = -\dfrac{J_{x\omega_Q}}{J_{xx}} + y_Q \\[2mm] x_D = \dfrac{J_{y\omega_Q}}{J_{yy}} + x_Q \end{array} \right\} \qquad \text{(II.110a, b)}$$

bestimmt.

Den neuen Nullpunkt O der Profilmittellinie bestimmen wir derart, daß die Gleichung (II.46a) befriedigt wird. Auf diese Weise sind dann alle Bedingungen für die Anwendung der im Kapitel II.1 dargestellten Theorie erfüllt.

Durch die Gleichung (II.104) ist die Beziehung zwischen den sektoriellen Koordinaten mit den verschiedenen Ausgangspunkten auf der Profilmittellinie O und O_1, die jedoch auf denselben Pol P bezogen sind, gegeben.

Wir setzen nun:

$$\omega_{P*}(O, s, e) = \omega_{D*}(O, s, e) = \omega_*$$

bzw.

$$\omega_{P*}(O_1, s, e) = \omega_{D*}(O_1, s, e)$$

und schreiben unter Benützung der Gleichungen (II.104) und (II.45a) die Bedingung (II.46a) an:

$$S_\omega = \int_F \omega \, dF = \int_F \omega_D(O_1, s) \, dF + \omega_0 \int_F dF = 0.$$

Aus dieser Gleichung ergibt sich unmittelbar:

$$\omega_0 = -\frac{1}{F} \int_F \omega_D(O_1, s) \, dF = -\frac{S_{\omega_D}(O_1)}{F}. \tag{II.111}$$

Da wir die Konstante ω_0 auf Grund von (II.104) bestimmt haben, ist uns die normierte sektorielle Koordinate ω_* durch

$$\omega_* = \omega_{D*}(O_1, s, e) + \omega_0 \tag{II.112}$$

gegeben.

Die Lage des neuen Nullpunktes O (von welchem es im allgemeinen Fall auch mehrere längs der Profilmittellinie geben kann) ist explizit nicht gegeben. Hingegen können wir aus dem Ausdruck

$$\omega_0 = \int_O^{O_1} h_D \, ds \tag{II.113}$$

mit Rücksicht darauf, daß h_D bekannt ist, die Strecke s_0 und dadurch mittelbar auch die Lage des Nullpunktes O bestimmen.

Im Falle, daß sich die Punkte O und O_1 auf einem aus einer Geraden bestehenden Teilstück i der Profilmittellinie im Abstand h_{Di} vom Pol befinden, ist auf Grund des Ausdruckes (II.113):

$$s_0 = \frac{\omega_0}{h_{Di}}. \tag{II.114}$$

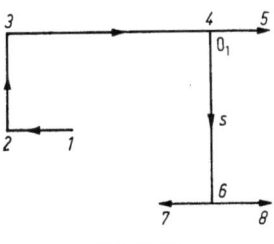

Abb. II.12

Um die Verteilung der durch die Wölbkrafttorsion hervorgerufenen Schubspannungen bestimmen zu können, ist die Kenntnis des Diagrammes $\tilde{S}_\omega = \int_{\tilde{F}} \omega \, dF$ erforderlich. Dieses erhalten wir durch Integration der sektoriellen Koordinate ω, indem wir von einem der freien Enden der Profilmittellinie ausgehen.

Die Richtung, in welcher die Integration $\tilde{S}_\omega = \int_{\tilde{F}} \omega \, dF$ ausgeführt wird, legen wir durch die Koordinate s fest (siehe Abb. II.12).

An dem freien Ende ist $\tilde{S}_\omega = 0$. Für den in Abb. II.12 gezeigten Querschnitt können wir das sektorielle statische Moment $\tilde{S}_\omega$ beispielsweise folgendermaßen berechnen:

Wir beginnen bei Punkt *1* und berechnen $\tilde{S}_\omega$ bis Punkt *4*, indem wir im Sinne des wachsenden s, also in der Pfeilrichtung, integrieren. Das Teilstück *4—5* müssen wir jedoch in dem der Pfeilrichtung entgegengesetzten Sinne integrieren, da im Punkte *5*, der ein freies Ende ist, $\tilde{S}_\omega = 0$ ist.

Aus diesem Grunde müssen die auf dem Teilstück *4—5* erhaltenen Werte mit dem entgegengesetzten Vorzeichen eingetragen werden. Fassen wir nunmehr das sektorielle statische Moment als eine Strömung auf, deren Fließrichtung gleich oder entgegengesetzt der Richtung des wachsenden s ist, je nachdem die Wölbfläche positiv oder negativ ist, so können wir in jedem Knotenpunkt die folgende Bedingung erfüllen:

Der Zufluß zum Knotenpunkt ist gleich dem Abfluß von demselben.

Aus dieser Bedingung ist es stets möglich, je eine Ordinate des sektoriellen statischen Momentes $\tilde{S}_\omega$ im betrachteten Knotenpunkt zu bestimmen, wenn die Ordinaten $\tilde{S}_\omega$ der übrigen in diesem Knotenpunkt zusammentreffenden Teilstücke des Querschnitts bekannt sind.

Die Schubspannung τ_w infolge der Wölbkrafttorsion, für den Fall, daß $p_z \equiv 0$ ist, erhalten wir aus der Gleichung (II.59):

$$\tau_w = -\frac{T_\omega \tilde{S}_\omega}{J_{\omega\omega} t}. \tag{II.115}$$

Für den Fall $T_\omega > 0$ hat die Schubspannung die entgegengesetzte Richtung derjenigen, welche wir für $\tilde{S}_\omega$ als Strömung festgelegt haben.

2.2. Rechnerische Bestimmung der Querschnittswerte

Um einen Stab auf Wölbkrafttorsion berechnen zu können, ist die Kenntnis folgender grundlegender Angaben erforderlich:

— die Koordinaten x_D und y_D des Schubmittelpunktes D,
— die normierte sektorielle Koordinate oder Einheitsverwölbung ω_*,
— das sektorielle Trägheitsmoment $J_{\omega\omega}$,
— das Diagramm des sektoriellen statischen Momentes $\tilde{S}_\omega$.

Um für einen beliebigen Querschnitt zu diesen Werten, welche wir als Querschnittswerte der Wölbkrafttorsion bezeichnen, zu gelangen, gehen wir folgendermaßen vor:

Nach der Bestimmung des Schwerpunktes, der Hauptträgheitsachsen sowie der Größe der Hauptträgheitsmomente, wählen wir einen beliebigen Punkt als Pol Q und auf der Profilmittellinie einen beliebigen Nullpunkt O_1.

Für diese Punkte bestimmen wir das Diagramm der sektoriellen Koordinate $\omega_Q(O_1, s)$ und das Diagramm des Abstandes h_{n_Q} der Normalen vom Pol Q.

Die Lage des Schubmittelpunktes ist durch die Gleichungen (II.110a, b) gegeben. Um aus ihnen die Koordinaten x_D und y_D berechnen zu können, müssen wir vorerst die bestimmten Integrale (II.109a, b) ermitteln.

2. Querschnittswerte

Die bestimmten Integrale (II.109a, b) können wir unter Berücksichtigung der Ausdrücke (II.65) in folgender Form anschreiben:

und
$$J_{x\omega_Q} = \int_F (x + e \cos \alpha)(\omega_Q + e h_{n_Q}) \, dF_*$$

$$J_{y\omega_Q} = \int_F (y + e \sin \alpha)(\omega_Q + e h_{n_Q}) \, dF_*$$

beziehungsweise

$$J_{x\omega_Q} = \int_F x \omega_Q \, dF + \frac{1}{12} \int_s t^3 h_{n_Q} \cos \alpha \, ds$$

und (II.116a, b)

$$J_{y\omega_Q} = \int_F y \omega_Q \, dF + \frac{1}{12} \int_s t^3 h_{n_Q} \sin \alpha \, ds.$$

Um diese Größen berechnen zu können, ist es erforderlich, auch das Diagramm von h_{n_Q} bzw. die Diagramme der Werte $h_{n_Q} \cos \alpha$ und $h_{n_Q} \sin \alpha$ zu ermitteln. Für eine polygonale Profilmittellinie sind die Werte $\cos \alpha$ und $\sin \alpha$ für die einzelnen Polygonseiten konstant und können zugleich mit den Diagrammen für $x(s)$ und $y(s)$ angeschrieben werden. Für den Schubmittelpunkt D als Pol müssen wir das Diagramm der sektoriellen Koordinate $\omega(O_1, s)$ bestimmen und mittels der Gleichung (II.111) die Konstante ω_0. Durch Gleichung (II.112) finden wir dann das für die weitere Rechnung erforderliche endgültige Diagramm der normierten sektoriellen Koordinate ω.

Die verallgemeinerte sektorielle Koordinate für die einzelnen Punkte des Querschnitts ist dann durch die Gleichung (II.15):

$$\omega_* = \omega + h_{n_D} e \qquad (II.117)$$

bestimmt.

Zur Bestimmung der Größen ω_* benötigt man außer dem Diagramm ω noch das Diagramm h_{n_D} der Normalabstände vom Schubmittelpunkt.

Aus ω_* erhalten wir durch Integration das sektorielle Trägheitsmoment $J_{\omega\omega}$ sowie das sektorielle statische Moment $\widetilde{S}_\omega$ für die einzelnen Teile des Querschnitts. Für $P \equiv D$ können wir den Ausdruck (II.45d) in folgender Form anschreiben:

$$J_{\omega\omega} = \int_F \omega_*^2 \, dF_* = \int_F (\omega + h_{n_D} e)^2 \, dF$$

beziehungsweise

$$J_{\omega\omega} = \int_F \omega^2 \, dF + \frac{1}{12} \int_s t^3 h_{n_D}^2 \, ds. \qquad (II.118)$$

Im Verlaufe der Bestimmung dieser Werte müssen eine gewisse Zahl bestimmter Integrale ermittelt werden. Die Ermittlung der Werte dieser bestimmten Integrale erfordert den praktisch größten Aufwand der Gesamtarbeit bei der Bestimmung der Querschnittswerte für die Wölbkrafttorsion.

II. Dünnwandige Stäbe mit offenem Profil und geradliniger Achse

Für die Bestimmung der Werte dieser Integrale können wir mit Vorteil die Methoden der Ermittlung bestimmter Integrale heranziehen, welche für die Berechnung statisch unbestimmter Systeme nach der Kraftgrößenmethode verwendet werden. Die im allgemeinen Fall beliebige Kurve der Profilmittellinie ersetzen wir zunächst durch ein für die gewünschte Genauigkeit genügend angenähertes Polygon.

Im Falle einer veränderlichen Wandstärke längs einer oder mehrerer Seiten der angenommenen polygonalen Mittellinie unterteilen wir die Seiten mit veränderlichen Wandstärken in eine endliche Zahl von Teilstücken, für welche wir mittlere Wandstärken festlegen.

Die Genauigkeit des Ergebnisses unserer Rechnung hängt in diesem Fall von der Häufigkeit der Unterteilungen ab, mittels welcher wir die idealisierten Verhältnisse den tatsächlichen anpassen.

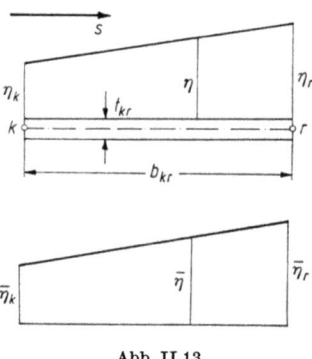

Abb. II.13

Wir betrachten nun ein gerades Teilstück $k-r$ (Abb. II.13) der Profilmittellinie, dessen Wandstärke t_{kr} betrage.

Auf diesem Teilstück seien die Ordinaten η und $\bar{\eta}$ zweier verschiedener Diagramme gegeben, deren Verlauf auf Grund des vorher Gesagten linear ist. Die Ordinaten η und $\bar{\eta}$ können beliebigen Diagrammen angehören, welche im Verlaufe der Berechnung der eingehend erwähnten bestimmten Integrale auftreten, wie z. B. $\omega(O, s)$, $x(s)$, $y(s)$, $h_{n_Q}(s)$.

Das Integral

$$I_{\eta\bar{\eta}} = \int_{s_k}^{s_r} \eta\bar{\eta}\, t\, dz = t_{kr} \int_{s_k}^{s_r} \eta\bar{\eta}\, dz$$

ist durch den Ausdruck

$$I_{\eta\bar{\eta}} = \frac{F_{kr}}{6} \left[\bar{\eta}_k (2\eta_k + \eta_r) + \bar{\eta}_r (2\eta_r + \eta_k) \right] \qquad \text{(II.119)}$$

gegeben, wo

$$F_{kr} = b_{kr} t_{kr}$$

ist.

2. Querschnittswerte

Für $\bar{\eta}_r = 0$ bzw. für $\bar{\eta}_k = 0$ erhalten wir:

$$I_{\eta\bar{\eta}} = \frac{F_{kr}}{6} \bar{\eta}_k (2\eta_k + \eta_r), \qquad (II.120)$$

$$I_{\eta\bar{\eta}} = \frac{F_{kr}}{6} \bar{\eta}_r (2\eta_r + \eta_k). \qquad (II.121)$$

Die Gleichung (II.119) bzw. die Gleichungen (II.120) und (II.121) ermöglichen uns, die Berechnung der Querschnittswerte auf einfache Weise für beliebige Profilformen eines gegebenen Stabquerschnitts durchzuführen. Die Berechnung dieser Querschnittswerte soll an dem folgenden Beispiel gezeigt werden.

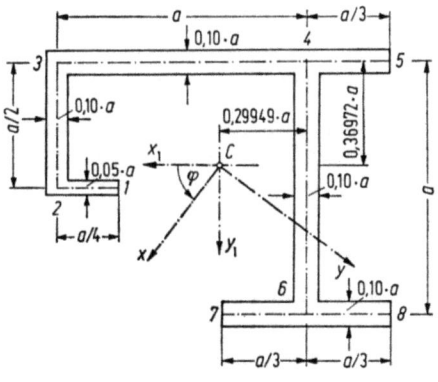

Abb. II.14

Beispiel.

Für den in Abb. II.14 gezeigten Querschnitt sollen die Koordinaten des Schubmittelpunktes D, die sektorielle Koordinate sowie die Werte $J_{\omega\omega}$ und $\tilde{S}_\omega$ ermittelt werden.

Die Querschnittsfläche beträgt:

$$F = [(0{,}25 + 0{,}05) \cdot 0{,}05 + 0{,}425 \times 0{,}1 + (1 + 0{,}333 + 0{,}05) \cdot 0{,}1 + 0{,}9 \times 0{,}1$$
$$+ 0{,}667 \times 0{,}1] \cdot a^2 = 0{,}3525 \cdot a^2.$$

Die Lage des Schwerpunktes C sowie das Ausgangs-Koordinatensystem x_1, y_1 sind ebenfalls in Abb. II.14 eingetragen.

Für die Trägheitsmomente $J_{x_1 x_1} > J_{y_1 y_1}$ sowie das Deviationsmoment $J_{x_1 y_1}$ erhalten wir die folgenden Werte:

$$J_{x_1 x_1} = 6{,}5547 \cdot 10^{-2} a^4,$$
$$J_{y_1 y_1} = 5{,}4553 \cdot 10^{-2} a^4,$$
$$J_{x_1 y_1} = -2{,}1125 \cdot 10^{-2} a^4.$$

Die Haupttragheitsmomente J_{xx} und J_{yy} sind dann durch die Ausdrücke

$$\frac{1}{10^{-2} a^4} J_{xx} = \frac{1}{2}(5{,}4553 + 6{,}5547) - \sqrt{\left(\frac{5{,}4553 - 6{,}5547}{2}\right)^2 + 2{,}1125^2}$$

II. Dünnwandige Stäbe mit offenem Profil und geradliniger Achse

und

bzw.

$$\frac{1}{10^{-2}a^4} J_{yy} = \frac{1}{2}(5{,}4553 + 6{,}5547) + \sqrt{\left(\frac{5{,}4553 - 6{,}5547}{2}\right)^2 + 2{,}1125^2}$$

$$J_{xx} = 3{,}8221 \cdot 10^{-2} a^4,$$

$$J_{yy} = 8{,}1879 \cdot 10^{-2} a^4$$

bestimmt.

Der Winkel φ, welchen die Hauptträgheitsachse x mit der Achse x_1 einschließt, ist bestimmt durch

$$\operatorname{tg} 2\varphi = -\frac{2 \times 2{,}1125}{6{,}5547 - 5{,}4553} = -3{,}84316,$$

so daß wir erhalten:

$$2\varphi = 104°35'06'',$$

$$\varphi = 52°17'33'',$$

ferner

$$\cos \varphi = 0{,}611630$$

und

$$\sin \varphi = 0{,}791144.$$

Die Koordinaten der Knotenpunkte 1, 2, ..., 8 (Abb. II.14) des neuen auf die Haupttträgheitsachsen bezogenen Systems bekommen wir durch die Koordinatentransformations-Gleichungen:

$$x = x_1 \cos \varphi + y_1 \sin \varphi,$$

$$y = -x_1 \sin \varphi + y_1 \cos \varphi.$$

Die alten und die neuen Koordinaten sind in der folgenden Tabelle eingetragen.

m	x_1/a	y_1/a	x/a	y/a
1	0,45051	0,13028	0,37862	−0,27674
2	0,70051	0,13028	0,53152	−0,47452
3	0,70051	−0,36972	0,13595	−0,78034
4	−0,29949	−0,36972	−0,47568	0,01081
5	−0,63279	−0,36972	−0,67954	0,27450
6	−0,29949	0,63028	0,31546	0,62244
7	0,03381	0,63028	0,51932	0,35875
8	−0,63279	0,63028	0,11161	0,88613

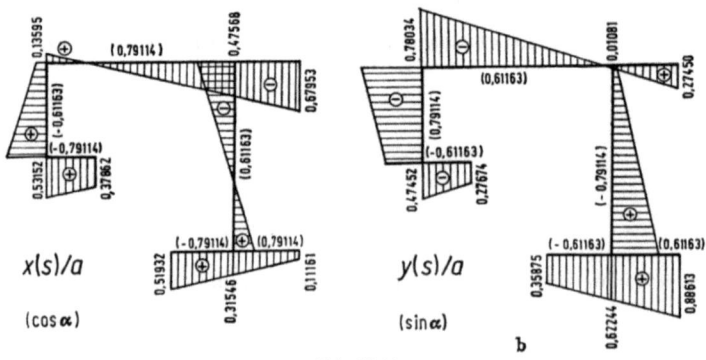

Abb. II.15

2. Querschnittswerte

Die Diagramme $x(s)$ und $y(s)$ sind aus Abb. II.15 ersichtlich. Die Werte $\cos \alpha$ und $\sin \alpha$ sind in den Abbildungen II.15a und II.15b längs den einzelnen Seiten der Profilmittellinie eingetragen, wobei der Richtungssinn der Koordinate s gemäß der in Abb. II.12 gezeigten Weise festgelegt wurde.

Für die Bestimmung des Schubmittelpunktes wählen wir vorerst den beliebigen Pol Q im Knoten 4 der Profilmittellinie und legen den Koordinaten-Nullpunkt O_1 ebenfalls in diesen Knoten. Gemäß der festgelegten Konvention für die Vorzeichen der sektoriellen Koordinate erhalten wir das in Abb. II.16a gezeigte Diagramm der sektoriellen Koordinate ω_Q. In Abb. II.16b ist das Diagramm h_{nQ} gegeben.

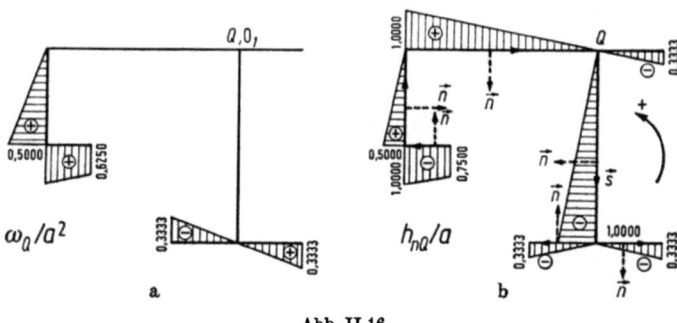

Abb. II.16

Wir berechnen nun das sektorielle Deviationsmoment:

$$J_{x\omega_Q} = \int_F x\omega_Q \, dF + \frac{1}{12}\int_s t^3 h_{nQ} \cos\alpha \, ds.$$

$\underline{\dfrac{1}{a^5}\int_F x\omega_Q \, dF}$

$= \dfrac{1}{6} \cdot 0{,}0125\,[0{,}625\,(2\cdot 0{,}37862 + 0{,}53152)$

$\qquad + 0{,}500\,(2\cdot 0{,}53152 + 0{,}37862)] \qquad\qquad = 0{,}31798 \cdot 10^{-2}$

$\dfrac{1}{6}\cdot 0{,}050 \cdot 0{,}500\,(2\cdot 0{,}53152 + 0{,}13595) \qquad\qquad = 0{,}49958 \cdot 10^{-2}$

$\dfrac{1}{6}\cdot 0{,}06667 \cdot 0{,}3333\,(-0{,}51932 + 0{,}11161) \qquad\qquad = \underline{-0{,}15099 \cdot 10^{-2}}$

$\qquad\qquad\qquad\qquad\qquad\qquad\qquad\qquad\qquad\qquad\quad 0{,}66657 \cdot 10^{-2}$

$\underline{\dfrac{1}{a^5}\cdot \dfrac{1}{12}\int_s t^3 h_{nQ}\cos\alpha \, ds}$

$= \dfrac{1}{12}\Big[0{,}05^3 \cdot 0{,}3 \cdot 0{,}79114 \dfrac{1{,}00 + 0{,}75}{2} + 0{,}10^3\Big(-0{,}425 \cdot 0{,}61163 \dfrac{0{,}50}{2}$

$\qquad + 1{,}3833 \cdot 0{,}79114 \dfrac{1{,}000 - 0{,}3333}{2} - 0{,}900 \cdot 0{,}61163 \dfrac{1{,}00}{2}\Big)\Big] \quad = 0{,}000421 \cdot 10^{-2}$

$J_{x\omega_Q} = (0{,}66657 + 0{,}00042)\cdot 10^{-2}\, a^5 \qquad\qquad\qquad = \underline{0{,}66699 \cdot 10^{-2} \cdot a^5}$

II. Dünnwandige Stäbe mit offenem Profil und geradliniger Achse

sowie das sektorielle Deviationsmoment:

$$J_{y\omega_Q} = \int_F y\omega_Q\, dF + \frac{1}{12}\int_s t^3 h_{n_Q} \sin\alpha\, ds$$

$$\frac{1}{a^5}\int_F y\omega_Q\, dF$$

$$= -\frac{1}{6}\cdot 0{,}0125[0{,}625(2\cdot 0{,}27674 + 0{,}47452)$$
$$+ 0{,}500(2\cdot 0{,}47452 + 0{,}27674)] \qquad = -0{,}26154\cdot 10^{-2}$$

$$-\frac{1}{6}\cdot 0{,}050\cdot 0{,}500(2\cdot 0{,}47452 + 0{,}78034) \qquad = -0{,}72057\cdot 10^{-2}$$

$$\frac{1}{6}\cdot 0{,}06667\cdot 0{,}3333(-0{,}35875 + 0{,}88613) \qquad = 0{,}19530\cdot 10^{-2}$$
$$\overline{ 0{,}78681\cdot 10^{-2}}$$

$$\frac{1}{a^5}\cdot\frac{1}{12}\int_s t^3 h_{n_Q}\sin\alpha\, ds$$

$$= \frac{1}{12}\left[0{,}05^3\cdot 0{,}300\cdot 0{,}61163\,\frac{1{,}00 + 0{,}75}{2} + 0{,}10^3\left(0{,}4250\cdot 0{,}79114\,\frac{0{,}500}{2}\right.\right.$$
$$\left.\left. + 1{,}3833\cdot 0{,}61163\cdot\frac{1{,}000 - 0{,}3333}{2} + 0{,}900\cdot 0{,}79114\,\frac{1{,}00}{2}\right)\right] = 0{,}006185\cdot 10^{-2}$$

$$J_{y\omega_Q} = (-0{,}78681 + 0{,}00618) = -0{,}78063\cdot 10^{-2} a^5.$$

Auf Grund der Gleichungen (II.108) erhalten wir:

$$x_D - x_Q = \frac{J_{y\omega_Q}}{J_{yy}} = \frac{-0{,}78063}{8{,}1879}\cdot a = -0{,}09534 a$$

$$y_D - y_Q = -\frac{J_{x\omega_Q}}{J_{xx}} = -\frac{0{,}66657}{3{,}8221}\cdot a = -0{,}17440 a$$

beziehungsweise

$$x_D = (-0{,}09534 - 0{,}47568)\cdot a = -0{,}57102 a,$$
$$y_D = (-0{,}17440 + 0{,}01081)\cdot a = -0{,}16359 a.$$

Die Lage des Schubmittelpunktes D in bezug auf das Koordinatensystem x_1, y_1 ist durch die Koordinaten x_{1D} und y_{1D} gegeben:

$$x_{1D} = (-0{,}57102\cdot 0{,}61163 + 0{,}16359\cdot 0{,}79114)a = -0{,}21983\cdot a,$$
$$y_{1D} = (-0{,}57102\cdot 0{,}79114 - 0{,}16359\cdot 0{,}61163)a = -0{,}55181\cdot a.$$

Das Diagramm der sektoriellen Koordinate $\omega_D(0, s)$ in bezug auf den Schubmittelpunkt D als Pol und das Diagramm des normalen Abstandes h_{nD} sind in der Abb. II.17 gegeben.

Zur Kontrolle der Genauigkeit der Bestimmung des Schubmittelpunktes und der Diagramme ω_D und h_{nD} prüfen wir, ob die Bedingungen

$$J_{x\omega_D} = \int_F x_* \omega_{*D}\, dF_* = 0,$$

$$J_{y\omega_D} = \int_F y_* \omega_{*D}\, dF_* = 0$$

erfüllt sind. Dies muß nämlich gemäß den Gleichungen (II.46 b, c) dann der Fall sein, wenn die sektorielle Koordinate ω_{*D} auf den Schubmittelpunkt als Pol bezogen wird.

Die Konstante ω_0 bestimmen wir schließlich aus Gleichung (II.111) und erhalten:

$$\omega_0 = -\frac{S_{\omega_D}(O_1)}{F} = -\frac{-1{,}04455}{0{,}3625} \cdot 10^{-2} a^2 = 0{,}02882 a^2.$$

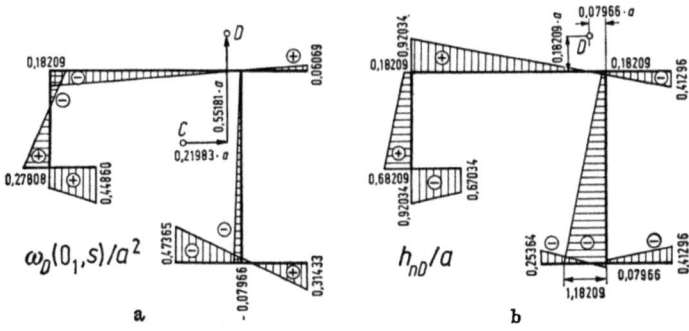

Abb. II.17

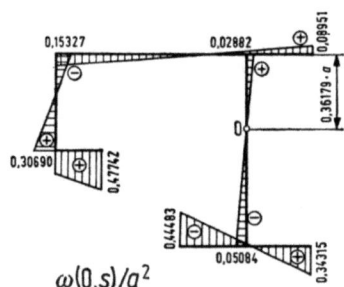

Abb. II.18

Das endgültige Diagramm der normierten sektoriellen Koordinate $\omega(0, s)$ ist in Abb. II.18 gezeigt.

Das sektorielle Trägheitsmoment $J_{\omega\omega}$ erhalten wir durch numerische Integration:

$$J_{\omega\omega} = \int_F \omega^2 \, dF + \frac{1}{12} \int_s t^3 h^2_{nD} \cdot ds = 0{,}76075 \cdot 10^{-2} a^6 + 0{,}00737 \cdot 10^{-2} a^6$$

$$\underline{J_{\omega\omega} = 0{,}76812 \cdot 10^{-2} a^6.}$$

Für die Aufzeichnung des Diagrammes $\tilde{S}_\omega$, von welchem die Verteilung der Schubspannungen τ_w im Querschnitt abhängt, genügt es, die Ordinaten in den Endpunkten und im Mittelpunkt der einzelnen Teilstücke des Profiles zu berechnen und aufzutragen.

So erhalten wir zum Beispiel für das Teilstück 1—2:

$$\tilde{S}_\omega(1) = 0,$$

$$\tilde{S}_\omega(1-2) = \frac{0{,}5(0{,}47742 + 0{,}30690) + 0{,}47742}{2} \cdot 0{,}00625 = 0{,}27174 \cdot 10^{-2} a^4$$

$$\tilde{S}_\omega(2) = \frac{0{,}47742 + 0{,}30690}{2} \cdot 0{,}01250 = 0{,}49020 \cdot 10^{-2} a^4.$$

Das Diagramm des sektoriellen statischen Momentes $\tilde{S}_\omega$ sowie die Richtung der Schubspannungen τ_w für $T_\omega > 0$ ist in Abb. II.19 gezeigt.

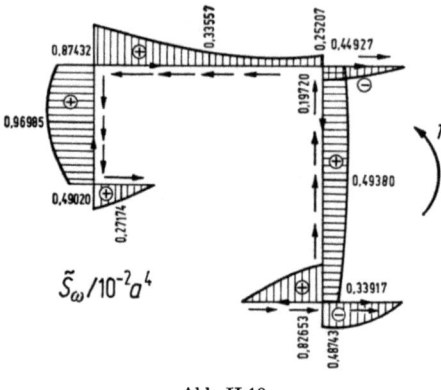

Abb. II.19

Aus der gezeigten Berechnung ist ersichtlich, daß der Einfluß der Glieder

$$\frac{1}{12} \int_s t^3 h_{nQ} \cos \alpha \, ds$$

$$\frac{1}{12} \int_s t^3 h_{nQ} \sin \alpha \, ds$$

und

$$\frac{1}{12} \int_s t^3 h_{nQ} \, ds$$

bedeutungslos ist für die Größe der Werte $J_{x\omega_Q}$, $J_{y\omega_Q}$ und $J_{\omega\omega}$ sowie für die Lage des Schubmittelpunktes. In der Mehrzahl der praktisch auftretenden Fälle — Sonderfälle ausgenommen — ist es daher sinnlos, mit diesen Gliedern zu rechnen, da man die erforderliche Genauigkeit erreicht, wenn man stattdessen die Werte

$$J_{x\omega_Q} \approx I_{x\omega_Q},$$
$$J_{y\omega_Q} \approx I_{y\omega_Q},$$
$$J_{\omega\omega} \approx I_{\omega\omega}$$

verwendet.

Indessen kann der Unterschied in der Größe der Normalspannung σ_z auf der Querschnittskontur im Vergleich zu deren Größe im entsprechenden Punkt der Profilmittellinie, bei Querschnitten mit dickeren Wänden, von Bedeutung sein.

Die Größe der durch die Torsion hervorgerufenen Normalspannung ist direkt proportional der Größe der sektoriellen Koordinate ω_* (siehe Gleichung) II.54), und der Unterschied zwischen $\omega_*(s, \pm t/2)$ und $\omega = \omega_*(s, e = 0)$ kann ziemlich groß und somit von Einfluß auf die Bemessung des Querschnittes sein.

Im gezeigten Beispiel beträgt die sektorielle Koordinate in der Umgebung des Punktes *3* (Abb. II.14) auf der oberen Querschnittskontur[1]:

$$\omega_* = \bigl(-0{,}15327 - 0{,}92034\,(0{,}1/2)\bigr)\,a^2 = -0{,}19929\,a^2,$$

welcher Wert gegenüber demjenigen in Punkt *3* eine Vergrößerung von ungefähr 30% ergibt.

Eine weit geringere prozentuelle Abweichung tritt in der Umgebung des Punktes *1* auf, wo ω den größten Wert erreicht. Am oberen bzw. am unteren Rand erhalten wir:

$$\omega_*(\pm t/2) = \left(0{,}47742 \pm 0{,}67034\,\frac{0{,}05}{2}\right) a^2 = \begin{cases} 0{,}49417 \\ 0{,}46067 \end{cases},$$

d. h., der Unterschied beträgt nur 3%.

Die Größe der Normalspannung im Falle von Torsion wird auf folgenden Ausdruck zurückgeführt:

$$\sigma = \frac{M_\omega}{J_{\omega\omega}}\,\omega_*,$$

oder näherungsweise auf:

$$\sigma = \frac{M_\omega}{I_{\omega\omega}}\,\omega.$$

Den ersten Ausdruck können wir im Hinblick auf die Gleichung (II.118) auch in der Form

$$\sigma = \frac{M_\omega}{I_{\omega\omega}(1+\varepsilon_1)} \cdot (1+\varepsilon)\cdot\omega$$

anschreiben, wo ε ein Wert von der Größenordnung t/b und $\varepsilon_1{}^2$ von der Größenordnung t^2/b^2 ist. Mit b ist die kennzeichnende lineare Abmessung des gesamten Querschnittes bezeichnet.

Mit Rücksicht darauf, daß ε_1 klein im Vergleich zur Einheit und $\varepsilon_1{}^2$ als kleine Größe zweiter Ordnung gegenüber der Einheit vernachlässigbar ist, können wir setzen:

$$\sigma = \frac{M_\omega}{I_{\omega\omega}(1+\varepsilon^2)}(1+\varepsilon)\cdot\omega \approx \frac{M_\omega}{I_{\omega\omega}}\,\omega_*.$$

Auf ähnliche Weise können wir mit den Gliedern verfahren, welche durch die Biegungsbeanspruchung hervorgerufen werden.

2.3. Querschnittswerte einiger einfacherer Profile

Der Schubmittelpunkt eines einfachsymmetrischen Querschnitts liegt auf der Symmetrieachse.

---

[1] Bei der Bestimmung des Vorzeichens des Produktes $h_n e$ können wir auch von der graphischen Darstellung der sektoriellen Koordinate Gebrauch machen, wie dies in Abb. I.16b gezeigt ist.

Bei Profilen mit zwei oder mehreren Symmetrieachsen liegt der Schubmittelpunkt im Schnittpunkt derselben, d. h. er fällt in den Schwerpunkt. Ebenso liegt in diesem Falle auch der Nullpunkt O der Profilmittellinie in der Symmetrieachse des Profiles.

Der Schubmittelpunkt fällt auch in den Schwerpunkt bei Profilen, welche in bezug auf einen Punkt (d. h. den Schwerpunkt) symmetrisch sind, wie zum Beispiel beim Z-Profil.

Diese Schlußfolgerungen ergeben sich unmittelbar durch die Anwendung der Gleichungen (II.46) auf die Profile mit den angeführten Eigenschaften.

Eine besondere Art bilden jene Profile, bei welchen die normierte sektorielle Koordinate ω gleich Null ist. Diese Profile sind dadurch gekennzeichnet, daß sie aus geraden Teilstücken bestehen, die in einem einzigen Knoten zusammentreffen (Abb. II.20).

Abb. II.20   Abb. II.21

Wenn wir nämlich den Punkt D (Abb. II.20) als Pol wählen, ergibt sich für alle Punkte der Profilmittellinie $h = 0$, woraus folgt, daß auch für die sektorielle Koordinate gelten muß:

$$\omega \equiv 0.$$

Die Profilmittellinie dieser Profile bleibt auch nach der Verformung gerade. Im Ausdruck für die verallgemeinerte sektorielle Koordinate ω_* [Gleichung (II.117)] ist nur das zweite Glied von Null verschieden. Dieses stellt die relative Verwölbung des Querschnitts in bezug auf die Profilmittellinie dar. Vernachlässigt man diesen Einfluß, wie dies in der klassischen Theorie der Wölbkrafttorsion getan wird (Abschnitt II.1.5), so können diese Profile als angenähert wölbfrei angesehen werden, d. h. die Querschnitte bleiben nach der Formänderung nahezu eben.

In diesen Fällen ist $I_{\omega\omega} = 0$ und in der Gleichung (II.85) entfällt das erste Glied; die Beanspruchung hat nicht den Charakter der Wölbkrafttorsion.

a) Der I-Querschnitt mit ungleichen Flanschen

Für den in Abb. II.21 gezeigten Querschnitt wählen wir vorerst als Pol und als Nullpunkt den Schnittpunkt Q der Profilmittellinie des Obergurtes mit derjenigen des Steges.

Die Diagramme $x(s)$, $\omega_Q(s)$ und $h_{n_Q}(s)$ sind in Abb. II.22 dargestellt.

2. Querschnittswerte

Der Schubmittelpunkt D befindet sich auf der Symmetrieachse, und sein Abstand $d = y_D - y_Q$ von der Profilmittellinie des Obergurtes ist durch den Ausdruck (II.108a) gegeben. Für das sektorielle Deviationsmoment $J_{x\omega_Q}$ und das Trägheitsmoment J_{xx} erhalten wir:

$$J_{x\omega_Q} = -\frac{b_2}{12}\left(b_3^3 t_3 + \frac{1}{2} b_2 t_2^3\right)$$

$$J_{xx} = \frac{1}{12}(b_1^3 t_1 + b_3^3 t_3 + b_2 t_2^3).$$

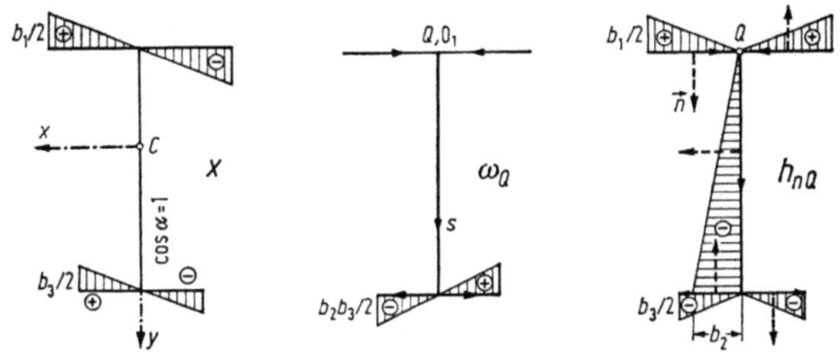

Abb. II.22

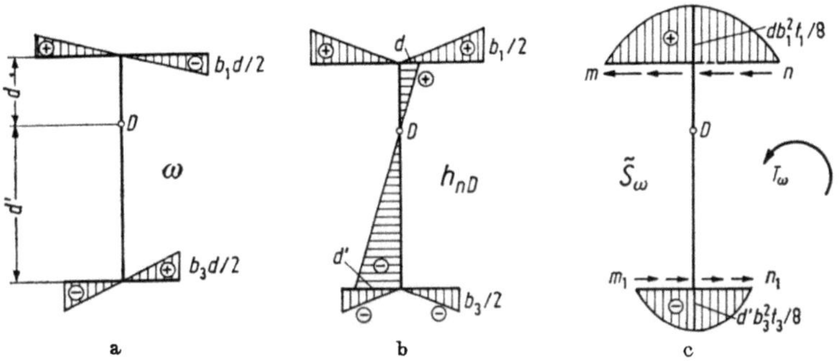

Abb. II.23

Die Lage des Schubmittelpunktes ist durch den Ausdruck:

$$d = \frac{b_2\left(b_3^3 t_3 + \frac{1}{2} b_2 t_2^3\right)}{b_1^3 t_1 + b_3^3 t_3 + b_2 t_2^3} \tag{II.122}$$

gegeben.

Im Falle gleicher Gurten folgt aus Gleichung (II.122):

$$d = b_2/2;$$

d. h. daß der Schubmittelpunkt mit dem Schwerpunkt des Querschnitts zusammenfällt.

Die Diagramme der sektoriellen Koordinate ω und des Abstandes der Normalen h_{n_p} sind in Abb. II.23a und b dargestellt. Das sektorielle Trägheitsmoment $J_{\omega\omega}$ erhalten wir durch Integration zu:

$$J_{\omega\omega} = \frac{1}{12}\left[b_1{}^3 t_1 \left(d^2 + \frac{1}{12} t_1{}^2\right) + b_3{}^3 t_3 \left(d'^2 + \frac{1}{12} t_3{}^2\right) + \frac{t_2{}^3}{3}(d^3 + d'^3)\right]. \quad \text{(II.123)}$$

Das Diagramm des sektoriellen statischen Momentes $\tilde{S}_\omega$ und die Richtung der Schubspannungen für $T_\omega > 0$ sind in Abb. II.23c gegeben.

Für die Berechnung der Werte $\tilde{S}_\omega$ sind als positive Richtungen $\overrightarrow{mn}$ und $\overrightarrow{m_1 n_1}$ angenommen.

Die entsprechenden geometrischen Querschnittswerte zufolge der klassischen Theorie der Wölbkrafttorsion, d. h. bei Vernachlässigung der Veränderlichkeit der Normalspannungen längs der Wandstärke, wie dies im Abschnitt II.1.1.5 gegeben ist, sind durch die folgenden Ausdrücke bestimmt:

$$I_{x\omega_Q} = -\frac{1}{12} b_2 b_3{}^3 t_3$$

$$I_{xx} = \frac{1}{12}(b_1{}^3 t_1 + b_3{}^3 t_3)$$

sowie

$$d = \frac{b_3{}^3 t_3}{b_1{}^3 t_1 + b_3{}^3 t_3} b_2 \quad \text{(II.124)}$$

und

$$I_{\omega\omega} = \frac{1}{12}(b_1{}^3 t_1 d^2 + b_3{}^3 t_3 d'^2). \quad \text{(II.125)}$$

b) Der [-Querschnitt

Der Schubmittelpunkt befindet sich in der Symmetrieachse. Den Nullpunkt O nehmen wir im Schwerpunkt des Steges b_2 an (Abb. II.24).

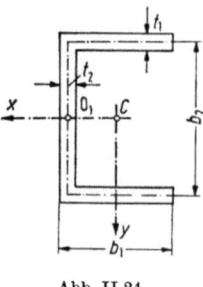

Abb. II.24

Wenn wir für den Hilfspol Q denselben Punkt wie für den Nullpunkt annehmen, so erhalten wir das in Abb. II.25b gezeigte Diagramm der sektoriellen Koordinate ω_Q.

2. Querschnittswerte

Die Diagramme $y(s)$ und h_{n_Q} sind in Abb. II.25a und c gegeben. Das sektorielle Deviationsmoment $J_{y\omega_Q}$ beträgt:

$$J_{y\omega_Q} = \frac{b_1^2}{4} t_1 \left(b_2^2 - \frac{1}{3} t_1^2 \right)$$

und das Trägheitsmoment J_{yy}:

$$J_{yy} = \frac{1}{2} b_1 t_1 \left(b_2^2 + \frac{1}{3} t_1^2 \right) + \frac{b_2^3 t_2}{12}.$$

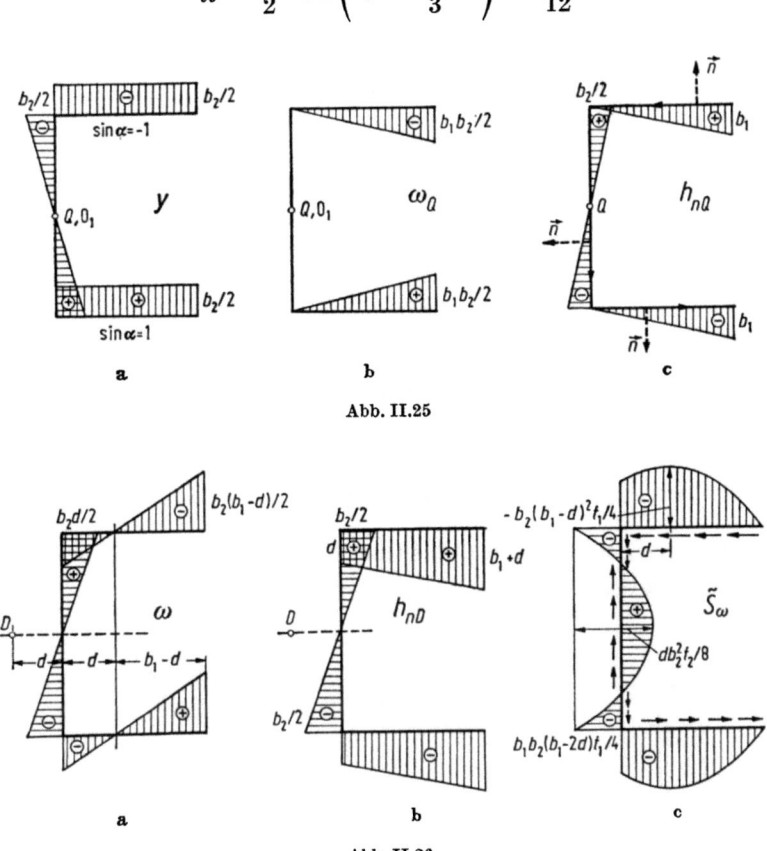

Abb. II.25

Abb. II.26

Für den Abstand d des Schubmittelpunktes D vom Nullpunkt O_1 erhalten wir:

$$d = \frac{b_1^2 t_1 \left(b_2^2 - \frac{1}{3} t_1^2 \right)}{2 b_1 t_1 \left(b_2^2 + \frac{1}{3} t_1^2 \right) + \frac{b_2^3 t_2}{3}}. \tag{II.126}$$

Die Diagramme ω, h_{n_D} und $\tilde{S}_\omega$ sind in Abb. II.26 gezeigt.

Das sektorielle Trägheitsmoment ist durch den Ausdruck:

$$J_{\omega\omega} = \frac{1}{6}(b_1 - 3d)b_1^2 b_2^2 t_1 + d^2 I_{yy} + \frac{1}{6}\left(\frac{1}{3}b_1^2 + b_1 d + d^2\right) b_1 t^3 + \frac{b_2^3 t_2^3}{144}$$

(II.127)

bestimmt.

Die geometrischen Querschnittswerte gemäß der klassischen Theorie der Wölbkrafttorsion erhalten wir aus den obigen Gleichungen, wenn wir die Glieder mit dem Faktor t^3 vernachlässigen:

$$I_{y\omega_Q} = \frac{b_1^2 b_2^2}{4} t_1$$

$$I_{yy} = \frac{b_1 b_2^2}{2} t_1 + \frac{b_2^3 t_2}{12},$$

ferner

$$d = \frac{b_1^2 t_1}{2 b_1 t_1 + \dfrac{b_2 t_2}{3}}$$

(II.128)

und

$$I_{\omega\omega} = \frac{1}{6}(b_1 - 3d) b_1^2 b_2^2 t_1 + d^2 I_{yy}.$$

(II.129)

c) Das ⌐-Profil

Wir wählen den Schwerpunkt C des Querschnitts als Pol Q und Nullpunkt O_1. Die Diagramme $\omega_Q(O_1, s)$ und h_{nQ} sind in Abb. II.27 gezeigt.

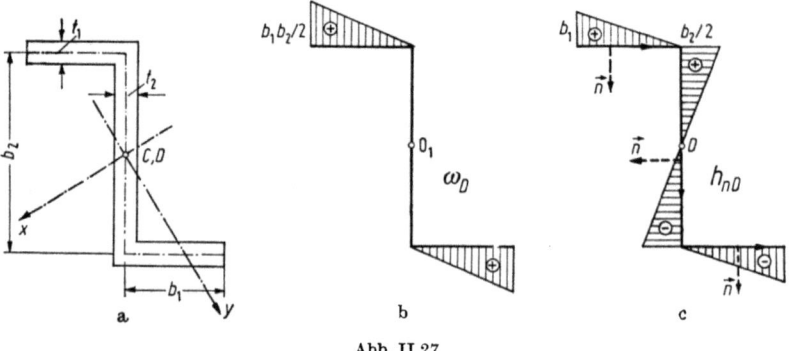

Abb. II.27

Die Diagramme $x(s)$ und $y(s)$, welche sich auf die Hauptträgheitsachsen beziehen, sind in bezug auf den Schwerpunkt C antisymmetrisch, während das Diagramm $\omega_Q = \omega_D$ in bezug auf diesen Punkt symmetrisch ist. Die Diagramme $\cos \alpha$ und $\sin \alpha$ sind in bezug auf den Nullpunkt O_1 symmetrisch, hingegen ist das Diagramm $h_{nQ} = h_{nD}$ in bezug auf diesen Punkt antisymmetrisch.

2. Querschnittswerte

Die sektoriellen Deviationsmomente $J_{x\omega_Q}$ und $J_{y\omega_Q}$ sind deshalb gleich Null, wovon wir uns durch unmittelbare Integration überzeugen können.

Auf Grund der Gleichungen (II.108) ergibt sich dann, daß der Schubmittelpunkt in den Schwerpunkt des Querschnitts fallen muß.

Der Nullpunkt O_1 befriedigt jedoch nicht die Bedingung (II.46a), da das sektorielle statische Moment $S_\omega(O_1)$ einen von Null verschiedenen Wert hat.

Auf Grund der Gleichung (II.111) erhalten wir:

$$\omega_0 = -\frac{S_\omega(O_1)}{F} = -\frac{1}{2}\frac{b_1^2 b_2 t_1}{2b_1 t_1 + b_2 t_2}$$

und in Hinblick auf Gleichung (II.112)

$$\omega = \omega(O_1, s) + \omega_0.$$

Die Diagramme ω und $\tilde{S}_\omega$ sind in Abb. II.28 angegeben.

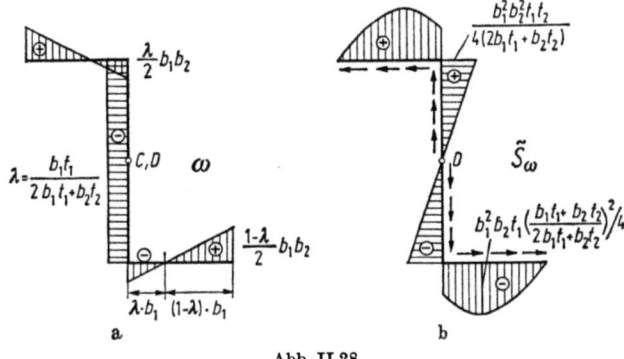

Abb. II.28

Für das sektorielle Trägheitsmoment $J_{\omega\omega}$ erhalten wir:

$$J_{\omega\omega} = \frac{1}{12}\left[b_1^3 t_1 \left(b_2^2 \frac{b_1 t_1 + 2b_2 t_2}{2b_1 t_1 + b_2 t_2} + \frac{2}{3}t_1^2\right) + \frac{1}{12}b_2^3 t_2^3\right]. \qquad (II.130)$$

Der Wert $I_{\omega\omega}$ ergibt sich aus dieser Gleichung durch Vernachlässigung der Glieder mit dem Faktor t^3 zu:

$$I_{\omega\omega} = \frac{1}{12}b_1^3 b_2^2 t_1 \frac{b_1 t_1 + 2b_2 t_2}{2b_1 t_1 + b_2 t_2}. \qquad (II.131)$$

d) Der Kreisbogen

Als Hilfspol Q wählen wir den Mittelpunkt des Kreisbogens. Der Nullpunkt O liegt mit Rücksicht auf die Symmetrie des Querschnitts in dessen Symmetrieachse (Abb. II.29).

Die Lage des Schwerpunkts ist durch dessen Abstand c vom Mittelpunkt gegeben.

Auf diese Weise erhalten wir:

$$x(s) = r \sin \varphi,$$

$$y(s) = c\left(1 - \frac{r}{c} \cos \varphi\right)$$

und

$$\omega_Q(s) = r^2 \varphi.$$

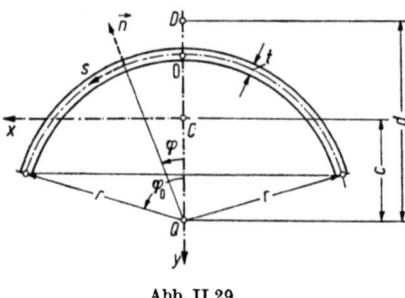

Abb. II.29

Die Lage des Schubmittelpunktes in bezug auf den Kreisbogen-Mittelpunkt ist durch den Ausdruck

$$d = \frac{J_{x\omega_Q}}{J_{xx}}$$

gegeben.

Für $J_{x\omega_Q}$ erhalten wir:

$$J_{x\omega_Q} = I_{x\omega_Q} = \int_F \omega_Q x \, dF = 2r^4 t \int_0^{\varphi_0} \varphi \sin \varphi \, d\varphi,$$

bzw.

$$J_{x\omega_Q} = 2r^4 t (\sin \varphi_0 - \varphi_0 \cos \varphi_0)$$

und für J_{xx}

$$J_{xx} = \int_F x^2 \, dF + \frac{1}{12} \int_s t^3 \cos^2 ds = r^3 t \left(1 + \frac{t^2}{12 r^2}\right)(\varphi_0 - \sin \varphi_0 \cos \varphi_0).$$

Der Abstand d ist dann durch den Ausdruck

$$d = 2r \frac{\sin \varphi_0 - \varphi_0 \cos \varphi_0}{\left(1 + \dfrac{t^2}{12 r^2}\right)(\varphi_0 - \sin \varphi_0 \cos \varphi_0)} \qquad (\text{II}.132)$$

gegeben.

Die sektorielle Koordinate ω ist durch den Ausdruck

$$\omega = r^2 \left(\varphi - \frac{d}{r} \sin \varphi\right) \qquad (\text{II}.133)$$

2. Querschnittswerte

gegeben, und für $J_{\omega\omega}$ und S_ω erhalten wir:

$$J_{\omega\omega} = \frac{2}{3} r^5 t \left[\varphi_0^3 - \frac{6(\sin\varphi_0 - \varphi_0 \cos\varphi_0)^2}{\left(1 + \frac{t^3}{12}\right)(\varphi_0 - \sin\varphi_0 \cos\varphi_0)} \right] \quad (II.134)$$

$$\tilde{S}_\omega = r^3 t \int_{-\varphi_0}^{\varphi} \left(\varphi - \frac{d}{r} \sin\varphi \right) d\varphi = r^3 t \left[\frac{1}{2}(\varphi^2 - \varphi_0^2) + \frac{d}{r}(\cos\varphi - \cos\varphi_0) \right] \quad (II.135)$$

Die Lage des Schubmittelpunktes nach Abschnitt II.1.1.5 ist durch die Formel

$$d = 2r \frac{\sin\varphi_0 - \varphi_0 \cos\varphi_0}{\varphi_0 - \sin\varphi_0 \cos\varphi_0} \quad (II.136)$$

bestimmt. Für $I_{\omega\omega}$ erhalten wir:

$$I_{\omega\omega} = \frac{2}{3} r^5 t \left[\varphi_0^3 - \frac{6(\sin\varphi_0 - \varphi_0 \cos\varphi_0)^2}{\varphi_0 - \sin\varphi_0 \cos\varphi_0} \right]. \quad (II.137)$$

Die Lage des Schubmittelpunktes sowie der Wert von $I_{\omega\omega}$, nach den Ausdrücken (II.136) und (II.137), sind für die bestimmten Werte des Winkels φ_0 in der folgenden Tabelle gegeben.

φ_0	30°	60°	90°	120°	150°	180°
$\dfrac{d}{r}$	1,044	1,117	1,274	1,436	1,609	2
$\dfrac{I_{\omega\omega}}{r^5 t}$	0,00006	0,00192	0,03740	0,33154	1,92260	8,10450

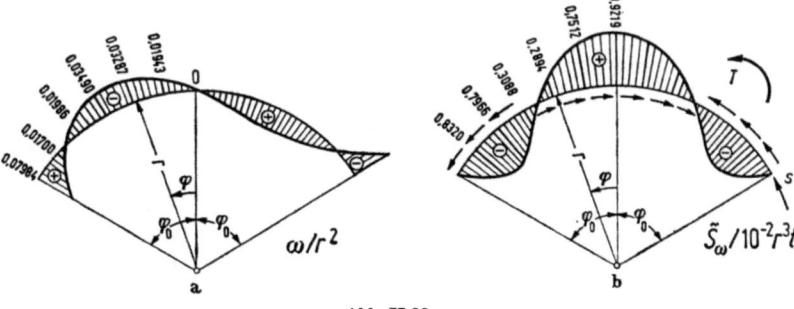

Abb. II.30

In Abb. II.30a ist das Diagramm der sektoriellen Koordinate ω und in Abb. 30b dasjenige des sektoriellen statischen Momentes $\tilde{S}_\omega$, beide für einen Winkel $\varphi_0 = 60°$, gezeichnet.

3. Berechnung auf Wölbkrafttorsion für einzelne Lastfälle

3.1. Randbedingungen. Allgemeine Lösung der Differentialgleichung der Wölbkrafttorsion

Die Randbedingungen an den Stabenden können durch Verschiebungen, durch Kräfte oder durch beide Arten von Einwirkungen gegeben sein. Die Randbedingungen der Verschiebungen formulieren wir wie folgt:

$$\left.\begin{array}{l} \xi_* = \xi_*^* \\ \eta_* = \eta_*^* \\ w_* = w_*^*, \end{array}\right\} \quad \text{(II.138)}$$

wo ξ_*^*, η_*^* und w_*^* die gegebenen Verschiebungen an den Stabenden sind.

Die Größen ξ_*^*, η_*^* und w_*^* müssen die getroffenen Voraussetzungen über die Formänderung des Querschnitts befriedigen:

$$\left.\begin{array}{l} \xi_*^* = \xi_D^* - (y_* - y_D)\varphi^* \\ \eta_*^* = \eta_D^* + (x_* - x_D)\varphi^* \\ w_*^* = w_0^* - \eta_D^{*\prime} y_* - \xi_D^{*\prime} x_* - \varphi^{*\prime} \omega^*, \end{array}\right\} \quad \text{(II.139)}$$

wo ξ_D^*, η_D^*, w_0^* und φ^* die gegebenen Verschiebungsparameter sind.

Unter Berücksichtigung der Gleichungen (II.139), (II.1) und (II.13) können die Ausdrücke (II.138) auf folgende Gleichungen gebracht werden:

$$\left.\begin{array}{l} \xi_D = \xi_D^* \\ \eta_D = \eta_D^* \\ w_0 = w_0^* \\ \xi_D' = \xi_D^{*\prime} \\ \eta_D' = \eta_D^{*\prime} \end{array}\right\} \quad \text{(II.140)}$$

$$\left.\begin{array}{l} \varphi = \varphi^* \\ \varphi' = \varphi^{*\prime}. \end{array}\right\} \quad \text{(II.141 a, b)}$$

Die Randbedingungen (II.140) beziehen sich auf die Differentialgleichungen (II.52) und die Bedingungen (II.141) auf die Differentialgleichung (II.53) der Wölbkrafttorsion.

Die Gesamtzahl der Randbedingungen beträgt $2 \cdot 7 = 14$.

Die Randbedingungen der Kräfte formulieren wir in folgender Weise:

$$\int_F (\vec{\sigma}_z - \vec{\bar{p}}_z)\vec{\bar{u}}_* \, dF_* - \sum_{i=1}^{n} \vec{p}_i \vec{\bar{u}}_i = 0, \quad \text{(II.142)}$$

3. Berechnung auf Wölbkrafttorsion für einzelne Lastfälle

wo $\vec{\bar{p}}_z(\bar{p}_{zx}, \bar{p}_{zy}, \bar{p}_{zz})$ der Vektor der Flächenbelastung auf dem betrachteten Endquerschnitt ist. Die Größen $\vec{\bar{u}}_*$ bzw. $\vec{\bar{u}} = \vec{\bar{u}}_*(s, e = 0, z)$ sind durch die Gleichung (II.26) gegeben. Mit $\vec{P}_i$ ist die im Punkte i der Mittellinie wirkende Kraft bezeichnet.

Nach dem Einsetzen der Ausdrücke (II.32) für $\bar{\xi}_*$, $\bar{\eta}_*$ und $\bar{w}_*$ und des Ausdrucks (II.30) für $\bar{\sigma}_z$ erhalten wir:

$$\begin{aligned}
\bar{w}_0 & \left\{ \int_F (\sigma_z - \bar{p}_{zz}) \, dF_* - \sum_i P_{iz} \right\} \\
+ \bar{\xi}_D & \left\{ \int_F [(\tau_{zn} \cos \alpha - \tau_{zs} \sin \alpha) - \bar{p}_{zx}] \, dF_* - \sum_i P_{ix} \right\} \\
+ \bar{\eta}_D & \left\{ \int_F [(\tau_{zn} \sin \alpha + \tau_{zs} \cos \alpha) - \bar{p}_{zy}] \, dF_* - \sum_i P_{iy} \right\} \\
+ \bar{\varphi} & \left\{ \int_F [(\tau_{zn} h_{nP} + \tau_{zs} h_P^*) - \bar{p}_{zy}(x_* - x_D) + \bar{p}_{zx}(y_* - y_D)] \, dF_* \right. \\
& \left. - \sum_i [P_{iy}(x_i - x_D) - P_{ix}(y_i - y_D)] \right\} \\
- \bar{\xi}_D' & \left\{ \int_F (\sigma_z - \bar{p}_{zz}) x_* \, dF_* - \sum_i P_{iz} \cdot x_i \right\} \\
- \bar{\eta}_D' & \left\{ \int_F (\sigma_z - \bar{p}_{zz}) y_* \, dF_* - \sum_i P_{iz} \cdot y_i \right\} \\
- \bar{\varphi}' & \left\{ \int_F (\sigma_z - \bar{p}_{zz}) \omega_* \, dF_* - \sum_i P_{iz} \omega_i \right\} = 0.
\end{aligned} \quad \text{(II.143)}$$

Da die Größen $\bar{w}_0 \cdots \bar{\varphi}'$ beliebig sein und von Null verschiedene Werte haben können, müssen, damit die Gleichung (II.143) befriedigt wird, die Ausdrücke in den geschweiften Klammern gleich Null sein. Mit Rücksicht auf die Ausdrücke (II.37) können wir schreiben:

$$\left. \begin{aligned} N &= N^* \\ Q_x &= Q_x^* \\ Q_y &= Q_y^* \\ M_x &= M_x^* \\ M_y &= M_y^* \end{aligned} \right\} \quad \text{(II.144)}$$

und

$$\left. \begin{aligned} T &= T^* \\ M_\omega &= M_\omega^* \end{aligned} \right\} \quad \text{(II.145)}$$

98 II. Dünnwandige Stäbe mit offenem Profil und geradliniger Achse

wo

$$\left. \begin{aligned} N^* &= \int_F \bar{p}_{zz}\, dF_* + \sum_i P_{iz} \\ Q_x^* &= \int_F \bar{p}_{zx}\, dF_* + \sum_i P_{ix} \\ Q_y^* &= \int_F \bar{p}_{zy}\, dF_* + \sum_i P_{iy} \\ M_x^* &= \int_F \bar{p}_{zz} x_*\, dF_* + \sum_i P_{iz} x_i \\ M_y^* &= \int_F \bar{p}_{zz} y_*\, dF_* + \sum_i P_{iz} y_i \end{aligned} \right\} \qquad (\text{II}.146)$$

und

$$\left. \begin{aligned} T^* &= \int_F [\bar{p}_{zy}(x_* - x_D) - \bar{p}_{zx}(y_* - y_D)]\, dF_* \\ &\quad + \sum_i [P_{iy}(x_i - x_D) - P_{ix}(y_i - y_D)] \\ M_\omega^* &= \int_F \bar{p}_{zz} \omega_*\, dF_* + \sum_i P_{iz} \omega_i \end{aligned} \right\} \qquad (\text{II}.147\,\text{a, b})$$

sind.

Die Größen $N^* \cdots M_\omega^*$ stellen die äußeren an den Stabenden angreifenden Kräfte, Momente und das Bimoment dar.

Wir setzten voraus, daß die äußeren Kräfte P_i in Punkten der Profilmittellinie angreifen. Es stellt sich nun die Frage, auf welche Weise die Größen $N^* \cdots M_\omega^*$ berechnet werden können, wenn der Angriffspunkt einer Kraft $\vec{P}_B$ außerhalb der Profilmittellinie liegt (Abb. II.31) und ihre Wirkung mittels einer in der Ebene des Endquerschnitts gelegenen und im Punkt A der Profilmittellinie eingespannten steifen Konsole übertragen wird.

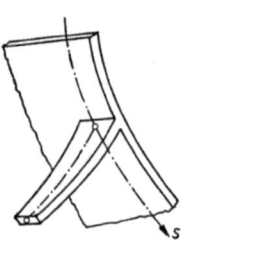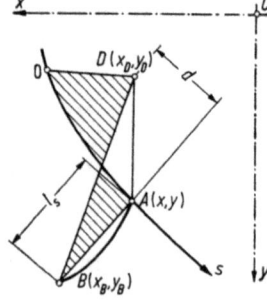

Abb. II.31

Durch die Anwendung der Gleichung (II.142) erhalten wir in diesem Falle:

$$\int_F \vec{\sigma}_z\, dF_* - \vec{P}_B \vec{\bar{u}}_B = 0. \qquad (\text{II}.148)$$

3. Berechnung auf Wölbkrafttorsion für einzelne Lastfälle

Die Verschiebungskomponenten $\bar{\xi}_B$, $\bar{\eta}_B$ und $\bar{w}_B$ werden unter Voraussetzung der starren Konsole durch die Ausdrücke

$$\bar{\xi}_B = \bar{\xi}_A + \frac{1}{2}\left(\frac{\partial \bar{\xi}}{\partial y} - \frac{\partial \bar{\eta}}{\partial x}\right)_A (y_B - y_A)$$

$$\bar{\eta}_B = \bar{\eta}_A + \frac{1}{2}\left(\frac{\partial \bar{\eta}}{\partial x} - \frac{\partial \bar{\xi}}{\partial y}\right)_A (x_B - x_A)$$

$$\bar{w}_B = \bar{w}_A + \frac{1}{2}\left(\frac{\partial \bar{w}}{\partial x} - \frac{\partial \bar{\xi}}{\partial z}\right)_A (x_B - x_A) + \frac{1}{2}\left(\frac{\partial \bar{w}}{\partial y} - \frac{\partial \bar{\eta}}{\partial z}\right)_A (y_B - y_A)$$

gegeben, welche unter Benutzung der Gleichungen (II.32) in die folgenden Ausdrücke

$$\left.\begin{aligned}\bar{\xi}_B &= \bar{\xi}_D - (y_B - y_D)\bar{\varphi} \\ \bar{\eta}_B &= \bar{\eta}_D + (x_B - x_D)\bar{\varphi} \\ \bar{w}_B &= \bar{w}_0 - \bar{\eta}_D{}' y_B - \bar{\xi}_D{}' x_B - \bar{\varphi}'\left[\omega(A) - (y_A \right. \\ &\quad\left. - y_D)(x_B - x_A) + (x_A - x_D)(y_B - y_A)\right]\end{aligned}\right\} \quad \text{(II.149)}$$

übergehen.

Setzen wir die Ausdrücke (II.149) in die Gleichung (II.148), so erhalten wir:

$$\left.\begin{aligned}N^* &= P_{Bz} & M_x^* &= P_{Bz} x_B \\ Q_x^* &= P_{Bx} & M_y^* &= P_{Bz} y_B \\ Q_y^* &= P_{By} & &\end{aligned}\right\} \quad \text{(II.150)}$$

und

$$\left.\begin{aligned}T^* &= P_{By}(x_B - x_D) - P_{Bx}(y_B - y_D) \\ M_\omega^* &= P_{Bz}[\omega(A) - l_s \cdot d].\end{aligned}\right\} \quad \text{(II.151 a, b)}$$

Der Ausdruck (II.151, b) kann auch in der Form

$$M_\omega^* = P_{Bz}\omega(B) \qquad \text{(II.152)}$$

angeschrieben werden, wo $\omega(B)$ die sektorielle Koordinate (Abb. II.31) des Punktes B ist, wenn man die Strecke $\overline{AB}$ als den Anteil der Profilmittellinie annimmt. Dabei müssen wir beachten, daß „der Anteil AB der Profilmittellinie" weder die Lage des Schubmittelpunktes noch die übrigen geometrischen Querschnittswerte, welche für den Querschnitt ohne Konsole bestimmt wurden, beeinflußt.

Im weiteren werden wir uns nur mit den Randbedingungen (II.141) und (II.145), die sich auf Wölbkrafttorsion beziehen, befassen.

Die homogene Randbedingung

$$\varphi = 0 \qquad \text{(II.153)}$$

wird durch eine Lagerung (Abb. II.32a) des Stabes erreicht, welche eine Verdrehung des Endquerschnitts verhindert. Diese Art der Lagerung wird oft als Gabellagerung bezeichnet.

Im Falle der Bedingung

$$\varphi' = 0 \qquad (II.154)$$

erleiden die Punkte des Querschnitts keine Verschiebung (Abb. II.32b) in Richtung der Stabachse.

Ein Auflager, welches sowohl die Verdrehung als auch die Verwölbung des Querschnitts verhindert und somit die Bedingung

$$\varphi = 0,$$
$$\varphi' = 0 \qquad (II.155)$$

erfüllt, wird mit dem in Abb. II.32c gezeigten Zeichen versehen.

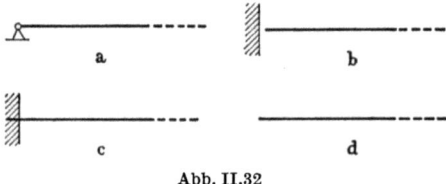

Abb. II.32

Ein freies Stabende, auf welches keinerlei Reaktionskräfte einwirken, bzw. in welchem

$$T = 0$$

und

$$M_\omega = 0 \qquad (II.156)$$

sind, wird, wie in Abb. II.32d gezeigt, bezeichnet. Die in Abb. II.32b gezeigte Lagerung erfüllt, sofern an dieser Stelle kein gegebenes äußeres Moment T^* angreift, die Bedingungen:

$$\varphi' = 0,$$
$$T = 0. \qquad (II.157)$$

Die Lagerungsart II.32a entspricht im Falle, daß kein äußeres Bimoment M_ω^* angreift, den homogenen Randbedingungen

$$\varphi = 0,$$
$$M_\omega = 0. \qquad (II.158)$$

Die Differentialgleichung (II.53) kann durch Einführung von

$$k^2 = \frac{GK}{E'J_{\omega\omega}} \qquad (II.159)$$

3. Berechnung auf Wölbkrafttorsion für einzelne Lastfälle

und

$$\frac{m_D + m_\omega{'}}{E' J_{\omega\omega}} = f(z) \tag{II.160}$$

auch in der Form

$$\varphi^{IV} - k^2 \varphi'' = f(z) \tag{II.161}$$

angeschrieben werden.

Die Lösung dieser Differentialgleichung vierter Ordnung mit konstanten Koeffizienten ist gleich der Summe der allgemeinen Lösung der zugeordneten homogenen Gleichung und eines partikulären Integrals der gegebenen, nicht homogenen Gleichung:

$$\varphi = \varphi_h + \varphi_p. \tag{II.162}$$

Die Lösung der homogenen Differentialgleichung können wir in der Form

$$\varphi_h = A \cosh kz + B \sinh kz + Cz + D \tag{II.163}$$

darstellen.

Das partikuläre Integral der Gleichung (II.161) wird durch die Methode der Variation der Konstanten erhalten.

Die allgemeine Lösung der Gleichung (II.161) ist durch den Ausdruck:

$$\varphi = A \cosh kz + B \sinh kz + Cz + D + \varphi_p \tag{II.164}$$

gegeben.

Wir führen nun statt der Konstanten A, B, C und D als Integrationskonstanten die Werte

$$\left.\begin{array}{l} \varphi_0 = \varphi(z = 0) \\ \varphi_0{'} = \varphi'(z = 0) \\ M_{\omega 0} = M_\omega(z = 0) \\ T_0 = T(z = 0) \end{array}\right\} \tag{II.165}$$

ein, wobei wir den Anfangspunkt der Koordinate z in einen beliebigen Stabquerschnitt verlegen können.

Wir nehmen vorerst an, daß

$$m_\omega = m_D = 0 \tag{II.166}$$

ist.

Für $z = 0$ erhalten wir aus Gleichung (II.163):

$$\left.\begin{array}{l} \varphi_0 = A + D \\ \varphi_0{'} = kB + C \\ \varphi_0{''} = k^2 A \\ \varphi_0{'''} = k^3 B. \end{array}\right\} \tag{II.167, a—d}$$

II. Dünnwandige Stäbe mit offenem Profil und geradliniger Achse

Durch Einsetzen der Ausdrücke für φ_0', φ_0'' und φ_0''' in die Gleichungen (II.47d) und (II.51) erhalten wir:

$$\left.\begin{array}{l} M_{\omega 0} = -GKA \\ T_0 = GKC. \end{array}\right\} \quad \text{(II.168a, b)}$$

Die Gleichungen (II.167a, b) und (II.168) bilden ein System mit den unbekannten Integrationskonstanten A, B, C und D. Durch das Auflösen dieses Systems erhält man:

$$A = -\frac{1}{GK} M_{\omega 0},$$

$$B = \frac{1}{k}\left(\varphi_0' - \frac{1}{GK} T_0\right),$$

$$C = \frac{1}{GK} T_0,$$

$$D = \varphi_0 + \frac{1}{GK} M_{\omega 0}.$$

Die allgemeine Lösung der Gleichung (II.161) für $m_D = m_\omega = 0$ lautet mit den neu eingeführten Konstanten:

$$\varphi = \varphi_0 + \frac{1}{k}\varphi_0' \sinh kz - \frac{1}{GK} M_{\omega 0} (\cosh kz - 1) + \frac{1}{GK} T_0 \left(z - \frac{1}{k}\sinh kz\right). \tag{II.169}$$

Durch Differenzieren erhalten wir:

$$\varphi' = \varphi_0' \cosh kz - \frac{k}{GK} M_{\omega 0} \sinh kz - \frac{1}{GK} T_0 (\cosh kz - 1). \tag{II.170}$$

Für das Bimoment und das Torsionsmoment ergeben sich die folgenden Ausdrücke:

$$M_\omega = -\frac{1}{k} GK\varphi_0' \sinh kz + M_{\omega 0} \cosh kz + \frac{1}{k} T_0 \sinh kz \tag{II.171}$$

$$T = T_0. \tag{II.172}$$

3.2. Torsion des Stabes unter Querbelastung

a) Belastung durch ein an einem Stabende angreifendes Torsionsmoment T^*

Mit Rücksicht auf den Umstand, daß der Stab voraussetzungsgemäß nicht durch ein längs der Stabachse verteiltes Moment m_D belastet wird, ist das partikuläre Integral φ_P gleich Null.

3. Berechnung auf Wölbkrafttorsion für einzelne Lastfälle

Die Ausdrücke (II.169) bis (II.172) für φ, φ', M_ω und T schreiben wir der größeren Übersichtlichkeit halber im folgenden Schema an:

	φ_0	φ_0'	$\dfrac{1}{GK} M_{\omega 0}$	$\dfrac{1}{GK} T_0$
$\varphi(z)$	1	$\dfrac{1}{k}\sinh kz$	$1 - \cosh kz$	$z - \dfrac{1}{k}\sinh kz$
$\varphi'(z)$	0	$\cosh kz$	$-k \sinh kz$	$1 - \cosh kz$
$\dfrac{1}{GK} M_\omega(z)$	0	$-\dfrac{1}{k}\sinh kz$	$\cosh kz$	$\dfrac{1}{k}\sinh kz$
$\dfrac{1}{GK} T(z)$	0	0	0	1

(II.173)

Das System der Gleichungen (II.173) ist in bezug auf die Nebendiagonale symmetrisch.

a 1.

Wir betrachten nun den in Abb. II.33 gezeigten Belastungsfall.

Am Stabende a liegt eine Gabellagerung vor bzw. es gelten die Bedingungen (II.158), am Stabende b, d. h. für $z = l$ ist:

$$\left.\begin{aligned} M_\omega &= 0, \\ T &= T^*. \end{aligned}\right\} \tag{II.174}$$

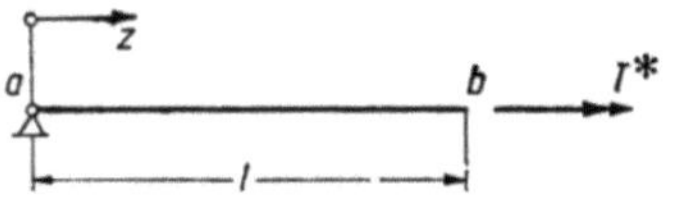

Abb. II.33

Aus Gleichung (II.158) folgt unmittelbar

$$\left.\begin{aligned} \varphi_0 &= 0, \\ M_{\omega 0} &= 0. \end{aligned}\right\} \tag{II.175}$$

Die Bedingungen (II.174) ergeben unter Berücksichtigung der dritten und der vierten Gleichung des Systems (II.173):

$$-\varphi_0' \frac{1}{k} \sinh kl + T_0 \frac{1}{kGK} \sinh kl = 0,$$

$$T_0 = T^*.$$

II. Dünnwandige Stäbe mit offenem Profil und geradliniger Achse

Durch die Auflösung erhält man:

$$\varphi_0' = \frac{T^*}{GK},$$

$$T_0 = T^*.$$

Für den Stabverdrehungswinkel φ, die spezifische Verdrehung φ', das Bimoment M_ω und das Torsionsmoment T erhalten wir auf Grund der Gleichungen (II.173) die folgenden Ausdrücke:

$$\left.\begin{aligned}\varphi &= \frac{T^*}{GK} z, \\ \varphi' &= \frac{T^*}{GK}, \\ M_\omega &= 0, \\ T &= T^*.\end{aligned}\right\} \quad \text{(II.176)}$$

Der St. Venantsche Anteil des Torsionsmomentes T_s beträgt:

$$T_s = GK\varphi' = T^*,$$

und der Anteil $T_\omega = T - T_s$ ist gleich Null.

Die Gleichungen (II.176) stellen, wie bekannt, die Lösung für die sogenannte St. Venantsche Torsion dar. An den Stabenden wirken die Torsionsmomente, und der Stab kann sich an beiden Enden ungehindert verdrehen.

Das Bimoment M_ω und das Torsionsmoment der Verwölbung T_ω, welche die Wölbkrafttorsion kennzeichnen, sind auf die ganze Länge des Stabes identisch gleich Null.

a 2.

Es soll nun der Fall vorliegen, daß das eine Stabende a gemäß Abb. II.34 eingespannt sei.

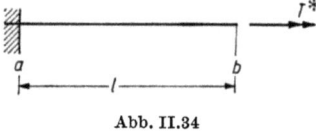

Abb. II.34

In diesem Fall gelten für das Stabende a die Randbedingungen (II.155) und für das Stabende b (II.174).

Die Bedingungen (II.155) ergeben:

$$\varphi_0 = 0$$

und

$$\varphi_0' = 0,$$

3. Berechnung auf Wölbkrafttorsion für einzelne Lastfälle

und die Bedingungen (II.174), unter Benützung der Gleichungen (II.173):

$$M_{\omega 0} \cosh kl + T_0 \frac{1}{k} \sinh kl = 0,$$

$$T_0 = T^*,$$

beziehungsweise

$$M_{\omega 0} = -T^* \frac{1}{k} \tanh kl,$$

$$T_0 = T^*.$$

Für φ, $T_s = GK\varphi'$, M_ω und $T_\omega = T - T_s$ erhalten wir:

$$\left.\begin{aligned}
\varphi &= \frac{T^*}{GK}\left(z - \frac{1}{k}\frac{\sinh kl - \sinh kz'}{\cosh kl}\right), \\
T_s &= T^*\left(1 - \frac{\cosh kz'}{\cosh kl}\right), \\
M_\omega &= -T^*\frac{1}{k}\frac{\sinh kz'}{\cosh kl}, \\
T_\omega &= T^*\frac{\cosh kz'}{\cosh kl},
\end{aligned}\right\} \quad \text{(II.177)}$$

wo $z' = l - z$ ist.

a 3.

Im Falle, daß die Verwölbung des Stabquerschnittes b verhindert ist (Abb. II.35), bzw. daß folgende Bedingungen bestehen:

$$\left.\begin{aligned}\varphi &= 0 \\ \varphi' &= 0\end{aligned}\right\} \text{ für } z = 0$$

und

$$\left.\begin{aligned}\varphi' &= 0 \\ T &= T^*\end{aligned}\right\} \text{ für } z = l$$

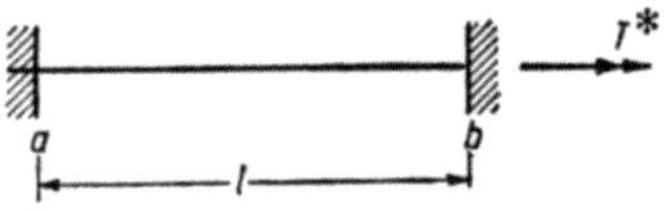

Abb. II.35

gilt $\varphi_0 = \varphi_0' = 0$ und ferner, auf Grund der Gleichungen (II.173):

$$M = \frac{T^*}{k}\frac{1 - \cosh kl}{\sinh kl},$$

$$T_0 = T^*.$$

Für φ, T_s, M_ω und T_ω erhalten wir:

$$\left.\begin{aligned}
\varphi &= \frac{T^*}{GK}\left(z - \frac{1}{k}\frac{\cosh kl - 1 + \cosh kz - \cosh kz'}{\sinh kl}\right), \\
T_s &= T^*\left(1 - \frac{\sinh kz + \sinh kz'}{\sinh kl}\right), \\
M_\omega &= \frac{T^*}{k}\frac{\cosh kz - \cosh kz'}{\sinh kl}, \\
T_\omega &= T^*\frac{\sinh kz + \sinh kz'}{\sinh kl}.
\end{aligned}\right\} \quad \text{(II.178)}$$

b) Belastung durch ein konzentriertes Torsionsmoment an einer beliebigen Stelle

Wir betrachten als grundlegenden Fall der Torsionsbelastung die Belastung durch ein äußeres Torsionsmoment T^* (Abb. II.36), welches an einer beliebigen Stelle der Stabachse angreift.

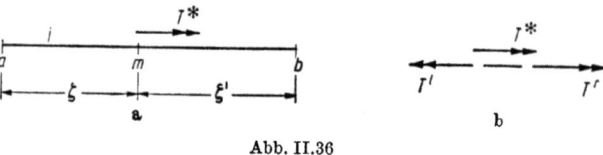

Abb. II.36

Für den links vom Punkt m gelegenen Stabteil können wir für die Lösung der Differentialgleichung die Form (II.169) wählen.

Bei dem Übergang auf den rechten Stabteil müssen folgende Bedingungen erfüllt sein:

$$\left.\begin{aligned}
\varphi^r &= \varphi^l, \\
\varphi'^r &= \varphi'^l, \\
M_\omega^r &= M_\omega^l
\end{aligned}\right\} \quad \text{(II.179)}$$

und (siehe Abb. II.36 b):

$$T^r = T^l - T^*, \quad \text{(II.180)}$$

wo mit r die Einflüsse, welche sich auf den rechten und mit l diejenigen, welche sich auf den linken Stabteil beziehen, bezeichnet sind.

Wenn wir zur Lösung (II.169) eine solche gleicher Form hinzufügen, welche im Punkt m, also für $z = \zeta$ die Bedingungen

$$\varphi_m = \varphi_m' = M_{\omega m} = 0$$

und

$$T_m = -T^* \quad \text{(II.181)}$$

3. Berechnung auf Wölbkrafttorsion für einzelne Lastfälle

erfüllt, erhalten wir für den rechten Stabteil die Lösung, welche die Bedingungen (II.179) und (II.180) befriedigt.

Die Gleichungen für φ, φ', M_ω und T sind in der folgenden Tabelle (II.182) zusammengestellt, wobei die Anteile, welche für den rechten Stabteil, also für $z > \zeta$ hinzugefügt werden müssen, durch eine Vertikallinie getrennt sind.

	φ_0	φ_0'	$\dfrac{M_{\omega 0}}{GK}$	$\dfrac{T_0}{GK}$	$-\dfrac{T^*}{GK}$
φ	1	$\dfrac{1}{k}\sinh kz$	$1 - \cosh kz$	$z - \dfrac{1}{k}\sinh kz$	$z - \zeta - \dfrac{1}{k}\sinh k(z-\zeta)$
φ'	0	$\cosh kz$	$-k \sinh kz$	$1 - \cosh kz$	$1 - \cosh k(z-\zeta)$
$\dfrac{M_\omega}{GK}$	0	$-\dfrac{1}{k}\sinh kz$	$\cosh kz$	$\dfrac{1}{k}\sinh kz$	$\dfrac{1}{k}\sinh k(z-\zeta)$
$\dfrac{T}{GK}$	0	0	0	1	1

(II.182)

Aus den gegebenen Randbedingungen bzw. aus der Art der Lagerung in den Punkten a und b bestimmen wir unter Benützung der Gleichungen (II.182) die Integrationskonstanten φ_0, φ_0', $M_{\omega 0}$ und T_0.

Wir betrachten einen an seinen Enden gabelartig gelagerten Stab. Diese Lagerung verhindert eine Verdrehung der Stabendquerschnitte, gestattet jedoch eine Verwölbung derselben in Richtung der Stabachse.

Diese Lagerungsart wird durch die Bedingungen (II.158) gekennzeichnet:

$$\left.\begin{array}{l}\varphi = 0, \\ M_\omega = 0,\end{array}\right\} \text{ für } z = 0 \text{ und } z = l.$$

In den Gleichungen (II.182) wird dann $\varphi_0 = M_{\omega 0} = 0$, und die Bedingungen (II.158) liefern für $z = l$ die folgenden zwei Gleichungen:

$$\varphi_0' \frac{1}{k}\sinh kl + \frac{T_0}{GK}\left(l - \frac{1}{k}\sinh kl\right) - \frac{T^*}{GK}\left(\zeta' - \frac{1}{k}\sinh k\zeta'\right) = 0,$$

$$-\frac{\varphi_0'}{k}\sinh kl + \frac{T_0}{GK}\frac{1}{k}\sinh kl - \frac{T^*}{GK}\frac{1}{k}\sinh k\zeta' = 0.$$

Die Auflösung dieser Gleichungen ergibt:

$$\varphi_0' = \left(\frac{\zeta'}{l} - \frac{\sinh k\zeta'}{\sinh kl}\right)\frac{T^*}{GK}$$

und

$$T_0 = \frac{\zeta'}{l} T^*.$$

Für φ, T_s, M_ω und T_ω erhalten wir nach der Zusammenfassung:

linker Teil:

$$\left.\begin{aligned}
\varphi &= \frac{T^*}{GK} \frac{1}{k} \left(\frac{\zeta'}{l} kz - \frac{\sinh k\zeta'}{\sinh kl} \sinh kz\right), \\
T_s &= T^* \left(\frac{\zeta'}{l} - \frac{\sinh k\zeta'}{\sinh kl} \cosh kz\right), \\
M_\omega &= T^* \frac{1}{k} \frac{\sinh k\zeta'}{\sinh kl} \sinh kz, \\
T_\omega &= T^* \frac{\sinh k\zeta'}{\sinh kl} \cosh kz,
\end{aligned}\right\} \quad \text{(II.183)}$$

rechter Teil:

$$\left.\begin{aligned}
\varphi &= \frac{T^*}{GK} \frac{1}{k} \left(\frac{\zeta}{l} kz' - \frac{\sinh k\zeta}{\sinh kl} \sinh kz'\right), \\
T_s &= T^* \left(-\frac{\zeta}{l} + \frac{\sinh k\zeta}{\sinh kl} \cosh kz'\right), \\
M_\omega &= T^* \frac{1}{k} \frac{\sinh k\zeta}{\sinh kl} \sinh kz', \\
T_\omega &= -T^* \frac{\sinh k\zeta}{\sinh kl} \cosh kz'.
\end{aligned}\right\} \quad \text{(II.184)}$$

Die Diagramme für φ, T_s, M_ω und T_ω für $\zeta = 0{,}4\,l$ und $kl = l\sqrt{\dfrac{GK}{EI_{\omega\omega}}} = 2$ sind in Abb. II.37 dargestellt.

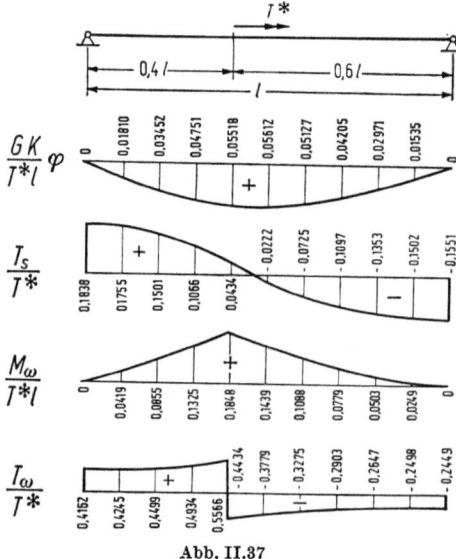

Abb. II.37

Auf ähnliche Weise können wir die Lösung auch für andere Randbedingungen erhalten.

In der Tabelle 1 sind die Ausdrücke für φ, T_s, M_ω und T_ω für verschiedene Arten der Lagerung der Stabenden angegeben[1].

Den Gleichungen (II.183) und (II.184) sowie den in Tabelle 1 angegebenen Ausdrücken können wir auch eine andere Bedeutung geben.

Wenn wir nämlich den Parameter z bzw. z', welcher den Abstand des beliebigen Stabquerschnitts vom linken bzw. rechten Auflager bezeichnet, festhalten und als Konstante ansehen, hingegen den Parameter ζ bzw. ζ', durch welchen die Lage des konzentrierten Momentes gegeben ist, als veränderlich auffassen, dann stellen diese Gleichungen für $T^* = 1$ gleichzeitig auch die Ausdrücke für die entsprechenden Einflußfunktionen dar.[2]

Die graphische Darstellung dieser Funktionen ergibt die sogenannten Einflußlinien.

c) Belastung durch ein verteiltes Torsionsmoment m_D

Der betrachtete Stab sei durch ein verteiltes Torsionsmoment $m_D(z)$ belastet, wobei $m_D(z)$ eine stetige Funktion oder eine aus einer endlichen Anzahl von stetigen Funktionen zusammengesetzte unstetige Funktion von z sein möge (Abb. II.38).

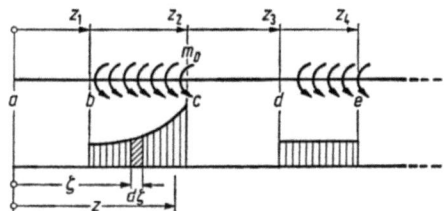

Abb. II.38

Das mit $d\zeta$ multiplizierte verteilte Moment m_D können wir als ein konzentriertes Elementarmoment $dT^* = m_D\, d\zeta$ auffassen und für die Lösung dieser Aufgabe die Gleichungen (II.182) benützen.

Die Ausdrücke in der letzten Kolonne beziehen sich statt auf T^* in diesem Falle auf $dT^* = m_D\, d\zeta$.

Um den gesamten Einfluß im betrachteten Punkt z zu erhalten, müssen die einzelnen Einflüsse zusammengezählt bzw. integriert werden.

---

[1] Siehe auch:
F. W. Bornscheuer: Beispiel und Formelsammlung zur Spannungsberechnung dünnwandiger Stäbe mit wölbbehindertem Querschnitt. Stahlbau, 1952, H. 12, und 1953, H. 2.

[2] In der Publikation:
C. F. Kollbrunner und N. Hajdin: Wölbkrafttorsion dünnwandiger Stäbe mit offenem Profil, Teil I; Mitteilungen der Technischen Kommission der Schweizer Stahlbau-Vereinigung, Heft 29, Zürich (1964),
sind Tabellen für die Ordinaten der Einflußlinien für T_s, M_ω und T_ω für bestimmte Lagerungsfälle angegeben.

110 II. Dünnwandige Stäbe mit offenem Profil und geradliniger Achse

Die allgemeine Lösung der Differentialgleichung der Torsion infolge einer Belastung durch ein verteiltes Moment sowie die Ausdrücke für φ', M_ω und T sind in folgender Tabelle (II.185) zusammengestellt.

	φ_0	φ_0'	$\dfrac{M_{\omega 0}}{GK}$	$\dfrac{T_0}{GK}$	$-\dfrac{1}{GK}$
φ	1	$\dfrac{1}{k}\sinh kz$	$1-\cosh kz$	$z-\dfrac{1}{k}\sinh kz$	$\displaystyle\int_0^z \left[z-\zeta-\dfrac{1}{k}\sinh k(z-\zeta)\right] m_D\, d\zeta$
φ'	0	$\cosh kz$	$-k\sinh kz$	$1-\cosh kz$	$\displaystyle\int_0^z [1-\cosh k(z-\zeta)] m_D\, d\zeta$
$\dfrac{M_\omega}{GK}$	0	$-\dfrac{1}{k}\sinh kz$	$\cosh kz$	$\dfrac{1}{k}\sinh kz$	$\displaystyle\int_0^z \dfrac{1}{k}\sinh k(z-\zeta) m_D\, d\zeta$
$\dfrac{T}{GK}$	0	0	0	1	$\displaystyle\int_0^z m_D\, d\zeta$

(II.185)

Wir wenden nun die Lösung (II.185) auf den in Abb. II.39 gezeigten Belastungsfall an.

Unter Berücksichtigung der Lagerungsart des linken Stabendes bestehen die Bedingungen

$$\varphi_0 = M_{\omega 0} = 0.$$

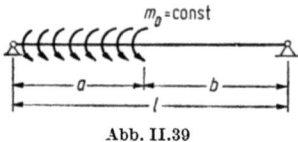

Abb. II.39

Für die Bestimmung der übrigen Integrationskonstanten stellen wir die Bedingungen

$$\left.\begin{array}{l}\varphi = 0,\\ M_\omega = 0\end{array}\right\} \text{ für } z=l$$

auf und erhalten auf Grund der Gleichungen (II.185):

$$\frac{\varphi_0'}{k}\sinh kl + \frac{T_0}{GK}\left(l-\frac{1}{k}\sinh kl\right) - m_D \int_0^a \left[(l-\zeta) - \frac{1}{k}\sinh k(l-\zeta)\right] d\zeta = 0,$$

$$-\frac{\varphi_0'}{k}\sinh kl + \frac{T_0}{GK}\frac{1}{k}\sinh kl - m_D \frac{1}{k}\int_0^a \sinh k(l-\zeta)\, d\zeta = 0.$$

3. Berechnung auf Wölbkrafttorsion für einzelne Lastfälle

Die Lösung dieser Gleichungen ergibt:

$$\varphi_0' = \frac{m_D}{GK}\left[\left(1-\frac{a}{2l}\right)a + \frac{1}{k}\frac{\cosh kl - \cosh kb}{\sinh kl}\right],$$

$$T_0 = m_D a\left(1-\frac{a}{2l}\right).$$

Für φ, T_s, M_ω und T_ω erhalten wir folgende Ausdrücke:

linker Teil:

$$\left.\begin{array}{l}\varphi = \dfrac{m_D}{GK}\left[\left(1-\dfrac{a}{2l}\right)az - \dfrac{z^2}{2} - \dfrac{1}{k^2}\left(1-\dfrac{\sinh kz' + \cosh kb \sinh kz}{\sinh kl}\right)\right],\\[2mm] T_s = m_D\left(a - \dfrac{a^2}{2l} - z - \dfrac{1}{k}\dfrac{\cosh kz' - \cosh kb \cosh kz}{\sinh kl}\right),\\[2mm] M_\omega = m_D\dfrac{1}{k^2}\left(1-\dfrac{\sinh kz' + \cosh kb \sinh kz}{\sinh kl}\right),\\[2mm] T_\omega = m_D\dfrac{1}{k}\dfrac{\cosh kz' - \cosh kb \cosh kz}{\sinh kl},\end{array}\right\} \text{(II.186)}$$

rechter Teil:

$$\left.\begin{array}{l}\varphi = \dfrac{m_D}{GK}\left(\dfrac{a^2}{2l}z' - \dfrac{1}{k^2}\dfrac{\cosh ka - 1}{\sinh kl}\sinh kz'\right),\\[2mm] T_s = m_D\left(-\dfrac{a^2}{2l} + \dfrac{1}{k}\dfrac{\cosh ka - 1}{\sinh kl}\cosh kz'\right),\\[2mm] M_\omega = \dfrac{m_D}{k^2}\dfrac{\cosh ka - 1}{\sinh kl}\sinh kz',\\[2mm] T_\omega = -\dfrac{m_D}{k}\dfrac{\cosh ka - 1}{\sinh kl}\cosh kz'.\end{array}\right\} \text{(II.187)}$$

In Tabelle 2 sind die Ausdrücke für φ, T_s, M_ω und T_ω für eine gewisse Anzahl von häufiger vorkommenden Randbedingungen und gleichförmig verteilten Torsionsmomenten angegeben.[1]

Für ein beliebig veränderlich verteiltes Moment m_D können wir eine genügend genaue Lösung in der Weise erhalten, daß wir das verteilte Moment m_D durch

---

[1] Die Tabellen der Flächen der positiven und negativen Zweige der Einflußlinien für T_s, M_ω und T_ω für 4 verschiedene Lagerungsfälle sind in der Publikation: *C. F. Kollbrunner* und *N. Hajdin*: Wölbkrafttorsion dünnwandiger Stäbe mit offenem Profil, Teil I; Mitteilungen der Techn. Kommission der Schweizer Stahlbau-Vereinigung, Heft 29, Zürich (1964) angegeben.

ein System von Einzelmomenten (konzentrierten Momenten) ersetzen und die Summe der Produkte dieser Momente mit den ihnen entsprechenden Ordinaten der Einflußlinien bilden.

d) Einfluß eines äußeren konzentrierten Biegungsmomentes

Wir betrachten einen Stab, der durch ein in einer zur Stabachse parallelen Ebene wirkendes Kräftepaar P und $P' = -P$ im gegenseitigen Abstand $d\zeta$ (Abb. II.40) belastet wird.

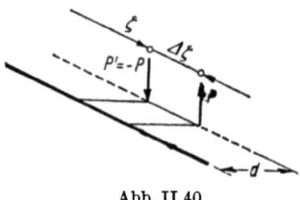

Abb. II.40

Die Wirkung dieses Kräftepaares übertrage sich auf den Stab mittels einer steifen Konsole, und der Abstand der Kraftebene von der Schubachse sei d.

Die durch die Kraft P' im Stab hervorgerufene Torsion ist durch die Gleichungen (II.182) bestimmt, wobei $T^* = -Pd$ ist.

Für den vorliegenden Fall, daß außer dieser noch eine im Abstand $\zeta + d\zeta$ vom linken Auflager angreifende Kraft wirkt, nimmt der Ausdruck für φ die folgende Form an:

$$\varphi = \varphi_0 + \varphi_0' \frac{1}{k} \sinh kz + \frac{M_{\omega 0}}{GK}(1 - \cosh kz) + \frac{T_0}{GK}\left(z - \frac{1}{k}\sinh kz\right)$$
$$\left| + \frac{Pd}{GK}\left[z - \zeta - \frac{1}{k}\sinh k(z-\zeta)\right]\right.$$
$$\left| - \frac{Pd}{GK}\left[z - \zeta - \Delta\zeta - \frac{1}{k}\sinh k(z - \zeta - \Delta\zeta)\right]\right..$$

Der durch den ersten Vertikalstrich getrennte Lösungsanteil muß für das Intervall $\zeta, \zeta + \Delta\zeta$ und der rechts vom zweiten Vertikalstrich stehende Lösungsanteil muß für alle sich rechts von P befindlichen Querschnitte zu den vier ersten Gliedern hinzugefügt werden. Wenn wir die gemeinsame Wirkung der beiden, im kleinen gegenseitigen Abstand $\Delta\zeta$ wirkenden Kräfte als äußeres Moment $M^* = P\Delta\zeta$ ausdrücken, erhalten wir:

$$\varphi = \varphi_0 + \varphi_0' \frac{1}{k}\sinh kz + \frac{M_{\omega 0}}{GK}(1 - \cosh kz) + \frac{T_0}{GK}\left(z - \frac{1}{k}\sinh kz\right)$$
$$\left| + \frac{M^* d}{GK}\left[1 + \frac{\sinh k(z - \zeta - \Delta\zeta) - \sinh k(z - \zeta)}{k\Delta\zeta}\right]\right..$$

3. Berechnung auf Wölbkrafttorsion für einzelne Lastfälle

Das durch den Vertikalstrich getrennte Glied muß für den rechts vom Momentenangriff gelegenen Stabteil, für welchen $z > \zeta + \Delta\zeta$ ist, hinzugefügt werden.

Für $\Delta\zeta \to 0$ finden wir:

$$\varphi = \varphi_0 + \varphi_0' \frac{1}{k} \sinh kz + \frac{M_{\omega 0}}{GK}(1 - \cosh kz) + \frac{T_0}{GK}\left(z - \frac{1}{k}\sinh kz\right)$$

$$\left| + \frac{M^* d}{GK}[1 - \cosh k(z-\zeta)]. \right. \qquad \text{(II.188)}$$

Die Gleichung (II.188) stellt die Lösung für die Torsion des Stabes, der durch ein äußeres, konzentriertes Biegungsmoment beansprucht wird, dar. Aus dem Ausdruck für φ geht hervor, daß ein äußeres Biegungsmoment M^* in der die Schubachse des Stabes enthaltenden Ebene keine Torsion hervorruft. Es muß bemerkt werden, daß sich diese Schlußfolgerungen nur auf ein Moment beziehen, welches durch Querkräfte entsteht. Über durch Längskräfte hervorgerufene Biegemomente wird später berichtet.

	φ_0	φ_0'	$\dfrac{M_{\omega 0}}{GK}$	$\dfrac{T_0}{GK}$	$\dfrac{1}{GK} M^* d$
φ	1	$\dfrac{1}{k}\sinh kz$	$1 - \cosh kz$	$z - \dfrac{1}{k}\sinh kz$	$1 - \cosh k(z-\zeta)$
φ'	0	$\cosh kz$	$-k \sinh kz$	$1 - \cosh kz$	$-k \sinh k(z-\zeta)$
$\dfrac{M_\omega}{GK}$	0	$-\dfrac{1}{k}\sinh kz$	$\cosh kz$	$\dfrac{1}{k}\sinh kz$	$\cosh k(z-\zeta)$
$\dfrac{T}{GK}$	0	0	0	1	0

(II.189)

Die Ausdrücke φ, φ', M_ω und T sind in der Tabelle (II.189) übersichtlich zusammengestellt.

Die Gleichungen (II.188) und (II.189) stimmen, wie wir im Unterabschnitt II.3.3b sehen werden, in jeder Hinsicht mit der Lösung für eine Beanspruchung durch ein konzentriertes Bimoment M_ω^* überein. Die in der Tabelle gegebenen Ausdrücke können daher auch für diesen Belastungsfall benützt werden, wenn wir

$$\underline{M_\omega^* = -M^* d} \qquad \text{(II.190)}$$

setzen.

Auf Grund dieser Tatsache können wir sagen, daß sich das äußere konzentrierte Biegungsmoment M^* in ein in der Ebene der Schubachse gelegenes Biegungsmoment M^* und in ein Bimoment $M_\omega^* = -M^* d$ zerlegen läßt.

Das erstere ruft nur Biegungsspannungen und das letztere nur Torsionsspannungen hervor.

e) Einfluß eines äußeren, verteilten Biegungsmomentes

Die Ausdrücke für φ, T_s, M_ω und T_ω infolge eines äußeren, durch Querkräfte hervorgerufenen, verteilten Momentes m erhalten wir (Abb. II.41), wenn wir in den Gleichungen (II.189) statt M^* den Ausdruck $dM^* = m\,d\zeta$ setzen.

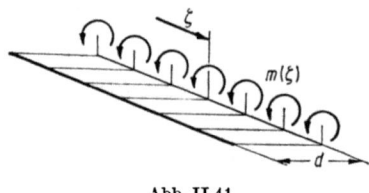

Abb. II.41

Man erhält durch Integration der Glieder in der letzten Kolonne (für $d = $ const) die in der Tabelle (II.191) zusammengestellten Ausdrücke:

	φ_0	φ_0'	$\dfrac{M_{\omega 0}}{GK}$	$\dfrac{T_0}{GK}$	$\dfrac{1}{GK}d$
φ	1	$\dfrac{1}{k}\sinh kz$	$1 - \cosh kz$	$z - \dfrac{1}{k}\sinh kz$	$\displaystyle\int_0^z [1 - \cosh k(z-\zeta)]\,m\,d\zeta$
φ'	0	$\cosh kz$	$-k \sinh kz$	$1 - \cosh kz$	$-k\displaystyle\int_0^z m \sinh k(z-\zeta)\,d\zeta$
$\dfrac{M_\omega}{GK}$	0	$-\dfrac{1}{k}\sinh kz$	$\cosh kz$	$\dfrac{1}{k}\sinh kz$	$\displaystyle\int_0^z m \cosh k(z-\zeta)\,d\zeta$
$\dfrac{T}{GK}$	0	0	0	1	0

(II.191)

3.3. Torsion des Stabes unter Belastung in der Längsrichtung

a) Belastung durch ein Bimoment M_ω^* an einem Stabende

Die an einem Stabende wirkenden Längskräfte rufen, wie in Kapitel II.1 gesagt wurde, im allgemeinen Fall Normal-, Biege- und Torsionsspannungen hervor.

Das Auftreten von Torsion wird durch ein äußeres Bimoment an einem Stabende hervorgerufen, welches aus den gegebenen äußeren Längskräften mit den Gleichungen (II.147) und (II.152) berechnet wird.

Für den Fall der Belastung des Stabes mit einem äußeren Bimoment an einem seiner Enden ist das freie Glied in Gleichung (II.161) gleich Null, und die allgemeine Lösung der Differentialgleichung der Torsion ist durch Gleichung (II.169) bzw. durch die Ausdrücke (II.173) gegeben.

a1) Wir betrachten einen Stab, dessen eines Ende gabelartig gelagert ist und dessen anderes Ende durch das äußere Bimoment M_ω^* belastet wird. Wir werden

3. Berechnung auf Wölbkrafttorsion für einzelne Lastfälle

das äußere (aber auch ein inneres) Bimoment mit der in Abb. II.42 gezeigten Weise bezeichnen.

Die Randbedingungen sind die folgenden:

$$\text{für } z = 0: \quad \varphi = 0 \quad \text{und} \quad M_\omega = 0,$$
$$\text{für } z = l: \quad M_\omega = M_\omega^* \quad \text{und} \quad T = 0.$$

Auf Grund der Gleichungen (II.173) erhalten wir:

$$\varphi_0' = -\frac{M_\omega^* k}{GK \sinh kl}$$

und

$$T_0 = 0.$$

Für die Größen φ, T_s, M_ω und T_ω erhalten wir die folgenden Ausdrücke:

$$\left.\begin{aligned}
\varphi &= -\frac{M_\omega^*}{GK}\frac{\sinh kz}{\sinh kl}, \\
T_s &= -M_\omega^* k \frac{\cosh kz}{\sinh kl}, \\
M_\omega &= M_\omega^* \frac{\sinh kz}{\sinh kl}, \\
T_\omega &= M_\omega^* k \frac{\cosh kz}{\sinh kl}.
\end{aligned}\right\} \quad (II.192)$$

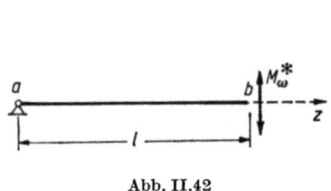

Abb. II.42

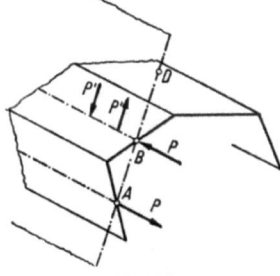

Abb. II.43

a2) Für den Fall, daß der Stab am Ende *a* vollständig frei ist, bzw. für die Randbedingungen

$$M_\omega = 0 \quad \text{und} \quad T = 0 \quad \text{für } z = 0$$

erhalten wir die gleichen Ausdrücke (II.192).

Im Hinblick auf die Wirkung von Längskräften an einem Stabende muß hervorgehoben werden, daß ein durch ein Längskräftepaar P gebildetes Moment M (Abb. II.43) in der die Schubachse enthaltenden Ebene eine Verdrehung des Stabes hervorruft.

Das Bimoment kann dann — und nur dann — gleich Null sein, wenn die sektoriellen Koordinaten $\omega(A)$ und $\omega(B)$ einander gleich sind.

Wie aus dem Unterkapitel II.3.2 bekannt ist, ruft ein entsprechendes, durch Querkräfte P' erzeugtes Moment keine Torsionsbeanspruchung des Stabes hervor, sofern das Querkräftepaar P' in der die Schubachse enthaltenden Ebene liegt. Es besteht somit ein grundlegender Unterschied für eine Beanspruchung durch ein äußeres Moment, welches von Längskräften hervorgerufen wird, gegenüber einer solchen, die eine Folge eines durch Querkräfte entstandenen Momentes ist.

b) Belastung durch ein an einer beliebigen Stabstelle angreifendes Bimoment

An der beliebigen Stelle m (Abb. II.44) wirke ein äußeres Bimoment M_ω^*, welches aus den konzentrierten Längskräften durch den Ausdruck (II.147b) bzw. (II.152) bestimmt sein möge.

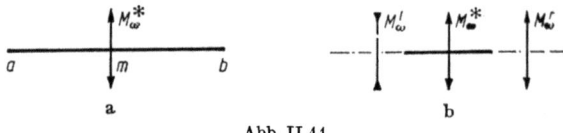

Abb. II.44

Für den links von der betrachteten Stelle m gelegenen Stabteil können wir die Lösung der Differentialgleichung für die Torsion in der in Gleichung (II.173) angegebenen Form anwenden.

Bei dem Übergang auf den rechten Stabteil müssen die Bedingungen:

$$\left.\begin{array}{c} \varphi^r = \varphi^l, \\ \varphi'^r = \varphi'^l, \\ T^r = T^l \end{array}\right\} \quad \text{(II.193)}$$

und (siehe Abb. II.44b):

$$M_\omega^r = M_\omega^l - M_\omega^* \quad \text{(II.194)}$$

erfüllt sein, wo mit r die Einflüsse im Punkt m, die sich auf den rechten und mit l diejenigen, die sich auf den linken Stabteil beziehen, bezeichnet sind.

Wenn wir zur Lösung (II.173) eine Lösung gleicher Form hinzufügen, welche im Punkt m, d. h. für $z = \zeta$, die Bedingungen

$$\varphi_m = \varphi_m{'} = T_m = 0$$

und

$$M_{\omega m} = -M_\omega^*$$

befriedigt, so erhalten wir für den rechten Stabteil eine Lösung, welche den Bedingungen (II.193) und (II.194) genügt.

Diese Gleichungen stimmen vollkommen mit den Gleichungen (II.189) überein, wenn in der letzten Kolonne der Ausdruck M^*d durch $-M_\omega^*$ ersetzt wird.

b1) Wir wählen als Beispiel einen an beiden Enden gabelartig gelagerten Stab, welcher an der beliebigen Stelle $z = \zeta$ durch ein äußeres Bimoment M_ω^* belastet sei.

Unter Berücksichtigung, daß $\varphi_0 = M_{\omega 0} = 0$ ist, erhalten wir aus den Gleichungen (II.189), indem wir für $M^* d = -M_\omega^*$ setzen:

$$GK\varphi_0' \frac{1}{k} \sinh kl + T_0 \left(l - \frac{1}{k} \sinh kl\right) = M_\omega^*[1 - \cosh k(l - \zeta)],$$

$$-GK\varphi_0' \frac{1}{k} \sinh kl + T_0 \frac{1}{k} \sinh kl = M_\omega^* \cosh k(l - \zeta),$$

bzw.

$$\varphi_0' = \frac{M_\omega^*}{GKl}\left[1 - \frac{kl \cosh k\zeta'}{\sinh kl}\right]$$

und

$$T_0 = M_\omega^* \frac{1}{l}.$$

Für die Größen φ, T_s, M_ω und T_ω ergeben sich dann die folgenden Ausdrücke:

$$\left.\begin{aligned}
\varphi &= \varphi_0' \frac{1}{k} \sinh kz + \frac{T_0}{GK}\left(z - \frac{1}{k}\sinh kz\right) \Big| -\frac{M_\omega^*}{GK}[1 - \cosh k(z-\zeta)],\\
T_s &= GK\varphi_0' \cosh kz - T_0(1 - \cosh kz) \,|\, + M_\omega^* \sinh k(z - \zeta),\\
M_\omega &= -GK\varphi_0' \frac{1}{k} \sinh kz - T_0 \frac{1}{k}\sinh kz \,|\, - M_\omega^* \cosh k(z - \zeta)\\
\text{und}&\\
T_\omega &= -GK\varphi_0' \cosh kz - T_0 \cosh kz \,|\, - M_\omega^* \sinh k(z - \zeta).
\end{aligned}\right\} \quad \text{(II.195)}$$

In der Tabelle 1 sind die Ausdrücke für φ, T_s, M_ω, T_ω für verschiedene Arten der Lagerung der Stabenden angegeben.

c) Belastung durch ein äußeres verteiltes Bimoment

Das äußere verteilte Bimoment m_ω erhalten wir auf Grund der Gleichung (II.38g) zu:

$$m_\omega = \int_s \omega \bar{p}_z \, ds. \qquad (\text{II.196})$$

Für den Fall einer längs einer Erzeugenden der Mittelfläche des Stabes wirkenden Linienbelastung p_z ist das äußere, verteilte Bimoment durch die Gleichung

$$m_\omega = p_z(z)\,\omega \qquad (\text{II.197})$$

bestimmt.

Aus Gleichung (II.189) erhalten wir, wenn wir statt $M^* d$ den Wert $-dM_\omega^* = -m_\omega\, d\zeta$ setzen und durch Integration in der letzten Kolonne über den Parameter ζ die folgende Tabelle (II.198):

	φ_0	φ_0'	$\dfrac{M_{\omega 0}}{GK}$	$\dfrac{T_0}{GK}$	$-\dfrac{1}{GK}$
φ	1	$\dfrac{1}{k}\sinh kz$	$1-\cosh kz$	$z-\dfrac{1}{k}\sinh kz$	$\displaystyle\int_0^z m_\omega\,[1-\cosh k(z-\zeta)]\,d\zeta$
φ'	0	$\cosh kz$	$-k\sinh kz$	$1-\cosh kz$	$-k\displaystyle\int_0^z m_\omega \sinh k(z-\zeta)\,d\zeta$
$\dfrac{M_\omega}{GK}$	0	$-\dfrac{1}{k}\sinh kz$	$\cosh kz$	$\dfrac{1}{k}\sinh kz$	$\displaystyle\int_0^z m_\omega \cosh k(z-\zeta)\,d\zeta$
$\dfrac{T}{GK}$	0	0	0	1	0

(II.198)

Als Beispiel wählen wir einen gabelartig gelagerten Stab, der durch ein verteiltes Bimoment gemäß Abb. II.45 belastet sein möge.

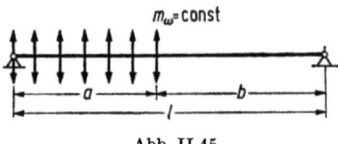

Abb. II.45

Mit Rücksicht auf die Lagerungsart am linken Auflager bestehen die Bedingungen:
$$\varphi_0 = M_{\omega 0} = 0.$$

Für die Bestimmung der übrigen Integrationskonstanten stellen wir die Bedingungen:
$$\left.\begin{array}{l}\varphi = 0 \\ M_\omega = 0\end{array}\right\} \text{ für } z = l \text{ auf}.$$

Auf Grund der Gleichungen (II.198) erhalten wir:

$$\frac{\varphi_0'}{k}\sinh kl + \frac{T_0}{GK}\left(l - \frac{1}{k}\sinh kl\right) - \frac{m_\omega}{GK}\int_0^a [1-\cosh k(z-\zeta)]\,d\zeta = 0$$

und

$$-\frac{\varphi_0'}{k}\sinh kl + \frac{T_0}{GK}\frac{1}{k}\sinh kl - \frac{m_\omega}{GK}\int_0^a \cosh k(z-\zeta)\,d\zeta = 0.$$

3. Berechnung auf Wölbkrafttorsion für einzelne Lastfälle

Die Auflösung ergibt:

$$\varphi_0 = \frac{m_\omega}{GK} \left(\frac{\sinh kb}{\sinh kl} - \frac{b}{l} \right)$$

und

$$T_0 = \frac{a}{l} m_\omega.$$

Für die Größen φ, T_s, M_ω und T_ω erhalten wir die folgenden Ausdrücke:
für $z < a$:

$$\left. \begin{aligned} \varphi &= \frac{m_\omega}{GK} \left(\frac{1}{k} \frac{\sinh kb}{\sinh kl} \sinh kz - \frac{b}{l} z \right), \\ T_s &= m_\omega \left(\frac{\sinh kb}{\sinh kl} \cosh kz - \frac{b}{l} \right), \\ M_\omega &= -\frac{m_\omega}{k} \frac{\sinh kb}{\sinh kl} \sinh kz, \\ T_\omega &= -m_\omega \left(\frac{\sinh kb}{\sinh kl} \cosh kz - 1 \right) \end{aligned} \right\} \quad (\text{II.199a})$$

und für $z > a$:

$$\left. \begin{aligned} \varphi &= \frac{m_\omega}{GK} \left[\frac{1}{k} \frac{\sinh kb}{\sinh kl} \sinh kz - \frac{az'}{l} - \frac{1}{k} \sinh k(z-a) \right], \\ T_s &= m_\omega \left[\frac{\sinh kb}{\sinh kl} \cosh kz + \frac{a}{l} - \cosh k(z-a) \right], \\ M_\omega &= -\frac{m_\omega}{k} \left[\frac{\sinh kb}{\sinh kl} \sinh kz - \sinh k(z-a) \right], \\ T_\omega &= -m_\omega \left[\frac{\sinh kb}{\sinh kl} \cosh kz - \cosh k(z-a) \right]. \end{aligned} \right\} \quad (\text{II.199b})$$

Für den Fall, daß $a = l$ ist, bzw. daß der Stab auf seine ganze Länge mit einem gleichmäßig verteilten äußeren Bimoment m_ω belastet ist, erhalten wir:

$$\varphi = T_s = M_\omega = 0; \quad T_\omega = m_\omega.$$

Mit anderen Worten ausgedrückt heißt das, daß ein auf diese Weise belasteter Stab keine Verdrehung erleidet. Diese Schlußfolgerung stimmt vollkommen mit der Lösung der Gleichung (II.161) überein, weil dann $m_D = m_\omega' = 0$ und die Gleichung homogen ist. Für gegebene Randbedingungen können wir nur die triviale Lösung, d. h. $\varphi = 0$, erhalten.

In der Tabelle 2 sind die Ausdrücke für φ, T_s, M_ω und T_ω infolge der Belastung durch gleichmäßig verteiltes Bimoment für zwei verschiedene Lagerungsfälle angegeben.

II. Dünnwandige Stäbe mit offenem Profil und geradliniger Achse

Tabelle 1.

Bemerkung: Für offene Profile ist $\varrho = 1$ und $k = \sqrt{GK/E'J_{\omega\omega}}$ bzw. $k = \sqrt{GK/E'I_{\omega\omega}}$ zu setzen. Für geschlossene Profile (Kapitel III.1) gilt: $\varrho = I_{hh}/(I_{hh} - K)$ und $k = \sqrt{GK/\varrho E'I_{\delta\delta}}$

Nr.	Lastfall		Einfluß[1]
1	(diagram: $\varphi=0$, $M_\omega=0$ / $T^*{=}1$, $M_\omega=0$, $T=0$; axes z, z_1, ζ, ζ')	$GK\varphi$	$z - \dfrac{\sinh k\zeta'\, \sinh kz}{\varrho k \cdot \sinh kl} \ \Big|\ -z_1 + \dfrac{1}{\varrho k}\sinh kz_1$
		T_s	$1 - \dfrac{\sinh k\zeta'\, \cosh kz}{\varrho \sinh kl} \ \Big|\ -1 + \dfrac{1}{\varrho}\cosh kz_1$
		M_ω	$\dfrac{\sinh k\zeta'\, \sinh kz}{\varrho k\, \sinh kl} \ \Big|\ -\dfrac{1}{\varrho k}\sinh kz_1$
		T_ω	$\dfrac{\sinh k\zeta'\, \cosh kz}{\varrho \sinh kl} \ \Big|\ -\dfrac{1}{\varrho}\cosh kz_1$
2	(diagram: $\varphi=0$, $M_\omega=0$ / $T^*{=}1$, $M_\omega=0$; axes z, z_1, ζ, ζ')	$GK\varphi$	$\dfrac{1}{\varrho k}\left(\dfrac{\zeta'}{l}\varrho kz - \dfrac{\sinh k\zeta'}{\sinh kl}\sinh kz\right) \ \Big|\ -z_1 + \dfrac{1}{\varrho k}\sinh kz_1$
		T_s	$\dfrac{\zeta'}{l} - \dfrac{\sinh k\zeta'}{\varrho \sinh kl}\cosh kz \ \Big|\ -1 + \dfrac{1}{\varrho}\cosh kz_1$
		M_ω	$\dfrac{1}{\varrho k} \cdot \dfrac{\sinh k\zeta'}{\sinh kl}\sinh kz \ \Big|\ -\dfrac{1}{\varrho k}\sinh kz_1$
		T_ω	$\dfrac{\sinh k\zeta'}{\varrho \cdot \sinh kl}\cosh kz \ \Big|\ -\dfrac{1}{\varrho}\cosh kz_1$

[1] Der Anteil, welcher für den rechten Stabteil, also für $z > \zeta$, hinzugefügt werden muß, ist durch eine Vertikallinie getrennt.

3. Berechnung auf Wölbkrafttorsion für einzelne Lastfälle

Fortsetzung Tabelle 1.

Nr.	Lastfall		Einfluß
3	$M_\omega=0, T=0$; $\varphi=0, \varphi'=0$; $T^*=1$	$GK\varphi$	$\zeta' - \dfrac{\sinh kl - \sinh k\zeta + (\cosh k\zeta' - 1)\sinh kz}{\varrho k \cosh kl}\ \bigg|\ -z_1 + \dfrac{1}{\varrho k}\sinh kz_1$
		T_s	$-\dfrac{(\cosh k\zeta' - 1)\cosh kz}{\varrho \cdot \cosh kl}\ \bigg|\ -1 + \dfrac{1}{\varrho}\cosh kz_1$
		M_ω	$\dfrac{(\cosh k\zeta' - 1)\sinh kz}{\varrho k \cosh kl}\ \bigg|\ -\dfrac{1}{\varrho k}\sinh kz_1$
		T_ω	$\dfrac{(\cosh k\zeta' - 1)\cosh kz}{\varrho \cosh kl}\ \bigg|\ \dfrac{1}{\varrho}\cosh kz_1$
4	$\varphi=0, M_\omega=0$; $\varphi=0, \varphi'=0$; $T^*=1$	$GK\varphi$	$\dfrac{\zeta' z + M_{\omega 0} z'}{l} - \dfrac{\sinh k\zeta' \sinh kz + \varrho k \cdot M_{\omega 0} \cdot \sinh kz'}{\varrho k \cdot \sinh kl}\ \bigg|\ -z_1 + \dfrac{1}{\varrho k}\sinh kz_1$
		T_s	$\dfrac{\zeta'}{l} - \dfrac{M_{\omega 0}}{l} - \dfrac{\sinh k\zeta' \cosh kz - \varrho k M_{\omega 0} \cosh kz'}{\varrho \cdot \sinh kl}\ \bigg|\ -1 + \dfrac{1}{\varrho}\cosh kz_1$
		M_ω	$\dfrac{\sinh k\zeta' \sinh kz + \varrho k \cdot M_{\omega 0} \cdot \sinh kz'}{\varrho k \sinh kl}\ \bigg|\ +\dfrac{1}{\varrho k}\sinh kz_1$
		T_ω	$\dfrac{\sinh k\zeta' \cosh kz - \varrho k M_{\omega 0} \cosh kz'}{\varrho \cdot \sinh kl}\ \bigg|\ -\dfrac{1}{\varrho}\cosh kz_1$
		$M_{\omega 0}$	$= \dfrac{1}{\varrho k} \cdot \dfrac{\varrho k \zeta' \sinh kl - \varrho kl \cdot \sinh k\zeta'}{\sinh kl - \varrho kl \cdot \cosh kl}$

Fortsetzung Tabelle 1.

Nr.	Lastfall		Einfluß
5		$GK\varphi$	$M_{\omega 0}(1-\cosh kz) + T_0\left(z - \dfrac{1}{\varrho k}\sinh kz\right)\Big| -z_1 + \dfrac{1}{\varrho k}\sinh kz_1$
		T_s	$-M_{\omega 0}\cdot k\sinh kz + T_0\left(1 - \dfrac{1}{\varrho}\cosh kz\right)\Big| -1 + \dfrac{1}{\varrho}\cosh kz_1$
		M_ω	$M_{\omega 0}\cdot\cosh kz + T_0\dfrac{1}{\varrho k}\sinh kz\ \Big|\ -\dfrac{1}{\varrho k}\sinh kz_1$
		T_ω	$M_{\omega 0}\cdot k\cdot\sinh kz + T_0\dfrac{1}{\varrho}\cosh kz\ \Big|\ -\dfrac{1}{\varrho}\cosh kz_1$
		$M_{\omega 0} =$	$l\cdot\dfrac{\left(\dfrac{\zeta'}{l} - \dfrac{1}{\varrho k l}\sinh k\zeta'\right)(1-\cosh kl) - (1-\cosh k\zeta')\left(1 - \dfrac{1}{\varrho k l}\sinh kl\right)}{2(1-\cosh kl) + \varrho k l\cdot\sinh kl}$
		$T_0 =$	$\dfrac{(1-\cosh kl)(1-\cosh k\zeta') + \varrho k\sinh kl\left(\zeta' - \dfrac{1}{\varrho k}\sinh k\zeta'\right)}{2(1-\cosh kl) + \varrho k l\cdot\sinh kl}$
6		$GK\varphi$	$z - \dfrac{\cosh k\zeta'\sinh kz}{\varrho k\cosh kl}\ \Big|\ -z_1 + \dfrac{1}{\varrho k}\sinh kz_1$
		T_s	$1 - \dfrac{\cosh k\zeta'\cosh kz}{\varrho\cdot\cosh kl}\ \Big|\ -1 + \dfrac{1}{\varrho}\cosh kz_1$
		M_ω	$\dfrac{\cosh k\zeta'\sinh kz}{\varrho k\cosh kl}\ \Big|\ -\dfrac{1}{\varrho k}\sinh kz_1$
		T_ω	$\dfrac{\cosh k\zeta'\cosh kz}{\varrho\cdot\cosh kl}\ \Big|\ -\dfrac{1}{\varrho}\cosh kz_1$

3. Berechnung auf Wölbkrafttorsion für einzelne Lastfälle

Fortsetzung Tabelle 1.

Nr.	Lastfall		Einfluß
7	$\varphi=0,\ \varphi'=0$; $T^*=1$; $\varphi'=0,\ T=0$	$GK\varphi$	$z - \dfrac{\cosh k\zeta'\,(\cosh kz - 1) - \cosh kz' + \cosh kl}{\varrho k \sinh kl}\ \Big|\ -z_1 + \dfrac{1}{\varrho k}\sinh kz_1$
		T_s	$1 - \dfrac{\cosh k\zeta'\,\sinh kz + \sinh kz'}{\varrho\,\sinh kl}\ \Big|\ -1 + \dfrac{1}{\varrho}\cosh kz_1$
		M_ω	$\dfrac{\cosh k\zeta'\,\cosh kz - \cosh kz'}{\varrho k\,\sinh kl}\ \Big|\ -\dfrac{1}{\varrho k}\sinh kz_1$
		T_ω	$\dfrac{\cosh k\zeta'\,\sinh kz + \sinh kz'}{\varrho\,\sinh kl}\ \Big|\ -\dfrac{1}{\varrho}\cosh kz_1$
8	$\varphi=0,\ M_\omega=0$; $M_\omega^*=1$; $M_\omega=0,\ T=0$	$GK\varphi$	$-\dfrac{\cosh k\zeta'}{\sinh kl}\sinh kz\ \Big|\ -1 + \cosh kz_1$
		T_s	$-k\,\dfrac{\cosh k\zeta'}{\sinh kl}\cosh kz\ \Big|\ +k\cdot\sinh kz_1$
		M_ω	$\dfrac{\cosh k\zeta'}{\sinh kl}\sinh kz\ \Big|\ -\cosh kz_1$
		T_ω	$k\,\dfrac{\cosh k\zeta'}{\sinh kl}\cosh kz\ \Big|\ -k\cdot\sinh kz_1$

124   II. Dünnwandige Stäbe mit offenem Profil und geradliniger Achse

Fortsetzung Tabelle 1.

Nr.	Lastfall		Einfluß
9		$GK\varphi$	$\dfrac{z}{l} - \dfrac{\cosh k\zeta'}{\sinh kl}\sinh kz \;\bigg|\; -1 + \cosh kz_1$
		T_s	$\dfrac{1}{l} - k\,\dfrac{\cosh k\zeta'}{\sinh kl}\cosh kz \;\bigg|\; + k\cdot\sinh kz_1$
		M_ω	$\dfrac{\cosh k\zeta'}{\sinh kl}\sinh kz \;\bigg|\; -\cosh kz_1$
		T_ω	$k\,\dfrac{\cosh k\zeta'}{\sinh kl} \;\bigg|\; -k\cdot\sinh kz_1$
10		$GK\varphi$	$\dfrac{\cosh k\zeta'}{\cosh kl}(1-\cosh kz) \;\bigg|\; -1+\cosh kz_1$
		T_s	$-k\,\dfrac{\cosh k\zeta'}{\cosh kl}\sinh kz \;\bigg|\; +k\sinh kz_1$
		M_ω	$\dfrac{\cosh k\zeta'}{\cosh kl}\cosh kz \;\bigg|\; -\cosh kz_1$
		T_ω	$k\,\dfrac{\cosh k\zeta'}{\cosh kl}\sinh kz \;\bigg|\; -k\sinh kz_1$

Fortsetzung Tabelle 1.

Nr.	Lastfall		Einfluß
11	(Lastfall-Diagramm: $\varphi=0$, $\varphi'=0$ unten; $M_\omega^*=1$; $\varphi=0$, $M_\omega=0$ oben)	$GK\varphi$	$\dfrac{z + M_{\omega 0} z'}{l} - \dfrac{\cosh k\zeta' \sinh kz + M_{\omega 0} \sinh kz'}{\sinh kl} - 1 + \cosh kz_1$
		T_s	$\dfrac{1 - M_{\omega 0}}{l} - k \cdot \dfrac{\cosh k\zeta' \cosh kz - M_{\omega 0} \cosh kz'}{\sinh kl} + k \cdot \sinh kz_1$
		M_ω	$\dfrac{\cosh k\zeta' \sinh kz + M_{\omega 0} \sinh kz'}{\sinh kl} - \cosh kz_1$
		T_ω	$k \dfrac{\cosh k\zeta' \cosh kz - M_{\omega 0} \cosh kz'}{\sinh kl} - k \cdot \sinh kz_1$
			$M_{\omega 0} = \dfrac{\sinh kl - \varrho kl \cosh k\zeta'}{\sinh kl - \varrho kl \cosh kl}$
12	(Lastfall-Diagramm: $\varphi=0$, $\varphi'=0$ unten; $M_\omega^*=1$; $\varphi=0$, $M_\omega=0$ oben)	$GK\varphi$	$M_{\omega 0}(1 - \cosh kz) + T_0\left(z - \dfrac{1}{\varrho k} \sinh kz\right) - 1 + \cosh kz_1$
		T_s	$-M_{\omega 0} k \sinh kz + T_0\left(1 - \dfrac{1}{\varrho} \cosh kz\right) + k \cdot \sinh kz_1$
		M_ω	$M_{\omega 0} \cdot \cosh kz + T_0 \dfrac{1}{\varrho k} \sinh kz - \cosh kz_1$
		T_ω	$M_{\omega 0} \cdot k \cdot \sinh kz + T_0 \dfrac{1}{\varrho} \cosh kz - k \cdot \sinh kz_1$
			$M_{\omega 0} = \dfrac{(1 - \cosh k\zeta')(1 - \cosh kl) + \sinh k\zeta'(\varrho kl - \sinh kl)}{2(1 - \cosh kl) + \varrho kl \sinh kl}$
			$T_0 = \varrho k \cdot \dfrac{\sinh kl - \sinh k\zeta' - \sinh k\zeta'}{2(1 - \cosh kl) + \varrho kl \sinh kl}$

126   II. Dünnwandige Stäbe mit offenem Profil und geradliniger Achse

Fortsetzung Tabelle 1.

Nr.	Lastfall		Einfluß
13		$GK\varphi$	$-\dfrac{\sinh k\zeta'}{\cosh kl}\sinh kz \;\bigg|\; -1+\cosh kz_1$
		T_s	$-k\cdot\dfrac{\sinh k\zeta'}{\cosh kl}\cosh kz \;\bigg|\; +k\cdot\sinh kz_1$
		M_ω	$\dfrac{\sinh k\zeta'}{\cosh kl}\sinh kz \;\bigg|\; -\cosh kz_1$
		T_ω	$k\cdot\dfrac{\sinh k\zeta'}{\cosh kl}\cosh kz \;\bigg|\; -k\cdot\sinh kz_1$
14		$GK\varphi$	$\dfrac{\sinh k\zeta'}{\sinh kl}(1-\cosh kz) \;\bigg|\; -1+\cosh kz_1$
		T_s	$-k\cdot\dfrac{\sinh k\zeta'}{\sinh kl}\sinh kz \;\bigg|\; +k\cdot\sinh kz_1$
		M_ω	$\dfrac{\sinh k\zeta'}{\sinh kl}\cosh kz \;\bigg|\; -\cosh kz_1$
		T_ω	$k\cdot\dfrac{\sinh k\zeta'}{\sinh kl}\sinh kz \;\bigg|\; -k\cdot\sinh kz_1$

3. Berechnung auf Wölbkrafttorsion für einzelne Lastfälle

Tabelle 2.

Nr.	Lastfall		Einfluß[1]
15	$\varphi=0$, $M_\omega=0$, $m_0=1$, $\varphi=0$, $M_\omega=0$	$GK\varphi$	$\dfrac{zz'}{2} - \dfrac{1}{k^2}\left(1 - \dfrac{\sinh kz + \sinh kz'}{\sinh kl}\right)$
		T_s	$\dfrac{z'-z}{2} + \dfrac{1}{k}\dfrac{\cosh kz - \cosh kz'}{\sinh kl}$
		M_ω	$\dfrac{1}{k^2}\left(1 - \dfrac{\sinh kz + \sinh kz'}{\sinh kl}\right)$
		T_ω	$-\dfrac{1}{k}\dfrac{\cosh kz - \cosh kz'}{\sinh kl}$
16	$\varphi=0$, $M_\omega=0$, $m_0=1$, $\varphi=0$, $M_\omega=0$	$GK\varphi$	$\left(1-\dfrac{a}{2l}\right)az - \dfrac{z^2}{2} - \dfrac{1}{k^2}\left(1 - \dfrac{\sinh kz' + \cosh kb \sinh kz}{\sinh kl}\right) \Bigg| + \dfrac{(z-a)^2}{2} + \dfrac{1-\cosh k(z-a)}{k^2}$
		T_s	$a - \dfrac{a^2}{2l} - z - \dfrac{1}{k}\dfrac{\cosh kz' - \cosh kb \cosh kz}{\sinh kl} \Bigg| + (z-a) - \dfrac{1}{k}\sinh k(z-a)$
		M_ω	$\dfrac{1}{k^2}\left(1 - \dfrac{\sinh kz' + \cosh kb \sinh kz}{\sinh kl}\right) \Bigg| - \dfrac{1-\cosh k(z-a)}{k^2}$
		T_ω	$\dfrac{1}{k}\dfrac{\cosh kz' - \cosh kb \cosh kz}{\sinh kl} \Bigg| + \dfrac{1}{k}\sinh k(z-a)$

[1] Der Anteil, welcher für den rechten Stabteil, also für $z > \zeta$, hinzugefügt werden muß, ist durch eine Vertikallinie getrennt.

128 II. Dünnwandige Stäbe mit offenem Profil und geradliniger Achse

Fortsetzung Tabelle 2.

Nr.	Lastfall		Einfluß
17	(diagram)	$GK\varphi$	$\dfrac{bd'}{l}\,z - \dfrac{1}{k^2}\,\dfrac{\cosh k(b+c) - \cosh kc}{\sinh kl}\cdot \sinh kz \left|\; -\dfrac{(z-a)^2}{2} - \dfrac{1-\cosh k(z-a)}{k^2}\right.$
		T_s	$\dfrac{bd'}{l} - \dfrac{1}{k}\,\dfrac{\cosh k(b+c) - \cosh kc}{\sinh kl}\cosh kz \left|\; -(z-a) + \dfrac{1}{k}\sinh k(z-a)\right.$
		M_ω	$\dfrac{1}{k^2}\,\dfrac{\cosh k(b+c) - \cosh kc}{\sinh kl}\sinh kz \left|\; + \dfrac{1-\cosh k(z-a)}{k^2}\right.$
		T_ω	$\dfrac{1}{k}\,\dfrac{\cosh k(b+c) - \cosh kc}{\sinh kl}\cosh kz \left|\; - \dfrac{1}{k}\sinh k(z-a)\right.$
18	(diagram)	$GK\varphi$	$\left(a - \dfrac{a^2 - a'^2}{2l}\right)z - \dfrac{z^2}{2} - \dfrac{1}{k^2}\left[1 - \dfrac{\sinh kz' + (1-\cosh ka' + \cosh kb)\sinh kz}{\sinh kl}\right] \left|\; + \dfrac{(z-a)^2}{2} + \dfrac{1-\cosh k(z-a)}{k^2}\right.$
		T_s	$a - \dfrac{a^2 - a'^2}{2l} - z - \dfrac{1}{k}\,\dfrac{\cosh kz' - (1-\cosh ka' + \cosh kb)\cosh kz}{\sinh kl} \left|\; + (z-a) - \dfrac{1}{k}\sinh k(z-a)\right.$
		M_ω	$\dfrac{1}{k^2}\left[1 - \dfrac{\sinh kz' + (1-\cosh ka' + \cosh kb)\sinh kz}{\sinh kl}\right] \left|\; - \dfrac{1-\cosh k(z-a)}{k^2}\right.$
		T_ω	$\dfrac{1}{k}\,\dfrac{\cosh kz' - (1-\cosh ka' + \cosh kb)\cosh kz}{\sinh kl} \left|\; + \dfrac{1}{k}\sinh k(z-a)\right.$

3. Berechnung auf Wölbkrafttorsion für einzelne Lastfälle

Fortsetzung Tabelle 2.

Nr.	Lastfall		Einfluß
19	$\varphi=0$, $\varphi'=0$, $M_\omega=0$, $T=0$, $m_0=1$, l, z, z'	$GK\varphi$	$z\left(l - \dfrac{z}{2}\right) - \dfrac{1}{k^2}\left[kl\sinh kz - \dfrac{1+kl\sinh kl}{\cosh kl}(\cosh kz - 1)\right]$
		T_s	$z' - \dfrac{1}{k}\left(kl\cosh kz - \dfrac{1+kl\sinh kl}{\cosh kl}\sinh kz\right)$
		M_ω	$\dfrac{1}{k^2}\left(1 + kl\cdot\sinh kz - \dfrac{1+kl\sinh kl}{\cosh kl}\cdot\cosh kz\right)$
		T_ω	$\dfrac{1}{k}\left(kl\cosh kz - \dfrac{1+kl\sinh kl}{\cosh kl}\sinh kz\right)$
20	$M_\omega=0$, $T=0$, I, II, $m_0=1$, a, b, l, z, z', $\varphi=0$, $\varphi'=0$	$GK\varphi$	$\dfrac{b^2}{2} + \dfrac{1}{k^2}\left(\mu + \dfrac{kb - \sinh kb}{\cosh kl}\sinh kz\right)\bigg| -\dfrac{(z-a)^2}{2} - \dfrac{1}{k^2}[1 - \cosh k(z-a)]$
		T_s	$\dfrac{1}{k}\dfrac{kb - \sinh kb}{\cosh kl}\cosh kz \bigg| -(z-a) + \dfrac{1}{k}\sinh k(z-a)$
		M_ω	$-\dfrac{1}{k^2}\dfrac{kb-\sinh kb}{\cosh kl}\sinh kz \bigg| + \dfrac{1-\cosh k(z-a)}{k^2}$
		T_ω	$-\dfrac{1}{k}\dfrac{kb-\sinh kb}{\cosh kl}\cosh kz \bigg| -\dfrac{1}{k}\sinh k(z-a)$
		$\mu = 1 - \dfrac{\cosh ka + kb\sinh kl}{\cosh kl}$	

9 Kollbrunner u. Hajdin, Stäbe 1

Fortsetzung Tabelle 2.

Nr.	Lastfall		Einfluß
21	(φ=0, φ'=0, m₀=1; φ=0, M_ω=0)	$GK\varphi$	$\dfrac{zz'}{2} - \dfrac{1}{k^2}\left(1 + \mu\dfrac{z'}{l} - \dfrac{\sinh kz + (1+\mu)\sinh kz'}{\sinh kl}\right)$
		T_s	$\dfrac{z'-z}{2} + \dfrac{1}{k}\left(\dfrac{\mu}{kl} + \dfrac{\cosh kz - (1+\mu)\cosh kz'}{\sinh kl}\right)$
		M_ω	$\dfrac{1}{k^2}\left(1 - \dfrac{\sinh kz + (1+\mu)\sinh kz'}{\sinh kl}\right)$
		T_ω	$-\dfrac{1}{k}\dfrac{\cosh kz - (1+\mu)\cosh kz'}{\sinh kl}$
		$\mu = kl$	$\left(\dfrac{1}{2}kl - \tanh\dfrac{kl}{2}\right)\tanh kl$ $kl - \tanh kl$
22	(φ=0, φ'=0, m₀=1; φ=0, φ'=0)	$GK\varphi$	$\dfrac{zz'}{2} - \dfrac{\mu}{k^2}\left(1 - \dfrac{\sinh kz + \sinh kz'}{\sinh kl}\right)$
		T_s	$\dfrac{z-z'}{2} + \dfrac{\mu}{k}\dfrac{\cosh kz - \cosh kz'}{\sinh kl}$
		M_ω	$\dfrac{1}{k^2}\left(1 - \mu\dfrac{\sinh kz + \sinh kz'}{\sinh kl}\right)$
		T_ω	$-\dfrac{\mu}{k}\dfrac{\cosh kz - \cosh kz'}{\sinh kl}$
		$\mu =$	$\dfrac{\dfrac{kl}{2}}{\tanh\dfrac{kl}{2}}$

3. Berechnung auf Wölbkrafttorsion für einzelne Lastfälle 131

Fortsetzung Tabelle 2.

Nr.	Lastfall		Einfluß
23	$\varphi=0$, $M_\omega=0$; $M_\omega=0$, $T=0$; $m_\omega=1$	$GK\varphi$ T_s M_ω T_ω	$-z$ -1 0 1
24	$\varphi=0$, $\varphi'=0$; $M_\omega=0$, $T=0$; $m_\omega=1$	$GK\varphi$ T_s M_ω T_ω	$\dfrac{\sinh kl - \sinh kz'}{k\cdot\cosh kl} - z$ $\dfrac{\cosh kz'}{\cosh kl} - 1$ $\dfrac{\sinh kz'}{k\cosh kl}$ $-\dfrac{\cosh kz'}{\cosh kl} + 1$

3.4. Beispiel der Berechnung

Als Beispiel wählen wir die Berechnung eines freiaufgelagerten Kranbahnträgers gemäß Abb. II.46.
Die grundlegenden Belastungsangaben sind:

$$\text{Eigengewicht } g = 0{,}40 \text{ t/m}'.$$

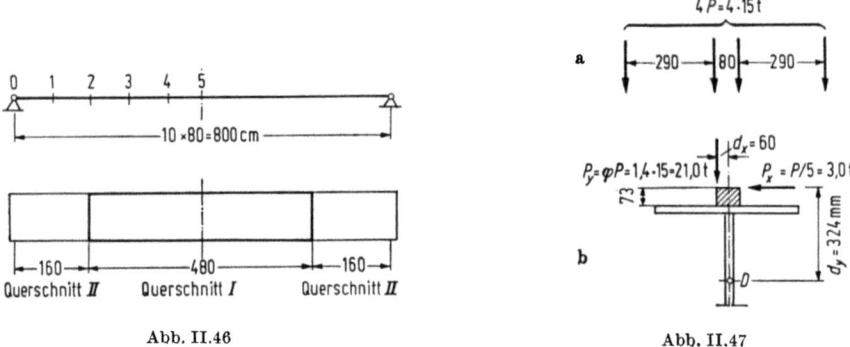

Abb. II.46   Abb. II.47

Die aus vier gekoppelten Einzellasten von je 15 t bestehende bewegliche Belastung ist im Schema Abb. II.47a gezeigt. Die größtmögliche Exzentrizität des vertikalen Lastangriffs betrage 6 cm (Abb. II.47b). Die aus Seitenstoß herrührenden waagrechten Kräfte P_x, welche auf beide Fahrbahnen wirken können, betragen ein Fünftel der entsprechenden Vertikallasten.

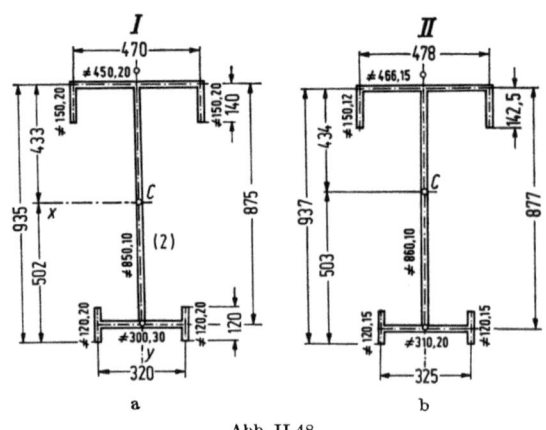

Abb. II.48

Die Stoßzahl für die vertikale bewegliche Belastung betrage $\varphi = 1{,}4$. Die Trägerquerschnitte I (im mittleren Teil) und II (in den Endteilen) sind in Abb. II.48a bzw. II.48b gezeigt.

3. Berechnung auf Wölbkrafttorsion für einzelne Lastfälle

Die Querschnittswerte für den Querschnitt I sind:

$$F = 373 \text{ cm}^2, \qquad c = 43{,}3 \text{ cm},$$
$$I_{xx} = 67\,361 \text{ cm}^4, \qquad I_{yy} = 572\,480 \text{ cm}^4,$$
$$d = 64{,}11 \text{ cm} \qquad I_{\omega\omega} = 122\,866 \cdot 10^3 \text{ cm}^6,$$
$$K = 581 \text{ cm}^4, \qquad kl = 1{,}078\,89$$

wobei $\nu = 0{,}3$ gesetzt wurde.

Die entsprechenden Werte für den Querschnitt II sind:

$$F = 289{,}9 \text{ cm}^2, \qquad c = 43{,}4 \text{ cm},$$
$$I_{xx} = 47\,682 \text{ cm}^4, \qquad I_{yy} = 426\,898 \text{ cm}^4,$$
$$d = 62{,}65 \text{ cm}, \qquad I_{\omega\omega} = 89\,130 \cdot 10^3 \text{ cm}^6,$$
$$K = 213 \text{ cm}^4, \qquad kl = 0{,}766\,98.$$

Das Diagramm der ω-Werte und die Lage des Schubmittelpunktes D sind in Abb. II.49a für den Querschnitt I und in Abb. II.49b für den Querschnitt II gezeigt.

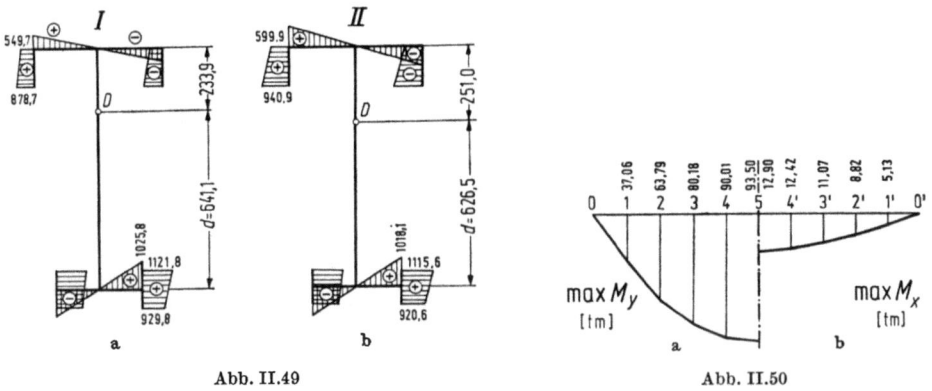

Abb. II.49   Abb. II.50

Die Linie der maximalen Momente

$$\max M_y = M_y(g) + \max M_y(P_y),$$

wo $M_y(g)$ die Momente infolge des Eigengewichtes und $\max M_y(P_y)$ die maximalen Momente infolge der Kräfte $P_y = \varphi P$ bedeuten, sind in Abb. II.50a dargestellt.

Die Linie der maximalen Momente $\max M_x$ zufolge der in Abb. II.47b gezeigten Horizontalkräfte P_x ist in Abb. II.50b gezeichnet.

Die Exzentrizität d_x des Angriffs der vertikalen Lasten beträgt 60 mm, und das konzentrische Torsionsmoment einer Einzellast ergibt sich zu:

$$T^*(P_y) = 21{,}0 \cdot 0{,}06 = 1{,}26 \text{ tm}.$$

134   II. Dünnwandige Stäbe mit offenem Profil und geradliniger Achse

Als Abstand der Horizontalkraft P_x vom Schubmittelpunkt setzen wir den Mittelwert aus den entsprechenden Abständen für die Querschnitte I und II (Abb. II.49)

$$d_y = \frac{1}{2}\,(233{,}9 + 10 + 251{,}0 + 7{,}5) + 73 = 324 \text{ mm}$$

ein und erhalten:

$$T^*(P_x) = \pm 3{,}0 \cdot 0{,}324 = 0{,}972 \text{ tm}.$$

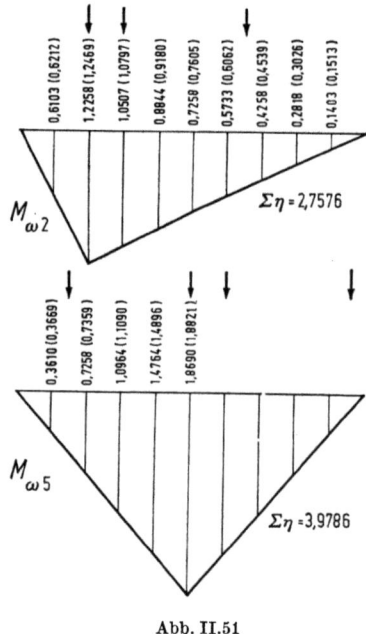

Abb. II.51

Mit Benutzung der in Tabelle 1 (Fall der Gabellagerung an beiden Enden) angegebenen Werte wurden die Ordinaten der Einflußlinien für M_ω für die Querschnitte 2 und 5 (Abb. II.51) berechnet. Dabei wurde für kl der Mittelwert aus den Querschnitten I und II

$$kl = \frac{1}{2}\,(1{,}07889 + 0{,}76698) = 0{,}92293$$

genommen.

Für die Laststellungen, welche die maximalen Werte der Biegungsmomente ergeben, wurden die Bimomente M_ω berechnet:

Für den Querschnitt 2:

$$M_\omega(P_y) = 2{,}7576 \cdot 1{,}26 = 3{,}474 \text{ tm}^2,$$
$$M_\omega(P_x) = \pm 2{,}7576 \cdot 0{,}972 = \pm 2{,}604 \text{ tm}^2$$

3. Berechnung auf Wölbkrafttorsion für einzelne Lastfälle

und für den Querschnitt 5:

$$M_\omega(P_y) = 3{,}9786 \cdot 1{,}26 = 5{,}013 \text{ tm}^2,$$
$$M_\omega(P_x) = \pm 3{,}9786 \cdot 0{,}972 = \pm 3{,}867 \text{ tm}^2.$$

Abb. II.52

Schlußendlich ist in der folgenden Tabelle eine Übersicht der Normalspannungen σ gemäß Gleichung (II.86) in den charakteristischen Punkten der Querschnitte 2 und 5 (Abb. II.52) gegeben.

Querschnitt	Punkt	vertikale Belastung		horizont. Belastung		extr. σ	(extr. σ)
		$\dfrac{M_y}{I_{yy}}y$	$\dfrac{M_\omega}{I_{\omega\omega}}\omega$	$\dfrac{M_x}{I_{xx}}x$	$\dfrac{M_\omega}{I_{\omega\omega}}\omega$		
2	1	−660,5	230,3	±453,2	±175,3	−1289,0	−1305,1
	2	−660,5	−230,3	∓453,2	∓175,3	−1519,3	−1545,7
	3	−436,3	363,1	±453,2	±274,9	−1164,4	−1189,6
	4	−436,3	−363,1	∓453,2	∓274,9	−1527,5	−1567,0
	5	572,3	−437,3	±314,5	∓325,9	583,7	613,6
	6	572,3	437,3	∓314,5	±325,9	1021,0	1061,1
	7	751,6	−361,3	±314,5	∓268,9	797,8	772,5
	8	751,6	361,3	∓314,5	±268,9	1158,5	1141,8
5	1	−723,5	219,9	±469,2	±173,0	−1365,7	−1370,9
	2	−723,5	−219,9	∓469,2	∓173,0	−1585,6	−1597,2
	3	−478,5	354,1	±469,2	±276,6	−1224,3	−1232,5
	4	−478,5	−354,1	∓469,2	∓276,6	−1578,4	−1594,2
	5	623,9	−460,8	±325,6	∓353,1	651,4	662,0
	6	623,9	460,8	∓325,6	±353,1	1112,2	1123,8
	7	819,9	−382,4	±325,6	∓292,6	852,9	844,1
	8	819,9	382,4	∓325,6	±292,6	1235,3	1226,9

3.5. Veränderliche Querschnitte

Eine genauere Lösung für den Stab mit stufenweise veränderlichem Querschnitt können wir durch die Anwendung der Matrizenrechnung auf folgende Weise erhalten:

Wir teilen den Stab auf in n Teilstücke mit konstantem Querschnitt, und für denjenigen von den Teilen ($i = 1, 2, \ldots, n$) nehmen wir die Lösung in der Form des Schemas (II.182) an (Abb. II.53a).

Wir bilden die Vektoren:

$$\boldsymbol{\Psi}_{i-1,i} = \begin{bmatrix} GK_0\varphi_{i-1,i} \\ GK_0\varphi'_{i-1,i} \\ M_{\omega,i-1,i} \\ T_{i-1,i} \end{bmatrix}, \qquad \boldsymbol{\Psi}_{i,i-1} = \begin{bmatrix} GK_0\varphi_{i,i-1} \\ GK_0\varphi'_{i,i-1} \\ M_{\omega,i,i-1} \\ T_{i,i-1} \end{bmatrix},$$

wo K_0 eine beliebige Torsionskonstante ist.

Die Elemente der Vektoren $\boldsymbol{\Psi}_{i-1,i}$ und $\boldsymbol{\Psi}_{i,i-1}$ stellen der Reihe nach $GK_0\varphi$, $GK_0\varphi'$, M_ω und T an dem linken und rechten Ende des Teilstücks i dar.

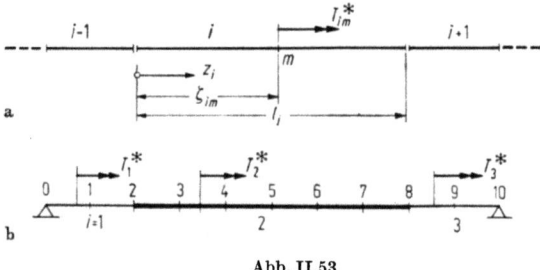

Abb. II.53

Auf Grund des Schemas (II.182) können wir schreiben:

$$\boldsymbol{\Psi}_i = \boldsymbol{\Psi}(z_i) = \tilde{\boldsymbol{A}}_i \boldsymbol{\Psi}_{i-1,i} - \tilde{\boldsymbol{A}}_{i0}$$

wo

$$\tilde{\boldsymbol{A}}_i = \begin{bmatrix} 1 & \dfrac{1}{k_i}\sinh k_i z_i & \dfrac{K_0}{K_i}(1-\cosh k_i z_i) & \dfrac{K_0}{K_i}\left(z_i - \dfrac{1}{k_i}\sinh k_i z_i\right) \\ 0 & \cosh k_i z & -\dfrac{K_0}{K_i} k_i \sinh k_i z_i & \dfrac{K_0}{K_i}(1-\cosh k_i z_i) \\ 0 & -\dfrac{K_i}{K_0}\dfrac{1}{k_i}\sinh k_i z & \cosh k_i z & \dfrac{1}{k_i}\sinh k_i z \\ 0 & 0 & 0 & 1 \end{bmatrix}$$

$$\boldsymbol{\Psi}_i = \begin{bmatrix} GK_0\varphi(z_i) \\ GK_0\varphi'(z_i) \\ M_\omega(z_i) \\ T(z_i) \end{bmatrix} \quad \text{und} \quad \tilde{\boldsymbol{A}}_{i0} = \sum_m \tilde{\boldsymbol{A}}_{i0,m},$$

sind,
wobei sich der Index m auf alle Punkte des Teilstückes i, in welchem das Torsionsmoment T^*_{im} angreift, bezieht.

3. Berechnung auf Wölbkrafttorsion für einzelne Lastfälle

Der Vektor $\tilde{A}_{i0,m}$ hat, mit Rücksicht auf Schema (II.182), die folgenden Elemente:

$$\tilde{A}_{i0,m} = 0, \quad \text{für} \quad z_i < \zeta_{im}$$

$$\tilde{A}_{i0,m} = T_{im}^* \begin{bmatrix} \dfrac{K_0}{K_i}\left[z_i - \zeta_{im} - \dfrac{1}{k_i}\sinh k(z_i - \zeta_{im})\right] \\ \dfrac{K_0}{K_i}[1 - \cosh k_i(z_i - \zeta_{im})] \\ \dfrac{1}{k_i}\sinh k_i(z_i - \zeta_{im}) \\ 1 \end{bmatrix}, \quad \text{für} \quad z_i \geqq \zeta_{im}$$

Für $z_i = l_i$ erhalten wir:

$$\Psi_{i,i-1} = A_i \Psi_{i-1,i} - A_{i0}$$

wo

$$A_i = \tilde{A}_i(z_i = l_i), \quad A_{i0} = \tilde{A}_{i0}(z_i = l_i)$$

sind.

Bei dem Übergang auf den Stabteil $i+1$ müssen folgende Bedingungen erfüllt sein:

$$\varphi_{i,i-1} = \varphi_{i,i+1}$$
$$\varphi'_{i,i-1} = \varphi'_{i,i+1}$$
$$M_{\omega,i,i-1} = M_{\omega,i,i+1}$$
$$T_{i,i-1} = T_{i,i+1}$$

bzw.:

$$\Psi_{i,i-1} = \Psi_{i,i+1}.$$

Beginnend von dem linken Stabende können wir schreiben:

$$\Psi_{1,0} = A_1 \Psi_{0,1} - A_{10}$$
$$\Psi_{2,1} = A_2 \Psi_{1,2} - A_{20}$$
$$\vdots$$
$$\Psi_{n,n-1} = A_n \Psi_{n-1,n} - A_{n0}.$$

Da $\Psi_{i,i-1} = \Psi_{i,i+1}$ ist, erhalten wir aus diesem System durch Elimination:

$$A \Psi_{01} - A^0 = \Psi_{n,n-1} \tag{II.200}$$

wo

$$A = A_n \cdot A_{n-1} \ldots A_2 \cdot A_1$$

und

$$A^0 = (A_n A_{n-1} \ldots A_3 A_2) A_{10} + (A_n A_{n-1} \ldots A_n A_3) A_{20} \ldots A_n A_{n-1,0} + A_{n0}$$

sind.

138   II. Dünnwandige Stäbe mit offenem Profil und geradliniger Achse

Die Vektoren $\boldsymbol{\Psi}_{01}$ und $\boldsymbol{\Psi}_{n,n-1}$ haben insgesamt 8 Elemente, von denen 4 aus den Randbedingungen bekannt sind. Die anderen 4 Elemente werden aus der Gleichung (II.200) bestimmt. Auf diese Weise erhalten wir die Lösung der Aufgabe.

In dem vorliegenden Beispiel haben wir drei verschiedene Teilstücke (Abb. II.53b).

Die Matrizen $\boldsymbol{A}_1 = \boldsymbol{A}_3$, $\boldsymbol{A}_2$ sind die folgenden:

$$\boldsymbol{A}_1 = \boldsymbol{A}_3 = \begin{bmatrix} 1 & 1{,}60628 & -0{,}01179 & -0{,}00628 \\ 0 & 1{,}01179 & -0{,}01476 & -0{,}01179 \\ 0 & -1{,}60628 & 1{,}01179 & 1{,}60628 \\ 0 & 0 & 0 & 1 \end{bmatrix}$$

$$\boldsymbol{A}_2 = \begin{bmatrix} 1 & 5{,}14232 & -0{,}07953 & -0{,}12550 \\ 0 & 1{,}21694 & -0{,}03429 & -0{,}07953 \\ 0 & -14{,}02671 & 1{,}21694 & 5{,}14232 \\ 0 & 0 & 0 & 1 \end{bmatrix}$$

wo $K_0 = K_1$ ist.

Da wir die Ordinaten der Einflußlinien für M_ω bestimmen wollen, stellen wir der Reihe nach das Torsionsmoment $T^* = 1$ tm in den Punkten 1, 2, ..., 9, auf.

Für die Laststellung $T_4^* = 1$ tm im Punkte 4, ergibt sich zum Beispiel:

$$\boldsymbol{A}_{20} = \begin{bmatrix} -0{,}03675 \\ -0{,}03467 \\ 3{,}30025 \\ 1 \end{bmatrix}$$

Nach der Ausnützung der Randbedingungen

$$z_1 = 0; \quad z_n = l_n; \quad M_\omega = \varphi = 0$$

erhalten wir aus der Gleichung (II.200):

$$\boldsymbol{\Psi}_{01} = \begin{bmatrix} 0 \\ 0{,}02746 \\ 0 \\ 0{,}59895 \end{bmatrix} \quad \text{und ferner:} \quad \boldsymbol{\Psi}_{12} = \begin{bmatrix} 0{,}04035 \\ 0{,}02072 \\ 0{,}91798 \\ 0{,}59895 \end{bmatrix}$$

und durch die Benutzung des Ausdrucks für $\boldsymbol{\Psi}_i$:

$$M_{\omega 2} = 0{,}91798 \text{ tm}^2,$$

$$M_{\omega 5} = 1{,}48959 \text{ tm}^2.$$

Auf gleiche Weise werden die Konstanten φ_0' und T_0 für andere Laststellungen bestimmt.

Die durch diese Berechnung erhaltenen Ordinaten sind in Abb. II.51 in Klammern gesetzt.

Mit Rücksicht auf verhältnismäßig kleine Veränderlichkeit des Querschnitts längs der Achse, unterscheiden sich diese Ordinaten nur unwesentlich von denjenigen, welche aus einfachen Näherungslösungen erhalten wurden.

In der letzten Spalte der Tabelle der Spannungen σ_z sind die entsprechenden Werte in Klammern gesetzt (Seite 135).

4. Stabsysteme

4.1. Einleitung

In den Abschnitten 1, 2 und 3 wurde die Theorie des dünnwandigen Stabes mit offenem Profil behandelt.

Wir haben gezeigt, daß es möglich ist, die Beanspruchung eines solchen Stabes, bei welcher insgesamt sieben Schnittkräfte, nämlich: $N_z, Q_x, Q_y, M_x, M_y, T$ und M_ω auftreten, in eine Normal-, eine Biege- und eine Wölbkrafttorsions-Beanspruchung zu zerlegen. Die durch die Wölbkrafttorsion hervorgerufenen Spannungen waren dabei in erster Linie der Gegenstand unserer Untersuchung.

Mit anderen Worten ausgedrückt, wurde in den Abschnitten 1, 2 und 3 die Festigkeitslehre des dünnwandigen Stabes mit offenem Profil entwickelt.

In diesem Abschnitt wird die Berechnung von Stabsystemen gezeigt. Sinngemäß stellt der Inhalt dieses Kapitels somit eine Erweiterung der Lehren der klassischen Statik auf Systeme von dünnwandigen Stäben mit offenem Querschnitt dar.

Die Formänderungen des Einzelstabes, insbesondere die Biegelinie desselben, die Neigungswinkel ihrer Tangenten usw. werden durch die Integration der Gleichungen (II.84) erhalten, welche analytisch, graphisch oder numerisch durchgeführt werden können.

Auf ähnliche Weise, durch Integration der Gleichung (II.85), unter Berücksichtigung der entsprechenden Randbedingungen, erhalten wir φ und φ', d. h. die die Wölbkrafttorsion kennzeichnenden Formänderungsgrößen.

Man muß sich stets, wie bereits früher gesagt wurde, den Unterschied der Größen N_z, M_x, M_y, Q_x, Q_y und T einerseits und der Größe des Bimoments M_ω andererseits vor Augen halten. Die erstgenannten 6 Größen können in jedem Stabquerschnitt auf Grund der Gleichgewichtsbedingungen zwischen den äußeren und den inneren Kräften bestimmt werden, sofern uns die an einem Stabende angreifenden Kräfte bekannt sind.

Das Bimoment M_ω kann hingegen für keinen Stab aus den Gleichgewichtsbedingungen bestimmt werden. Wir können daher sagen, daß jeder Einzelstab eines Stabsystems für sich betrachtet innerlich statisch unbestimmt ist. Erst nach der Bestimmung der Formänderung, d. h. der Stabverdrehung φ bzw. deren zweiter Ableitung φ'' erhalten wir durch Gleichung (II.47d) das Bimoment M_ω und sodann auf Grund der Gleichung (II.50c) auch das Wölbtorsionsmoment T_ω.

Aus zwei oder mehreren Stäben bestehende Systeme erleiden in der Regel stets eine zusammengesetzte Beanspruchung. Nur in besonderen Fällen ist es möglich, die Beanspruchung auf Wölbkrafttorsion von den übrigen Beanspruchungen zu trennen.

Die Spannungen, welche in einem aus solchen Stäben bestehenden System auftreten, können im allgemeinen nur berechnet werden, wenn vorher, ähnlich wie in der klassischen Statik der statisch unbestimmten Systeme, gewisse Formänderungsgrößen in einzelnen kennzeichnenden Querschnitten des sogenannten Hauptsystems ermittelt werden.

Diese Größen können für jeden Einzelstab durch Integration der Gleichungen (II.84) und (II.85) erhalten werden.

Die Randbedingungen für den einzelnen Stab bestimmen wir aus der Verträglichkeitsbedingung der Formänderungen seiner Stabenden mit denjenigen der übrigen Stäbe, welche in den beiden Knoten mit ihm verbunden sind. Im allgemeinen Fall gelangen wir auf diese Weise zu einem System linearer Gleichungen, aus welchen die Randbedingungen der Stäbe des Systems bestimmt werden können.

Diese grundsätzlich mögliche Methode wird im allgemeinen in der Statik der Baukonstruktionen selten angewendet.

Die Anwendung des Prinzips der virtuellen Verschiebungen bei der Variation der Spannungen als einer der fundamentalen Grundsätze der Mechanik auf das aus elastischen Stäben zusammengesetzte System ermöglicht die Aufstellung der allgemeinsten Ausdrücke für die Bestimmung der Verschiebungen, der Stabverdrehungen und sonstiger Größen in einem gewählten Stabquerschnitt.

Dieses Prinzip ist besonders dann gut anwendbar, wenn an bestimmten Stellen des Systems einzelne dort auftretende Formänderungsgrößen ermittelt werden müssen, wie dies bei der Auflösung statisch unbestimmter Systeme nach der Kraftgrößenmethode erforderlich ist.

4.2. Prinzip der virtuellen Arbeit bei der Variation der Spannungen

In den Punkten der Mittelfläche des betrachteten Tragwerks wirke ein System virtueller, äußerer Kräfte $\vec{P}_{mn}$. Der Index m beziehe sich auf den Querschnitt m ($m = 1, 2, \ldots, M$) in welchem $\vec{P}_{mn}$ wirkt und der Index n ($n = 1, 2, \ldots, N$) auf die laufende Nummer der im Querschnitt m angreifenden Kraft. Das dieser Belastung entsprechende System der inneren Kräfte, bzw. Spannungen muß so beschaffen sein, daß die daraus berechneten virtuellen Schnittkräfte die Gleichungen (II.39) und (II.40) für $p_x = p_y = p_z = m_x = m_y = m_D = m_\omega = 0$ und die entsprechenden Randbedingungen der Kräfte befriedigen.

Für die Formänderungsgrößen, welche aus den virtuellen Schnittgrößen auf Grund der Gleichungen (II.43e), (II.47) und (II.50c) berechnet werden, verlangen wir nicht, daß sie die Randbedingungen der Verschiebungen und die Verträglichkeitsbedingung:

$$\frac{T_s''}{GK} + \frac{T_\omega}{E'J_{\omega\omega}} = 0 \qquad (\text{II.201})$$

erfüllen.

4. Stabsysteme

Diese Bedingung (II.201) folgt aus der Gleichung (II.50c) für $m_\omega = 0$ und aus der Gleichung (II.43e):

$$\varphi''' = -\frac{T_\omega}{EJ_{\omega\omega}}$$

und

$$\varphi''' = \frac{T_s''}{GK}.$$

Wenn wir statt den wirklichen Schnittkräften T_ω und T_s die virtuellen Schnittkräfte $\overline{T}_\omega$ und $\overline{T}_s$ setzen, dann müssen im allgemeinen die sich daraus ergebenden Größen $\overline{\varphi}'''$ nicht einander gleich sein. Unabhängig vom System der virtuellen äußeren und inneren Kräfte ist die wirkliche Verformung des Tragwerks durch die Verschiebungskomponenten ξ_*, η_* und w_* bestimmt, welchen gemäß den grundlegenden Voraussetzungen die Formänderungskomponenten

$$\varepsilon_{z*} = \varepsilon \quad \text{und} \quad \gamma_{zs} = \gamma_s$$

entsprechen. Mit γ_s ist die Gleitverzerrung bezeichnet, deren Verteilung über den Querschnitt dieselbe ist wie bei der Beanspruchung durch reine oder St. Venantsche Torsion. Die anderen Formänderungskomponenten sind gleich Null.

Die sich aus der wirklichen Verformung des Stabes ergebenden Schnittkräfte wollen wir mit $N_z, Q_x, Q_y, M_x, M_y, T$ und M_ω bezeichnen. Bezeichnen wir mit $\overline{W}$ die Arbeit der virtuellen äußeren und mit $\overline{U}$ die Arbeit der virtuellen inneren Kräfte bei den wirklichen Verschiebungen, so kann das Prinzip der virtuellen Arbeit bei der Variation der Spannungen in der Form

$$\overline{W} + \overline{U} = 0 \tag{II.202}$$

ausgedrückt werden.

Diese Gleichung besagt, daß die Summe der an den wirklichen Verschiebungen geleisteten Arbeiten der virtuellen äußeren und der virtuellen inneren Kräfte gleich Null ist.

Die Arbeit der Kräfte $\vec{\overline{P}}_{mn}$ kann durch die Arbeiten ihrer Komponenten $\overline{P}_{mnx}, \overline{P}_{mny}$ und $\overline{P}_{mnz}$, die sie in den Richtungen x, y und z leisten, in folgender Form geschrieben werden:

$$\overline{W} = \sum_{m=1}^{M} \sum_{n=1}^{N} (\overline{P}_{mnx}\xi_{mn} + \overline{P}_{mny}\eta_{mn} + \overline{P}_{mnz}w_{mn}). \tag{II.203}$$

Die Verschiebungen ξ_{mn}, η_{mn} und w_{mn} der Angriffspunkte der Kräfte $\overline{P}_{mnx}, \overline{P}_{mny}$ und $\overline{P}_{mnz}$ drücken wir durch die grundlegenden Parameter ξ_m, η_m, w_{0m} und φ_m aus, indem wir die Gleichungen (II.1) und (II.13) benutzen:

$$\left.\begin{aligned}\xi_{mn} &= \xi_m - \bar{x}_{mn}\varphi_m, \\ \eta_{mn} &= \eta_m + \bar{y}_{mn}\varphi_m, \\ w_{mn} &= w_{0m} - \eta_m'\bar{y}_{mn} - \xi_m'\bar{x}_{mn} - \varphi_m'\omega_{mn},\end{aligned}\right\} \tag{II.204}$$

wo:

$$\bar{x}_{mn} = x_{mn} - x_D; \quad \bar{y}_{mn} = y_{mn} - y_D$$

ist.

II. Dünnwandige Stäbe mit offenem Profil und geradliniger Achse

Wir führen nun die Bezeichnungen:

$$\left.\begin{array}{l} \bar{P}_{mx} = \sum\limits_{n=1}^{N} \bar{P}_{mnx}, \\[2mm] \bar{P}_{my} = \sum\limits_{n=1}^{N} \bar{P}_{mny}, \\[2mm] \bar{T}_m^* = -\sum\limits_{n=1}^{N} (\bar{P}_{mnx}\bar{y}_{mn} - \bar{P}_{mny}\bar{x}_{mn}) \end{array}\right\} \quad \text{(II.205)}$$

ein.

Die Kräfte $\bar{P}_{mx}$ und $\bar{P}_{my}$ sind die Projektionen der Resultierenden aller in der Ebene des betrachteten Querschnitts m gelegenen virtuellen Kräfte und $\bar{T}_m^*$ das in dieser Querschnittsebene angreifende virtuelle äußere, konzentrierte Torsionsmoment. Der Reduktionspunkt für die Kräfte $\bar{P}_{mnx}$ und $\bar{P}_{mny}$ ist der Schubmittelpunkt D. Bezeichnen wir des weiteren mit:

$$\left.\begin{array}{l} \bar{P}_{mz} = \sum\limits_{n=1}^{N} \bar{P}_{mnz}, \\[2mm] \bar{M}^*_{my(1)} = \sum\limits_{n=1}^{N} \bar{P}_{mnz} y_{mn}, \\[2mm] \bar{M}^*_{mx(1)} = \sum\limits_{n=1}^{N} \bar{P}_{mnz} x_{mn}, \\[2mm] \bar{M}^*_{m\omega(1)} = \sum\limits_{n=1}^{N} \bar{P}_{mnz} \omega_{mn}, \end{array}\right\} \quad \text{(II.206)}$$

wo $\bar{P}_{mz}$ die Resultierende aller virtuellen äußeren, in Richtung der z-Achse wirkenden Kräfte, ferner $\bar{M}^*_{mx(1)}$ und $\bar{M}^*_{my(1)}$ die konzentrierten Biegungsmomente und $\bar{M}^*_{m\omega(1)}$ das konzentrierte Bimoment sind, die alle vier im Querschnitt m angreifen.

Wir betrachten nun zwei Kräfte $-\bar{P}_{mjx}$ ($j = 1, 2, \ldots, J$) und $+\bar{P}_{mjx}$ gleicher Größe und entgegengesetzter Richtung, welche in den unendlich benachbarten Querschnitten $z = z_m$ und $z = z_m + dz$ wirken und im Abstand $\bar{y}_{mj}$ von den Schubmittelpunkten dieser Querschnitte angreifen mögen. Für die durch diese Kräfte längs der wirklichen Verschiebungen geleistete Arbeit kann der Ausdruck angeschrieben werden (Abb. II.54):

$$\bar{P}_{mjx}[(\xi_m + d\xi_m - \xi_m) - \bar{y}_{mj}(\varphi_m + d\varphi_m - \varphi_m)] = \bar{P}_{mjx}(d\xi_m - \bar{y}_{mj}\,d\varphi_m).$$

Setzen wir $\bar{P}_{mjx}\,dz = -\bar{M}^*_{mjx}$, so erhalten wir für $dz \to 0$:

$$-\bar{M}^*_{mjx}(\xi_m' - \bar{y}_{mj}\varphi_m').$$

Auf ähnliche Weise erhalten wir für das Kräftepaar $\bar{P}_{mjy}\,dz = -\bar{M}^*_{mjy}$ den Ausdruck:

$$-\bar{M}^*_{mjy}(\eta_m' - \bar{x}_{mj}\varphi_m').$$

4. Stabsysteme

Greifen im Querschnitt m, J solche Kräftepaare an, so ist ihre Arbeit unter Berücksichtigung der Gleichung (II.190) durch folgenden Ausdruck gegeben:

$$-\overline{M}^*_{my(2)}\eta_m{}' - \overline{M}^*_{mx(2)}\xi_m{}' - \overline{M}^*_{m\omega(2)}\varphi_m{}', \qquad (\text{II.207})$$

wo:

$$\overline{M}^*_{mx(2)} = \sum_{j=1}^{J} \overline{M}^*_{mjx},$$

$$\overline{M}^*_{my(2)} = \sum_{j=1}^{J} \overline{M}^*_{mjy}$$

und

$$\overline{M}^*_{m\omega(2)} = -\sum_{j=1}^{J} (\overline{M}^*_{mjx}\bar{y}_{mj} + \overline{M}^*_{mjy}\bar{x}_{mj})$$

sind.

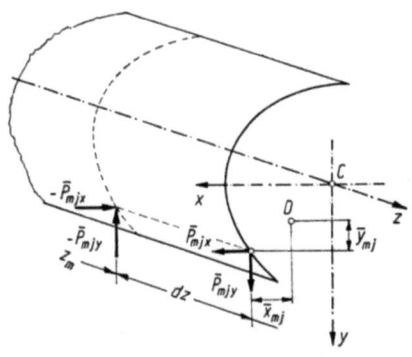

Abb. II.54

Die Größen $\overline{M}^*_{mx(2)}$ und $\overline{M}^*_{my(2)}$ stellen die äußeren konzentrierten Biegemomente und $\overline{M}^*_{m\omega}$ das äußere konzentrierte Bimoment dar. Diese mit dem Index (2) versehenen Größen werden durch die Querkräfte hervorgerufen.

Durch Einsetzen der Ausdrücke (II.204) in die Gleichung (II.203) sowie unter Berücksichtigung der Ausdrücke (II.205) bis (II.207) erhalten wir schließlich:

$$\overline{W} = \sum_{m=1}^{M} (\overline{P}_{mx}\xi_m + \overline{P}_{my}\eta_m + \overline{P}_{mz}w_{0m} + \overline{T}^*_m\varphi_m \qquad (\text{II.208})$$
$$- \overline{M}^*_{mx}\xi_m{}' - \overline{M}^*_{my}\eta_m{}' - \overline{M}^*_{m\omega}\varphi_m{}'),$$

wo:

$$\overline{M}^*_{mx} = \overline{M}^*_{mx(1)} + \overline{M}^*_{mx(2)},$$

$$\overline{M}^*_{my} = \overline{M}^*_{my(1)} + \overline{M}^*_{my(2)}$$

und

$$\overline{M}^*_{m\omega} = \overline{M}^*_{m\omega(1)} + \overline{M}^*_{m\omega(2)}$$

sind.

Aus Gleichung (II.208) geht hervor, daß den zur Stabachse senkrecht stehenden Kräften $\overline{P}_{mx}$ und $\overline{P}_{my}$ die Verschiebungen ξ_m und η_m des Schubmittelpunktes in den Richtungen der x- und der y-Achse entsprechen und der Kraft $\overline{P}_{mz}$ die Querschnittsverschiebung (Translation des Querschnitts) in Richtung der z-Achse.

Den äußeren Biegungsmomenten $\overline{M}^*_{mx}$ und $\overline{M}^*_{my}$ entsprechen als verallgemeinerte Verschiebungen die Verdrehungen ξ_m' und η_m' des Querschnittes um die Achsen y und x.

Dem äußeren konzentrierten Torsionsmoment $\overline{T}_m{}^*$ entspricht als verallgemeinerte Verschiebung die Verdrehung des Querschnitts in seiner Ebene und dem äußeren konzentrierten Bimoment $M^*_{m\omega}$ die Größe φ', welche die Verwölbung des Querschnitts kennzeichnet.

Die statischen Größen $\overline{P}_{mx}\ldots\overline{M}^*_{m\omega}$ — im verallgemeinerten Sinne — als Kräfte aufgefaßt, bezeichnen wir im folgenden mit $\overline{P}_i$ ($i = 1, 2, \ldots, I$), und die wirklichen Verschiebungen, welche ihnen gemäß Gleichung (II.208) entsprechen, werden wir mit δ_i bezeichnen.

Wir können dann die Arbeit der äußeren virtuellen Kräfte auch in der Form

$$\overline{W} = \sum_{i=1}^{I} \overline{P}_i \delta_i \qquad (II.209)$$

anschreiben.

Um einen Ausdruck für die Arbeit der inneren Kräfte zu erhalten, denken wir uns aus einem Stab des betrachteten Tragwerks ein von zwei unendlich benachbarten Querschnitten begrenztes Stück von der Länge dz herausgeschnitten.

Die Verformung dieses Elementes ist in Übereinstimmung mit den über die Formänderungen gemachten Voraussetzungen durch die Größen ε_{z*} und γ_s beschrieben.

Die in den Querschnitten z und $z + dz$ wirkenden virtuellen Spannungskomponenten stellen für dieses Element äußere Kräfte dar. Unter Vernachlässigung der Größen höherer Kleinheitsordnung ist die Arbeit dieser virtuellen Kräfte bei den tatsächlichen Verschiebungen der Punkte des Elementes gleich der negativen Arbeit der inneren Kräfte des Elementes, d. h. es ist:

$$-d\overline{U} = \left[\int_F (\overline{\sigma}_z \varepsilon_{z*} + \overline{\tau}_s \gamma_s)\, dF\right] dz. \qquad (II.210)$$

Wir setzen nun in diese Gleichung für ε_{z*} den Ausdruck (II.16) und für $\overline{\tau}_s$ und γ_s entsprechend der Gleichung (II.55) die Ausdrücke

$$\overline{\tau}_s = \frac{2\overline{T}_s}{K} e$$

und

$$\gamma_s = \frac{2 T_s}{GK} e \qquad (II.211)$$

ein.

Nach der Integration der rechten Seite der Gleichung (II.210) über die Fläche des Querschnittes erhalten wir unter Berücksichtigung der Gleichungen (II.37), (II.47) und (II.211):

$$-d\overline{U} = \left(\frac{\overline{N} N}{E' F} + \frac{\overline{M}_x M_x}{E' J_{xx}} + \frac{\overline{M}_y M_y}{E' J_{yy}} + \frac{\overline{T}_s T_s}{GK} + \frac{\overline{M}_\omega M_\omega}{E' J_{\omega\omega}}\right) dz, \qquad (II.212)$$

wo K durch:

$$4 \int_F e^2 \, dF = 4 \int_s ds \int_{-t/2}^{t/2} e^2 \, de = \frac{1}{3} \int_s t^3 \, ds = K$$

gegeben ist.

Die von den inneren Kräften eines Stabes des betrachteten Stabsystems geleistete Arbeit erhalten wir durch Integration der Gleichung (II.212) über alle Stäbe des Stabsystems. Das Prinzip der virtuellen Arbeit bei der Variation der Spannungen kann somit in folgender Form angeschrieben werden:[1]

$$\sum_{i=1}^{I} \overline{P}_i \delta_i = \int \frac{\overline{N} N}{E' F} dz + \int \frac{\overline{M}_x M_x}{E' J_{xx}} dz + \int \frac{\overline{M}_y M_y}{E' J_{yy}} dz \\ + \int \frac{\overline{T}_s T_s}{G K} dz + \int \frac{\overline{M}_\omega M_\omega}{E' J_{\omega\omega}} dz, \quad \text{(II.213)}$$

wobei sich die Integrale der rechten Seite der Gleichung über alle Stäbe des Stabsystems erstrecken.

4.3. Bestimmung der Verschiebungen

Aus Gleichung (II.213) erhalten wir unmittelbar den Ausdruck für die Verschiebung.

Die Größe δ sei die gesuchte allgemeine Verschiebungsgröße. Dabei kann unter δ irgendeine der in Gleichung (II.208) auftretenden Verschiebungsgrößen oder eine beliebige lineare Kombination derselben verstanden werden.

So können wir uns z. B. unter δ die Änderung des Abstandes zweier Punkte des betrachteten Stabsystems, die gegenseitige relative Verdrehung zweier Querschnitte oder deren relative gegenseitige Verwölbung vorstellen usw.

Um auf diese Weise eine gewählte Verschiebungsgröße aus der linken Gleichungsseite zu erhalten, muß die ihr entsprechende virtuelle Last $\overline{P}$ gleich Eins gesetzt werden.

Um die Verschiebung eines Punktes der Profilmittellinie eines Querschnittes in einer bestimmten Richtung zu finden, müssen wir als virtuelle Belastung eine konzentrierte Einzellast von der Größe Eins in diesem Punkt und in der betreffenden Richtung anbringen. Wird z. B. die relative Verwölbung eines Querschnittes in bezug auf einen anderen gesucht, müssen in den beiden betrachteten Querschnitten zwei gegensinnige Bimomente von der Größe Eins angebracht werden usw.

Zu einer derart bestimmten virtuellen Belastung $\overline{P} = 1$ gehören im allgemeinen auch entsprechende virtuelle Lagerreaktionen C_l ($l = 1, 2, ..., L$), welche ebenfalls Arbeit leisten, sofern in den Lagern, in welchen sie wirken, wirkliche Verschiebungen auftreten.

Für die gewählte virtuelle Belastung und den ihr entsprechenden Lagerreaktionen kann die linke Seite der Gleichung (II.213) in der Form geschrieben

---

[1] Im Falle der Näherungslösung nach Abschnitt II.1.1.5 ist statt J überall I zu setzen.

146   II. Dünnwandige Stäbe mit offenem Profil und geradliniger Achse

werden:

$$1\delta + \sum_{l=1}^{L} \overline{C}_l \Delta_l,$$

so daß wir erhalten:

$$\delta = \int \frac{N\overline{N}}{E'F} dz + \int \frac{M_x \overline{M}_x}{E' J_{xx}} dz + \int \frac{M_y \overline{M}_y}{E' J_{yy}} dz$$
$$+ \int \frac{T_s \overline{T}_s}{GK} dz + \int \frac{M_\omega \overline{M}_\omega}{E' J_{\omega\omega}} dz - \sum_{l=1}^{L} \overline{C}_l \Delta_l. \tag{II.214}$$

Das Problem der Bestimmung der Verschiebungen δ in einem beliebigen Stabsystem führt demnach vorerst auf die Bestimmung der Diagramme der Größen N, $M_x, M_y, \ldots, M_\omega$ sowie derjenigen von $\overline{N}, \overline{M}_x, \overline{M}_y, \ldots, \overline{M}_\omega$ und sodann zur Ausrechnung einer Anzahl bestimmter Integrale.

Im Falle, daß die Größen T_s bzw. $\overline{T}_s$ und M_ω bzw. $\overline{M}_\omega$ gleich Null sind, können — wie aus der Statik der Baukonstruktionen bekannt ist — die Diagramme der verbleibenden Größen, sofern es sich um ein statisch bestimmtes System handelt, unmittelbar aus den Gleichgewichtsbedingungen erhalten werden. Für die übrigen Systeme müssen auf Grund der Formänderungen derselben zuerst die statisch unbestimmten Größen berechnet werden.

Im Falle einer zusammengesetzten Beanspruchung, in welcher auch Wölbkrafttorsion auftritt, ist das Problem stets statisch unbestimmt, und für die Ermittlung der Schnittkräfte T_s und M_ω muß auf die Formänderungen des Tragwerkes eingegangen werden.

Die ersten drei Integrale auf der rechten Seite der Gleichung (II.214) werden für die gegebenen Schnittkräfte mit der in der Baustatik üblichen Weise numerisch berechnet.

Das vierte und das fünfte Integral auf der rechten Seite der Gleichung (II.214) werden für ein aus Stäben mit konstantem K und $J_{\omega\omega}$ bestehendem System gewöhnlich nicht durch direkte Integration berechnet.

Wir betrachten vorerst einen Stab des Tragwerks und setzen voraus, daß die Randbedingungen an den Stabenden bekannt sind, welche zur Lösung der Differentialgleichung der Torsion benötigt werden. Ebenso setzen wir voraus, daß uns die virtuelle Belastung und die dieser entsprechenden Randbedingungen des Stabes bekannt sind. Die Bestimmung der Randbedingungen bzw. der Größen M_ω, T_s, φ und φ' an den Stabenden ist mit der Auflösung des ganzen Systems verknüpft, wovon im nächsten Abschnitt die Rede sein wird.

Die Diagramme für M_ω und T_s bzw. für $\overline{M}_\omega$ und $\overline{T}_s$ können wir, im Grunde genommen, erst nach der Lösung der Differentialgleichung (II.53) und nach der Bestimmung des analytischen Ausdrucks für φ und φ' erhalten. Wir erhalten dann aus diesem Ausdruck durch Differentiation auf Grund der Gleichungen (II.47d) und (II.43e) die Größen M_ω und T_s bzw. $\overline{M}_\omega$ und $\overline{T}_s$.

Indessen ist, sobald wir die Lösung für die Ausdrücke für φ und φ' kennen, praktisch eine Berechnung der oben erwähnten Integrale, die das vierte und fünfte Glied der Gleichung (II.214) bilden, nicht notwendig.

4. Stabsysteme

Durch Anwendung von Gleichung (II.213) auf einen nur durch Torsion beanspruchten Stab erhalten wir:

$$\sum_{i=1}^{I} \overline{P}_i \delta_i = \int_0^l \frac{T_s \overline{T}_s}{GK} dz + \int_0^l \frac{M_\omega \overline{M}_\omega}{E' J_{\omega\omega}} dz, \qquad (II.215)$$

wo $\overline{P}_i$ die bekannten virtuellen äußeren Aktions- und Reaktionskräfte sind.

Sind uns durch die Auflösung der Differentialgleichung der Torsion die wirklichen Verschiebungen δ_i der Angriffspunkte der Kräfte $\overline{P}_i$ bekannt, dann ergibt die linke Seite der Gleichung (II.215) unmittelbar den Wert der Summe der beiden gesuchten Integrale.

In der Tabelle 3 sind die Werte für die Berechnung von φ und φ' angegeben, welche für die Lösung von Stabsystemen in Betracht kommen.[1]

Außerdem sind in diesen Tabellen die Werte von φ und φ' in Verbindung mit den Werten der Summen der bestimmten Integrale der Gleichung (II.215) für die entsprechenden wirklichen und virtuellen Belastungen angegeben.

Im vorhergehenden Abschnitt 4.2 haben wir für die virtuellen Schnittkräfte die Bedingung gestellt, daß sie die Gleichgewichts- und Randbedingungen erfüllen müssen.

In der Gleichung $\overline{T}_s + \overline{T}_\omega = \overline{T}$ können wir den das St.Venantsche Torsionsmoment darstellenden Anteil $\overline{T}_s$ gleich Null setzen, bzw. voraussetzen, daß das gesamte Torsionsmoment als Wölbkrafttorsionsmoment übertragen wird:

$$\overline{T} = \overline{T}_\omega.$$

Auf diese Weise wird zwar die Verträglichkeitsbedingung (II.201) nicht erfüllt, jedoch wird die Erfüllung derselben auch nicht für die virtuellen Schnittkräfte gefordert.

Ein derartiges System von inneren Kräften entspricht — mit anderen Worten ausgedrückt — einem Tragwerk, dessen Steifigkeit gegen eine Beanspruchung durch eine St.Venantsche Torsion gleich Null ist.

In diesem Fall ist

$$kl = l \sqrt{GK/E' J_{\omega\omega}} = 0,$$

und die Differentialgleichung der Torsion (II.53) wird zurückgeführt auf die Gleichung:

$$E' J_{\omega\omega} \overline{\varphi}^{IV} = \overline{m}_D + \overline{m}_\omega',$$

welche der Differentialgleichung für die Biegung analog ist.

Das Diagramm der Bimomente $\overline{M}_\omega$ infolge von konzentrierten statischen Größen $\overline{P}_i$ setzt sich entsprechend der bestehenden Analogie mit der Biegemomentenlinie nur aus geradlinigen Anteilen zusammen.

Außerdem wird zufolge von $\overline{T}_s \equiv 0$ das vierte Integral in Gleichung (II.214) ebenfalls identisch gleich Null.

---

[1] *C. F. Kollbrunner* und *N. Hajdin*: Wölbkrafttorsion dünnwandiger Stäbe mit offenem Profil, Teil II. Schweizer Stahlbau-Vereinigung, Zürich, Mitteilungen der Technischen Kommission, Heft Nr. 30, 1965.

148   II. Dünnwandige Stäbe mit offenem Profil und geradliniger Achse

Ein auf diesen Voraussetzungen fußender virtueller Spannungszustand ist stets dann möglich, wenn eine Nichtberücksichtigung des St.Venantschen Torsionsmomentes nicht im Widerspruch zu den Gleichgewichtsbedingungen und den Randbedingungen der Kräfte steht.

Ein solcher Fall liegt z. B. bei einem Stab vor, der einerseits gabelartig gelagert und andrerseits vollkommen frei ist.

Setzt man für einen solchen Stab, welcher durch ein Torsionsmoment $\overline{T}^*$ oder ein Bimoment $\overline{M}_\omega^*$ belastet ist, $\overline{T}_s \equiv 0$, so kann die Gleichgewichtsbedingung nicht ohne Reaktionskräfte am freien Stabende erfüllt werden. Das Auftreten solcher Reaktionskräfte steht aber im Widerspruch zum Begriff des freien Stabendes.

Eine besondere Art von Stäben ist dadurch gekennzeichnet, daß deren Steifigkeit GK gegen St.Venantsche Torsion im Vergleich zur Verwölbungssteifigkeit $EI_{\omega\omega}$ klein ist, so daß wir schreiben können[1]:

$$kl = l\sqrt{GK/E'I_{\omega\omega}} \approx 0.$$

In diesem Fall wird auch für die wirkliche Belastung das Torsionsproblem auf die Gleichung (II.90) zurückgeführt. Die Diagramme des Bimomentes M_ω sind dann in jeder Hinsicht analog den Biegemomentenlinien, und die Diagramme von T_s entfallen. Die Berechnung des Integrals

$$\int \frac{M_\omega \overline{M}_\omega}{E'I_{\omega\omega}}\,dz$$

wird in gleicher Weise durchgeführt wie diejenige für die ersten drei Integrale der Gleichung (II.214).

Zum anderen Extremfall gehören Stäbe, die dadurch gekennzeichnet sind, daß ihre Querschnitte zufolge $J_{\omega\omega} \approx I_{\omega\omega} = 0$ keine Verwölbung erleiden oder daß eine Verwölbung ihrer Querschnitte vernachlässigt werden kann. Zu dieser Gruppe gehören z. B. gedrungene Stäbe und dann in manchen Fällen Stäbe mit geschlossenen Querschnittsprofilen, wovon später noch die Rede sein wird.

In solchen Fällen führt der Ausdruck (II.214) zur Gleichung

$$\delta = \int \frac{N\overline{N}}{EF}\,dz + \int \frac{M_x\overline{M}_x}{E'J_{xx}}\,dz + \int \frac{M_y\overline{M}_y}{E'J_{yy}}\,dz + \int \frac{T_s\overline{T}_s}{GK}\,dz - \sum_{l=1}^{L} \overline{C}_l \Delta_l.$$

(II.216)

4.4. Kraftgrößenmethode[2]

Wir beschränken uns auf die Behandlung ebener Tragwerke, welche die folgenden Bedingungen erfüllen:

a) Die Schubachsen aller Stäbe liegen in einer Ebene, welche wir als Tragwerksebene bezeichnen wollen.

---

[1] Siehe den Abschnitt II.1.1.5.
[2] Eine Darstellung der Kraftgrößenmethode sowie der Verschiebungsmethode in der Matrizenform ist in der Publikation: C. F. Kollbrunner, N. Hajdin, D. Krajčinović: Matrix Analysis of Thinwalled Structures. Inst. für Bauwissenschaftliche Forschung, H. 10, Verlag Leemann, Zürich, 1969, gegeben.

4. Stabsysteme

b) Die Schwerachsen aller Stäbe sowie eine der Hauptträgerachsen ihrer Querschnitte liegen in der xz-Ebene (Abb. II.55) parallel zur Tragwerksebene.

c) Die spezifische Verdrehung φ' aller in einem Knoten steif miteinander verbundenen Stäbe muß die gleiche sein. Um diese Bedingung zu erfüllen, müssen sich

die entsprechenden Linien der Nullpunkte der einzelnen Stäbe im gleichen Punkt des Knotens schneiden und

die Neigungen der Diagramme der normierten sektoriellen Koordinate ω, d. h. die Größen $\partial w/\partial s$, müssen untereinander gleich sein.

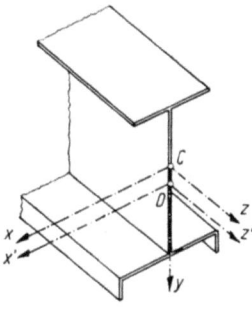

Abb. II.55

d) Die Lager des Tragwerks müssen die Bedingung erfüllen, daß sowohl die Schnittkräfte als auch die Deformation, hervorgerufen durch eine Belastung von äußeren statischen Größen P_x, P_z und M_x^*, in einer zur Tragwerksebene parallelen Ebene liegen.

Die Lage und der Richtungssinn der Koordinaten x, y und z in bezug auf einen Stabquerschnitt geht aus Abb. II.55 hervor.

Eine beliebige Belastung durch Einzelkräfte, welche in der Profilmittellinie der einzelnen Stäbe des Systems angreifen, können wir zufolge der erwähnten Ausdrücke (II.205), (II.206) und (II.207) durch hinsichtlich der hervorgerufenen Spannungen und Deformationen gleichwertige äußere statische Größen[1]

$$P_x, P_y, P_z, T^*, M_y^*, M_x^* \text{ und } M_\omega^*$$

ersetzen.

Zufolge der Belastung durch die statischen Größen P_x, M_x^* und P_z mit Rücksicht auf die Bedingungen a) bis d) erleiden die Stäbe des Systems keine Torsionsbeanspruchung. Die Berechnung des Systems für diese Belastung erfolgt somit nach den Regeln der klassischen Statik ebener Tragwerke.

Die verbliebenen Größen P_y, M_y^*, T^* und M_ω^* ergeben eine zusammengesetzte Beanspruchung der Stäbe des Systems, welche sich aus Biegung außerhalb der Tragwerksebene und aus Wölbkrafttorsion zusammensetzt.

---

[1] Da es sich hier um wirkliche und nicht-virtuelle Kräfte handelt, ist der Querstrich über dem betreffenden Symbol weggelassen. Außerdem ist der Index m als Bezeichnung des Querschnitts einfachheitshalber nicht aufgeschrieben.

Auf ähnliche Weise kann eine verteilte Belastung gemäß den Gleichungen (II.38) durch zwei Belastungsgruppen ersetzt werden, nämlich durch:

die Linienbelastung p_x, m_x und p_z, welche nur axiale und Biegespannungen in der Tragwerksebene hervorruft, und

die Belastung p_y, m_y, m_D und m_ω, welche das Tragwerk auf Wölbkrafttorsion und Biegung außerhalb der Tragwerksebene beansprucht.

Auf Grund des Vorhergesagten beschränken wir uns im folgenden auf die kombinierte Beanspruchung aus Wölbkrafttorsion und Biegung außerhalb der Tragwerksebene.

Wir sehen demnach voraus, daß von den gesamten — im allgemeinsten Fall — auftretenden sieben Schnittkräften die vier uns interessierenden Schnittkräfte M_y, Q_y, T und M_ω von Null verschieden sind.

Die Grundlage für die Lösung des gegebenen Systems bildet — ähnlich wie in der klassischen Statik — das sogenannte Hauptsystem. Dieses erhalten wir durch Nullsetzung einer bestimmten Zahl von Schnittkräften und Lagerreaktionen:

$$X_k = 0; \quad k = 1, 2, \ldots, n,$$

wo n die Anzahl der unbekannten Kräfte X_k ist, welche gleich Null gesetzt werden.

Wie bereits früher erwähnt, ist für diese Art der Beanspruchung das Hauptsystem im allgemeinen statisch unbestimmt.

Wir können jedoch die Frage der statischen Bestimmtheit des Hauptsystems in bezug auf die Größen M_y, Q_y und T folgendermaßen festlegen: Genügen *allein die statischen Gleichgewichtsbedingungen*, um die Schnittkräfte M_y, Q_y und T in allen Stabquerschnitten des Hauptsystems sowie die ihnen entsprechenden Lagerreaktionen zu ermitteln, so wollen wir sagen, daß *das Hauptsystem in bezug auf die Größen M_y, Q_y und T statisch bestimmt* ist. Um die Bedingungen für eine derart definierte statische Bestimmtheit festzulegen, wollen wir vorerst für die Elemente des Systems, d. h. für die Stäbe, Knoten, Gelenke und Lager, das Folgende festsetzen:

Unter Knotenpunkten wollen wir ganz allgemein Stabenden verstehen, ohne Rücksicht darauf, ob es sich um freie Enden, gestützte Enden, Gelenke oder Knotenpunkte im engeren Sinne, wo zwei oder mehr Stäbe zusammentreffen, handelt.

Als ein zwei Knoten verbindender Stab bezeichnen wir dasjenige Element des Tragwerks, wie es in Kapitel II.1 definiert wurde.

Unter einem Gelenk verstehen wir im folgenden eine Unterbrechung an einer Stelle des Tragwerks, über welche eine Übertragung einer der Schnittkräfte M_y, Q_y oder T nicht stattfinden kann. Ein solches Gelenk kann ein Momentengelenk, Querkraftgelenk oder ein Torsionsmomentengelenk sein, je nachdem, ob über dasselbe eine Übertragung des Momentes M_y der Querkraft Q_y oder des Torsionsmomentes T verhindert wird.

Ist der betrachtete Stabquerschnitt, in welchem sich das Gelenk befindet, von solcher Beschaffenheit, daß er z. B. weder imstande ist, das Biegungsmoment noch das Torsionsmoment zu übertragen, so befinden sich in diesem Querschnitt zwei Gelenke, ein Momentengelenk und ein Torsionsmomentengelenk.

Die drei Gelenkarten sind in Abb. II.56 dargestellt, und zwar zeigt Abb. II.56a ein Momentengelenk, Abb. II.56b ein Querkraftsgelenk und Abb. II.56c ein Torsionsmomentengelenk.

Die Lager werden wir auf zwei Arten bezeichnen, und zwar als

gabelartiges Lager (Abb. II.56d) und als
Einspannlager (Abb. II.56e).

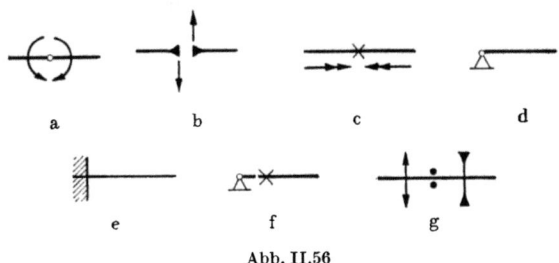

Abb. II.56

Über ein gabelartiges Lager (Abb. II.56d) überträgt sich sowohl ein Torsionsmoment als auch eine Querkraft, über ein Einspannlager (Abb. II.56e) können alle Reaktionskräfte übertragen werden.

Liegt ein Lager vor, welches nicht imstande ist, alle Kräfte, welche durch die Lager gemäß Abb. II.56d und Abb. II.56e aufgenommen werden, zu übertragen, so wollen wir diesen Umstand dadurch kennzeichnen, daß wir zum Lagerzeichen noch das Zeichen des betreffenden Gelenks hinzufügen. In Abb. II.56f ist ein Lager gezeigt, welches nur Querkräfte (und keine Torsionsmomente) überträgt.

Nachdem wir im vorhergehenden die Elemente, aus denen sich das Tragwerk zusammensetzt, definiert haben, können wir den Spannungszustand im Hauptsystem verwirklichen, indem wir an denjenigen Stellen, an welchen wir die Schnitt- oder Reaktionskräfte durch deren Nullsetzung auszuschalten wünschen, entsprechende Gelenke einfügen.

Die für eine statische Bestimmtheit des Hauptsystems in bezug auf die Schnittkräfte M_y, Q_y und T notwendige Bedingung kann auf die folgende Weise bestimmt werden:

Wir trennen — mittels kreisförmiger Schnitte — alle Knoten von den Stäben des Tragwerks. Auf diese Weise erhalten wir zwei Systeme:

ein System voneinander unabhängiger Stäbe und
ein System voneinander unabhängiger Knoten.

Den Einfluß der Stäbe auf die Knoten und umgekehrt ersetzen wir durch die an den Stabenden wirkenden statischen Größen P_y, M_y^* und T^*, bzw. durch in den Knoten wirkende gegengleiche statische Größen.

Unter dem Einfluß dieser verallgemeinerten Kräfte sowie der äußeren Belastung muß sich jeder einzelne Stab bzw. jeder einzelne Knoten für sich betrachtet im Gleichgewicht befinden.

An jedem Stabende wirken 3 und auf jeden Stab somit $2 \times 3 = 6$ unbekannte Kräfte. Von diesen 6 Kräften können durch die 3 Gleichgewichtsbedingungen, welche für jeden Stab gesondert aufgestellt werden können, 3 Kräfte berechnet werden, so daß die Zahl der Unbekannten sich auf 3 je Stab verringert. Außerdem verringert sich die Zahl der Unbekannten um die Anzahl der an den Stabenden eingefügten Gelenke.

Bezeichnen wir mit

n_s die Anzahl der Stäbe des Systems und mit
n_G die Anzahl der weiter oben definierten Gelenke,

so ist die Zahl dieser Unbekannten $3 n_s - n_G$.

Als Unbekannte treten noch die Lagerreaktionen hinzu. Nehmen wir als Grundtypen die beiden Lager gemäß der Abb. II.56d und II.56e, so beträgt die Zahl der unbekannten Lagerreaktionen — ohne Bimoment —

für das Lager Abb. II.56d — 2 und
für das Lager Abb. II.56e — 3.

Wir bezeichnen die Zahl der unbekannten Lagerreaktionen mit n_R. Die gesamte Zahl der unbekannten Größen beträgt somit

$$3 n_s + n_R - n_G.$$

Es stehen uns außer den Gleichgewichtsbedingungen für die Stäbe noch die Gleichgewichtsbedingungen für die Knoten zur Verfügung. Für jeden Knoten können wir 3 Gleichgewichtsbedingungen aufstellen, nämlich:

die Summe der Momente aller Kräfte um 2 nicht kolineare Achsen in der Tragwerksebene muß gleich Null sein und

die Summe aller Kräfte in der zur Tragwerksebene normalen Richtung muß ebenfalls gleich Null sein.

Bezeichnen wir mit n_k die Anzahl der Knoten, so ist die Anzahl dieser Gleichgewichtsbedingungen gleich $3 n_k$.

Damit das Hauptsystem statisch bestimmt in bezug auf die Größen M_y, Q_y und T sei, muß somit die Bedingung

$$3 n_s + n_R = 3 n_k + n_G \tag{II.217}$$

erfüllt sein.

Die Gleichung (II.217) ist zwar eine notwendige, jedoch keine hinreichende Bedingung. Um auch diese Bedingung zu erfüllen, ist es notwendig, daß die Gleichgewichtsbedingungen voneinander linear unabhängig sind.

Dasjenige Hauptsystem, welches diese Bedingungen erfüllt, werden wir als statisch bestimmtes Hauptsystem in bezug auf die Größen M_y, Q_y und T bezeichnen.

In bezug auf das Bimoment ist jeder Stab für sich statisch unbestimmt, unabhängig von den Randbedingungen an den Stabenden. Sind uns diese an den Stabenden vorhandenen Randbedingungen bekannt, können wir die Lösung für φ und sodann die Schnittkräfte T_s, T_ω und M_ω erhalten.

Als das einfachste aller möglichen Hauptsysteme wollen wir dasjenige bezeichnen, für welches uns die Diagramme der Bimomente M_ω aus den Lösungen

4. Stabsysteme

für die einzelnen Stäbe bekannt sind und welches in bezug auf die Schnittkräfte M_y, Q_y und T statisch bestimmt ist.

Es versteht sich von selbst, daß auch jedes andere stabile System durch Einschaltung von den weiter oben definierten Gelenken als Hauptsystem benützt werden kann. In einem solchen Falle ist es nur notwendig, daß die Möglichkeit besteht, alle Schnittkräfte in zweckmäßiger Weise bestimmen zu können. Wenn uns z. B. aus einer vorhergehenden Rechnung die Lösung für ein solches System bereits vorliegt oder uns Formeln für die Schnittkräfte für dasselbe zur Verfügung stehen, kann die Wahl eines solchen Hauptsystems zu einer Verringerung der Unbekanntenzahl und somit zu einer rascheren Berechnung führen.

Für die Berechnung der Bimomente müssen wir beachten, daß die Anzahl der unbekannten Bimomente in einem Knoten um 1 kleiner ist als die Zahl der Stäbe, die in diesem Knoten zusammentreffen, sofern kein Stabende ein Bimomentengelenk hat. Das Zeichen für ein Bimomentengelenk ist in Abb. II.56g ersichtlich.

Wegen einer übersichtlichen Darstellung des Lösungsganges für verschieden gestaltete Systeme und insbesondere hinsichtlich des Zeichens des Bimomentes wollen wir die folgenden Konventionen einführen:

a) Für jeden Stab des Systems legen wir die positive z-Richtung fest.
b) Für das Bimoment M_ω führen wir das in Abb. II.56g gezeigte Zeichen ein.

Dabei werden wir gemäß der bereits früher eingeführten Vorzeichenkonvention als positives Bimoment M_ω (Abb. II.57a) dasjenige bezeichnen, welches im Stabquerschnitt mit der Normalen $+z$ eine Verteilung und ein Vorzeichen der Normalspannungen gemäß dem Diagramm der sektoriellen Koordinate für diesen Querschnitt ergibt.

Eine entsprechende Bezeichnung des äußeren konzentrierten Bimomentes M_ω^* ist in Abb. II.57b und des verteilten Bimomentes m_ω in Abb. II.57c gezeigt.

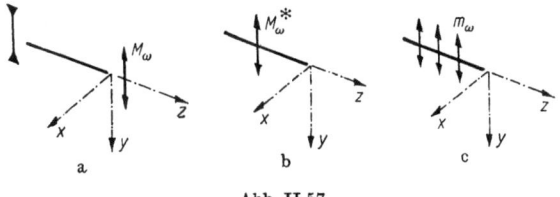

Abb. II.57

Die unbekannten Kräfte X_k des gegebenen Tragwerks tragen wir als äußere Kräfte (Abb. II.56) ein, bzw. wenn es sich um Schnittkräfte handelt, als gegengleiche Doppelkräfte an den betreffenden Stellen des Hauptsystems.

Für die gegebene Belastung und für beliebige Werte der unbekannten Kräfte X_k ergibt sich im Hauptsystem ein möglicher Spannungszustand.

Die Bedingung dafür, daß das gewählte, unter der äußeren Belastung stehende und mit den Kräften X_k ($k = 1, 2, \ldots, n$) belastete Hauptsystem hinsichtlich der Verformungen mit dem gegebenen System gleichwertig ist, wird erfüllt, wenn die Verschiebungen δ_k der Wirkungsstellen der Kräfte X_k gleich Null sind:

$$\delta_k = 0, \quad k = 1, 2, \ldots, n.$$

Dabei ist eine Verschiebung, welche zwei gegengleich gerichteten Kräften entspricht, gleich der Änderung des Abstandes ihrer Angriffspunkte gemessen in deren Richtungslinie. Die Verschiebung, welche zwei gegengleich gerichteten Biegemomenten entspricht, ist gleich der relativen Verdrehung der Querschnitte, in denen sie angreifen usw.

Bezeichnet man mit Z_{i0} einen beliebigen, durch die gegebene Belastung hervorgerufenen, an der Stelle i des Hauptsystems wirkenden Einfluß und mit Z_{ik} denjenigen, welcher durch den Belastungszustand $X_k = 1$ hervorgerufen wird, so kann man zufolge des Superpositionsgesetzes für den gesamten Einfluß Z_i schreiben:

$$Z_i = Z_{i0} + \sum_{k=1}^{n} Z_{ik} X_k. \tag{II.218}$$

Die Anzahl der Bedingungen für die Verschiebungen ist gleich derjenigen der unbekannten Größen. Durch das Aufstellen dieser Bedingungen erhalten wir ein System linearer Gleichungen, aus welchen die Unbekannten X_k berechnet werden.

Wir bezeichnen mit δ_i die Verschiebung an der Wirkungsstelle der Unbekannten X_i und erhalten mit Rücksicht auf das weiter oben Gesagte die Bedingungsgleichung:

$$\delta_i = \sum_{k=1}^{n} X_k \delta_{ik} + \delta_{i0} = 0, \quad i = 1, 2, \ldots, n; \tag{II.219}$$

wo δ_{ik} die in der Richtungslinie der Unbekannten X_i gelegene Verschiebungskomponente an deren Wirkungsstelle im Hauptsystem, hervorgerufen durch $X_k = 1$ und δ_{i0}, die durch die äußere Belastung und die Stützenverschiebungen hervorgerufene Verschiebungskomponente am gleichen Ort und in der gleichen Richtung bedeuten. Unter Berücksichtigung der Gleichung (II.214) lauten die Ausdrücke für δ_{ik} und δ_{i0} in expliziter Form:[1]

$$\delta_{ik} = \int \frac{M_{yi} M_{yk}}{E' J_{yy}} dz + \int \frac{T_{si} T_{sk}}{GK} dz + \int \frac{M_{\omega i} M_{\omega k}}{E' J_{\omega\omega}} dz, \tag{II.220}$$

$$\delta_{i0} = \int \frac{M_{y0} M_{yi}}{E' J_{yy}} dz + \int \frac{T_{s0} T_{si}}{GK} dz + \int \frac{M_{\omega 0} M_{\omega i}}{E' J_{\omega\omega}} dz - \sum_{l} C_{il} \Delta_l, \tag{II.221}$$

wo die Größen M_{yi}, M_{yk}, T_{si}, T_{sk}, $M_{\omega i}$, $M_{\omega k}$ die Biegemomente, St. Venantschen Torsionsmomente und Bimomente für die Belastungszustände $X_i = 1$ bzw. $X_k = 1$ und M_{y0}, T_{s0} und $M_{\omega 0}$ die entsprechenden Größen zufolge der äußeren Belastung sind.

Ist das Hauptsystem statisch unbestimmt in bezug auf die Größen M_y, Q_y und T, können die Werte M_{yi}, T_{si} und $M_{\omega i}$ aus den entsprechenden Diagrammen des statisch bestimmten Systems gewählt werden.

Außerdem kann für alle Stäbe, mit Ausnahme derjenigen, deren eines Ende frei und deren anderes Ende ein Bimomentengelenk aufweist, T_{si} gleich Null gesetzt werden.

---

[1] Im Falle der Näherungslösung nach Abschnitt II.1.1.5 ist statt J überall I zu setzen.

Das Bimomentendiagramm setzt sich dann nur aus Geraden zusammen. Dies folgt aus der Tatsache, daß bei der Ermittlung der Verschiebung δ_i die Werte M_{yi}, T_{si} und $M_{\omega i}$ als virtuelle Schnittkräfte auftreten. Für solche Größen wird gemäß dem Abschnitt II.4.2 nur verlangt, daß sie die Gleichgewichtsbedingungen und die Randbedingungen der Kräfte befriedigen. Aus diesem Grunde können die Schnittgrößen M_{yi}, T_{si} und $M_{\omega i}$ aus einem beliebigen stabilen System gewählt werden.

Wenn wir die virtuellen Schnittgrößen aus dem statisch bestimmten System in bezug auf die Größen M_y, Q_y und $T = T_\omega$ ($T_s = 0$) wählen, können die Ausdrücke für δ_{ik} und δ_{i0} in folgender Form angeschrieben werden:

$$\delta_{ik} = \int \frac{M_{yi} M_{yk}}{E' J_{yy}} dz + \int \frac{\overline{M}_{\omega i} M_{\omega k}}{E' J_{\omega\omega}} dz, \qquad (II.222)$$

$$\delta_{i0} = \int \frac{M_{yi} M_{y0}}{E' J_{yy}} dz + \int \frac{\overline{M}_{\omega i} M_{\omega 0}}{E' J_{\omega\omega}} dz - \sum_l \overline{C}_{il} \Delta_l. \qquad (II.223)$$

Das System der Bedingungsgleichungen (II.219) zur Bestimmung der Unbekannten lautet in entwickelter Form:

$$\begin{aligned}
X_1 \delta_{11} + X_2 \delta_{12} + \cdots + X_k \delta_{1k} + \cdots + X_n \delta_{1n} + \delta_{10} &= 0, \\
X_1 \delta_{21} + X_2 \delta_{22} + \cdots + X_k \delta_{2k} + \cdots + X_n \delta_{2n} + \delta_{20} &= 0, \\
&\cdots \\
&\cdots \qquad\qquad\qquad (II.224)\\
X_1 \delta_{k1} + X_2 \delta_{k2} + \cdots + X_k \delta_{kk} + \cdots + X_n \delta_{kn} + \delta_{k0} &= 0, \\
&\cdots \\
X_1 \delta_{n1} + X_2 \delta_{n2} + \cdots + X_k \delta_{nk} + \cdots + X_n \delta_{nn} + \delta_{n0} &= 0.
\end{aligned}$$

Die Beiwerte δ_{ik} infolge der Einheitstorsions- und Bimomente an den Stabenden können aus der Tabelle 3 berechnet werden.[1]

4.5. Durchlaufender Träger

Wir betrachten einen durchlaufenden Träger mit $n+1$ Feldern (Abb. II.58). Die Bezeichnung jedes Feldes ist mit dem Index versehen, der die rechts gelegene Stütze bezeichnet.

An den Zwischenstützen wird der Träger gabelartig gelagert; die Enden können gabelartig gestützt oder vollständig frei sein.

Die zusammengesetzte Beanspruchung auf Biegung außerhalb der Trägerebene und auf Torsion können wir, da es sich um einen Träger mit gerader Achse handelt, in zwei voneinander unabhängige Beanspruchungen zerlegen.

---

[1] *C. F. Kollbrunner* und *N. Hajdin*: Wölbkrafttorsion dünnwandiger Stäbe mit offenem Profil. Teil II. Schweizer Stahlbau-Vereinigung, Zürich. Mitteilungen der Technischen Kommission, Heft Nr. 30, 1965. (Hier sind auch die numerischen Werte enthalten.)

156   II. Dünnwandige Stäbe mit offenem Profil und geradliniger Achse

Infolge der Belastung durch die statischen Größen P_y und M_y^* bzw. p_y und m_y wird der Träger nur auf Biegung beansprucht. Die äußeren konzentrierten oder verteilten Torsionsmomente und Bimomente beanspruchen den Träger hingegen auf Torsion.

Wir betrachten im folgenden diesen zweiten Belastungsfall.

Als Hauptsystem wählen wir den mit Bimomentgelenken über den Zwischenstützen versehenen Träger und bringen als Unbekannte die Bimomentenpaare an diesen Stellen an.

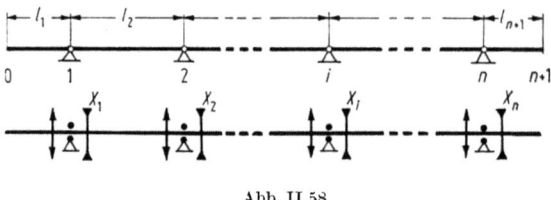

Abb. II.58

Die Gesamtzahl der Unbekannten ist gleich n, d. h. die um Eins verringerte Felderzahl, wobei die eventuell vorhandenen Kragarme links von der ersten und rechts von der letzten Stütze ebenfalls als Felder anzusehen sind.

Wir betrachten nur die Felder i und $i+1$ (Abb. II.59), welche durch die gegebene Belastung und durch die unbekannten Bimomentenpaare X_{i-1}, X_i und X_{i+1} belastet sind.

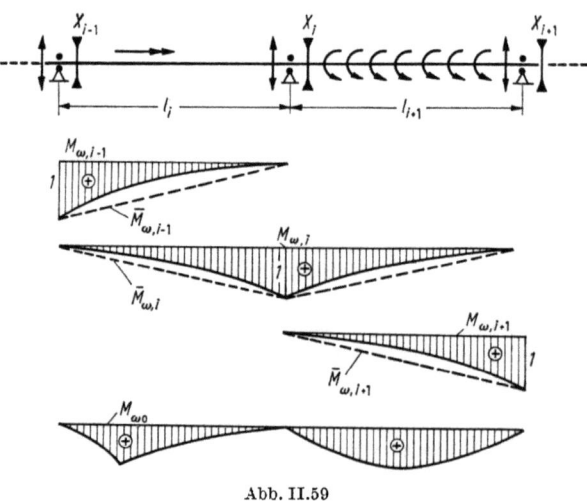

Abb. II.59

Die Elastizitätsgleichungen (II.224) sind, wie bei dem auf Biegung beanspruchten durchlaufenden Träger, dreigliedrig.

$$X_{i-1}\delta_{i,i-1} + X_i\delta_{i,i} + X_{i+1}\delta_{i,i+1} + \delta_{i0} = 0, \quad i = 1, 2, \ldots, n. \quad \text{(II.225)}$$

Die Beiwerte δ_{ik} ($k = i-1, i, i+1$) und das Belastungsglied δ_{i0} sind durch die Ausdrücke (II.220) und (II.221) für $M_{yk} = M_{y0} = 0$ und $\Delta_l = 0$ ($l = 1, 2, \ldots, L$) gegeben:

$$\delta_{ik} = \int \frac{T_{si}T_{sk}}{GK}\,dz + \int \frac{M_{\omega i}M_{\omega k}}{E'J_{\omega\omega}}\,dz, \qquad k = i-1, i, i+1,$$

$$\delta_{i0} = \int \frac{T_{si}T_{s0}}{GK}\,dz + \int \frac{M_{\omega i}M_{\omega 0}}{E'J_{\omega\omega}}\,dz. \qquad \text{(II.226)}$$

Für die Zwischenfelder können auch die Ausdrücke (II.222) und (II.223) für $M_{yk} = M_{y0} = 0$ angewendet werden:

$$\delta_{ik} = \int \frac{\overline{M}_{\omega i}M_{\omega k}}{E'J_{\omega\omega}}\,dz, \qquad k = i-1, i, i+1,$$

$$\delta_{i0} = \int \frac{\overline{M}_{\omega i}M_{\omega 0}}{E'J_{\omega\omega}}\,dz. \qquad \text{(II.227)}$$

Die Diagramme $\overline{M}_{\omega i}$ bestehen in diesem Falle nur aus geraden Teilstücken.

Der Beiwert $\delta_{i,i-1}$ stellt die spezifische Verdrehung φ' des Stabes l_i im Knoten i infolge des Belastungszustandes $X_{i-1} = 1$ dar.

$$\delta_{i,i-1} = \varphi'_{i,i-1}. \qquad \text{(II.228)}$$

Der erste Index von φ' bezieht sich dabei auf den Querschnitt, in welchem φ' gesucht wird, und der zweite auf den Knoten, wo das Bimoment $X_{i-1} = 1$ wirkt.

Dabei wird hier — zum Unterschied gegenüber der Konvention für das Vorzeichen von φ' nach der Orientierung der Koordinatenachsen — als positive spezifische Verdrehung diejenige angenommen, welche durch das positive Bimoment an der betrachteten Stelle hervorgerufen wird.

Der Beiwert δ_{ii} setzt sich aus den spezifischen Verdrehungen links und rechts vom Querschnitt i infolge des Belastungszustandes $X_i = 1$ zusammen:

$$\delta_{ii} = \varphi'^{l}_{ii} + \varphi'^{r}_{ii}, \qquad \text{(II.229)}$$

wobei das erste Glied auf der rechten Seite dieser Gleichung sich auf das Feld i und das zweite auf das Feld $i+1$ bezieht.

Auf ähnliche Weise erhalten wir:

$$\delta_{i,i+1} = \varphi'_{i,i+1}. \qquad \text{(II.230)}$$

Die spezifische Verdrehung des Stabes i im Knoten i infolge der gegebenen Belastung bezeichnen wir mit φ'^{l}_{i0} und diejenige des Stabes $i+1$ im selben Knoten mit φ'^{r}_{i0}.

Wir erhalten dann

$$\delta_{i0} = \varphi'^{l}_{i0} + \varphi'^{r}_{i0}. \qquad \text{(II.231)}$$

Die Größen $\varphi'_{i,i-1}$, φ'^{l}_{ii}, φ'^{r}_{ii} und $\varphi'_{i,i+1}$ sind in der Tabelle 3 (Nr. 14 und 15 bzw. 19 und 20) gegeben.

158   II. Dünnwandige Stäbe mit offenem Profil und geradliniger Achse

Auf Grund dieser Tabellen können wir die oben genannten Größen durch die dimensionslosen Größen ausdrücken:

$$\left.\begin{array}{l} E'J^c_{x\omega}\varphi'_{i,i-1} = \varkappa'_{i,i-1}l'_i, \\ E'J^c_{\omega\omega}\varphi'^l_{i,i} = \varkappa'^l_{i,i}l'_i, \\ E'J^c_{\omega\omega}\varphi'^r_{i,i} = \varkappa'^r_{i,i}l'_{i+1}, \\ E'J^c_{\omega\omega}\varphi'_{i,i+1} = \varkappa'_{i,i+1}l'_{i+1}, \end{array}\right\} \quad (II.232)$$

wo $J^c_{\omega\omega}$ ein beliebiges, konstantes sektorielles Trägheitsmoment ist, welches für das ganze Tragwerk gewählt wurde.

Die Bezeichnungen l'_i und l'_{i+1} sind dann durch die Ausdrücke

$$l'_i = \frac{J^c_{\omega\omega}}{J^i_{\omega\omega}} l_i,$$

$$l'_{i+1} = \frac{J^c_{\omega\omega}}{J^{i+1}_{\omega\omega}} l_{i+1}$$

gegeben, wo $J^i_{\omega\omega}$ und $J^{i+1}_{\omega\omega}$ die sektoriellen Trägheitsmomente der Stäbe i und $i+1$ sind.

Die Größen $E'J_{\omega\omega}\varphi'^l_{i0}$ und $E'J_{\omega\omega}\varphi'^r_{i0}$ sind für die Belastung durch konzentrierte Torsionsmomente und Bimomente in der Tabelle 3 (Nr. 1—11) gegeben. Für die gleichmäßig verteilten Belastungen m_D und m_ω sind diese Größen aus der Tabelle 3 (Nr. 12, 13) zu entnehmen.

Durch Einsetzen der Ausdrücke (II.228) bis (II.231) in die Gleichung (II.225) erhalten wir unter gleichzeitiger Benutzung der Formeln (II.232) schließlich die Gleichung

$$X_{i-1}\varkappa'_{i,i-1}l'_i + X_i(\varkappa'^l_{ii}l'_i + \varkappa'^r_{ii}l'_{i+1}) + X_{i+1}\varkappa'_{i,i+1}l'_{i+1} + E'J^c_{\omega\omega}(\varphi'^l_{i0} + \varphi'^r_{i0}) = 0.$$

(II.233)

Einen besonderen Fall stellt der Durchlaufträger ohne Kragarme dar, bei welchem die Werte kl_i ($i = 1, 2, \ldots, n$) klein sind.

Durch Vernachlässigung dieser Werte (siehe Gleichung (II.90)) und damit auch des St.Venantschen Torsionsmomentes wird die Berechnung des Trägers einfacher.

Die Diagramme $M_{\omega i}$ bestehen in den einzelnen Feldern aus Dreiecken, und die Elastizitätsbedingungen werden vollständig analog den bekannten Clapeyronschen Gleichungen:

$$X_{i-1}l'_i + 2X_i(l'_i + l'_{i+1}) + X_{i+1}l'_{i+1} + 6EJ^c_{\omega\omega}(\varphi'^l_{i0} + \varphi'^r_{i0}) = 0. \quad (II.234)$$

Als Beispiel der Berechnung sei der in Abb. II.60a gezeigte, durchlaufende Träger gegeben.

Dem Querschnitt des Trägers entsprechen für ein Profil I PB 300 die folgenden Werte:

$$I_{\omega\omega} = 1760 \cdot 10^3 \text{ cm}^6, \quad K = 192 \text{ cm}^4 \quad \text{und}$$

$$k = 0{,}00648 \text{ cm}^{-1},$$

4. Stabsysteme

und wir erhalten:

$$kl_1 = kl_3 = 0{,}00648 \cdot 600 = 3{,}89,$$
$$kl_2 = 0{,}00648 \cdot 800 = 5{,}18,$$
$$kl_4 = 0{,}00648 \cdot 150 = 0{,}97.$$

Die Zahl der unbekannten Bimomente beträgt 3 (siehe Abb. II.60b).

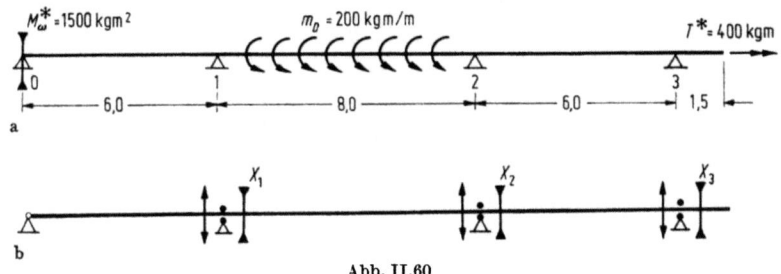

Abb. II.60

Die Beiwerte in den Elastizitätsgleichungen werden mit Berücksichtigung der Gleichungen (II.226) und (II.233) aus der Tabelle 3 (Nr. 14, 15 und 19) entnommen.

Man erhält:

$$EI_{\omega\omega}\delta_{11} = 0{,}1912 \cdot 6{,}0 + 0{,}1558 \cdot 8{,}0 = 2{,}394$$

und ferner:

$$EI_{\omega\omega}\delta_{12} = 0{,}0351 \cdot 8{,}0 = 0{,}281,$$
$$EI_{\omega\omega}\delta_{13} = 0,$$
$$EI_{\omega\omega}\delta_{22} = 0{,}1558 \cdot 8{,}0 + 0{,}1912 \cdot 6{,}0 = 2{,}394,$$
$$EI_{\omega\omega}\delta_{23} = 0{,}0556 \cdot 6{,}0 = 0{,}334.$$
$$EI_{\omega\omega}\delta_{33} = 0{,}1912 \cdot 6{,}0 + 1{,}398 \cdot 1{,}5 = 3{,}244.$$

Die Belastungsglieder berechnen wir nach der Tabelle 3 (Nr. 2 bzw. 15, 12 und 11b):

$$EI_{\omega\omega}\delta_{10} = 0{,}0556 \cdot 1500 \cdot 6{,}0 + 0{,}01152 \cdot 200 \cdot 8{,}0^3 = 1680,$$
$$EI_{\omega\omega}\delta_{20} = 0{,}01152 \cdot 200 \cdot 8{,}0^3 = 1180,$$
$$EI_{\omega\omega}\delta_{30} = 1{,}0628 \cdot 400 \cdot 1{,}5^2 = 957.$$

Das Gleichungssystem zur Bestimmung der Unbekannten X_1, X_2 und X_3 lautet:

X_1	X_2	X_3	δ_{i0}
2,394	0,281		1680
0,281	2,394	0,334	1180
	0,334	3,261	957

Durch Auflösung des obigen Gleichungssystems erhalten wir die folgenden Werte für die Unbekannten:

$$X_1 = -657{,}1 \text{ kgm}^2,$$
$$X_2 = -380{,}1 \text{ kgm}^2,$$
$$X_3 = -255{,}8 \text{ kgm}^2.$$

In einem beliebigen Querschnitt des Trägers ist das Bimoment durch den Ausdruck

$$M_\omega = M_{\omega 0} + \sum_i M_{\omega i} X_i \tag{II.235}$$

gegeben.

160　　II. Dünnwandige Stäbe mit offenem Profil und geradliniger Achse

Das endgültige Bimomentendiagramm mit den Ordinaten in den Fünftelspunkten der Felder 1, 2 und 3 sowie in der Mitte des Feldes 4 ist in der Abb. II.61a gezeichnet.

Die Torsionsmomente T werden auf Grund der gegebenen Belastung und der erhaltenen Größen X_1, X_2 und X_3 durch die Benutzung der erwähnten Tabelle 3 ermittelt:

$$T_0 = -\frac{1500 + 657{,}1}{6{,}0} = -360 \text{ kgm},$$

$$T_1^l = 360 \text{ kgm},$$

$$T_1^r = 200\frac{8{,}0}{2} + \frac{657{,}1 - 380{,}1}{8{,}0} = 834 \text{ kgm},$$

$$T_2^l = 200\frac{8{,}0}{2} - \frac{657{,}1 - 380{,}1}{8{,}0} = 766 \text{ kgm},$$

$$T_2^r = \frac{380{,}1 - 255{,}8}{6{,}0} = 21 \text{ kgm},$$

$$T_3^l = -21 \text{ kgm},$$

$$T_3^r = 400 \text{ kgm}.$$

Das Diagramm des St. Venantschen Torsionsmomentes erhalten wir durch Superposition aus dem entsprechenden Diagramm des Hauptsystems und den Diagrammen infolge der Unbekannten X_i.

Die Diagramme des Torsionsmomentes T und des St. Venantschen Torsionsmomentes T_s sind in den Abb. II.61b und 61c gezeichnet.

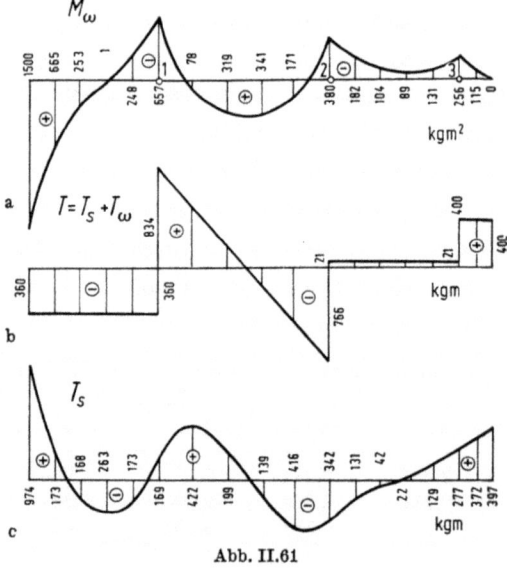

Abb. II.61

Die Einflüsse von beweglichen Lasten einschließlich der für die vorliegende Berechnung interessanten beweglichen äußeren Torsionsmomente werden in üblicher Weise durch die Auswertung der Einflußlinien ermittelt.

Um die Einflußlinien für die Bimomente und für die Torsionsmomente erhalten zu können, müssen vorerst die Einflußlinien für die Unbekannten X_i bestimmt werden.

Durch die Ausrechnung der in bezug auf die δ_{ik}-Matrix inversen β_{ik}-Matrix ergibt sich auf die in der Baustatik übliche Weise der folgende Ausdruck für die Unbekannten X_i:

$$X_i = -\sum_{k=1}^{n} \beta_{ik} \delta_{k0}. \tag{II.236}$$

4. Stabsysteme

Die Belastungsglieder δ_{k0} werden nach dem Ausdruck (II.231) für eine bestimmte Anzahl von Stellungen des Torsionsmomentes $T^* = 1$ bestimmt.

Wir teilen vorerst jedes Feld in eine gewisse Anzahl gleichlanger Teile. Sodann berechnen wir für jede Lage der Last $T^* = 1$ die Werte δ_{k0}. Mit dem Ausdruck (II.236) berechnen wir dann die Ordinaten der Einflußlinien für die Unbekannten X_i ($i = 1, 2, \ldots, n$).

Die Einflußlinien für die Bimomente in den einzelnen Querschnitten werden auf Grund der Gleichung (II.235) ermittelt.

Für den in Abb. II.60a gezeigten Träger, welcher für die gegebene ständige Belastung bereits berechnet wurde, bestimmen wir nun die Ordinaten der Einflußlinien für die Unbekannten X_1, X_2 und X_3. Auf Grund der bereits berechneten Koeffizienten β_{ik} der inversen Matrix erhalten wir:

$$X_1 = -0{,}4236\,\delta_{10} + 0{,}0505\,\delta_{20} - 0{,}0052\,\delta_{30},$$
$$X_2 = 0{,}0505\,\delta_{10} - 0{,}4298\,\delta_{20} + 0{,}0442\,\delta_{30},$$
$$X_3 = -0{,}0052\,\delta_{10} + 0{,}0442\,\delta_{20} - 0{,}3128\,\delta_{30}.$$

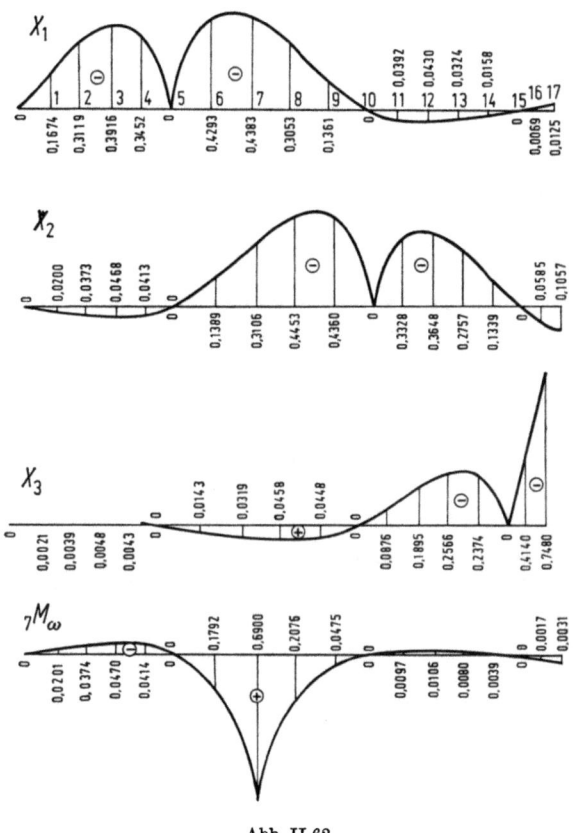

Abb. II.62

Für die Stellungen des Torsionsmomentes $T^* = 1$ in den Fünftelspunkten der ersten drei Felder und in der Mitte des Feldes 4 wurden die Werte δ_{i0} berechnet. Anschließend sind auch die Ordinaten der unbekannten Bimomente X_1, X_2, X_3 sowie die Ordinaten für das Bimoment $_7M_\omega$ des Querschnitts 7, d. h. des Querschnitts im zweiten Fünftelspunkt des zweiten Feldes ausgewertet. Die Einflußlinien für X_1, X_2, X_3 und $_7M_\omega$ sind in Abb. II.62 gezeigt.

162   II. Dünnwandige Stäbe mit offenem Profil und geradliniger Achse

Durch die Anwendung der Kraftgrößenmethode können wir mit verhältnismäßig geringem Aufwand die Berechnung eines durchlaufenden Trägers durchführen, welcher außerhalb seiner Schubachse, also an beliebigen Stellen der Profilmittelflächen der gestützten Querschnitte gelagert ist.

In Abb. II.63 ist als Beispiel ein solcher Durchlaufträger über zwei Felder gezeigt, welcher an den Enden a und b gabelartig und im Punkt c exzentrisch in bezug auf die Schubachse gelagert ist.

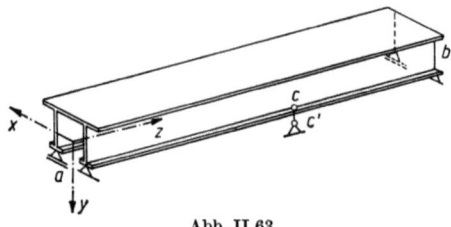

Abb. II.63

Die Auflagerreaktion in c ist parallel zur y-Achse und wirkt im Abstand d von der Schubachse.

Durch die Beseitigung der Stütze c erhalten wir als Hauptsystem einen beidseitig gabelartig gelagerten Stab.

Die unbekannte Auflagerreaktion X_1 wird aus der Gleichung

$$X_1 \delta_{11} + \delta_{10} = 0$$

berechnet.

Der Beiwert δ_{11} stellt die Verschiebung des Punktes c in der Richtung $c-c'$ infolge des Belastungszustandes $X_1 = 1$ dar.

Der Beiwert δ_{11} ist durch Gleichung (II.222) und das Belastungsglied δ_{10} durch Gleichung (II.223) gegeben.

Ausgehend von der Lösung der Differentialgleichungen (II.52c) und (II.53) für den Beiwert δ_{11} können wir den folgenden Ausdruck aufschreiben:

$$\delta_{11} = \eta_{11} + \varphi_{11} d,$$

wo η_{11} die vertikale Verschiebung des Schubmittelpunktes und φ_{11} die Verdrehung des den Punkt c enthaltenden Querschnitts infolge der Belastung $X_1 = 1$ sind.

In ähnlicher Weise ergibt sich

$$\delta_{10} = \eta_{10} + \varphi_{10} d,$$

wobei η_{10} und φ_{10} die Durchbiegung und die Verdrehung desselben Querschnitts infolge der gegebenen Belastung sind.

4.6. Durchlaufender Träger auf elastisch drehbaren Stützen

Vom Standpunkt der Torsion aus gesehen wird als durchlaufender Träger auf elastisch drehbaren Stützen derjenige definiert, welcher durch Querträger derartig gestützt wird, daß diese Stützen eine unbehinderte Verwölbung und Verdrehung des Trägers um die x-Achse zulassen. Hingegen werden sowohl die Verdrehung desselben um die z-Achse als auch deren Verschiebung in der y-Richtung durch diese Stützung begrenzt.

4. Stabsysteme

Wir betrachten einen auf Konsolen gestützten Träger in der in Abb. II.64a gezeigten Anordnung.

Die Konsolen sind unmittelbar neben ihren Anschlüssen an den Träger mit Torsions- und Bimomentengelenken versehen, damit die oben angeführten Stützbedingungen erfüllt werden.

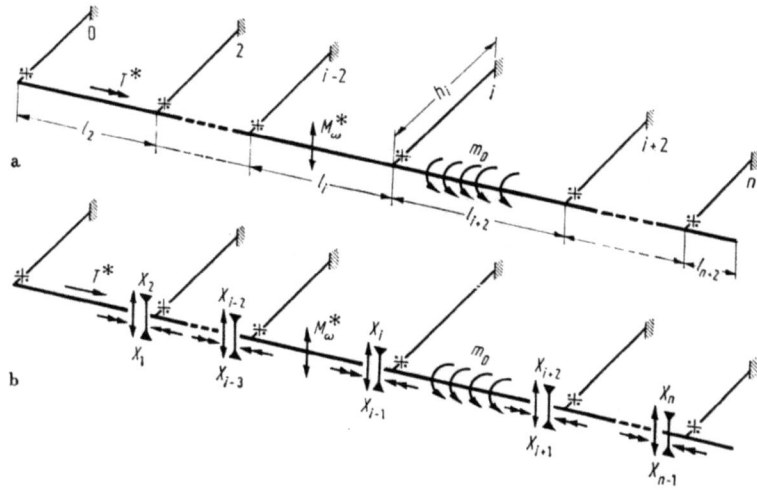

Abb. II.64

Diese oben definierten Stützbedingungen sind das kennzeichnende Merkmal, wodurch sich der Träger von einem durchlaufenden quer zur Tragwerksebene belasteten Rahmen unterscheidet. Da der Träger nur auf Torsion beansprucht wird, wählen wir ein für diesen Fall zweckmäßiges Hauptsystem, welches wir dadurch erhalten, daß wir den Träger unmittelbar links von jeder — mit Ausnahme der ersten — Stütze durchschneiden.

An den Schnittstellen bringen wir die unbekannten Torsions- und Bimomentenpaare an, welche definitionsgemäß die einzigen Unbekannten sind.

Die linearen Gleichungen zur Bestimmung der Unbekannten $X_1, X_2, \ldots, X_n$ haben die folgende Form:

$$X_1 \delta_{11} + X_2 \delta_{12} + X_3 \delta_{13} + \delta_{10} = 0,$$
$$X_1 \delta_{21} + X_2 \delta_{22} + X_3 \delta_{23} + X_4 \delta_{24} + \delta_{20} = 0,$$
$$\ldots\ldots\ldots\ldots\ldots\ldots\ldots\ldots\ldots\ldots\ldots\ldots\ldots\ldots$$
$$X_{i-3} \delta_{i-1,i-3} + X_{i-2} \delta_{i-1,i-2} + X_{i-1} \delta_{i-1,i-1} + X_i \delta_{i-1,i}$$
$$+ X_{i+1} \delta_{i-1,i+1} + \delta_{i-1,0} = 0, \qquad \text{(II.237)}$$
$$X_{i-2} \delta_{i,i-2} + X_{i-1} \delta_{i,i-1} + X_i \delta_{i,i} + X_{i+1} \delta_{i,i+1} + X_{i+2} \delta_{i,i+2} + \delta_{i0} = 0,$$
$$\ldots\ldots\ldots\ldots\ldots\ldots\ldots\ldots\ldots\ldots\ldots\ldots\ldots\ldots$$
$$X_{n-3} \delta_{n-1,n-3} + X_{n-2} \delta_{n-1,n-2} + X_{n-1} \delta_{n-1,n-1} + X_n \delta_{n-1,n} + \delta_{n-1,0} = 0,$$
$$X_{n-2} \delta_{n,n-2} + X_{n-1} \delta_{n,n-1} + X_n \delta_{n,n} + \delta_{n,0} = 0.$$

164   II. Dünnwandige Stäbe mit offenem Profil und geradliniger Achse

Die Beiwerte δ_{ik} werden auf Grund des Ausdrucks (II.222) und die Belastungsglieder δ_{i0} auf Grund des Ausdrucks (II.223) berechnet. Dabei bezieht sich das erste Integral sowohl in Gleichung (II.222) als auch in Gleichung (II.223) nur auf die Konsolen und wird leicht aus den bestimmten rechteckigen Diagrammen M_{yi}, M_{yk} und M_{y0} (siehe Abb. II.65b) numerisch ermittelt.

Die Summe der übrigen zwei Integrale in den Gleichungen (II.222) und (II.223), welche sich nur über den Träger ohne Konsolen erstrecken, wird auf Grund der Tabelle 3 berechnet.

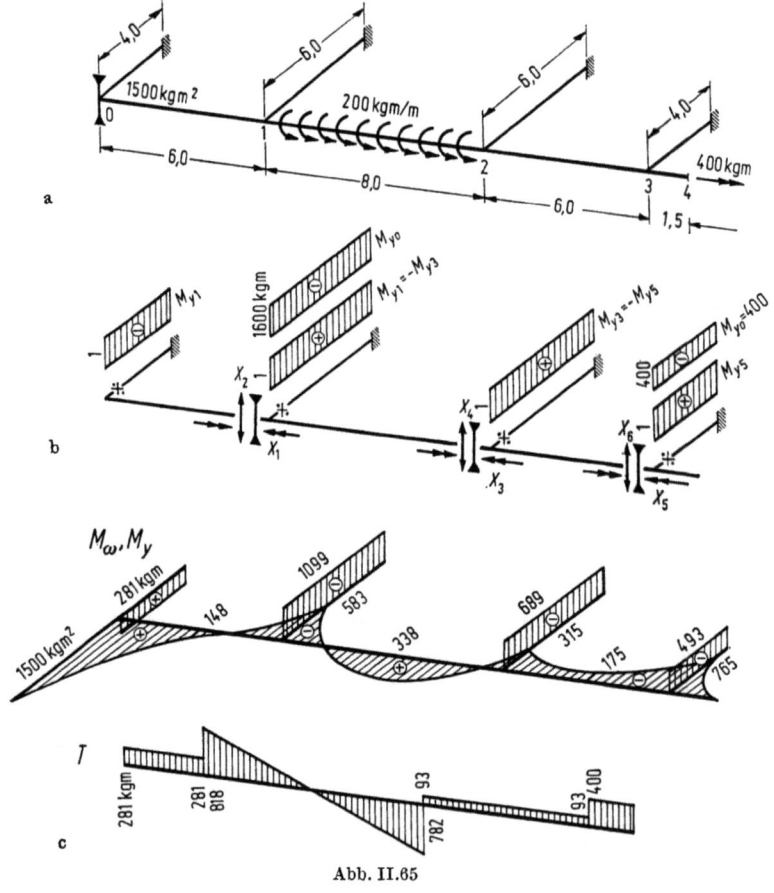

Abb. II.65

Als Berechnungsbeispiel wählen wir den in Abb. II.65a gezeigten Träger. Die Querschnittsangaben des Trägers sind die gleichen wie die im vorigen Beispiel.

Die Konsolen bestehen aus INP 180 mit einem

$$I_{yy} = 1450 \text{ cm}^4.$$

Daraus folgt:

$$\frac{I_{\omega\omega}}{I_{yy}} = \frac{1760 \cdot 10^3}{1450} = 1{,}214 \cdot 10^3 \text{ cm}^2 = 0{,}1214 \text{ m}^2.$$

Das Hauptsystem, die Unbekannten sowie die Diagramme

$$M_{yi} \ (i = 1, 2, \ldots, 6) \quad \text{und} \quad M_{y0}$$

sind in der Abb. II.65b dargestellt.

4. Stabsysteme

Die Matrix der linearen Gleichungen ist die folgende:

X_1	X_2	X_3	X_4	X_5	X_6	δ_{i0}
15,488	−2,379	−0,728				2403
−2,379	3,090	2,385	−0,017			2995
−0,728	2,385	20,538	−2,385	−0,728		16431
	−0,017	−2,385	3,090	2,379	−0,062	−728
		−0,728	2,379	15,488	−2,379	−194
			−0,062	−2,379	1,566	957

Durch die Auflösung derselben finden wir

$X_1 = -281$ kgm, $\quad X_3 = -782$ kgm, $\quad X_5 = -93$ kgm,

$X_2 = -583$ kgm², $\quad X_4 = -315$ kgm², $\quad X_6 = -766$ kgm².

Die Diagramme M_ω, T und M_y sind in Abb. II.65c angegeben.

4.7. Bemerkungen zur Berechnung von Rahmen und Trägerrosten

Die Berechnung von Rahmen mit einer größeren Anzahl von dünnwandigen Stäben führt zur Auflösung von Gleichungssystemen mit einer sehr großen Zahl von Unbekannten.

Wenn wir z. B. für den in Abb. II.66a gezeigten Rahmen das in Abb. II.66b angegebene Hauptsystem wählen, wird die Gesamtzahl der Unbekannten:

$$4 \cdot 4 + 8 = 24.$$

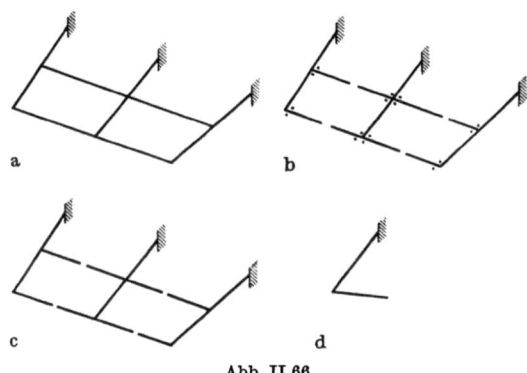

Abb. II.66

Für das in Abb. II.66c gezeigte Hauptsystem ist die Zahl der Unbekannten gleich 16.

Indessen müssen uns in diesem Falle die Einflüsse im Hauptsystem sowohl infolge der gegebenen Belastung als auch der Belastungszustände $M_y^* = Q_y^* = T_y^* = M_\omega^* = 1$ an den eingezeichneten Schnittstellen des Trägers bekannt sein.

Für einige Typen des Hauptsystems, wie z. B. für den in Abb. II.66d gezeigten Träger bestehen Formeln für die statischen Einflüsse[1].

---

[1] Siehe z. B. *Bitschkow:* Baustatik der dünnwandigen, stabartigen Konstruktionen. Moskau, 1962, S. 347.

Hinsichtlich der normal zu ihrer Tragwerksebene wirkenden Belastung sind die Rahmen im statischen Sinne gleich Trägerrosten mit torsionssteifen Haupt- und Querträgern.

Der Unterschied besteht darin, daß unter Trägerrosten üblicherweise Systeme mit horizontal gelegener Tragwerksebene verstanden werden, wobei die Haupt- und Querträger oder zumindest die Hauptträger beidseitig gelagert sind.

Hier hingegen liegen die Tragwerke von Rahmenkonstruktionen meist in vertikalen Ebenen, und deren „Hauptträger", nämlich die Stützen, sind in der Regel nur einseitig gestützt. Die Hauptbelastung der Rahmen wirkt zudem in den häufigsten Fällen in deren Tragwerksebene.

Schneidet die in einer zur Tragwerksebene normalen Ebene gelegene Belastung die Schubachse des Systems oder bestehen, allgemein genommen, keine größeren Exzentrizitäten, so kann die Torsion der Stäbe mit offenem Profil eine untergeordnete Bedeutung annehmen. In diesem Fall können wir uns, vom Standpunkt der Praxis aus gesehen, mit einer Berechnung auf Biegung nach der Theorie des torsionsweichen Trägerrostes begnügen[1].

Die Theorie der Trägerroste mit torsionssteifen Stäben ist für Stäbe mit geschlossenem Profil sehr geeignet. Bei Stäben mit offenem Profil bleibt hingegen oft unklar, wie die Torsionssteifigkeit in die Berechnung eingeführt werden soll.

Ergeben sich infolge der Exzentrizität in bezug auf die Schubachse der normal zur Tragwerksebene wirkenden Belastung bedeutende äußere Torsions- und Bimomente, so wird eine Berechnung auf Wölbkrafttorsion notwendig, damit die Spannungen und die Deformationen richtig bestimmt werden können.

Im Falle, daß alle oder ein Teil der Stäbe des Systems solche Eigenschaften besitzen, daß der Wert kl vernachlässigt werden kann, besteht die Möglichkeit, die Berechnung etwas zu vereinfachen. Dabei muß jedoch darauf geachtet werden, daß durch diese Vereinfachung die Gleichgewichts- und Randbedingungen nicht beeinflußt werden.

Diese angenäherte Berechnung, in welcher die St.Venantschen Torsionsmomente vernachlässigt werden, ist selbstverständlich etwas einfacher.

Die Bimomentendiagramme M_ω haben in diesem Falle die gleiche Form wie diejenigen der Biegungsmomente, und auch die Zahl der Unbekannten kann in gewissen Fällen verringert werden.

Um das Gesagte besser zu erläutern, wollen wir an Hand eines Beispiels die genaue Berechnung mit der oben beschriebenen angenäherten vergleichen und wählen dazu den in Abb. II.67a gezeigten Rahmen.

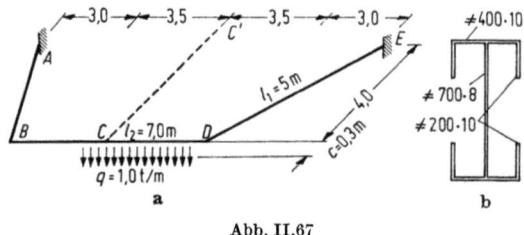

Abb. II.67

---

[1] Siehe z. B. *Hawranek, Steinhardt:* Theorie und Berechnung der Stahlbrücken. Springer-Verlag, Berlin/Göttingen/Heidelberg 1958, S. 98—135.

4. Stabsysteme

Der Rahmen ist in bezug auf die Achse CC' symmetrisch.
Für den in Abb. II.67b gezeigten Querschnitt erhalten wir die folgenden Werte:

$$I_{\omega\omega} = 80{,}76 \cdot 10^6 \text{ cm}^6,$$

$$K = 65{,}27 \text{ cm}^4, \quad k = 0{,}5686 \cdot 10^{-3} \text{ cm}^{-1},$$

$$\frac{I_{\omega\omega}}{I_{yy}} = \frac{80{,}76 \cdot 10^{-6}}{15{,}41 \cdot 10^{-4}} = 0{,}0524 \text{ m}^2,$$

und

$$kl_1 = 0{,}28, \quad \frac{kl_2}{2} = 0{,}20.$$

Unter Berücksichtigung der Symmetrie des Tragwerks wird die Belastung in bekannter Weise in einen symmetrischen und einen antimetrischen Anteil zerlegt.

Wir führen vorerst die genaue Berechnung durch.

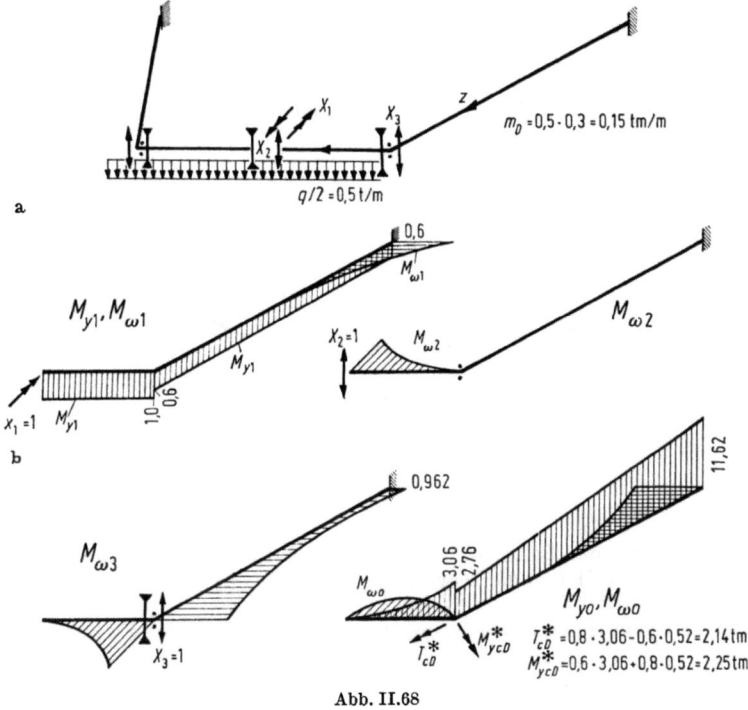

Abb. II.68

Für den symmetrischen Belastungsfall sind das Hauptsystem, die Belastung und die Unbekannten in Abb. II.68a gezeigt. Die Diagramme M_ω und M_y im Hauptsystem sind in Abb. II.68b dargestellt. Die Beiwerte δ_{ik} ergeben sich aus (siehe die Tabelle 3, Nr. 16—20):

$$EI_{\omega\omega}\delta_{11} = 0{,}0524\,(1^2 \cdot 3{,}5 + 0{,}6^2 \cdot 5{,}0) + 0{,}8^2 \cdot 0{,}3222 \cdot 5{,}0^3 = 26{,}05,$$

$$EI_{\omega\omega}\delta_{12} = 0$$

$$EI_{\omega\omega}\delta_{13} = 1 \cdot 0{,}8 \cdot 0{,}4826 \cdot 5{,}0^2 = 9{,}65,$$

$$EI_{\omega\omega}\delta_{22} = 1^2 \cdot 0{,}2533 \cdot 10^2 \cdot 3{,}5 = 88{,}66,$$

$$EI_{\omega\omega}\delta_{23} = -1^2 \cdot 0{,}2483 \cdot 10^2 \cdot 3{,}5 = -86{,}91,$$

$$EI_{\omega\omega}\delta_{33} = 1^2 \cdot 0{,}2533 \cdot 10^2 \cdot 3{,}5 + 1^2 \cdot 0{,}9722 \cdot 5{,}0 = 93{,}52.$$

168   II. Dünnwandige Stäbe mit offenem Profil und geradliniger Achse

Für die Belastungsglieder δ_{i0} (siehe die Tabelle 3, Nr. 12, 16, 17) erhalten wir:

$$EI_{\omega\omega}\delta_{10} = -0,0524\left[\frac{3,5}{3}\cdot 1\cdot 3,06 + \frac{5,0}{2}\cdot 0,6\,(2,25 + 11,00)\right]$$
$$- 0,8\cdot 2,14\cdot 0,3222\cdot 5,0^3 = -70,18,$$
$$EI_{\omega\omega}\delta_{20} = 0,15\cdot 12,4588\cdot 3,5^3 = 80,13,$$
$$EI_{\omega\omega}\delta_{30} = -0,15\cdot 12,5412\cdot 3,5^3 - 2,14\cdot 0,4826\cdot 5,0^2 = -106,48.$$

Das Gleichungssystem lautet:

X_1	X_2	X_3	δ_{i0}
26,05	0	9,65	−70,18
0	88,66	−86,91	80,13
9,65	−86,91	93,52	−106,48

Durch die Auflösung desselben finden wir:

$$X_1 = 2,543\,\text{tm}, \quad X_2 = -0,505\,\text{tm}^2, \quad X_3 = 0,407\,\text{tm}^2.$$

Die Diagramme M_y und M_ω sind in der Abb. II.69 angegeben.

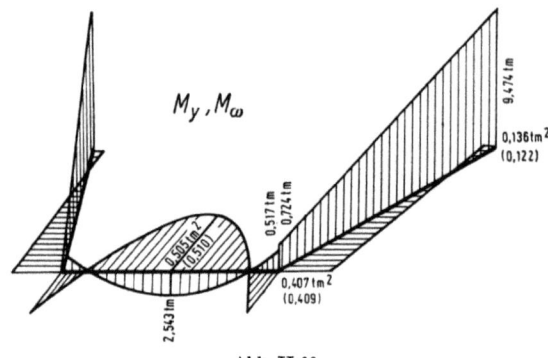

Abb. II.69

Das Hauptsystem, die Belastung und die Unbekannten für den antimetrischen Belastungsfall sind in Abb. II.70a, die Diagramme M_ω und M_y im Hauptsystem in Abb. II.70b angegeben.

Nach der Berechnung der Werte δ_{ik} und δ_{i0} erhalten wir das folgende Gleichungssystem:

X_1	X_2	X_3	δ_{i0}
323,8	67,0	33,8	−170,6
67,0	1086,6	−299,0	248,4
33,8	−299,0	93,5	−97,8

Durch die Auflösung desselben finden wir:

$$X_1 = 0,637\,\text{t}, \quad X_2 = -0,361\,\text{tm}, \quad X_3 = -0,339\,\text{tm}^2.$$

Die Diagramme M_y und M_ω sind in Abb. II.70c angegeben.

Nun führen wir zum Vergleich die angenäherte Berechnung unter Vernachlässigung der St. Venantschen Torsionsmomeute durch (siehe Abschnitt II.4.4,3). Auch diese wird getrennt für den symmetrischen und den antimetrischen Belastungsfall durchgeführt.

Das Hauptsystem, die Unbekannten und die Diagramme M_ω und M_y im Hauptsystem sind in Abb. II.71 dargestellt.

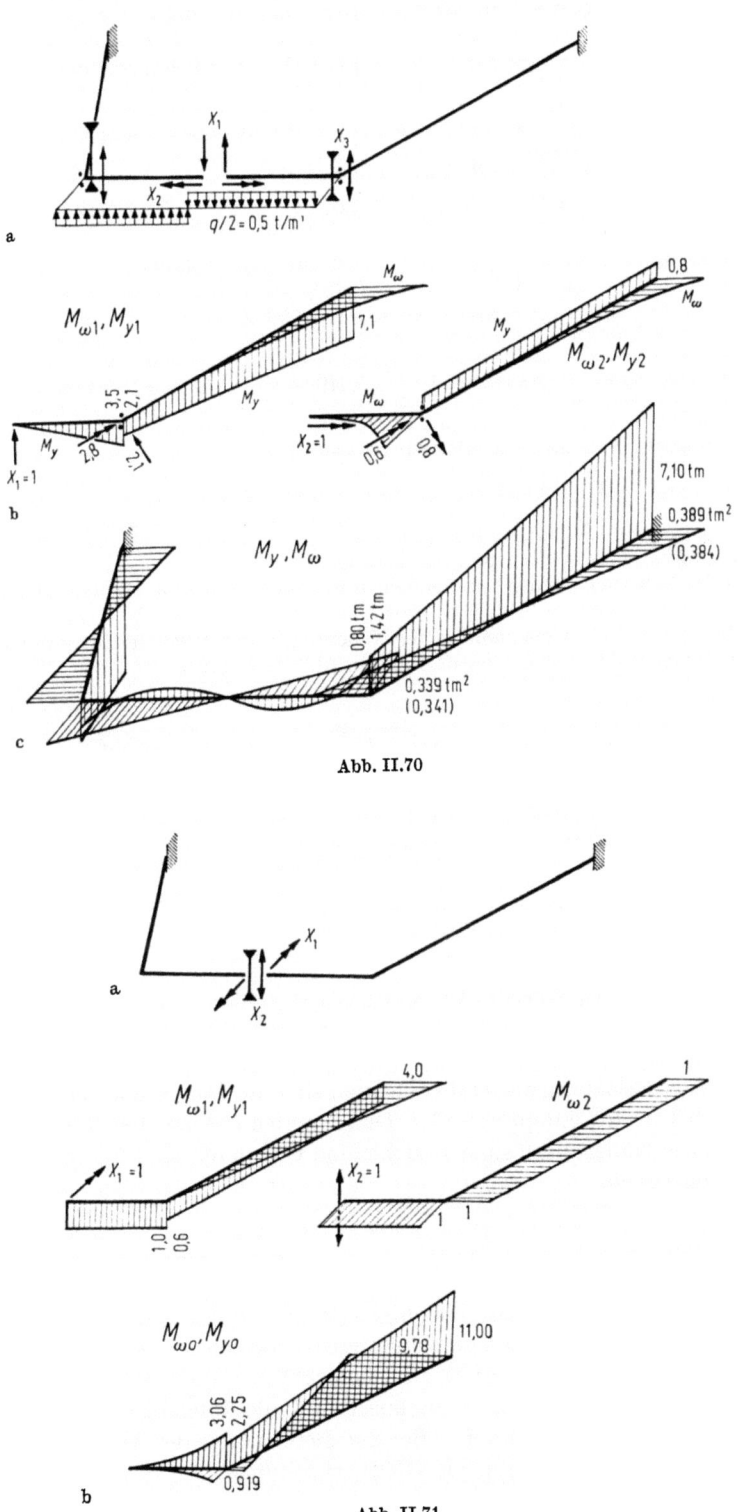

Abb. II.70

Abb. II.71

Die Beiwerte und die Belastungsglieder können wir leicht, ohne Benutzung der Tabelle 3, wie folgt berechnen:

$$EI_{\omega\omega}\delta_{11} = 0{,}0524\,(1^2 \cdot 3{,}5 + 0{,}6^2 \cdot 5{,}0) + (5{,}0/3) \cdot 4{,}0^2 = 26{,}94,$$

$$EI_{\omega\omega}\delta_{12} = 5{,}0 \cdot (1/2) \cdot 4{,}0 \cdot 1{,}0 = 10{,}00,$$

$$EI_{\omega\omega}\delta_{22} = 3{,}5 \cdot 1{,}0^2 + 5{,}0 \cdot 1{,}0^2 = 8{,}50,$$

$$EI_{\omega\omega}\delta_{10} = -0{,}0524\left[\frac{3{,}5}{3} \cdot 1 \cdot 3{,}06 + \frac{5{,}0}{2} \cdot 0{,}6\,(2{,}76 + 11{,}62)\right]$$

$$- \frac{5}{6} \cdot 4\,(2 \cdot 9{,}78 - 0{,}919) = -63{,}36,$$

$$EI_{\omega\omega}\delta_{20} = 1 \cdot \frac{1}{3} \cdot 3{,}5 \cdot 0{,}919 + \frac{5{,}0}{2} \cdot 0{,}919 - 1 \cdot \frac{5{,}0}{2} \cdot 9{,}78 = -21{,}08.$$

Durch die Auflösung der Elastizitätsgleichungen finden wir:

$$X_1 = 2{,}542\,\text{tm}, \quad X_2 = -0{,}510\,\text{tm}^2.$$

Die Diagramme M_ω und M_y unterscheiden sich nur unwesentlich von den entsprechenden Diagrammen der vorher dargestellten genauen Lösung.

Die sich auf die Näherungslösung beziehenden Ordinaten sind in Abb. II.69 in Klammern angegeben.

Das Hauptsystem und die Unbekannten der Näherungslösung sowie die Diagramme M_ω und M_y für den antimetrischen Belastungsfall sind in Abb. II.72 gezeigt.

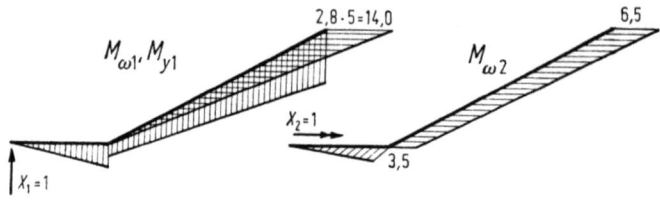

Abb. II.72

Durch Auflösung des entsprechenden Gleichungssystems finden wir

$$X_1 = 0{,}636\,\text{t}, \quad X_2 = -0{,}360\,\text{tm}.$$

Auch für diesen Belastungsfall unterscheiden sich die Diagramme M_ω und M_y nur unwesentlich von den entsprechenden Diagrammen der genauen Lösung.

Die sich auf die Näherungslösung beziehenden Ordinaten sind in Abb. II.70c in Klammern angegeben.

4.8. Durch Querverbindungen ausgesteifte Stäbe

Wir betrachten einen Stab mit beliebigen Randbedingungen, der in der in Abb. II.73a gezeigten Art mit Querverbindungen versehen sei. Hinsichtlich der Formänderungen treffen wir die zu Beginn gemachten grundsätzlichen Voraussetzungen. Die Querverbindungen — in unserem Falle Bindebleche — sind in ihrer Ebene auf Biegung beansprucht. Bei der Berechnung der Verschiebungen berücksichtigen wir auch die durch die Gleitverformungen hervorgerufenen Anteile.

Unter der Voraussetzung, daß die Stabquerschnitte nach erfolgter Deformation ihre Form nicht ändern, können die Bindebleche als in den Trägerflanschen starr eingespannt angesehen werden. Zufolge des Unterschieds der Verschiebungen der beiden Enden eines Bindebleches (Abb. II.73b) wird die Momentlinie desselben die Form eines antimetrischen Trapezes haben, oder mit anderen Worten ausgedrückt, wird sie in der Mitte den Wert Null annehmen.

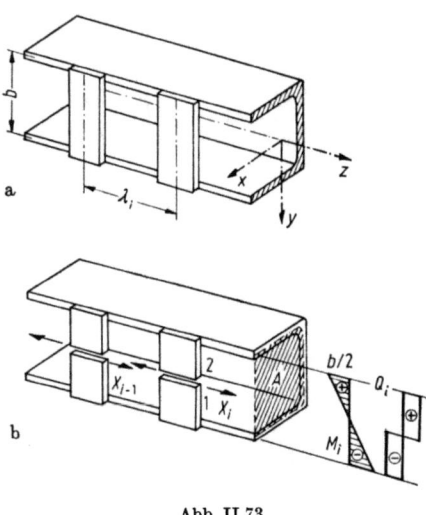

Abb. II.73

Aus dem gegebenen System erhalten wir das Hauptsystem, indem wir alle Bindebleche in der Mitte durchschneiden und demzufolge an den Schnittstellen die gegengleichen Schubkräfte anbringen, welche wir mit $X_1, X_2, \ldots, X_i, \ldots, X_n$ bezeichnen.

Die unbekannten Größen bestimmen wir aus den Bedingungsgleichungen (II.224), wobei die Beiwerte δ_{ik} und die Belastungswerte δ_{i0} unter der Voraussetzung, daß der Stab nur durch äußere Torsions- und Bimomente belastet sei, durch folgende Ausdrücke bestimmt werden:[1]

$$\delta_{ii} = 2\int_0^{b/2} \frac{M_i^2}{EI}\,ds + 2\int_0^{b/2} \frac{\varkappa Q_i^2}{GF}\,ds + \int_0^l \frac{M_{\omega i}^2}{EI_{\omega\omega}}\,dz + \int_0^l \frac{T_{si}^2}{GK}\,dz, \quad \text{(II.238)}$$

$$\delta_{ik} = \int_0^l \frac{M_{\omega i}M_{\omega k}}{EI_{\omega\omega}}\,dz + \int_0^l \frac{T_{si}T_{sk}}{GK}\,dz, \quad i \neq k, \quad \text{(II.239)}$$

$$\delta_{i0} = \int_0^l \frac{M_{\omega i}M_{\omega 0}}{EI_{\omega\omega}}\,dz + \int_0^l \frac{T_{si}T_{s0}}{GK}\,dz. \quad \text{(II.240)}$$

---

[1] Es wird $J \approx I$ gesetzt.

Die beiden ersten Glieder auf der rechten Seite des Ausdrucks (II.238) beziehen sich nur auf das Bindeblech i, auf welches die unbekannten Kräfte X_i wirken.

Dabei ist M_i (Abb. II.73b) das Moment in der Ebene des Bindeblechs und Q_i die entsprechende Querkraft.

Die Größen I und F sind das Trägheitsmoment und die Querschnittsfläche des Bindeblechquerschnitts. Die Größe $\varkappa$ ist ein von der Querschnittsform abhängiger Wert. Für den Rechteckquerschnitt ist $\varkappa = 1{,}2$.

Der Wert des Integrals

$$\delta_{ii}^{(1)} = 2\int_0^{b/2} \frac{M_i^2}{EI}\,ds + 2\int_0^{b/2} \varkappa\,\frac{Q_i^2}{GK}\,ds$$

kann unmittelbar berechnet werden. Aus den M_i- und Q_i-Diagrammen (Abb. II.73b) erhalten wir:

$$\delta_{ii}^{(1)} = \frac{b^3}{12EI} + \frac{\varkappa b}{GF}. \tag{II.241}$$

Die Bestimmung der Werte des Integrals

$$\delta_{ii}^{(2)} = \int_0^l \frac{M_{\omega i}^2}{EI_{\omega\omega}}\,dz + \int_0^l \frac{T_{si}^2}{GK}\,dz, \tag{II.242}$$

sowie der Integrale (II.239) und (II.240) führen wir auf die folgende Weise durch:

Die Arbeit der gegengleichen Kräfte $X_i = 1$ bei einer Verschiebung der Punkte 1 und 2 (Abb. II.73b) in Richtung der z-Achse ist, bei Außerachtlassung der Formänderung des Bindeblechs, gegeben durch den Ausdruck:

$$\overline{W} = 1\,(w_2 - w_1).$$

Mit Rücksicht darauf, daß der Stab voraussetzungsgemäß nur auf Torsion beansprucht wird, ist die Verschiebung w durch den Ausdruck

$$w = -\omega\varphi'$$

bestimmt, und wir erhalten:

$$\overline{W} = -1\,(\omega_2 - \omega_1)\varphi'.$$

Die Größen ω_2 und ω_1 sind die normierten sektoriellen Koordinaten der Punkte 1 und 2 auf entsprechenden, starr mit dem Träger verbundenen Kragarmen. Diese Koordinaten werden auf die im Abschnitt II.3.1 gezeigte Art berechnet.

Es ist leicht einzusehen, daß die Differenz der normierten sektoriellen Koordinaten $\omega_2 - \omega_1$ nichts anderes als den doppelten Inhalt der von der Profilmittellinie des Stabquerschnitts und des Bindebleches begrenzten Fläche A (Abb. II.73b) darstellt, so daß wir schreiben können:

$$\omega_2 - \omega_1 = 2A.$$

4. Stabsysteme

Die Belastung durch das Paar gegengleicher Kräfte $X_i = 1$ wird auf diese Weise auf die Belastung des Stabes durch ein äußeres Bimoment von der Größe $M^*_{\omega i} = +2A$ zurückgeführt.

Die Arbeit der Doppelkräfte $X_i = 1$ bei der tatsächlichen Verschiebung der Punkte 1 und 2 bei Außerachtlassung der Formänderungen des Bindeblechs (welche durch den Ausdruck (II.214) erfaßt werden) ist demnach:

$$\overline{W} = -2A\varphi'. \qquad (II.243)$$

Dieser Ausdruck stellt den Sonderfall dar, daß nur $\overline{M}^*_\omega$ von Null verschieden ist, [Gleichung (II.208)]. Die Arbeit des virtuellen äußeren Bimomentes $\overline{M}^*_{\omega i}$ (II.243) ist nach Gleichung (II.202) gleich der negativen Arbeit der entsprechenden Schnittkräfte bei den wirklichen Verschiebungen, welche durch die Ausdrücke (II.239), (II.240) und (II.242) gegeben ist.

Die Größen der Beiwerte $\delta^{(2)}_{ii}$ und δ_{ik} ($i \neq k$) berechnen wir unmittelbar aus der spezifischen Verdrehung φ' auf Grund der folgenden Ausdrücke:

$$\begin{aligned} \delta^{(2)}_{ii} &= 4A^2 \varphi'_{ii}, \\ \delta_{ik} &= 4A^2 \varphi'_{ik}, \quad i \neq k, \end{aligned} \qquad (II.244)$$

wo φ'_{ik} die spezifische Verdrehung des Stabquerschnitts i infolge des äußeren Bimomentes $M^*_{\omega k} = 1$ im Stabquerschnitt mit dem Bindeblech k ist.

Das Belastungsglied ist durch den Ausdruck

$$\delta_{i0} = 2A \varphi'_{i0} \qquad (II.245)$$

bestimmt, wo φ'_{i0} die spezifische Verdrehung des Querschnitts i infolge der gegebenen Belastung des Stabes bedeutet.

Für die Werte φ'_{ik} und φ'_{i0} legen wir die bereits im Kapitel II.4.5 erwähnte Vorzeichenregel fest.

Demnach werden wir jenen Wert φ' als positiv bezeichnen, welcher an der betrachteten Stelle ein positives Bimoment hervorruft.

Ist der Abstand λ der Bindebleche klein im Verhältnis zur Stablänge, so können wir die konzentrierten Bimomente

$$M^*_\omega = M^*_{\omega i} X_i = 2A X_i$$

ersetzen durch die verteilten Bimomente:

$$m_\omega = \frac{M^*_\omega}{\lambda} = 2A Y, \qquad (II.246)$$

wo:

$$Y(z) = \frac{X_i}{\lambda} \qquad (II.247)$$

eine aus Paaren gegengleicher Kräfte bestehende Linienbelastung ist, durch welche wir das System der Unbekannten X_i ersetzen.

II. Dünnwandige Stäbe mit offenem Profil und geradliniger Achse

Durch Einsetzen des Ausdruckes (II.246) für m_ω in die Differentialgleichung der Torsion (II.85) erhalten wir:

$$EI_{\omega\omega}\varphi^{IV} - GK\varphi'' = m_D + 2AY'. \qquad \text{(II.248)}$$

Die unbekannte Linienbelastung $Y(z)$ bestimmen wir aus der Verträglichkeitsbedingung der Verschiebungen längs der Erzeugenden durch die Punkte *1* und *2*. Die gegenseitige Verschiebung der Punkte *1* und *2* infolge der Formänderung des Stabes ist:

$$\Delta_0 = w_2 - w_1 = -2A\varphi'.$$

Die gegenseitige Verschiebung Δ_{ii} dieser Punkte infolge der Formänderung des Bindebleches können wir in der Form anschreiben:

$$\Delta_{ii} = \delta Y,$$

wo δ mit Rücksicht auf Gleichung (II.241) durch den Ausdruck

$$\delta = \frac{b\lambda}{EI}\left(\frac{b^2}{12} + \varkappa \frac{EI}{GF}\right) \qquad \text{(II.249)}$$

gegeben ist.

Durch Nullsetzung der gesamten gegenseitigen Verschiebung der Punkte *1* und *2* erhalten wir:

$$\Delta_{ii} + \Delta_0 = 0$$

und daraus:

$$Y = \frac{2A}{\delta}\varphi'. \qquad \text{(II.250)}$$

Durch Einsetzen dieses Ausdrucks in die Gleichung (II.248) erhalten wir schließlich:

$$EI_{\omega\omega}\varphi^{IV} - G\bar{K}\varphi'' = m_D, \qquad \text{(II.251)}$$

wo

$$\left.\begin{array}{c} \bar{K} = K + K^0 \\[4pt] K^0 = \dfrac{4A^2}{G\delta} \end{array}\right\} \qquad \text{(II.252 a, b)}$$

und

sind.

Die Gleichung (II.251) unterscheidet sich von Gleichung (II.85) insofern, daß statt der neben φ'' stehenden Torsionskonstanten K nunmehr der Wert $\bar{K}$ zu stehen kommt. Durch ihre Analogie mit der Torsionskonstanten K können wir die Größe $\bar{K}$ als Torsionskonstante des durch Bindeblech versteiften Stabes mit dünnwandigem, offenem Profil bezeichnen.

Durch die Auflösung der Gleichung (II.251) erhalten wir φ und sodann auf Grund der Ausdrücke (II.80d), (II.43e) und (II.81c) das Bimoment, das St. Venantsche Torsionsmoment und das Wölbtorsionsmoment:

$$\left.\begin{array}{l} M_\omega = -EI_{\omega\omega}\varphi'', \\[4pt] T_s = GK\varphi', \\[4pt] T_\omega = -EI_{\omega\omega}\varphi''' + 2AY. \end{array}\right\} \qquad \text{(II.253, a–c)}$$

Die Größe T_ω in Gleichung (II.253c) können wir als Summe zweier Torsionsmomente auffassen.

Das erste Summenglied wurde bereits früher (siehe die Gleichung (II.60c)) mit $\overline{T}_\omega$ bezeichnet, das zweite wollen wir mit $T_\omega{}^0$ bezeichnen, so daß wir schreiben können:

$$\overline{T}_\omega = EI_{\omega\omega}\varphi''',$$
$$T_\omega{}^0 = -2AY.$$
(II.254a, b)

Die gleichmäßig über die Wandstärke verteilte Schubspannung τ_w ist durch die Gleichung (II.87) gegeben:

$$\tau_w = \frac{Y}{t} - \frac{\tilde{S}_\omega \overline{T}_\omega}{I_{\omega\omega} t}.$$
(II.255)

bzw. mit Rücksicht auf Gleichung (II.254b) durch den Ausdruck:

$$\tau_w = \frac{T_\omega{}^0}{2At} - \frac{\tilde{S}_\omega \overline{T}_\omega}{I_{\omega\omega} t}.$$
(II.256)

Das erste Glied im vorstehenden Ausdruck ergibt die gleiche Verteilung der Schubspannungen wie für einen geschlossenen Querschnitt, welcher einer Beanspruchung durch St. Venantsche Torsion ausgesetzt ist.

Die Lösung der Aufgabe der durch Querverbindungen ausgesteiften Stäbe mit dünnwandigem, offenem Querschnitt auf Grund der Differentialgleichung (II.251) können wir auch dann anwenden, wenn die Querverbindungen nicht aus Bindeblechen, sondern aus einfachen (Abb. II.74a) oder mehrfachen (Abb. II.74b) Vergitterungen bestehen oder aus einer Kombination von diagonalen Gitterstäben und Bindeblechen (Abb. II.74c).

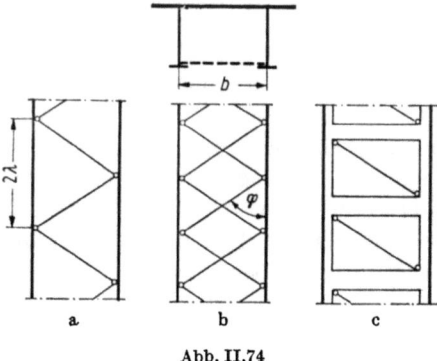

Abb. II.74

Die Größe δ ist für den Fall der Vergitterung gemäß Abb. II.74a durch den Ausdruck

$$\delta = \frac{b^2}{EF \sin^2 \varphi \cos \varphi}$$
(II.257)

gegeben, wo F die Querschnittsfläche eines Stabes der Vergitterung ist.

Zu diesem Wert gelangen wir auf folgende Weise. Infolge der Verschiebung δ eines Stabendes des Gitterstabes in Richtung der Trägerachse wird in ihm eine Normalkraft der Größe

$$N = \frac{\cos\varphi \sin\varphi}{b} E F \delta$$

hervorgerufen.

Die wirkende Schubkraft Y pro Einheit der Stablänge beträgt

$$Y = \frac{N \cos\varphi}{b \operatorname{ctg}\varphi} = \frac{E F \cos\varphi \sin^2\varphi}{b^2} \delta.$$

Für $Y = 1$ erhalten wir dann die weiter oben angegebene Gleichung (II.257). Auf ähnliche Weise erhalten wir für die in Abb. II.74b gezeigte Vergitterung

$$\delta = \frac{b^2}{2 E F \sin^2\varphi \cos\varphi}. \tag{II.258}$$

Die in Abb. II.74c gezeigte Querverbindung stellt eine Kombination der Vergitterung gemäß Abb. II.74a mit Bindeblechen gemäß Abb. II.73 dar. Den Wert δ erhalten wir in diesem Fall als Summe der entsprechenden Werte für die beiden Fälle (Gleichungen (II.249) und (II.257)).

Für den in Abb. II.74a gezeigten Fall der Vergitterung wurde von *M. I. Dlugatsch*[1] für $\overline{K}$ ein etwas genauerer Wert in der Form

$$\overline{K} = (1 + m^2) K \tag{II.259}$$

angegeben, wo

$$m^2 = \frac{E \overline{F}}{G K} \frac{(2\omega \cos\varphi - d\lambda \sin\varphi)^2}{2\lambda b}$$

ist.

In diesem Ausdruck wird mit $\overline{F}$ die reduzierte Querschnittsfläche des Gitterstabes bezeichnet, wobei angenommen wird, daß

$$\overline{F} \approx 0{,}565 F$$

ist.

Mit ω ist die normierte sektorielle Koordinate des Punktes der Stabquerschnittstelle des Gitterstabes und mit d der Abstand der Vergitterungsebene von der Schubachse des Stabes bezeichnet.

Die auf Grund dieser Gleichung erhaltenen Werte stimmen gut mit den aus Versuchen gewonnenen Resultaten überein, wenn

$$\frac{I_{\omega\omega}}{\omega^2} \geq 9 \overline{F} \quad \text{für} \quad \varphi = 35°$$

und

$$\frac{I_{\omega\omega}}{\omega^2} \geq 3 \overline{F} \quad \text{für} \quad \varphi = 55°$$

ist.

---

[1] *Dlugatsch, M. I.*: Zur Berechnung der durch Vergitterung und Bindebleche verstärkten Stäbe. Sammlung: „Berechnung räumlicher Konstruktionen" (russisch). Maschisdat, 1950.

4. Stabsysteme

Tabelle 3.

Nr.	Skizze	$\varkappa, \varkappa'$	$\varkappa, \varkappa'$ für $kl = 0$
1		$EJ_{\omega\omega}\varphi_a' = \varkappa_a' T^* l^2$ $\dfrac{1}{k^2}\int T_s \bar{T}_s\, dz + \int M_\omega \bar{M}_\omega\, dz = \varkappa_a' T^* \bar{M}_\omega^* l$ $\varkappa_a' = \dfrac{1}{(kl)^2}\left(\dfrac{\zeta'}{l} - \dfrac{\sinh k\zeta'}{\sinh kl}\right)$	$\dfrac{1}{6}\left[\dfrac{\zeta'}{l} - \left(\dfrac{\zeta'}{l}\right)^3\right]$
2		$EJ_{\omega\omega}\varphi_a' = \varkappa_a' M_\omega^* l$ $\dfrac{1}{k^2}\int T_s \bar{T}_s\, dz + \int M_\omega \bar{M}_\omega\, dz = \varkappa_a' M_\omega^* \bar{M}_\omega^* l$ $\varkappa_a' = -\dfrac{1}{kl}\left(\dfrac{1}{kl} - \dfrac{\cosh k\zeta'}{\sinh kl}\right)$	$-\dfrac{1}{l}\left[1 - 3\left(\dfrac{\zeta'}{l}\right)^2\right]$
3		$EJ_{\omega\omega}\varphi_b = \varkappa_b T^* l^3$ $\dfrac{1}{k^2}\int T_s \bar{T}_s\, dz + \int M_\omega \bar{M}_\omega\, dz = \varkappa_b T^* \bar{T}^* l^3$ $\varkappa_b = \dfrac{1}{(kl)^3}\cdot\dfrac{1}{\cosh kl}(k\zeta \cosh kl - \sinh kl$ $+ \sinh k\zeta')$	$\dfrac{1}{2}\dfrac{\zeta}{l}$ $+\dfrac{1}{6}\left[\left(\dfrac{\zeta'}{l}\right)^3 - 1\right]$
4		$EJ_{\omega\omega}\varphi_b' = \varkappa_b' T^* l^2$ $\dfrac{1}{k^2}\int T_s \bar{T}_s\, dz + \int M_\omega \bar{M}_\omega\, dz = \varkappa_b' T^* \bar{M}_\omega^* l^2$ $\varkappa_b' = \dfrac{1}{(kl)^2}\dfrac{1}{\cosh kl}(\cosh k\zeta - 1)$	$\dfrac{1}{2}\dfrac{\zeta}{l}$
5		$EJ_{\omega\omega}\varphi_b = \varkappa_b M_\omega^* l^2$ $\dfrac{1}{k^2}\int T_s \bar{T}_s\, dz + \int M_\omega \bar{M}_\omega\, dz = \varkappa_b M_\omega^* \bar{T}^* l^2$ $\varkappa_b = \dfrac{1}{(kl)^2}\left(1 - \dfrac{\cosh k\zeta'}{\cosh kl}\right)$	$\dfrac{1}{2}\left[1 - \left(\dfrac{\zeta'}{l}\right)^2\right]$
6		$EJ_{\omega\omega}\varphi_b' = \varkappa_b' M_\omega^* l$ $\dfrac{1}{k^2}\int T_s \bar{T}_s\, dz + \int M_\omega \bar{M}_\omega\, dz = \varkappa_b' M_\omega^* \bar{M}_\omega^* l$ $\varkappa_b' = \dfrac{1}{kl}\dfrac{\sinh k\zeta}{\cosh kl}$	$\dfrac{\zeta}{l}$

Fortsetzung Tabelle 3

Nr.	Skizze	$\varkappa, \varkappa'$	$\varkappa, \varkappa'$ für $kl = 0$
7		$EJ_{\omega\omega}\varphi_a' = \varkappa_a' T^* l^2$ $\frac{1}{k^2}\int T_s \overline{T}_s\, dz + \int M_\omega \overline{M}_\omega\, dz = \varkappa_a' T^* \overline{M}_\omega^* l^2$ $\varkappa_a' = \frac{1}{(kl)^2}\left(1 - \frac{\sinh k\zeta'}{\sinh kl}\right)$	∞
8		$EJ_{\omega\omega}\varphi_b' = \varkappa_b' T^* l^2$ $\frac{1}{k^2}\int T_s \overline{T}_s\, dz + \int M_a \overline{M}_\omega\, dz = \varkappa_b' T^* \overline{M}_\omega^* l^2$ $\varkappa_b' = \frac{1}{(kl)^2}(\cosh k\zeta' - \sinh k\zeta' \coth kl)$	∞
9		$EJ_{\omega\omega}\varphi_a' = -\varkappa_a' M_\omega^* l$ $\frac{1}{k^2}\int T_s \overline{T}_s\, dz + \int M_\omega \overline{M}_\omega\, dz = \varkappa_a' M_\omega^* \overline{M}_\omega^* l$ $\varkappa_a' = \frac{1}{kl}\frac{\cosh k\zeta'}{\sinh kl}$	∞
10		$EJ_{\omega\omega}\varphi_b' = -\varkappa_b' M_\omega^* l$ $\frac{1}{k^2}\int T_s \overline{T}_s\, dz + \int M_\omega \overline{M}_\omega\, dz = \varkappa_b' M_\omega^* \overline{M}_\omega^* l$ $\varkappa_b' = \frac{1}{kl}\frac{\cosh k\zeta}{\sinh kl}$	∞
11a		$EJ_{\omega\omega}\varphi_b = \frac{1}{(kl)^2}\frac{\zeta}{l} T^* l^3$ $\frac{1}{k^2}\int_0^l T_s \overline{T}_s\, dz = \frac{1}{(kl)^2}\frac{\zeta}{l} T^* \overline{T}^* l^3$ $\overline{M}_\omega = 0$	∞
11b		$EJ_{\omega\omega}\varphi_b = \frac{1}{(kl)^2} M_\omega^* l^2$ $\int_0^l T_s \overline{T}_s\, dz = \frac{1}{(kl)^2} M_\omega^* \overline{T}^* l^2$ $\overline{M}_\omega = 0$	∞

Fortsetzung Tabelle 3

Nr.	Skizze	$\varkappa, \varkappa'$	$\varkappa, \varkappa'$ für $kl = 0$
12a	$J = \frac{1}{k^2}\int_0^l T_s \bar{T}_s\, dz$ $+ \int_0^l M_\omega \bar{M}_\omega\, dz$	$EJ_{\omega\omega}\varphi_b = \varkappa_b m_D l^4$ $J = \varkappa_b m_D \bar{T}^* l^4$ $\varkappa_b = \frac{1}{2(kl)^2}$	∞
		$EJ_{\omega\omega}\varphi_b' = \varkappa_b' m_D l^3$ $J = \varkappa_b' m_D \bar{M}_{\omega b}^* l^3$ $\varkappa_b' = \frac{1}{(kl)^3}\tanh\frac{kl}{2}$	∞
		$EJ_{\omega\omega}\varphi_a' = \varkappa_a' m_D l^3$ $J = \varkappa_a' m_D \bar{M}_{\omega a}^* l^3$ $\varkappa_a' = \frac{1}{(kl)^2}\left(1 - \frac{1}{kl}\tanh\frac{kl}{2}\right)$	∞
12b	$J = \frac{1}{k^2}\int_0^l T_s \bar{T}_s\, dz$ $+ \int_0^l M_\omega \bar{M}_\omega\, dz$	$EJ_{\omega\omega}\varphi_b = \varkappa_b m_D l^4$ $J = \varkappa_b m_D \bar{T}_b^* l^4$ $\varkappa_b = \frac{1}{(kl)^2}\left(\frac{1}{2} - \frac{1}{(kl)^2}\frac{1 - \cosh kl + kl\cdot\sinh kl}{\cosh kl}\right)$	$\frac{1}{8}$
		$EJ_{\omega\omega}\varphi_b' = \varkappa_b' m_D l^3$ $J = \varkappa_b' m_D \bar{M}_{\omega b}^* l^3$ $\varkappa_b' = \frac{1}{(kl)^3}\frac{\sinh kl - kl}{\cosh kl}$	$\frac{1}{6}$
12c	$J = \frac{1}{k^2}\int_0^l T_s \bar{T}_s\, dz$ $+ \int_0^l M_\omega \bar{M}_\omega\, dz$	$EJ_{\omega\omega}\varphi_a' = \varkappa_a' m_D l^3$ $J = \varkappa_a' m_D \bar{M}_{\omega a}^* l^3$ $\varkappa_a' = \frac{1}{(kl)^2}\left(\frac{1}{2} - \frac{\cosh kl - 1}{kl\cdot\sinh kl}\right)$	$\frac{1}{24}$
13a	$J = \frac{1}{k^2}\int_0^l T_s \bar{T}_s\, dz$ $+ \int_0^l M_\omega \bar{M}_\omega\, dz$	$EJ_{\omega\omega}\varphi_b = \varkappa_b m_\omega l^3$ $J = \varkappa_b m_\omega \bar{T}_b^* l^3$ $\varkappa_b = \frac{1}{(kl)^2}\left(1 - \frac{\sinh kl}{kl\cosh kl}\right)$	$\frac{1}{3}$
		$EJ_{\omega\omega}\varphi_b' = \varkappa_b' m_\omega l^2$ $J = \varkappa_b' m_\omega \bar{M}_{\omega b}^* l^2$ $\varkappa_b' = \frac{1}{(kl)^2}\left(1 - \frac{1}{\cosh kl}\right)$	$\frac{1}{2}$

Fortsetzung Tabelle 3

Nr.	Skizze	$\varkappa, \varkappa'$	$\varkappa, \varkappa'$ für $kl = 0$
13b	$J = \dfrac{1}{k^2}\displaystyle\int_0^l T_s \bar{T}_s\,dz$ $+ \displaystyle\int_0^l M_\omega \bar{M}_\omega\,dz$	$EJ_{\omega\omega}\varphi_b = \varkappa_b m_\omega l^3$ $J = \varkappa_b m_\omega \bar{T}_b^* l^3$ $\varkappa_b = \dfrac{1}{(kl)^2}$	∞
		$EJ_{\omega\omega}\varphi_b' = \varkappa_b' m_\omega l^2$ $J = \varkappa_b' m_\omega \bar{M}_{\omega b}^* l^2$ $\varkappa_b' = \dfrac{1}{(kl)^2}$	∞
		$EJ_{\omega\omega}\varphi_a' = \varkappa_a' m_\omega l^2$ $J = \varkappa_a' m_\omega \bar{M}_{\omega a}^* l^2$ $\varkappa_a' = \dfrac{1}{(kl)^2}$	∞
13c		$EJ_{\omega\omega}\varphi_a' = 0$ $J = 0$ $\varkappa = 0$	0
14		$\int M_\omega \bar{M}_\omega\,dz = \varkappa' M_{\omega b}^* \bar{M}_{\omega b}^* l$ $\varkappa' = \dfrac{1}{kl}\left(\dfrac{1}{\tanh kl} - \dfrac{1}{kl}\right)$	$\dfrac{1}{3}$
15		$\int M_\omega \bar{M}_\omega\,dz = \varkappa' M_{\omega b}^* \bar{M}_{\omega a}^* l$ $\varkappa' = \dfrac{1}{kl}\left(\dfrac{1}{kl} - \dfrac{1}{\sinh kl}\right)$	$\dfrac{1}{6}$
16		$\int M_\omega \bar{M}_\omega\,dz = \varkappa T_b^* \bar{T}_b^* l^3$ $\varkappa = \dfrac{1}{(kl)^3}(kl - \tanh kl)$	$\dfrac{1}{3}$
17		$\int M_\omega \bar{M}_\omega\,dz = \varkappa M_{\omega b}^* \bar{T}_b^* l^2$ $\varkappa = \dfrac{1}{(kl)^2}\left(1 - \dfrac{1}{\cosh kl}\right)$	$\dfrac{1}{2}$

4. Stabsysteme

Fortsetzung Tabelle 3

Nr.	Skizze	$\varkappa, \varkappa'$	$\varkappa, \varkappa'$ für $kl=0$
18		$\int M_\omega \bar{M}_\omega \, dz = \varkappa' M^*_{\omega b} \bar{M}^*_{\omega b} l$ $\varkappa' = \dfrac{1}{kl} \tanh kl$	1
19a		$\dfrac{1}{k^2}\int T_s \bar{T}_s \, dz + \int M_\omega \bar{M}_\omega \, dz = \varkappa' M^*_{\omega b} \bar{M}^*_{\omega b} l$ $\varkappa' = \dfrac{1}{kl}\dfrac{1}{\tanh kl}$	∞
19b		$\dfrac{1}{k^2}\int T_s \bar{T}_s \, dz + \int M_\omega \bar{M}_\omega \, dz = \varkappa' M^*_{\omega a} \bar{M}^*_{\omega a} l$ $\varkappa' = \dfrac{1}{kl} \cdot \dfrac{1}{\tanh kl}$	∞
20		$\dfrac{1}{k^2}\int T_s \bar{T}_s \, dz + \int M_\omega \bar{M}_\omega \, dz = \varkappa' M^*_{\omega b} \bar{M}^*_{\omega a} l$ $\varkappa' = \dfrac{1}{kl} \cdot \dfrac{1}{\sinh kl}$	∞
21a		$\dfrac{1}{k^2}\int T_s \bar{T}_s \, dz = \varkappa T_b^* \bar{T}_b^* l^3$ $\varkappa = \dfrac{1}{(kl)^2}$	∞
21b		$\dfrac{1}{k^2}\int T_s \bar{T}_s \, dz = \varkappa M^*_{\omega b} \bar{T}_b^* l^2$ $\varkappa = \dfrac{1}{(kl)^2}$	∞
21c		$\dfrac{1}{k^2}\int T_s \bar{T}_s \, dz = \varkappa M^*_{\omega a} \bar{T}_b^* l^2$ $\varkappa = \dfrac{1}{(kl)^2}$	∞

III. Dünnwandige Stäbe mit geschlossenem Profil und geradliniger Achse

1. Näherungstheorie des dünnwandigen Stabes mit geschlossenem Profil

1.1. Grundlegende Annahmen. Verformung des Stabes

Die Voraussetzung a) ist die gleiche wie für den Stab mit offenem Profil (Kapitel II.1.1.1). Man nimmt ebenfalls an, daß die Form des Querschnittes in seiner Ebene unverändert bleibt. Außerdem wollen wir festsetzen, daß der Verschiebungsvektor $\vec{u}_*$ des beliebigen Querschnittspunktes S_* näherungsweise gleich sei der Verschiebung $\vec{u}$ des entsprechenden, auf der Profilmittellinie gelegenen Punktes S. Unter Berücksichtigung dieser Annahmen erhalten wir, statt der Ausdrücke (II.5) und (II.6) nunmehr:

$$u = \eta_P \sin \alpha + \xi_P \cos \alpha + \varphi_P h_{nP}, \tag{III.1}$$

$$v = \eta_P \cos \alpha - \xi_P \sin \alpha + \varphi_P h_P. \tag{III.2}$$

Die Voraussetzung b) wird nur zum Teil eingeführt. Für die Verschiebungskomponente $w = w_*$ $(s, z, e = 0)$ setzen wir statt des Ausdruckes (II.13), die Beziehung:

$$w = w_0 - \eta_P' y - \xi_P' x - \vartheta_P \hat{\omega}_P, \tag{III.3}$$

wo $\vartheta_P = \vartheta_P(z)$ eine beliebige Funktion von z ist.

Der Ausdruck (III.3) hat die gleiche Form wie der entsprechende Ausdruck (II.13) für $e = 0$ mit dem Unterschied, daß statt φ_P' die neue Funktion ϑ_P eingeführt wird.

Die Glieder $\eta' y + \xi' x$, welche sich auf die Biegung des Stabes beziehen, folgen aus der Annahme der Vernachlässigung der Gleitung in der Mittelfläche.

Diese Annahme übernehmen wir jedoch nicht für den durch die Torsion hervorgerufenen Verschiebungsanteil. Statt dessen wollen wir voraussetzen, daß die Form der Verwölbung des Querschnittes die gleiche sei, wie sie durch die St. Venantsche Torsion beim geschlossenen Querschnitt hervorgerufen wird.

Für die Dehnung ε_z erhalten wir den Ausdruck:

$$\varepsilon_z = \frac{\partial w}{\partial z} = w_0' - \eta_P'' y - \xi_P'' x - \vartheta' \hat{\omega}_P \tag{III.4}$$

und für $\gamma_{sz} = \gamma_T$ den Ausdruck:

$$\gamma_{sz} = \gamma_T = \varphi_P' h_P - \vartheta_P (h_P - \bar{\tau}). \tag{III.5}$$

---

[1] Die hier gezeigte Theorie kann auch für offen-geschlossene Querschnitte angewendet werden.

1.2. Beziehungen zwischen Spannungen und Verformungen. Gleichgewichtsbedingungen, Schnittkräfte

Für die Normalspannung σ_z erhalten wir zufolge des Hookeschen Gesetzes:

$$\sigma_z = E'\varepsilon_z = E'(w_0' - \eta_P'' y - \xi_P'' x - \vartheta' \hat{\omega}_P). \tag{III.6}$$

Die gleichmäßig über die Wandstärke verteilte Schubspannung $\tau_{zs} = \tau_w$ kann nur zum Teil durch die Gleitverzerrung γ_T ausgedrückt werden. Der Ausdruck (III.3) wurde nämlich, mit Ausnahme was das letzte Glied betrifft, unter der Annahme der Vernachlässigbarkeit der Gleitung in der Mittelfläche abgeleitet, ebenso wie für den Stab mit offenem Profil.

Die Spannung τ_{zs} stellen wir in der Form

$$\tau_{zs} = \tau_B + \tau_T \tag{III.7}$$

dar, wo τ_B die durch die Biegung hervorgerufene Schubspannung ist und τ_T der durch die Torsion erzeugte Anteil, welcher unmittelbar durch die Gleitverzerrung ausgedrückt werden kann:

$$\tau_T = G\gamma_T = G[\varphi_P' h_P - \vartheta_P(h_P - \bar{\tau})]. \tag{III.8}$$

Für die Schubspannung τ_{zn} treffen wir die Annahme, daß sie gleich Null ist.

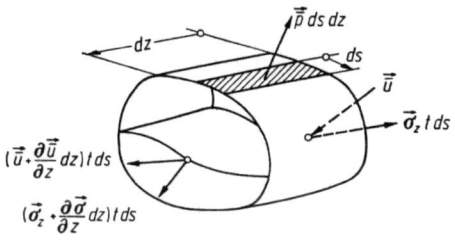

Abb. III.1

Die Gleichgewichtsbedingungen (Abb. III.1) stellen wir auf die gleiche Weise auf wie im Kapitel II.1.1.2.

Für die Arbeit der äußeren Kräfte [siehe Gleichung (II.31)] erhalten wir:

$$\overline{W} = \int_F [\tau_{zs}'(\bar{\eta}\cos\alpha - \bar{\xi}\sin\alpha) + \sigma_z'\overline{w} + \tau_{zs}(\bar{\eta}'\cos\alpha - \bar{\xi}'\sin\alpha) + \sigma_z\overline{w}'] \, dF$$
$$+ \int_S (\bar{p}_x \xi + \bar{p}_y \eta + \bar{p}_z w) \, ds, \tag{III.9}$$

wo $dF = t \, ds$ ist.

Für die Komponenten des Vektors $\vec{\bar{u}}$ der virtuellen Verschiebung führen wir Ausdrücke von der gleichen Form wie für die wirklichen Verschiebungen ein:

$$\left.\begin{array}{l}\bar{\xi} = \bar{\xi}_P - (y - y_P)\bar{\varphi}_P, \\ \bar{\eta} = \bar{\eta}_P + (x - x_P)\bar{\varphi}_P, \\ \overline{w} = \overline{w}_0 - \bar{\eta}_P' y - \bar{\xi}_P' x - \bar{\vartheta}_P \hat{\omega}_P.\end{array}\right\} \tag{III.10}$$

III. Dünnwandige Stäbe mit geschlossenem Profil und geradliniger Achse

Die auf die Einheit der Stablänge bezogene Arbeit der inneren Kräfte beträgt:

$$\bar{U} = -\int_F (\sigma_z \bar{\varepsilon}_z + \tau_T \bar{\gamma}_T)\, dF. \qquad (III.11)$$

Für die Verzerrungskomponenten erhalten wir auf Grund des Ausdruckes (III.10):

$$\bar{\varepsilon}_z = \bar{w}_0' - \bar{\eta}_P'' y - \bar{\xi}_P'' x - \bar{\vartheta}_P' \hat{\omega}_P, \qquad (III.12)$$

$$\bar{\gamma}_T = \bar{\varphi}_P' h_P - \bar{\vartheta}_P (h_P - \bar{\tau}). \qquad (III.13)$$

Wir setzen nun die Ausdrücke (III.10) in die Gleichung (III.9) und die Ausdrücke (III.12) und (III.13) in die Gleichung (III.11) ein.

Die Gleichung (II.27) können wir dann in der folgenden Form schreiben:

$$\bar{w}_0 \left\{ \int_F \sigma_z'\, dF + \int_s \bar{p}_z\, ds \right\}$$

$$+ \bar{\xi}_P \left\{ -\int_F \tau_{zs}' \sin\alpha\, dF + \int_s \bar{p}_x\, ds \right\}$$

$$+ \bar{\eta}_P \left\{ \int_F \tau_{zs}' \cos\alpha\, dF + \int_s \bar{p}_y\, ds \right\}$$

$$+ \bar{\varphi}_P \left\{ \int_F \tau_{zs}' h_P\, dF + \int_s [\bar{p}_y(x - x_P) - \bar{p}_x(y - y_P)]\, ds \right\}$$

$$- \bar{\xi}_P' \left\{ \int_F (\sigma_z' x + \tau_{zs} \sin\alpha)\, dF + \int_s x \bar{p}_z\, ds \right\}$$

$$- \bar{\eta}_P' \left\{ \int_F (\sigma_z' y - \tau_{zs} \cos\alpha)\, dF + \int_s y \bar{p}_z\, ds \right\}$$

$$- \bar{\vartheta}_P \left\{ \int_F [\sigma_z' \hat{\omega}_P - \tau_T(h_P - \bar{\tau})]\, dF + \int_s \hat{\omega}_P \bar{p}_z\, ds \right\}$$

$$- \bar{\varphi}_P' \left\{ \int_F (\tau_{zs} - \tau_T) h_P\, dF \right\} = 0. \qquad (III.14)$$

Damit diese Gleichung für alle beliebigen Werte, welche die Parameter $\bar{w}_0 \cdots \bar{\eta}_P$ annehmen können, befriedigt wird, ist es notwendig, daß die Ausdrücke innerhalb der geschwungenen Klammern zu Null werden. Auf diese Weise erhalten wir ein System von 8 Gleichungen.

Die Schnittgrößen N, Q_x, Q_y, T_P, M_x und M_y werden wir auf Grund der Gleichungen (II 37, a—f) mittels der Spannungen ausdrücken. Dabei muß darauf geachtet werden, daß $\tau_{zn} = 0$ ist sowie daß alle Koordinaten auf die Profilmittellinie bezogen sind.

Das Bimoment $M_{\hat{\omega}_P}$ ist durch den Ausdruck:

$$M_{\hat{\omega}_P} = \int_F \sigma_z \hat{\omega}_P\, dF \qquad (III.15)$$

gegeben.

1. Näherungstheorie des dünnwandigen Stabes mit geschlossenem Profil

Die ersten sechs Gleichungen, welche sich aus der Gleichung (III.14) ergeben, sind nach dem Einsetzen der Schnittgrößen identisch mit den Gleichungen (II.39) und (II.40 a, b).

Statt der Gleichung (II.40 c) erhalten wir:

$$M'_{\hat{\omega}_P} - T_{\hat{\omega}_P} + m_{\hat{\omega}_P} = 0. \tag{III.16}$$

Die Größe $T_{\hat{\omega}_P}$, welche wir ebenso wie beim Stab mit offenem Profil als *Wölbtorsionsmoment* bezeichnen wollen, sowie das äußere verteilte Bimoment $m_{\hat{\omega}_P}$ sind durch die Ausdrücke:

$$T_{\hat{\omega}_P} = \int_F \tau_T (h_P - \bar{\tau}) \, dF \tag{III.17}$$

und

$$m_{\hat{\omega}_P} = \int_s \bar{p}_z \hat{\omega}_P \, ds \tag{III.18}$$

gegeben.

Aus der letzten der aus Gleichung (III.14) sich ergebenden Gleichungen folgt unter Berücksichtigung des Ausdrucks (III.7):

$$\int_F h_P (\tau_{zs} - \tau_T) \, dF = \int_F \tau_B h_P \, dF = 0.$$

Den Ausdruck (II.37 a) können wir nun in der Form

$$T_P = \int_F \tau_T h_P \, dF \tag{III.19}$$

schreiben.

Aus den Gleichungen (II.39 b und c) sowie (II.40 a und b) eliminieren wir die Schnittkräfte Q_x und Q_y und erhalten statt dieser vier Gleichungen die beiden Gleichungen (II.42 b und c).

1.3. Differentialgleichungen des Stabes. Wölbkrafttorsion

Die Schnittgrößen N, M_x, M_y, $M_{\hat{\omega}_P}$ und $T_{\hat{\omega}_P}$ können wir mittels der Parameter w_0, ξ_P, η_P, φ_P und ϑ_P ausdrücken.

Den im Querschnitt gelegenen Punkt $P \equiv D$ sowie den Nullpunkt O auf der Profilmittellinie wählen wir, ähnlich wie im Kapitel II, derart, daß die Gleichungen

$$\left. \begin{array}{l} S_{\hat{\omega}} = \int_F \hat{\omega} \, dF = 0 \\[4pt] I_{x\hat{\omega}_D} = \int_F x\hat{\omega} \, dF = 0 \\[4pt] I_{y\hat{\omega}_D} = \int_F y\hat{\omega} \, dF = 0 \end{array} \right\} \tag{III.20}$$

erfüllt sind[1], wobei mit $\hat{\omega}$ die auf den Punkt D bezogene *normierte* sektorielle Koordinate bezeichnet wird.

---

[1] Der Index D wird in den Bezeichnungen der Größen M_ω, T_ω, φ und ϑ im weiteren weggelassen.

Für die Schnittgrößen N, M_x und M_y erhalten wir die Ausdrücke (II.80a—c) und für $M_{\hat{\omega}_D} = M_{\hat{\omega}}$ und $T_D = T$ erhalten wir auf Grund der Ausdrücke (III.15) und (III.6) bzw. (III.19) und (III.8) die Beziehungen:

$$M_{\hat{\omega}} = -E' I_{\hat{\omega}\hat{\omega}} \vartheta', \tag{III.21}$$

$$T = G I_{hh} \varphi' - G(I_{hh} - K)\vartheta, \tag{III.22}$$

wo

$$I_{\hat{\omega}\hat{\omega}} = \int_F \hat{\omega}^2 \, dF, \tag{III.23}$$

$$I_{hh} = \int_F h^2 \, dF \tag{III.24}$$

und [siehe Gleichung (I.99)][1]

$$K = \int_F \bar{\tau} h \, dF \tag{III.25}$$

bedeuten.

Für $T_{\hat{\omega}_D} = T_{\hat{\omega}}$ erhalten wir auf Grund der Ausdrücke (III.17) und (III.8):

$$T_{\hat{\omega}} = G \int_F (h - \bar{\tau}) [\varphi' h - \vartheta(h - \bar{\tau})] \, dF$$

beziehungsweise:

$$T_{\hat{\omega}} = G(I_{hh} - K)(\varphi' - \vartheta). \tag{III.26}$$

Bei der Berechnung des Ausdruckes (III.26) muß darauf geachtet werden, daß

$$\int_F (h - \bar{\tau})^2 \, dF = I_{hh} - 2K - \int_F \bar{\tau}^2 \, dF$$

ist. Weil ferner

$$\int_F \bar{\tau}^2 \, dF = \sum_{i=1}^n \bar{q}_i \oint_{s_i} \bar{\tau} \, ds$$

ist, sowie gemäß der Beziehung (I.42)

$$\oint_{s_i} \bar{\tau} \, ds = 2 A_i$$

gilt, erhalten wir:

$$\int_F \bar{\tau}^2 \, dF = 2 \sum_{i=1}^n A_i \bar{q}_i = K$$

beziehungsweise:

$$\int_F (h - \bar{\tau})^2 \, dF = I_{hh} - K. \tag{III.27}$$

Durch das Einsetzen der Ausdrücke (II.80a—c) in die Gleichgewichtsbedingungen (II.42a—c) erhalten wir die bekannten Differentialgleichungen (II.84) der Beanspruchung auf Normalkraft und Biegung.

---

[1] $\int_F \bar{\tau} h \, dF = \sum_{i=1}^n \bar{q}_i \int_{s_i} h \, ds = 2 \sum_{i=1}^n A_i \bar{q}_i = K.$

1. Näherungstheorie des dünnwandigen Stabes mit geschlossenem Profil

Die noch verbliebenen Gleichgewichtsbedingungen (II.39d) und (III.16) drücken wir durch die Parameter φ und ϑ aus, wobei wir die Ausdrücke (III.21), (III.22) und (III.26) benützen:

$$GI_{hh}\varphi'' - G(I_{hh} - K)\vartheta' + m_D = 0, \qquad \text{(III.28)}$$

$$-E'I_{\hat{\omega}\hat{\omega}}\vartheta'' - G(I_{hh} - K)(\varphi' - \vartheta) + m_{\hat{\omega}} = 0. \qquad \text{(III.29)}$$

Aus Gleichung (III.28) folgt unmittelbar:

$$\vartheta' = \frac{I_{hh}}{I_{hh} - K}\varphi'' + \frac{m_D}{G(I_{hh} - K)}. \qquad \text{(III.30)}$$

Wir bilden nun die erste Ableitung nach z der Gleichung (III.29) und die zweite Ableitung nach z der Gleichung (III.30). Sodann eliminieren wir ϑ' und ϑ''', wobei wir die Gleichung (III.30) nochmals verwenden, und erhalten die Beziehung:

$$\varrho E'I_{\hat{\omega}\hat{\omega}}\varphi^{IV} - GK\varphi'' = m_D - \frac{m_D''}{k_1^2} + m_{\hat{\omega}}', \qquad \text{(III.31)}$$

wobei

$$\varrho = \frac{I_{hh}}{I_{hh} - K} \qquad \text{(III.32)}$$

und

$$k_1^2 = \frac{GI_{hh}}{\varrho E'I_{\hat{\omega}\hat{\omega}}} \qquad \text{(III.33)}$$

bedeuten.

Die linke Seite der Gleichung (III.31) hat dieselbe Form wie die Gleichung (II.85).

Im Falle, daß das äußere verteilte Torsionsmoment m_D konstant oder eine lineare Funktion von z ist, geht Gleichung (III.31) über in:

$$\varrho E'I_{\hat{\omega}\hat{\omega}}\varphi^{IV} - GK\varphi'' = m_D + m_{\hat{\omega}}', \qquad \text{(III.34)}$$

so daß auch die rechte Seite der Gleichung dieselbe Form wie Gleichung (II.85) hat.

Für den Fall, daß $I_{hh} - K = 0$ ist, muß zufolge der Gleichung (III.27) auch der Ausdruck

$$\int_F (h - \bar{\tau})^2 \, dF$$

gleich Null sein. Um diese Bedingung zu erfüllen, muß die Größe $h - \bar{\tau}$ in jedem Punkt der Profilmittellinie ebenfalls gleich Null sein. Mit Rücksicht auf Gleichung (I.108) muß dann jedoch auch $\hat{\omega}(s) = \int_0^s (h - \bar{\tau}) \, ds = 0$ und somit

$$I_{\hat{\omega}\hat{\omega}} = \int_F \hat{\omega}^2 \, dF = 0$$

III. Dünnwandige Stäbe mit geschlossenem Profil und geradliniger Achse

sein. In diesem Fall handelt es sich um einen wölbfreien Querschnitt. Das System der beiden Gleichungen (III.28) und (III.29) reduziert sich auf die Differentialgleichung

$$GK\varphi'' + m_D = 0,$$

und das ganze Problem wird auf die Anwendung der St. Venantschen Torsion für die Belastung durch ein äußeres verteiltes, veränderliches Torsionsmoment zurückgeführt, welcher Fall im Kapitel I.5 behandelt wurde.

Aus Gleichung (III.29) erhalten wir unmittelbar unter Berücksichtigung der Ausdrücke für ϱ und k_1^2 (III.32) und (III.33):

$$\vartheta = \varphi' + \frac{1}{k_1^2} \cdot \vartheta'' - \frac{m_{\hat\omega}}{G(I_{hh} - K)} \qquad \text{(III.35)}$$

und, indem wir für ϑ'' die Ableitung der Gleichung (III.30) nach z einsetzen, erhalten wir ϑ als Funktion des Verdrehungswinkels φ:

$$\vartheta = \varphi' + \frac{\varrho}{k_1^2}\varphi''' + \frac{\varrho}{GI_{hh}}\left(\frac{m_D'}{k_1^2} - m_{\hat\omega}\right). \qquad \text{(III.36)}$$

Das Bimoment $M_{\hat\omega}$ und das Torsionsmoment T können wir nun, indem wir in die Gleichungen (III.21) und (III.22) die Ausdrücke (III.30) für ϑ' und (III.36) für ϑ einsetzen, ebenfalls als Funktionen des Verdrehungswinkels φ allein ausdrücken:

$$M_{\hat\omega} = -\varrho E' I_{\hat\omega\hat\omega}\varphi'' - \frac{m_D}{k_1^2}, \qquad \text{(III.37)}$$

$$T = GK\varphi' - \varrho E' I_{\hat\omega\hat\omega}\varphi''' + m_{\hat\omega} - \frac{m_D'}{k_1^2}. \qquad \text{(III.38)}$$

In gleicher Weise erhalten wir auf Grund der Gleichungen (III.26) und (III.36) für das Wölbtorsionsmoment:

$$T_{\hat\omega} = -\varrho E' I_{\hat\omega\hat\omega}\varphi''' + m_{\hat\omega} - \frac{m_D'}{k_1^2}. \qquad \text{(III.39)}$$

Der Unterschied zwischen dem gesamten und dem Wölbtorsionsmoment beträgt:

$$T_s = T - T_{\hat\omega} = GK\varphi'. \qquad \text{(III.40)}$$

Mit Rücksicht auf den Ausdruck (I.36) wollen wir diesen Teil des Torsionsmomentes, ebenso wie im Kapitel II, als St. Venantsches Torsionsmoment bezeichnen.

1.4. Ausdrücke für die Spannungen in Abhängigkeit von den Schnittgrößen

Für die Normalspannung σ_z erhalten wir auf Grund der Gleichungen (III.6), (II.80a—c) und (III.20) den Ausdruck:

$$\sigma_z = \frac{N}{F} + \frac{M_x}{I_{xx}}x + \frac{M_y}{I_{yy}}y + \frac{M_{\hat\omega}}{I_{\hat\omega\hat\omega}}\hat\omega. \qquad \text{(III.41)}$$

1. Näherungstheorie des dünnwandigen Stabes mit geschlossenem Profil

Im Sonderfall der Beanspruchung des Stabes ausschließlich auf Torsion erhalten wir:

$$\sigma_z = \frac{M_\omega}{I_{\omega\omega}} \bar{\omega}. \qquad \text{(III.42)}$$

Die Schubspannungen τ_T wollen wir mittels der Schnittgrößen T_s und T_ω ausdrücken.

Durch Einsetzen des Ausdrucks (III.35) für ϑ in die Gleichung (III.8) erhalten wir:

$$\tau_T = \bar{\tau} G \varphi' - \frac{h - \bar{\tau}}{I_{hh} - K}\left(\varrho E I_{\omega\omega}\varphi''' - m_\omega + \frac{m_D'}{k_1^2}\right). \qquad \text{(III.43)}$$

Unter Benützung der Ausdrücke (III.39) und (III.40) folgt:

$$\tau_T = \frac{T_s}{K}\bar{\tau} + T_\omega \frac{h - \bar{\tau}}{I_{hh} - K}. \qquad \text{(III.44)}$$

Das erste Glied dieses Ausdrucks gibt die gleiche Verteilung der Schubspannungen wie im Falle der St. Venantschen Torsion, während das zweite die durch die veränderliche Querschnittsverwölbung hervorgerufenen Schubspannungen darstellt.

Leider erfüllen die durch das zweite Glied gegebenen sekundären Schubspannungen die folgenden Bedingungen nicht:

$$\begin{aligned} Q_x &= -\int_F \tau_T \sin\alpha\, dF = 0, \\ Q_y &= \int_F \tau_T \cos\alpha\, dF = 0. \end{aligned} \qquad \text{(III.45)}$$

Diese Bedingungen wurden nämlich nicht bei der Trennung der Biegung von der Torsion berücksichtigt.

Aus diesem Grunde zeigen die nach der Formel (III.44) berechneten Schubspannungen in manchen Fällen, besonders bei den mehrzelligen Querschnitten, eine unzulässige Abweichung von den Bedingungen (III.45).

Die andere Art der Berechnung der Schubspannungen τ_{zs}, welche sowohl auf die Spannungen τ_B, als auch auf die Spannungen τ_T angewendet wird, ist dem bei der Berechnung von offenen Profilen gezeigten Vorgang ähnlich[1].

Wir denken uns, ähnlich wie beim offenen Profil, ein Element aus dem Stab derart herausgeschnitten, daß wir zwei Ebenen im Abstand dz senkrecht zur Stabachse legen (Abb. III.2) sowie zwei Ebenen parallel zur Stabachse und senkrecht zur Profilmittellinie, deren eine den auf der Profilmittellinie gelegenen Punkt O enthalten möge.

Der Anteil τ_s der Schubspannungen, welcher durch das St. Venantsche Torsionsmoment T_s gegeben ist, verteilt sich über den Querschnitt in der im

---

[1] Siehe *S. U. Benscoter*: A Theory of Torsion Bending for Multicell Beams. Journ. of Appl. Mechanics. Bd. 21, 1954, H. 1, S. 25—34.

ersten Glied des Ausdrucks (III.44) angegebenen Weise:

$$\tau_s = \frac{T_s}{K}\bar{\tau}. \qquad (\text{III.46})$$

Der andere Anteil der gesamten Schubspannung τ_{zs}, welchen wir ebenso wie beim offenem Profil mit τ_w [siehe Gleichung (II.21)] bezeichnen wollen, steht in unmittelbarem Zusammenhang mit den Normalspannungen σ_z.

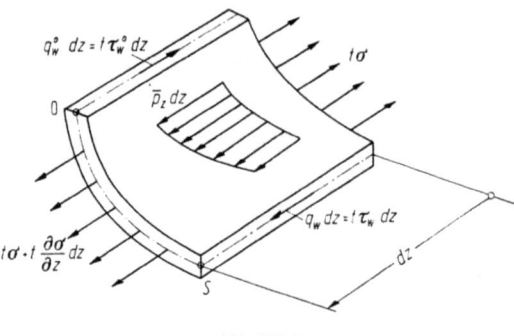

Abb. III.2

Die Bedingung für das Gleichgewicht aller auf das gezeigte Element wirkenden Kräfte in Richtung der Achse z ergibt:

$$t\tau_w = q_w = -\int\limits_0^s t\frac{\partial\sigma}{\partial z}\,ds - \int\limits_0^s \bar{p}_z\,ds + q_w{}^0.$$

Der Unterschied dieses Ausdruckes gegenüber demjenigen für offene Profile besteht im Vorhandensein des Gliedes $q_w{}^0$.

Den Wert dieses Gliedes bestimmen wir aus der Bedingung über die Eindeutigkeit bzw. Periodizität der Funktion w:

$$\oint\limits_{s_i} \frac{\partial w}{\partial s}\,ds = 0.$$

Weil

$$\frac{\partial w}{\partial s} = \gamma_{zs} - \frac{\partial v}{\partial z} = \gamma_s + \gamma_w - \frac{\partial v}{\partial z}$$

und

$$\oint\limits_{s_i} \left(\gamma_s - \frac{\partial v}{\partial z}\right) ds = 0$$

folgt:

$$\oint\limits_{s_i} \gamma_w\,ds = 0.$$

Obwohl wir eingangs die Gleitverzerrung in der Mittelfläche für den sich durch die Biegung hervorgerufenen Teil der Schubspannungen vernachlässigten, setzen

1. Näherungstheorie des dünnwandigen Stabes mit geschlossenem Profil

wir für die Berechnung der Spannungen τ_w voraus, daß die Gleitverzerrung sich mittels des Hookeschen Gesetzes über τ_w ausdrücken läßt.

Auf diese Weise erhalten wir:

$$\oint_{s_t} \tau_w \, ds = 0. \tag{III.47}$$

Wir beschränken uns vorerst auf den einzelligen Querschnitt. Wenn wir für $\tau_w = q_w/t$ setzen, können wir die Gleichung (III.47) in der Form schreiben:

$$\oint_s \tau_w \, ds = \oint_s \frac{q_w}{t} \, ds = \oint_s \frac{q_w{'}}{t} \, ds + q_w{}^0 \oint_s \frac{ds}{t} = 0, \tag{III.48}$$

wo

$$q_w{'} = -\int_0^s t \frac{\partial \sigma}{\partial z} \, ds - \int_0^s \overline{p}_z \, ds \tag{III.49}$$

ist.

Es ist zu bemerken, daß der Ausdruck (III.49) für $q_w{'}$ die gleiche Form hat wie der Ausdruck für den Schubfluß des offenen Profiles, welches aus dem geschlossenen Profil durch eine Trennung der Profilmittellinie im Ursprung O erhalten wird (Abb. III.3a). Der Ausdruck (II.87) für τ_w gilt im vorliegenden Fall für $\tau_w{'} = q_w{'}/t$. Dabei müssen wir im Auge behalten, daß die Größe $\tilde{S}_\omega$ [Gleichung (II.87)] aus der sektoriellen Koordinate $\hat{\omega}$ des geschlossenen Profiles berechnet werden muß.

Aus Gleichung (III.48) folgt:

$$q_w{}^0 = -\frac{\displaystyle\oint_s \frac{q_w{'}}{t} \, ds}{\displaystyle\oint_s \frac{ds}{t}}. \tag{III.50}$$

Mit der eingeführten Bezeichnung (III.49) können wir den Ausdruck für den gesamten Schubfluß in folgender Form schreiben:

$$q_w = q_w{'} + q_w{}^0. \tag{III.51}$$

In dieser Gleichung ist:

$q_w{'}$ der Schubfuß des ,,entsprechenden" oder ,,zugeordneten" offenen Profiles (Abb. III.3a) und

$q_w{}^0$ ein konstantes Glied, welches durch die Bedingung (III.47) bzw. (III.50) bestimmt ist.

Zur Bestimmung des Schubflusses beim mehrzelligen Querschnitt gehen wir vom offenen Profil aus, welches dadurch entsteht, daß wir jede Zelle des gegebenen Profiles durchschneiden (Abb. III.3b). Für das derart erhaltene Profil berechnen wir den Schubfluß $q_w{'} = \tau_w{'} t$ nach der Gleichung (II.87).

Dabei muß verständlicherweise darauf geachtet werden, daß die Größen $\tilde{S}_\omega$ und $I_{\hat{\omega}\hat{\omega}}$ (statt $I_{\omega\omega}$) aus dem Diagramm der sektoriellen Koordinate $\hat{\omega}$ für das

192   III. Dünnwandige Stäbe mit geschlossenem Profil und geradliniger Achse

geschlossene Profil [gemäß Gleichung (I.108)] berechnet werden müssen. Die unbekannten Schubflüsse $q^0_{w_i}$ ($i = 1, 2, \ldots, n$) (Abb. III.3 b) bestimmen wir durch Aufstellung der Bedingung (III.47) für jede Zelle gesondert.

Auf diese Weise erhalten wir, unter Beachtung des für die Schubflüsse $q^0_{w_i}$ gemäß Abb. III.3 b festgelegten Richtungssinnes, das folgende System linearer Gleichungen:

$$q^0_{wi}\eta_{ii} - \sum_{k=1}^{m} q^0_{wk}\eta_{ik} + \oint_{s_i} \frac{q_w{'}}{t}\,ds = 0 \qquad \text{(III.52)}$$

$$i = 1, 2, \ldots, n,$$

wo n die Gesamtzahl und m die Zahl der an i grenzenden Zellen sind.

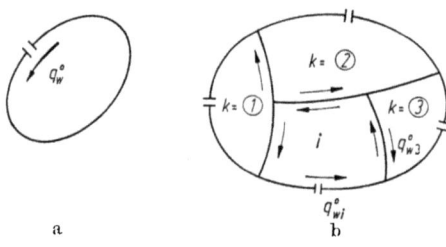

Abb. III.3

Die Koeffizienten η_{ii} und η_{ik} sind durch die Ausdrücke (I.95) gegeben. Bemerkenswert ist, daß die Koeffizienten der Unbekannten in den Gleichungssystemen (I.94) und (III.52) die gleichen sind. Dies war auch zu erwarten, weil beide Gleichungssysteme aus der Bedingung der Periodizität der Funktion w längs der geschlossenen Profilmittelkurve abgeleitet wurden.

Der endgültige Ausdruck für den Schubfluß q_w für jeden beliebigen Punkt der Profilmittellinie des Querschnittes lautet:

$$q_w = q_w{'} + q^0_{wi} - q^0_{wk}, \qquad \text{(III.53)}$$

wobei als positiver Richtungssinn der in Abb. III.3 b angegebene, d. h. entgegen dem Uhrzeigersinn gerichtete, eingesetzt werden muß.

Die Indizes i und k beziehen sich auf die zu beiden Seiten der sie trennenden Profilmittellinie gelegenen Zellen.

Für die auf der Profilmittellinie der Außenwand des Querschnittes gelegenen Punkte muß eines der Glieder q^0_{wi} bzw. q^0_{wk} gleich Null sein, weil durch diese Linie jeweils nur eine Zelle begrenzt wird.

Eine Sonderstellung nehmen in gewisser Hinsicht die gemischten offengeschlossenen Querschnitte (Abb. I.25a) ein.

Die Schubspannungen τ_s in den außerhalb der geschlossenen Teile der Profilmittellinie gelegenen Wänden verteilen sich auf deren Stärke antisymmetrisch. Für die Berechnung dieser Spannungen gelten die Grundsätze der Theorie der Stäbe mit offenem Profil. Im Vergleich zur St.Venantschen Schubspannung τ_s

1. Näherungstheorie des dünnwandigen Stabes mit geschlossenem Profil

des geschlossenen Querschnittsteiles ist der Anteil der Spannungen des offenen Teiles für die Aufnahme des Momentes T_s meist unwesentlich und wird oft vernachlässigt. Eine Ausnahme bilden jene Profile, bei welchen der geschlossene Querschnittsteil klein im Verhältnis zum offenen ist.

Die Berechnung der Schubspannungen τ_s der geschlossenen Querschnittsteile erfolgt nach der Gleichung (III.46). Die sektorielle Koordinate ist für die geschlossenen Profilteile durch die Gleichung (I.108) und für die offenen durch den Ausdruck (I.75) bestimmt.

In den Wandungen der offenen Querschnittsteile tritt nur der Anteil $q_w{'}$ des gesamten Schubflusses auf, während die Zusatzglieder q_{wi}^0 nur im Schubfluß des geschlossenen Teiles auftreten.

Bei einer Torsionsbeanspruchung des Stabes ist die Schubspannung $\tau_w{'}$ durch das letzte Glied der Gleichung (II.87) gegeben. Ist außerdem die verteilte Flächenbelastung $\bar{p}_z$ gleich Null, so erhalten wir:

$$\tau_w{'} t = q_w{'} = -\frac{\tilde{S}_\omega T_\delta}{I_{\delta\delta}}. \tag{III.54}$$

Die Zusatzglieder q_{wi}^0 bestimmen wir aus dem System der linearen Gleichungen (III.52). Durch Einführung des Ausdruckes (III.54) für $q_w{'}$ ergibt sich:

$$q_{wi}^0 \eta_{ii} - \sum_{k=1}^{m} q_{wk}^0 \eta_{ik} = \frac{T_\delta}{I_{\delta\delta}} \oint_{s_i} \frac{\tilde{S}_\omega}{t}\,ds, \tag{III.55}$$

$i = 1, 2, \ldots, n$.

Durch Auflösung dieses Gleichungssystems können wir den Ausdruck für den Schubfluß q_{wi}^0 in folgender Form schreiben:

$$q_{wi}^0 = \frac{S_{\omega i}^0}{I_{\delta\delta}} T_\delta, \tag{III.56}$$

wo $S_{\omega i}^0$ der Wert der Unbekannten q_{wi}^0 für $T_\delta/I_{\delta\delta} = 1$ ist.

Im Falle des einzelligen Querschnittes ergibt sich für $S_{\omega i} = S_\omega^0$ der Ausdruck:

$$S_\omega^0 = \frac{\oint_s \dfrac{\tilde{S}_\omega}{t}\,ds}{\oint_s \dfrac{ds}{t}}. \tag{III.57}$$

Als endgültigen Ausdruck für den Schubfluß q_w erhält man:

$$q_w = q_w{'} + q_{wi}^0 - q_{wk}^0 = -T_\delta \frac{\tilde{S}_\omega - (S_{\omega i}^0 - S_{\omega k}^0)}{I_{\delta\delta}} \tag{III.58}$$

bzw.:

$$q_w = -\frac{T_\delta \tilde{S}_\delta}{I_{\delta\delta}}, \tag{III.59}$$

wo

$$\tilde{S}_{\hat{\omega}} = \tilde{S}_{\omega} - (S^0_{\omega i} - S^0_{\omega k}) \qquad \text{(III.60)}$$

ist.

Der Ausdruck (III.60) hat rein geometrischen Charakter und stellt die Verteilung des Schubflusses $q_w = \tau_w t$ im Querschnitt dar.

1.5. Geometrische Kennwerte des Querschnitts

Für die Berechnung der sektoriellen Koordinate müssen hinsichtlich der Festlegung der Vorzeichen der Glieder $h\,ds$ und $\bar{\tau}\,ds$ die folgenden Bemerkungen vorausgeschickt werden: Das Vorzeichen für den Zuwachs $h\,ds$ wird in der im Abschnitt II.2.2.1 angegebenen Weise bestimmt. Die Verteilungsfunktion $\bar{\tau}$ der Schubspannungen als Vektor aufgefaßt, finden wir aus Gleichung (I.106) unter Beachtung der festgelegten Vorzeichenkonvention für die Größen $\bar{q}$ (siehe Abb. I.22). Stimmt der Richtungssinn von $\bar{\tau}$ mit dem Sinn der Integration überein, so ist der Zuwachs $\bar{\tau}\,ds$ positiv, andernfalls negativ.

Mit Rücksicht auf diese Bemerkungen gehen wir vom beliebigen Punkt O_1 der Profilmittellinie und vom beliebigen Pol Q aus und berechnen auf Grund der Gleichung (I.108) die sektorielle Koordinate $\hat{\omega}_Q$ für die einzelnen Punkte der Profilmittellinie.

Der weitere Verlauf der Berechnung, mittels welcher wir den Schubmittelpunkt D, den Ursprung O bzw. den Wert der Konstanten ω_0 und das sektorielle Trägheitsmoment $I_{\hat{\omega}\hat{\omega}}$ bestimmen, erfolgt in gleicher Weise wie für offene Profile. Ebenso bestimmen wir das sektorielle statische Moment $\tilde{S}_{\omega}$.

Bei der Berechnung der Werte $I_{\hat{\omega}\hat{\omega}}$, $I_{x\hat{\omega}_Q}$, $I_{y\hat{\omega}_Q}$, $\tilde{S}_{\omega}$ und der übrigen Größen, welche durch bestimmte Integrale von der Form

$$I = \int_F \bar{\eta}\eta\,dF$$

ausgedrückt werden, muß besonders auf die mittels Längsgurten verstärkten Querschnitte geachtet werden. Im allgemeinen denken wir uns die Querschnitte dieser Rippen in den einzelnen Punkten der Profilmittellinie konzentriert wirkend. Den auf diese Querschnitte entfallenden Anteil ΔI vom Werte des Integrals I erhalten wir dann als Summe der Produkte der Querschnitte F_m ($m = 1, 2, \ldots, M$) dieser Rippen und der Ordinaten $\bar{\eta}_m \eta_m$ der Punkte, in welchen wir uns diese konzentriert denken:

$$\Delta I = \sum_{m=1}^{M} F_m \bar{\eta}_m \eta_m, \qquad \text{(III.61)}$$

wo M die Gesamtzahl der Längsrippen ist.

Beispiel 1:

Als Beispiel eines einzelligen Querschnittes wählen wir das in Abb. III.4 gezeigte Profil. Die Lage des Schwerpunktes und der Hauptträgheitsachsen sind in der Abb. III.5a ersichtlich. Die Trägheitsmomente I_{xx} und I_{yy} haben die folgenden Werte:

$$I_{xx} = 0{,}3655\,a^3 t_0, \qquad I_{yy} = 1{,}3509\,a^3 t_0.$$

1. Näherungstheorie des dünnwandigen Stabes mit geschlossenem Profil

Die Diagramme $x(s)$ und $y(s)$ sind in Abb. III.5a und III.5b gezeigt.
Für die Torsionskonstante K erhalten wir den folgenden Wert:

$$K = 4A^2 \bigg/ \oint (ds/t) = 0{,}6057\, a^3 t_0$$

und somit

$$\bar{\tau} = K/2At = 0{,}50483\,(at_0/t).$$

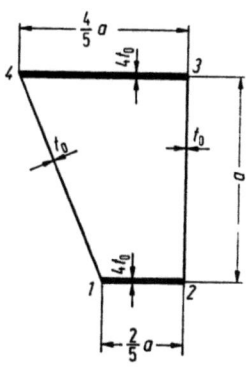

Abb. III.4

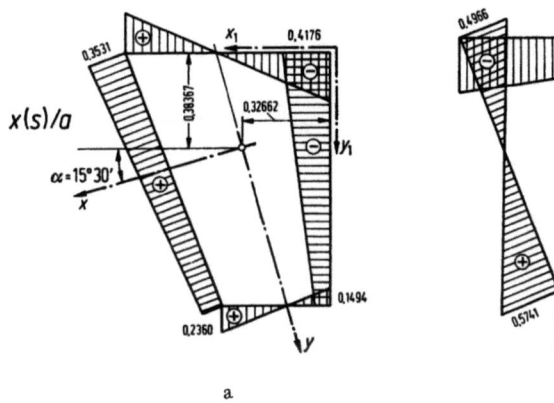

Abb. III.5

Wählen wir den Knoten *1* als Ursprung O_1 und Pol Q, so erhalten wir das in Abb. III.6 gezeigte Diagramm $\omega_Q(O_1, s)$.

Durch Anwendung der im Kapitel II.2 gezeigten numerischen Integration erhalten wir aus den in den Abb. III.5 und III.6 gezeichneten Diagrammen die Größen $I_{x\omega Q}$ und $I_{y\omega Q}$ zu:

$$I_{x\omega Q} = 0{,}2479\, a^4 t_0, \qquad I_{y\omega Q} = -0{,}3610\, a^4 t_0,$$

und gemäß der Gleichungen (II.110a, b) die Koordinaten des Schubmittelpunkts:

$$y_D = -0{,}1043\, a \quad \text{und} \quad x_D = -0{,}03126\, a.$$

Im Koordinatensystem x_1, y_1 (Abb. III.7a) ist die Lage des Schubmittelpunktes durch die Werte

$$x_{1D} = 0{,}3245\, a \quad \text{und} \quad y_{1D} = 0{,}2748\, a$$

bestimmt.

Das Diagramm $\hat{\omega}_D(O_1, s)$ ist in Abb. III.7a aufgetragen.
Auf Grund des Ausdruckes (II.111) finden wir den Wert der Konstanten ω_0 zu:

$$\omega_0 = -0{,}1188\, a^2.$$

Das Diagramm der normierten sektoriellen Koordinate $\hat{\omega}$ ist in Abb. III.7b gezeigt.
Für $I_{\hat{\omega}\hat{\omega}}$ und I_{hh} erhalten wir:

$$I_{\hat{\omega}\hat{\omega}} = 0{,}0188\, a^5 t_0, \qquad I_{hh} = 1{,}312\, a^3 t_0.$$

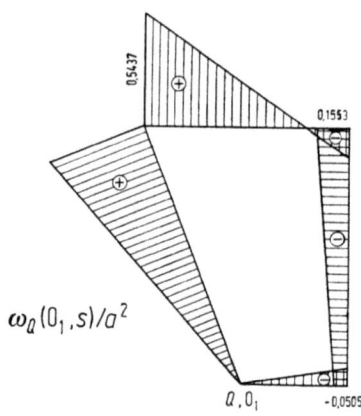

Abb. III.6

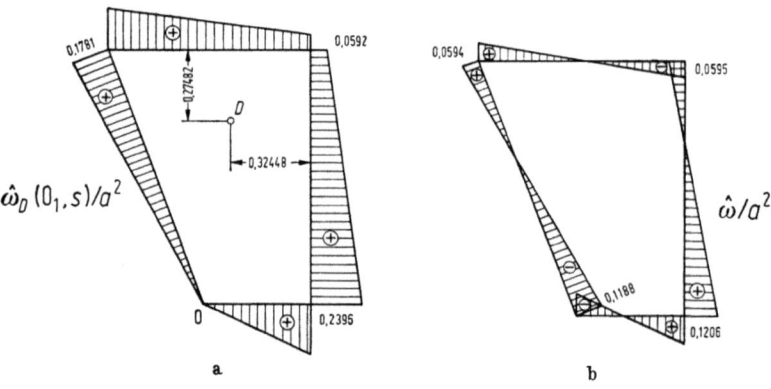

Abb. III.7

Die Verteilung der Schubspannungen infolge des Wölbtorsionsmomentes $T_{\hat{\omega}}$ nach der Formel (III.44) ist in Abb. III.8 gezeigt.
Die Schubspannungsverteilungs-Funktion nach der Gleichung (III.59) ist durch den Ausdruck

$$-\frac{\tilde{S}_{\hat{\omega}}}{I_{\hat{\omega}\hat{\omega}}\, t} \qquad (III.62)$$

bestimmt. Das Diagramm des sektoriellen statischen Momentes des abgeschnittenen Querschnittsteiles

$$\tilde{S}_\omega = \int\limits_{\tilde{F}} \hat{\omega}\, dF \qquad (III.63)$$

bestimmen wir auf die im Abschnitt II.2.2.1 gezeigte Weise.

1. Näherungstheorie des dünnwandigen Stabes mit geschlossenem Profil

Das offene Profil, von welchem wir ausgehen, ist in Abb. III.9a dargestellt. Ausgehend vom Knoten *3* erhalten wir unter Berücksichtigung der Abb. III.7b das in Abb. III.9a gezeichnete Diagramm $\tilde{S}_\omega$. Den Wert für $S_\omega{}^0$ erhalten wir aus Gleichung (III.57):

$$S_\omega{}^0 = -0{,}560 \cdot 10^{-2}\, a^3 t.$$

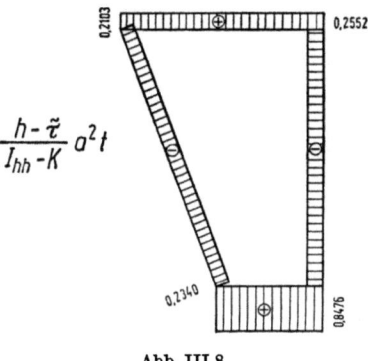

Abb. III.8

Das Diagramm (III.62)

$$-(\tilde{S}_\omega - S_\omega{}^0)/I_{\hat{\omega}\hat{\omega}} t = -\tilde{S}_{\hat{\omega}}/I_{\hat{\omega}\hat{\omega}} t$$

ist in Abb. III.9b dargestellt. Die Richtung der Schubspannungen τ_w, welche dem positiven Wölbtorsionsmoment entspricht, ist durch Pfeile längs der Profilmittellinie gekennzeichnet.

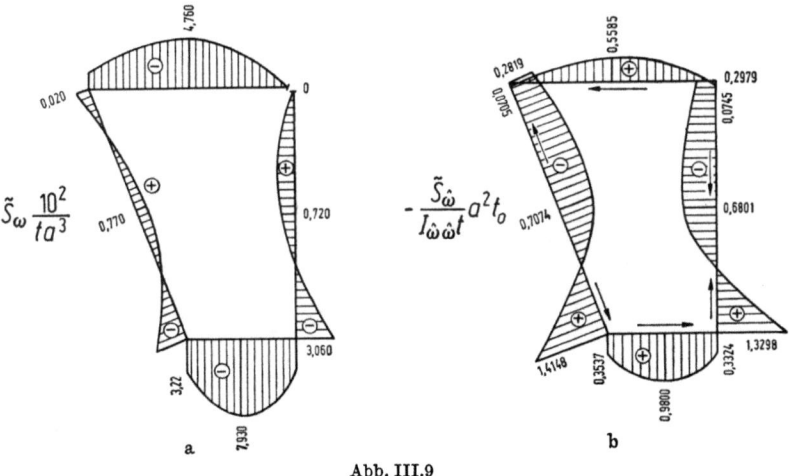

Abb. III.9

Beispiel 2:

Als nächstes Beispiel wählen wir den in Abb. I.25a gezeigten offen-geschlossenen Querschnitt. Das Diagramm der Schubspannungs-Verteilungsfunktion $\tilde{\tau}$ und der sektoriellen Koordinate $\hat{\omega}_P$ sind in den Abb. I.25b und I.26 gegeben.

Der Schubmittelpunkt D befindet sich in der Symmetrieachse.

Das antisymmetrische Diagramm $x(s)$ ist in Abb. III.10 gezeigt.

198   III. Dünnwandige Stäbe mit geschlossenem Profil und geradliniger Achse

Nach Ausrechnung der Integrale $I_{x\omega Q}$ [aus Gleichung (II.79a)] und I_{xx} erhalten wir zufolge des Ausdrucks (II.110a) die Lage des Schubmittelpunktes D:

$$y_D - y_Q = d = \frac{6{,}2536}{13{,}2369} a = 0{,}4724\, a.$$

Das $\hat{\omega}$-Diagramm ist in Abb. III.11 gezeigt. Da wir den Ursprung $O = O_1$ in einen Schnittpunkt der Symmetrieachse mit dem Querschnitt gesetzt haben, so ist — zufolge der Symmetrie des Querschnitts — $S_\omega(O_1)$ und somit auch ω_0 gleich Null. Daher ist das Diagramm $\omega_D(O_1, S)$ gleichzeitig auch das ω-Diagramm.

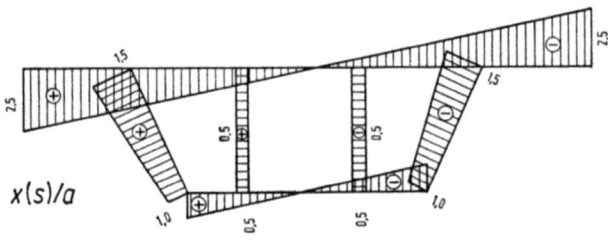

Abb. III.10

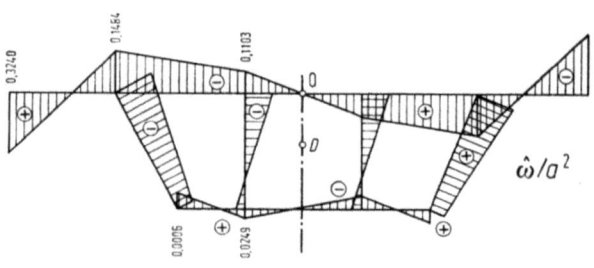

Abb. III.11

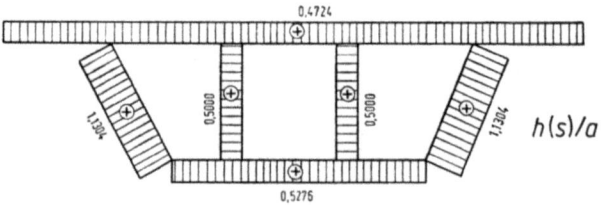

Abb. III.12

Auf Grund dieses Diagrammes finden wir mittels Integration den Wert für $I_{\hat\omega\hat\omega}$ zu

$$I_{\hat\omega\hat\omega} = 0{,}9373\, a^5 t_0.$$

Für I_{hh} erhalten wir (siehe Abb. III.12)

$$I_{hh} = 3{,}4624\, a^3 t_0.$$

Auf Grund von Formel (I.102) ergibt sich (siehe Abschnitt I.4):

$$K = 2(2 \cdot 0{,}5105 \cdot 0{,}75 + 0{,}6929)\, a^3 t_0 = 2{,}9173\, a^3 t_0.$$

1. Näherungstheorie des dünnwandigen Stabes mit geschlossenem Profil

Die Schubspannungs-Verteilungsfunktion infolge des Wölbtorsionsmomentes $T_{\hat{\omega}}$ erhalten wir gemäß der Formel (III.59). Das Diagramm $\tilde{S}_\omega$ berechnen wir ebenfalls aus dem $\hat{\omega}$-Diagramm auf gleiche Weise wie für offene Profile. Das Diagramm $\tilde{S}_\omega$ ist in Abb. III.13 festgehalten.

Die Schnittpunkte der Profilmittellinie sind in der gleichen Abbildung gezeigt.

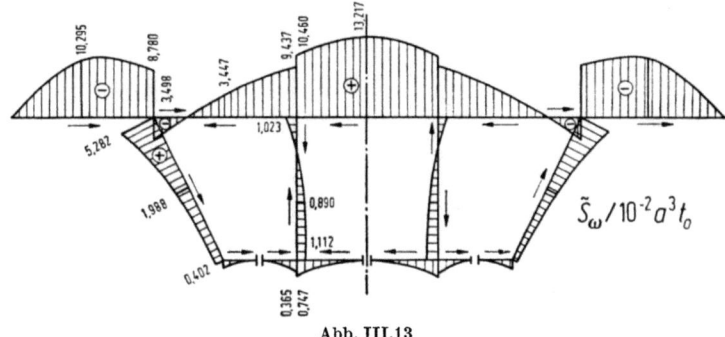

Abb. III.13

Um die Glieder $S_{\omega t}^0$ bestimmen zu können, ist es notwendig, das Gleichungssystem (III.55) für $T_{\hat{\omega}}/I_{\hat{\omega}\hat{\omega}} = 1$ zu lösen. Die Beiwerte sind dieselben wie diejenigen des Gleichungssystems (I.94), aus welchen wir die Unbekannten $\tilde{q}_1$ und $\tilde{q}_2$ berechnet haben. Für die freien Glieder erhalten wir folgende Werte:

$\dfrac{6}{10^{-2} a^4} \displaystyle\int\limits_{s_1} \dfrac{\tilde{S}_\omega}{t}\, ds$:

$(-3{,}498 + 4 \cdot 3{,}447 + 9{,}437) \qquad = \quad 19{,}727$

$\dfrac{1}{0{,}5}(-1{,}023 + 4 \cdot 0{,}890 + 1{,}112) \qquad = \quad 7{,}298$

$\dfrac{1}{1{,}2}(0{,}365 + 0{,}402) \cdot 0{,}5 \qquad = \quad 0{,}320$

$\dfrac{1}{0{,}5}(0{,}402 + 4 \cdot 1{,}988 + 5{,}282) \cdot 1{,}118 \qquad = \quad 30{,}490$

$\qquad\qquad\qquad\qquad\qquad\qquad\qquad\qquad \overline{57{,}835}$

$\dfrac{6}{10^{-2} a^4} \displaystyle\int\limits_{s_2} \dfrac{\tilde{S}_\omega}{t}\, ds$:

$2(10{,}460 + 2 \cdot 13{,}217) \qquad = \quad 73{,}788$

$2 \cdot \dfrac{1}{0{,}5}(1{,}023 - 4 \cdot 0{,}890 - 1{,}112) \qquad = \quad -14{,}596$

$- 2 \dfrac{1}{1{,}2} 0{,}747 \qquad = \quad -1{,}245$

$\qquad\qquad\qquad\qquad\qquad\qquad\qquad\qquad \overline{57{,}947}$

$\displaystyle\int\limits_{s_1} \dfrac{\tilde{S}_\omega}{t} = \dfrac{1}{6} 57{,}835 \cdot 10^{-2} a^4 = 9{,}639 \cdot 10^{-2} a^4$

$\displaystyle\int\limits_{s_2} \dfrac{\tilde{S}_\omega}{t} = \dfrac{1}{6} 57{,}947 \cdot 10^{-2} a^4 = 9{,}658 \cdot 10^{-2} a^4$

Durch die Auflösung des Gleichungssystems finden wir:

$$S_{\omega_1}^0 = 3{,}025 \cdot 10^{-2} a^3 t_0, \qquad S_{\omega_2}^0 = 3{,}730 \cdot 10^{-2} a^3 t_0.$$

200   III. Dünnwandige Stäbe mit geschlossenem Profil und geradliniger Achse

Zu bemerken ist, daß für die Berechnung der $S^0_{\omega i}$ die in Abb. III.3b gezeigte Vorzeichenkonvention angewendet wird. Als positiver Richtungssinn wird für jede einzelne Zelle derjenige angesehen, der die Zelle entgegen dem Uhrzeigersinn umläuft.

Das Diagramm $S^0_{\omega i} - S^0_{\omega k}$ mit den eingetragenen Richtungen ist in Abb. III.14a und das Diagramm $-\tilde{S}_{\hat{\omega}}/I_{\hat{\omega}\hat{\omega}} t$ in Abb. III.14b gezeigt.

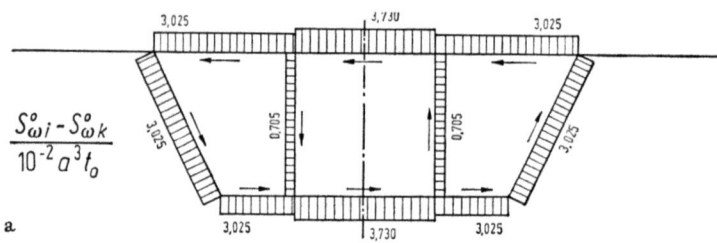

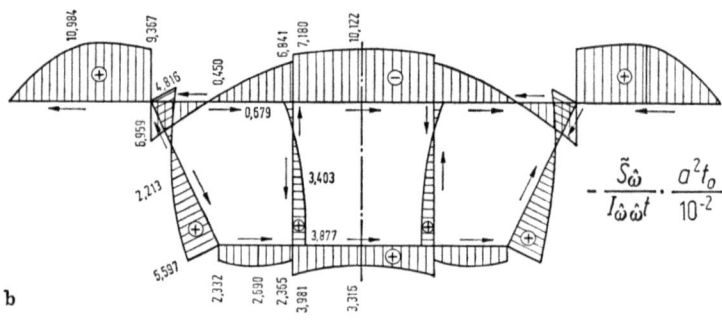

Abb. III.14

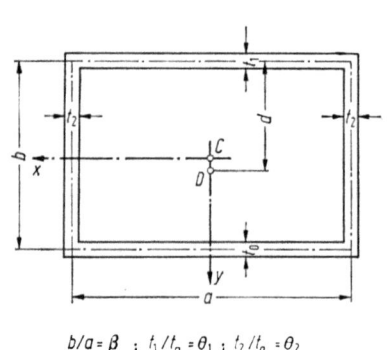

Abb. III.15

1. Näherungstheorie des dünnwandigen Stabes mit geschlossenem Profil

In praktischen Problemen kommt das einfach symmetrische Rechteckprofil sehr oft vor. In Abb. III.15 sind die Formeln für K, d/b, ω, $I_{\hat\omega\hat\omega}$ und I_{hh} eines solchen Querschnitts angegeben.[1]

1.6. Lösung der Differentialgleichung und die Randbedingungen

Durch die Einführung von

$$k^2 = \frac{GK}{\varrho E' I_{\hat\omega\hat\omega}} \qquad \text{(III.64)}$$

können wir die Gleichung (III.31) in der Form

$$\varphi^{IV} - k^2 \varphi'' = \frac{m_D + m_{\hat\omega}'}{EI_{\hat\omega\hat\omega}} - \frac{m_D''}{GI_{hh}} \qquad \text{(III.65)}$$

anschreiben.

Die allgemeine Lösung dieser Gleichung lautet:

$$\varphi = \varphi_P + A \cosh kz + B \sinh kz + Cz + D, \qquad \text{(III.66)}$$

wo φ_P ein partikuläres Integral der Gleichung (III.65) ist.

Wir führen nun, ähnlich wie für die Torsion der offenen Profile (siehe Abschnitt II.3) statt der Konstanten A, B, C und D als Integrationskonstanten die Werte φ_0, ϑ_0, $M_{\omega 0}$ und T_0 im Querschnitt $z = 0$ ein, wobei wir den Anfangspunkt der Koordinate z in einen beliebigen Stabquerschnitt verlegen können. Wir nehmen vorerst an, daß

$$m_{\hat\omega} = m_D = 0 \qquad \text{(III.67)}$$

sei.

Für $z = 0$ erhalten wir aus Gleichung (III.66) unter Beachtung, daß wegen der Voraussetzung (III.67) $\varphi_P \equiv 0$ sein muß:

$$\varphi_0 = A + D. \qquad \text{(III.68)}$$

Ebenso folgt wegen (III.67) aus Gleichung (III.36):

$$\vartheta_0 = \varphi_0' + \frac{\varrho}{k_1^2} \varphi_0'''.$$

Die Werte φ' und φ''' erhalten wir durch Differentiation der Gleichung (III.66) unter Beachtung von $\varphi_P \equiv 0$. Diese Werte für $z = 0$ in den Ausdruck für ϑ_0 eingesetzt, ergeben:

$$\vartheta_0 = \varrho k B + C. \qquad \text{(III.69)}$$

Aus den Gleichungen (III.37) und (III.38) folgt unter Beachtung von Gleichung (III.67):

$$M_{\hat\omega 0} = -\varrho E' I_{\hat\omega\hat\omega} \varphi_0''$$

---

[1] Die Tabellen dieser Werte für verschiedene Parameter β, θ_1 und θ_2 sind in der Publikation: *C. F. Kollbrunner* und *N. Hajdin*: Wölbkrafttorsion dünnwandiger Stäbe mit geschlossenem Profil. Mitteilungen der Technischen Kommission, Schweizer Stahlbau-Vereinigung, H. 32, 1966, angegeben.

III. Dünnwandige Stäbe mit geschlossenem Profil und geradliniger Achse

und
$$T_0 = KG\varphi_0' - \varrho E' I_{\hat\omega\hat\omega}\varphi_0''',$$

und unter Berücksichtigung der aus Gleichung (III.66) erhaltenen Werte für φ', φ'' und φ''' für $z=0$:

$$M_{\hat\omega 0} = -\varrho E' I_{\hat\omega\hat\omega} k^2 A \tag{III.70}$$

und
$$T_0 = GKC. \tag{III.71}$$

Die Auflösung der Gleichungssysteme (III.68) bis (III.71) nach den Unbekannten A, B, C und D ergibt:

$$A = -\frac{M_{\hat\omega 0}}{GK},$$

$$B = \frac{1}{k\varrho}\left(\vartheta_0 - \frac{T_0}{GK}\right),$$

$$C = \frac{T_0}{GK},$$

$$D = \varphi_0 + \frac{M_{\hat\omega 0}}{GK}.$$

Die allgemeine Lösung der Gleichung (III.65) für $m_D = m_{\hat\omega} = 0$ lautet mit den neu eingeführten Konstanten:

$$\varphi = \varphi_0 + \frac{1}{k\varrho}\vartheta_0 \sinh kz - \frac{M_{\hat\omega 0}}{GK}(\cosh kz - 1) + \frac{T_0}{GK}\left(z - \frac{1}{k\varrho}\sinh kz\right). \tag{III.72}$$

Für ϑ erhalten wir aus den Gleichungen (III.36) und (III.72):

$$\vartheta = \vartheta_0 \cosh kz - k\varrho \frac{M_{\hat\omega 0}}{GK}\sinh kz + \frac{T_0}{GK}(1 - \cosh kz). \tag{III.73}$$

Für das Bimoment und das Torsionsmoment finden wir aus den Gleichungen (III.37), (III.38) und (III.72):

$$M_{\hat\omega} = -GK\frac{1}{k\varrho}\vartheta_0 \sinh kz + M_{\hat\omega 0}\cosh kz + \frac{1}{k\varrho}T_0 \sinh kz, \tag{III.74}$$

$$T = T_0. \tag{III.75}$$

Die Randbedingungen können, wie wir das bereits im Abschnitt II.3.3.1 gezeigt haben, durch Verschiebungen, durch Kräfte oder durch beide Arten dieser Einwirkungen gegeben sein.

Die Bedingungen für die Verschiebungen sind durch den Verdrehungswinkel des Querschnitts

$$\varphi = \varphi^* \tag{III.76}$$

1. Näherungstheorie des dünnwandigen Stabes mit geschlossenem Profil

oder durch dessen Verwölbung gemäß Gleichung (III.3)

$$w = -\vartheta\,\hat\omega = -\vartheta^*\,\hat\omega$$

bzw.

$$\vartheta = \vartheta^* \qquad (III.77)$$

bestimmt, wo φ^* der gegebene Verdrehungswinkel und ϑ^* das gegebene Wölbmaß am betrachteten Stabquerschnitt sind.

Die Arten der Lagerung für die Randbedingungen $\varphi = 0$, $\vartheta = 0$ oder $\varphi = \vartheta = 0$ sind in der Abb. II.32 und dem erläuternden Text des Abschnitts II.3.3.1 gezeigt und beschrieben. Das Wölbmaß ϑ für geschlossene Profile entspricht dabei dem Wölbmaß φ' für offene Profile.

Die auf die Kräfte bezogenen Randbedingungen definieren wir in gleicher Weise wie bei dem offenen Querschnitt:

$$T = T^* \qquad (III.78)$$

und

$$M_{\hat\omega} = M_{\hat\omega}^*. \qquad (III.79)$$

T^* und $M_{\hat\omega}^*$ sind das äußere Torsions- bzw. Bimoment im Querschnitt, für welchen wir diese Bedingungen aufstellen.

1.7. Torsion des Stabes unter Querbelastung

a) Belastung durch ein konzentriertes Torsionsmoment an einer beliebigen Stelle

Die Ausdrücke für φ, ϑ, $M_{\hat\omega}$ und T, welche durch die Gleichungen (III.72), (III.73), (III.74) und (III.75) gegeben sind, schreiben wir im folgenden übersichtlichen Schema an:

	φ_0	ϑ_0	$\dfrac{M_{\hat\omega 0}}{GK}$	$\dfrac{T_0}{GK}$
φ	1	$\dfrac{1}{k\varrho}\sinh kz$	$1 - \cosh kz$	$z - \dfrac{1}{k\varrho}\sinh kz$
ϑ	0	$\cosh kz$	$-k\varrho \sinh kz$	$1 - \cosh kz$
$\dfrac{M_{\hat\omega}}{GK}$	0	$-\dfrac{1}{k\varrho}\sinh kz$	$\cosh kz$	$\dfrac{1}{k\varrho}\sinh kz$
$\dfrac{T}{GK}$	0	0	0	1

(III.80)

Wir betrachten die Belastung durch ein an der beliebigen Stelle m (Abb. III.16a) der Stabachse wirkendes Torsionsmoment T^*.

Für den links vom Punkt m gelegenen Stabteil gilt die durch die Gleichung (III.80) gegebene Lösung. Bei dem Übergang vom linken zum rechten Stabteil

204   III. Dünnwandige Stäbe mit geschlossenem Profil und geradliniger Achse

müssen folgende Bedingungen erfüllt sein:

$$\left.\begin{array}{r}\varphi^r = \varphi^l, \\ \vartheta^r = \vartheta^l, \\ M_\triangle{}^r = M_\triangle{}^l \end{array}\right\} \quad (III.81)$$

und (siehe Abb. III.16b):

$$T^r = T^l - T^*,$$

wo mit r die Einflüsse, welche sich auf den rechten und mit l diejenigen, welche sich auf den linken Stabteil beziehen, bezeichnet sind.

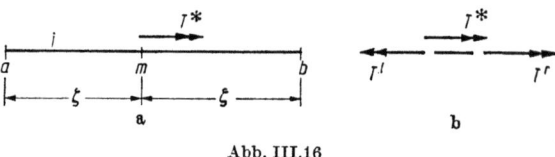

Abb. III.16

Ähnlich wie für die offenen Profile sind die Gleichungen für φ, ϑ, $M_\triangle$ und T in der folgenden Tabelle (III.82) zusammengestellt, wobei die Anteile, welche für den rechten Stabteil, also für $z > \zeta$, hinzugefügt werden müssen, durch eine Vertikallinie getrennt sind.

	φ_0	ϑ_0	$\dfrac{M_{\triangle 0}}{GK}$	$\dfrac{T_0}{GK}$	$-\dfrac{T^*}{GK}$
φ	1	$\dfrac{1}{k\varrho}\sinh kz$	$1 - \cosh kz$	$z - \dfrac{1}{k\varrho}\sinh kz$	$z - \zeta - \dfrac{1}{k\varrho}\sinh k(z-\zeta)$
ϑ	0	$\cosh kz$	$-k\varrho \sinh kz$	$1 - \cosh kz$	$1 - \cosh k(z-\zeta)$
$\dfrac{M_\triangle}{GK}$	0	$-\dfrac{1}{k\varrho}\sinh kz$	$\cosh kz$	$\dfrac{1}{k\varrho}\sinh kz$	$\dfrac{1}{k\varrho}\sinh k(z-\zeta)$
$\dfrac{T}{GK}$	0	0	0	1	1

(III.82)

Es ist ohne weiteres ersichtlich, daß durch die Gleichungen (III.82) die Übergangsbedingungen (III.81) erfüllt sind.

Aus den Randbedingungen an den Stabenden bestimmen wir unter Benützung der Gleichungen (III.82) die Integrationskonstanten φ_0, ϑ_0, $M_{\triangle 0}$ und T_0.

Für den beiderseits gabelartig gelagerten Stab bzw. für die Randbedingungen:

$$\varphi = M_\triangle = 0 \quad \text{für} \quad z = 0 \quad \text{und} \quad z = l$$

erhalten wir aus den Gleichungen (III.82):

$$\vartheta_0 \frac{1}{k\varrho} \sinh kl + \frac{T_0}{GK}\left(l - \frac{1}{k\varrho}\sinh kl\right) - \frac{T^*}{GK}\left(\zeta' - \frac{1}{k\varrho}\sinh k\zeta'\right) = 0$$

1. Näherungstheorie des dünnwandigen Stabes mit geschlossenem Profil

und

$$-\vartheta_0 \frac{1}{k\varrho} \sinh kl + \frac{T_0}{GK} \frac{1}{k\varrho} \sinh kl - \frac{T^*}{GK} \frac{1}{k\varrho} \sinh k\zeta' = 0.$$

Durch die Auflösung dieser beiden Gleichungen nach ϑ_0 und T_0 folgt:

$$\vartheta_0 = \left(\frac{\zeta'}{l} - \frac{\sinh k\zeta'}{\sinh kl} \right) \frac{T^*}{GK}$$

und

$$T_0 = \frac{\zeta'}{l} T^*.$$

Für φ, ϑ, T_s, M_ω und T_ω erhalten wir nach dem Ordnen die folgenden Ausdrücke:

Linker Teil:

$$\left.\begin{aligned}
\varphi &= \frac{T^*}{GK} \frac{1}{k\varrho} \left(\frac{\zeta'}{l} k\varrho z - \frac{\sinh k\zeta'}{\sinh kl} \sinh kz \right), \\
\vartheta &= \frac{T^*}{GK} \left(\frac{\zeta'}{l} - \frac{\sinh k\zeta'}{\sinh kl} \cosh kz \right), \\
T_s &= GK\varphi' = T^* \left(\frac{\zeta'}{l} - \frac{1}{\varrho} \frac{\sinh k\zeta'}{\sinh kl} \cosh kz \right), \\
M_\omega &= T^* \frac{1}{k\varrho} \frac{\sinh k\zeta'}{\sinh kl} \sinh kz, \\
T_\omega &= -\frac{GK}{k^2} \varphi''' = T^* \frac{1}{\varrho} \frac{\sinh k\zeta'}{\sinh kl} \cosh kz.
\end{aligned}\right\} \quad \text{(III.83)}$$

Rechter Teil:

$$\left.\begin{aligned}
\varphi &= \frac{T^*}{GK} \frac{1}{k\varrho} \left(\frac{\zeta}{l} k\varrho z' - \frac{\sinh k\zeta}{\sinh kl} \sinh kz' \right), \\
\vartheta &= \frac{T^*}{GK} \left(-\frac{\zeta}{l} + \frac{\sinh k\zeta}{\sinh kl} \cosh kz' \right), \\
T_s &= T^* \left(-\frac{\zeta}{l} + \frac{1}{\varrho} \frac{\sinh k\zeta}{\sinh kl} \cosh kz' \right), \\
M_\omega &= T^* \frac{1}{k\varrho} \frac{\sinh k\zeta}{\sinh kl} \sinh kz', \\
T_\omega &= -T^* \frac{1}{\varrho} \frac{\sinh k\zeta}{\sinh kl} \cosh kz'.
\end{aligned}\right\} \quad \text{(III.84)}$$

Vergleicht man diese Ausdrücke mit den entsprechenden für offene Profile in den Gleichungen (II.183) und (II.184), so sieht man, daß sich die Ausdrücke für M_ω und T_ω gegenüber denjenigen für offene Profile durch den Faktor $1/\varrho$ unterscheiden.

206 III. Dünnwandige Stäbe mit geschlossenem Profil und geradliniger Achse

Bei den geschlossenen Profilen sind die Werte kl im allgemeinen bedeutend größer als bei den offenen Profilen. Die Berechnung der Einflüsse nach den weiter oben angegebenen Gleichungen wird dann betreffs Rechenfehlern äußerst empfindlich.

Für Werte $k\zeta$ und $k\zeta'$ größer als 4 (Abb. III.17) können wir genügend genaue Werte für φ, ϑ und die Schnittkräfte erhalten, wenn wir in die Gleichungen (III.83) und (III.84) näherungsweise setzen:

$$\cosh k\zeta \approx \sinh k\zeta \approx \frac{1}{2} e^{k\zeta},$$

$$\cosh k\zeta' \approx \sinh k\zeta' \approx \frac{1}{2} e^{k\zeta'},$$

$$\cosh kl \approx \sinh kl \approx \frac{1}{2} e^{kl}.$$

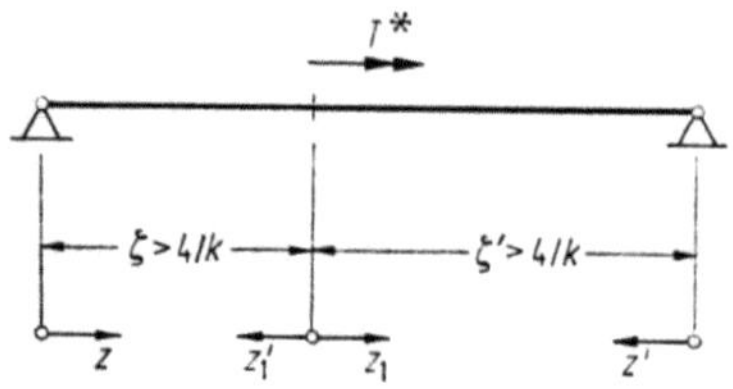

Abb. III.17

Die auf diese Weise erhaltenen Ausdrücke lauten:

Linker Teil:

$$\left.\begin{aligned}
\varphi &= \frac{T^*}{GK} \frac{1}{k\varrho} \left(\frac{\zeta'}{l} k\varrho z - \frac{1}{2} e^{-kz_1'}\right), \\
\vartheta &= \frac{T^*}{GK} \left(\frac{\zeta'}{l} - \frac{1}{2} e^{-kz_1'}\right), \\
T_s &= T^* \left(\frac{\zeta'}{l} - \frac{1}{2\varrho} e^{-kz_1'}\right), \\
M_\omega &= T^* \frac{1}{2k\varrho} e^{-kz_1'}, \\
T_\omega &= T^* \frac{1}{2\varrho} e^{-kz_1'}.
\end{aligned}\right\} \quad \text{(III.85)}$$

Rechter Teil:

$$\left.\begin{aligned}
\varphi &= \frac{T^*}{GK} \frac{1}{k\varrho} \left(\frac{\zeta}{l} k\varrho z' - \frac{1}{2} e^{-kz_1}\right), \\
\vartheta &= \frac{T^*}{GK} \left(-\frac{\zeta}{l} + \frac{1}{2} e^{-kz_1}\right), \\
T_s &= T^* \left(-\frac{\zeta}{l} + \frac{1}{2\varrho} e^{-kz_1}\right), \\
M_\omega &= T^* \frac{1}{2k\varrho} e^{-kz_1}, \\
T_\omega &= -T^* \frac{1}{2\varrho} e^{-kz_1}.
\end{aligned}\right\} \quad \text{(III.86)}$$

1. Näherungstheorie des dünnwandigen Stabes mit geschlossenem Profil

Als Beispiel nehmen wir den in Abb. III.18 gezeigten Stab.
Der Querschnitt des Stabes ist in Abb. III.4 gezeigt. Die Querschnittswerte (siehe Abschnitt III.1.1.5, Beispiel 1) sind die folgenden:

$$I_{\hat{\omega}\hat{\omega}} = 0{,}0188\, a^5 t_0 \qquad K = 0{,}6057\, a^3 t_0$$

$$I_{hh} = 1{,}312\, a^3 t_0$$

$$\varrho = \frac{1{,}312}{1{,}312 - 0{,}606} = 1{,}8584 \qquad \tilde{\tau} = 0{,}50483\, \frac{at_0}{t}$$

$$\frac{E}{G} = 2{,}6$$

$$k = \sqrt{\frac{0{,}6057}{1{,}8584 \cdot 2{,}6 \cdot 0{,}0188}} \cdot \frac{1}{a} = 2{,}5823\, \frac{1}{a}.$$

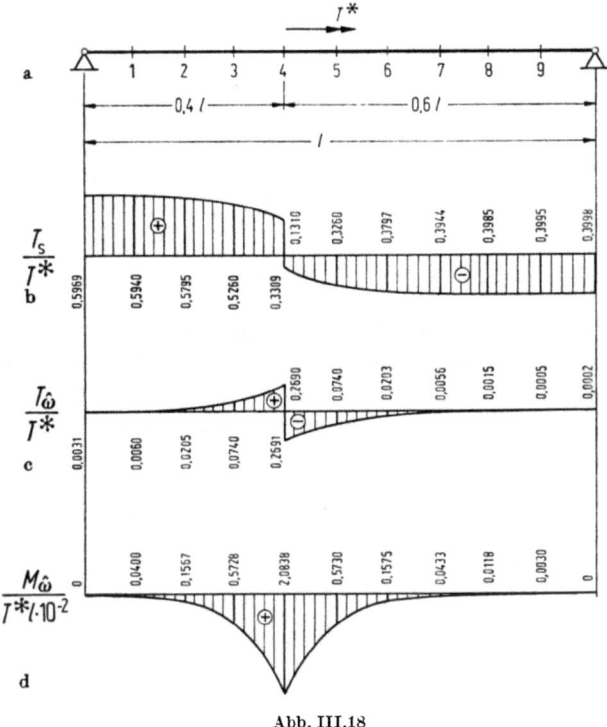

Abb. III.18

Für $l/a = 5$ erhalten wir:
$$kl = 12{,}911.$$

Durch die Benutzung der Ausdrücke (III.83) und (III.84) ergeben sich die in Abb. III.18 gezeigten Diagramme für T_s, $T_{\hat{\omega}}$ und $M_{\hat{\omega}}$.

Die Näherungswerte nach den Gleichungen (III.85) und (III.86) unterscheiden sich nur unwesentlich von den genauen Werten.

Die Normalspannungen erhalten wir auf Grund der Formel (III.42) und die Schubspannungen $\tau = \tau_s + \tau_w$ unter Benutzung der Ausdrücke (III.46), (III.59):

$$\tau_T = \frac{T_s}{K}\tilde{\tau} - \frac{T_{\hat{\omega}} \tilde{\tilde{S}}_{\hat{\omega}}}{I_{\hat{\omega}\hat{\omega}} t}.$$

208   III. Dünnwandige Stäbe mit geschlossenem Profil und geradliniger Achse

Für $T^* = 500$ tm, $a = 200$ cm, $t_0 = 1{,}0$ cm sind in der Abb. III.19 die Diagramme σ_z und τ_T in dem Querschnitt $z = 0{,}4\,l$ (links) gezeichnet:

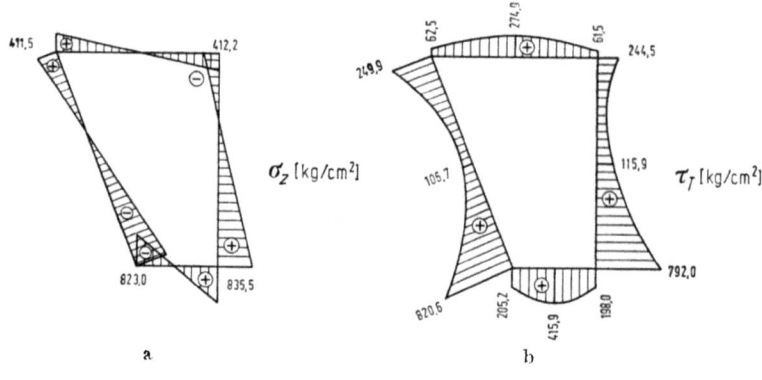

Abb. III.19

Die Ausdrücke für φ, T_s, $M_{\hat{\omega}}$ und $T_{\hat{\omega}}$ für verschiedene Lagerungsfälle der Stabenden sind in der Tabelle 1 (Kapitel II.3) angegeben.

b) Belastung durch ein verteiltes Torsionsmoment m_D

Die Ausdrücke für φ, ϑ, $(M_{\hat{\omega}}/GK)$ und T/GK für einen durch ein verteiltes Torsionsmoment m_D gemäß Abb. II.38 belasteten Stab werden aus Gleichung (III.82) in analoger Weise wie für den Stab mit offenem Profil abgeleitet.

Diese Ausdrücke sind im folgenden übersichtlichen Schema angegeben:

	φ_0	ϑ_0	$\dfrac{M_{\hat{\omega}0}}{GK}$	$\dfrac{T_0}{GK}$	$-\dfrac{1}{GK}$
φ	1	$\dfrac{1}{k\varrho}\sinh kz$	$1 - \cosh kz$	$z - \dfrac{1}{k\varrho}\sinh kz$	$\displaystyle\int_0^z \left[z - \zeta - \dfrac{1}{k\varrho}\sinh k(z-\zeta)\right] m_D\, d\zeta$
ϑ	0	$\cosh kz$	$-k\varrho \sinh kz$	$1 - \cosh kz$	$\displaystyle\int_0^z [1 - \cosh k(z-\zeta)]\, m_D\, d\zeta$
$\dfrac{M_{\hat{\omega}}}{GK}$	0	$-\dfrac{1}{k\varrho}\sinh kz$	$\cosh kz$	$\dfrac{1}{k\varrho}\sinh kz$	$\displaystyle\int_0^z \dfrac{1}{k\varrho}\sinh k(z-\zeta)\, m_D\, d\zeta$
$\dfrac{T}{GK}$	0	0	0	1	$\displaystyle\int_0^z m_D\, d\zeta$

(III.87)

1.8. Torsion des Stabes unter Belastung in der Längsrichtung

a) Belastung durch ein Bimoment $M_{\hat{\omega}}^*$ an einem Stabende

Die Berechnung eines äußeren Bimomentes $M_{\hat{\omega}}^*$ aus der gegebenen Belastung ist im Kapitel II.3 angegeben und ist für den vorliegenden Fall vollständig gleich.

Mit Rücksicht darauf, daß bei einer Belastung des Stabes durch ein konzentriertes Bimoment an einem seiner Enden das Belastungsglied gleich Null ist, gibt uns das Schema der Ausdrücke (III.80) die Lösung der Differentialgleichung.

Wir betrachten als Beispiel einen beidseitig gabelartig gelagerten Stab, der am Ende b durch ein Bimoment, gemäß Abb. III.20 belastet ist:

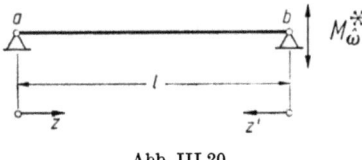

Abb. III.20

Aus den Randbedingungen:

$$\text{für } z = 0: \quad \varphi = 0 \quad \text{und} \quad M_{\hat{\omega}} = 0,$$
$$\text{für } z = l; \quad \varphi = 0 \quad \text{und} \quad M_{\hat{\omega}} = M^*$$

erhalten wir

$$\varphi_0 = 0; \quad M_{\hat{\omega} 0} = 0$$

und

$$\vartheta_0 = \frac{1}{l} \frac{M_{\hat{\omega}}^*}{GK} \left(1 - \frac{\varrho k l}{\sinh k l} \right),$$

$$T_0 = M_{\hat{\omega}}^* \frac{1}{l}.$$

Die Größen $\varphi, \vartheta, T_s, M_{\hat{\omega}}$ und $T_{\hat{\omega}}$ sind durch die folgenden Ausdrücke bestimmt:

$$\left.\begin{aligned}
\varphi &= \frac{M_{\hat{\omega}}^*}{GK} \left(\frac{z}{l} - \frac{\sinh k z}{\sinh k l} \right), \\
\vartheta &= \frac{M_{\hat{\omega}}^*}{GK} \left(\frac{1}{l} - k \varrho \frac{\cosh k z}{\cosh k l} \right), \\
T_s &= M_{\hat{\omega}}^* \left(\frac{1}{l} - k \frac{\sinh k z}{\cosh k l} \right), \\
M_{\hat{\omega}} &= M_{\hat{\omega}}^* \frac{\sinh k z}{\sinh k l}, \\
T_{\hat{\omega}} &= M_{\hat{\omega}}^* k \frac{\sinh k z}{\sinh k l}.
\end{aligned}\right\} \quad (\text{III.88})$$

210   III. Dünnwandige Stäbe mit geschlossenem Profil und geradliniger Achse

Für große Werte von kl, praktisch bereits von $kl = 4$ können wir näherungsweise

$$\cosh kl \approx \sinh kl \approx \frac{1}{2} e^{kl}$$

setzen und die Gleichungen (III.88) auf die folgenden Ausdrücke zurückführen:

$$\left.\begin{aligned}
\varphi &= \frac{M_{\hat{\omega}}^*}{GK}\left(\frac{z}{l} - e^{-kz'}\right), \\
\vartheta &= \frac{M_{\hat{\omega}}^*}{GK}\left(\frac{1}{l} - k\varrho e^{-kz'}\right), \\
T_s &= M_{\hat{\omega}}^*\left(\frac{1}{l} - k e^{-kz'}\right), \\
M_{\hat{\omega}} &= M_{\hat{\omega}}^* e^{-kz'}, \\
T_{\hat{\omega}} &= M_{\hat{\omega}}^* k e^{-kz'}.
\end{aligned}\right\} \quad (\text{III.89})$$

Wir betrachten nun als Beispiel den in Abb. III.21a gezeigten Stab, für welchen sowohl $k\zeta > 4$ als auch $k\zeta' > 4$ sei.

Als Hauptsystem können wir den beidseitig gabelartig gelagerten Stab wählen, der durch das gegebene Torsionsmoment T^* und das unbekannte Bimoment $M_{\hat{\omega}}^* = X$ (Abb. III.21b) belastet ist.

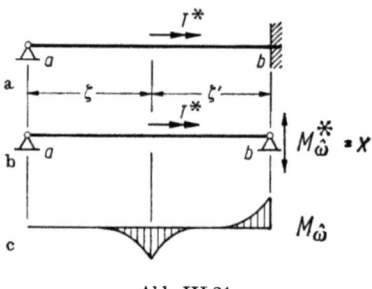

Abb. III.21

Damit das gewählte System mit dem gegebenen äquivalent sei, muß die Verwölbung des Endquerschnittes b gleich Null sein.

Diese Bedingung können wir wie folgt anschreiben:

$$X \vartheta_{bb} + \vartheta_{b0} = 0,$$

wo ϑ_{bb} das Maß der Verwölbung des Querschnittes b für den Belastungszustand $X = 1$ ist und ϑ_{b0} die durch T^* hervorgerufene Verwölbung.

Aus den Gleichungen (III.86) folgt für ϑ, weil $e^{-kz_1} \to 0$:

$$\vartheta_{b0} = -\frac{T^*}{GK}\frac{\zeta}{l}$$

1. Näherungstheorie des dünnwandigen Stabes mit geschlossenem Profil

und aus den Gleichungen (III.89):

$$GK\,\vartheta_{bb} = \frac{1}{l}(1 - \varrho kl).$$

Man erhält:

$$X = \frac{\zeta}{\varrho kl - 1} T^*. \qquad (\text{III.90})$$

Die Lösung der Aufgabe erhält man durch Superposition der Einflüsse aus der gegebenen Belastung und dem durch den Ausdruck (III.90) gefundenen Bimoment X. In Abb. III.21c ist der Verlauf des Bimomentes $M_{\hat{\omega}}$ gezeigt.

b) Belastung durch ein an einer beliebigen Stelle angreifendes Bimoment

Wir betrachten den in Abb. II.44 gezeigten Stab, der im Punkt m durch ein Bimoment $M_{\hat{\omega}}^*$ belastet wird. Für den links von m gelegenen Stabteil gelten die Ausdrücke (III.80). Am Übergang vom linken zum rechten Stabteil müssen die Bedingungen

$$\left.\begin{array}{l}\varphi^r = \varphi^l, \\ \vartheta^r = \vartheta^l, \\ T^r = T^l \\ M_{\hat{\omega}}^r = M_{\hat{\omega}}^l - M_{\hat{\omega}}^*\end{array}\right\} \qquad (\text{III.91})$$

und

erfüllt sein. Auf die gleiche Weise wie bei den offenen Profilen erhalten wir die Ausdrücke für φ, ϑ, $M_{\hat{\omega}}$ und T für den rechten Stabteil durch Hinzufügung einer Kolonne an das Schema (III.80). Diese Ausdrücke sind im folgenden Schema eingetragen:

	φ_0	ϑ_0	$\dfrac{M_{\hat{\omega}0}}{GK}$	$\dfrac{T_0}{GK}$	$-\dfrac{M_{\hat{\omega}}^*}{GK}$
φ	1	$\dfrac{1}{k\varrho}\sinh kz$	$1 - \cosh kz$	$z - \dfrac{1}{k\varrho}\sinh kz$	$1 - \cosh k(z-\zeta)$
ϑ	0	$\cosh kz$	$-k\varrho \sinh kz$	$1 - \cosh kz$	$-k\varrho \sinh k(z-\zeta)$
$\dfrac{M_{\hat{\omega}}}{GK}$	0	$-\dfrac{1}{k\varrho}\sinh kz$	$\cosh kz$	$\dfrac{1}{k\varrho}\sinh kz$	$\cosh k(z-\zeta)$
$\dfrac{T}{GK}$	0	0	0	1	0

$$(\text{III.92})$$

c) Belastung durch ein äußeres verteiltes Bimoment

Wenn wir in die Ausdrücke (III.92) den Wert $dM_{\hat{\omega}}^* = m_{\hat{\omega}}\,d\zeta$ einsetzen, erhalten wir nach der Integration das Schema (III.93), dessen letzte Kolonne sich von (III.92) unterscheidet, während es sonst gleich bleibt.

	φ_0	ϑ_0	$\dfrac{M_{\dot\omega 0}}{GK}$	$\dfrac{T_0}{GK}$	$-\dfrac{1}{GK}$
φ	1	$\dfrac{1}{k\varrho}\sinh kz$	$1-\cosh kz$	$z-\dfrac{1}{k\varrho}\sinh kz$	$\int\limits_0^z m_{\dot\omega}[1-\cosh k(z-\zeta)]\,d\zeta$
ϑ	0	$\cosh kz$	$-k\varrho\sinh kz$	$1-\cosh kz$	$-k\varrho\int\limits_0^z m_{\dot\omega}\sinh k(z-\zeta)\,d\zeta$
$\dfrac{M_{\dot\omega}}{GK}$	0	$-\dfrac{1}{k\varrho}\sinh kz$	$\cosh kz$	$\dfrac{1}{k\varrho}\sinh kz$	$\int\limits_0^z m_{\dot\omega}\cosh k(z-\zeta)\,d\zeta$
$\dfrac{T}{GK}$	0	0	0	1	0

(III.93)

2. Berechnung des dünnwandigen Stabes mit geschlossenem Profil als langes prismatisches Faltwerk mit unverformbarem Querschnitt

2.1. Voraussetzungen. Formänderungen des Stabes

Wir denken uns die beliebige Profilmittellinie des im allgemeinen Falle mehrzelligen Stabquerschnittes durch einen Polygonzug ersetzt. Je nach der gewünschten Genauigkeit der vorzunehmenden Berechnung können wir ein Kurvenstück dieser Profilmittellinie jeweils durch mehr oder weniger Polygonseiten ersetzen.

Hinsichtlich der Formänderungen des auf diese Weise festgelegten Faltwerkes treffen wir wie bisher die Voraussetzung, daß der Querschnitt in seiner Ebene unverformbar ist.

Außerdem wollen wir annehmen, daß die Axialverschiebung des Stabes $w(z,s)$ sich längs der Profilmittellinie des Querschnittes zwischen zwei Eckpunkten des Polygons, die wir Knoten nennen wollen, linear verändert.

Die Formänderung des Stabes beschreiben wir außer durch diese Verschiebung $w(z,s)$ in Richtung der Stabachse noch durch die Verschiebung $v(z,s)$ in der Richtung der Tangente an die Profilmittellinie.

Alle auf einer Normalen zur Mittelfläche des Stabes gelegenen Punkte sollen die gleichen Verschiebungen erleiden wie der Punkt der Mittelfläche, auf welchem diese Normale steht.

Auf Grund der getroffenen Voraussetzungen über die lineare Veränderlichkeit der Verschiebungen $w(z,s)$ sind die Verschiebungen aller Punkte der Profilmittellinie in der Richtung der Stabachse vollständig bestimmt, sobald die Verschiebungen der Knoten des Polygonzuges bekannt sind. Die Profilmittellinie geht nach der Formänderung in einen räumlichen Polygonzug über. Die Zahl der unbekannten Funktionen $\vartheta_j(z)$, welche diese Deformation bestimmen, ist somit gleich der Anzahl der Knoten des Polygons.

Als Funktionen $\vartheta_j(z)$ können wir unmittelbar die Knotenverschiebungen selbst oder andere voneinander linear unabhängige Funktionen wählen, deren Zahl derjenigen der Knoten gleich ist.

2. Berechnung des Stabes mit geschlossenem Profil

Die Verschiebung $w(z, s)$ eines beliebigen Punktes der Mittelfläche des Stabes können wir demnach in der folgenden Form anschreiben:

$$w(z, s) = \sum_{j=1}^{m} \vartheta_j(z) \omega^{(j)}(s), \qquad (\text{III.94})$$

wo m die Zahl der Knoten der Profilmittellinie ist.

Durch den Umstand, daß der verformte Querschnitt durch einen räumlichen Polygonzug dargestellt wird, welcher durch die parallel zur Stabachse erfolgten Verschiebungen der Knoten von der Größe ϑ_j (oder einer Funktion von ϑ_j) entstanden ist, sind die Funktionen $\omega^{(j)}(s)$ von vorneherein bestimmt.

So ist zum Beispiel, wenn wir als Funktion ϑ_j die Verschiebung des Knotens j wählen, die Funktion $\omega^{(j)}(s)$ durch die dreieckförmigen Diagramme bestimmt, deren Seiten die im Knoten j zusammentreffenden Polygonseiten und deren gemeinsame Höhe ϑ_j ist, wie dies in Abb. III.22 gezeigt wird.

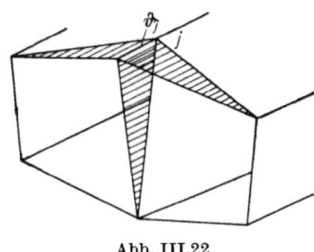

Abb. III.22

Es ist leicht einzusehen, daß mittels der derart gewählten Funktionen aus Gleichung (III.94) das erwähnte räumliche Polygon als Querschnittskontur des verformten Stabes erhalten wird.

Um einen klareren Einblick in die Formänderung des Stabes zu erhalten, bezeichnen wir mit ϑ_1 die Verschiebung des als starre Scheibe aufgefaßten Querschnitts in Richtung der Stabachse und mit ϑ_2 und ϑ_3 dessen Verdrehung um die Hauptträgheitsachsen y und x.

In diesem Fall beschreiben die übrigen Parameter $\vartheta_4 \ldots \vartheta_m$ die Verwölbung des Querschnitts.

Für die auf diese Weise definierten Funktionen ϑ_1, ϑ_2 und ϑ_3 sind die Funktionen $\omega^{(1)}$, $\omega^{(2)}$ und $\omega^{(3)}$ durch folgende Ausdrücke bestimmt

$$\left.\begin{array}{l} \omega^{(1)} = 1, \\ \omega^{(2)} = x, \\ \omega^{(3)} = y. \end{array}\right\} \qquad (\text{III.95})$$

Die Verschiebungen $u(z, s)$ und $v(z, s)$ sind zufolge der Voraussetzung des in seiner Ebene unverformbaren Querschnitts entsprechend den drei Freiheitsgraden der starren Scheibe durch drei Parameter ψ_l ($l = 1, 2, 3$) bestimmt.

Als Parameter können wir die Verschiebungen ξ_P und η_P eines beliebigen, in der Querschnittsebene gelegenen Punktes P parallel zu den Hauptträgerachsen

III. Dünnwandige Stäbe mit geschlossenem Profil und geradliniger Achse

und die Verdrehung φ des Querschnitts in seiner Ebene wählen:

$$\left.\begin{aligned}\psi_1 &= \xi_P, \\ \psi_2 &= \eta_P, \\ \psi_3 &= \varphi.\end{aligned}\right\} \quad \text{(III.96)}$$

Die Verschiebungen $u(z, s)$ und $v(z, s)$ eines beliebigen Punktes der Profilmittellinie des Stabes drücken wir ebenfalls durch eine Reihe von Funktionenprodukten aus:

$$\left.\begin{aligned}u(z, s) &= \sum_{l=1}^{3} \psi_l(z)\, u^{(l)}(s) \\ v(z, s) &= \sum_{l=1}^{3} \psi_l(z)\, v^{(l)}(s).\end{aligned}\right\} \quad \text{(III.97 a, b)}$$

Wenn wir diese Gleichungen mit Gleichung (II.5) und (II.6) für $e = 0$ vergleichen, so können wir mit Rücksicht auf die Gleichungen (III.96) ersehen, daß die Funktionen $u^{(l)}$ und $v^{(l)}$ durch die Ausdrücke:

$$\left.\begin{aligned}u^{(1)} &= \cos\alpha, & v^{(1)} &= -\sin\alpha, \\ u^{(2)} &= \sin\alpha, & v^{(2)} &= \cos\alpha, \\ u^{(3)} &= h_{nP}, & v^{(3)} &= h_P.\end{aligned}\right\} \quad \text{(III.98)}$$

bestimmt sind, wo α der Winkel, den die Normale auf die Tangente an die Profilmittellinie im betrachteten Punkt mit der positiven x-Achse einschließt, h_P der Abstand der Tangente und h_{nP} der Abstand der Normalen vom Punkte P sind.

2.2. Differentialgleichungen des Stabes. Randbedingungen und Schnittkräfte

Durch Anwendung des Hookeschen Gesetzes erhalten wir:

$$\sigma_z = \sigma \approx E' \frac{\partial w}{\partial z} = E' \sum_{j=1}^{m} \vartheta_j{}' \omega^{(j)} \quad \text{(III.99)}$$

und

$$\tau_{zs} = \tau = G\left(\frac{\partial w}{\partial s} + \frac{\partial v}{\partial z}\right) = G\left(\sum_{j=1}^{m} \vartheta_j \dot{\omega}^{(j)} + \sum_{l=1}^{3} \psi_l{}' v^{(l)}\right), \quad \text{(III.100)}$$

wo die Ableitungen nach z mit Strichen und die Ableitungen nach s mit Punkten bezeichnet sind.

Zur Bestimmung der unbekannten Funktionen ϑ_j und ψ_l stehen uns die Gleichgewichtsbedingungen zur Verfügung, welche wir durch Anwendung des Prinzipes der virtuellen Verschiebungen aufstellen wollen. [Gleichung (II.27)]

Wir denken uns aus dem Stab ein durch zwei im Abstand dz voneinander entfernter Querschnitte begrenztes Element herausgeschnitten.

2. Berechnung des Stabes mit geschlossenem Profil

Als äußere Kräfte wirken auf das Element die Spannungen in den Querschnitten $z = \text{const}$ und $z + dz = \text{const}$ (Abb. III.1) sowie die gegebene Flächenbelastung $\bar{p}$ mit den Komponenten $\bar{p}_z$, $\bar{p}_s$ und $\bar{p}_n$ in den Richtungen z, s und e. Als virtuelle Verschiebungen wählen wir Ausdrücke von der gleichen Form, wie für die wirklichen Verschiebungen:

$$\left. \begin{aligned} \bar{u} &= \sum_{k=1}^{3} \bar{\psi}_k u^{(k)} \\ \bar{v} &= \sum_{k=1}^{3} \bar{\psi}_k v^{(k)} \\ \bar{w} &= \sum_{i=1}^{m} \bar{\vartheta}_i \omega^{(i)} \end{aligned} \right\} \qquad (\text{III.101})$$

Für die Arbeit der auf die Einheit der Stablänge bezogenen Kräfte erhalten wir:

$$\overline{W} = \int_F \left(\tau' \sum_{k=1}^{3} \bar{\psi}_k v^{(k)} + \sigma' \sum_{i=1}^{m} \bar{\vartheta}_i \omega^{(i)} + \tau \sum_{k=1}^{3} \bar{\psi}_k' v^{(k)} + \sigma \sum_{i=1}^{m} \bar{\vartheta}_i' \omega^{(i)} \right) dF$$

$$+ \int_s \left(\bar{p}_z \sum_{i=1}^{m} \bar{\vartheta}_i \omega^{(i)} + \bar{p}_s \sum_{k=1}^{3} \bar{\psi}_k v^{(k)} + \bar{p}_n \sum_{k=1}^{3} \bar{\psi}_k u^{(k)} \right) ds \qquad (\text{III.102})$$

wo $dF = t\, ds$ ist.

Die auf die Einheit der Stablänge bezogene Arbeit der linearen Kräfte beträgt:

$$\overline{U} = -\int_F (\sigma \bar{\varepsilon} + \tau \bar{\gamma})\, dF. \qquad (\text{III.103})$$

Für die Verzerrungskomponenten erhalten wir auf Grund der Ausdrücke (III.101):

$$\left. \begin{aligned} \bar{\varepsilon} &= \sum_{i=1}^{m} \bar{\vartheta}_i' \omega^{(i)} \\ \bar{\gamma} &= \sum_{i=1}^{m} \bar{\vartheta}_i \dot{\omega}^{(i)} + \sum_{k=1}^{3} \bar{\psi}_k' v^{(k)}. \end{aligned} \right\} \qquad (\text{III.104})$$

Wir setzen nun die Ausdrücke (III.102) und (III.103), unter Berücksichtigung der Ausdrücke (III.104), in die Gleichung (II.27) ein:

$$\sum_{i=1}^{m} \bar{\vartheta}_i \left(\int_F \sigma' \omega^{(i)}\, dF - \int_F \tau \dot{\omega}^{(i)}\, dF + \int_s \bar{p}_z \omega^{(i)}\, ds \right)$$

$$+ \sum_{k=1}^{3} \bar{\psi}_k \left(\int_F \tau' v^{(k)}\, dF + \int_s \bar{p}_s v^{(k)}\, ds + \int_s \bar{p}_n u^{(k)}\, ds \right) = 0. \qquad (\text{III.105})$$

Damit diese Gleichung für alle beliebigen Werte, welche die Parameter $\bar{\vartheta}_i$ und $\bar{\psi}_k$ annehmen können, befriedigt wird, ist es notwendig, daß die Ausdrücke innerhalb der Klammern zu Null werden. Auf diese Weise erhalten wir zwei Systeme

III. Dünnwandige Stäbe mit geschlossenem Profil und geradliniger Achse

der Gleichungen:

$$\int_F \sigma' \omega^{(i)} \, dF - \int_F \tau \dot\omega^{(i)} \, dF + \int_s \overline{p}_z \omega^{(i)} \, ds = 0 \qquad i = 1, 2, \ldots, m \quad \text{(III.106)}$$

$$\int_F \tau' v^{(k)} \, dF + \int_s (\overline{p}_s v^{(k)} + \overline{p}_n u^{(k)}) \, ds = 0 \qquad k = 1, 2, 3. \quad \text{(III.107)}$$

Durch Einsetzen der Ausdrücke (III.99) und (III.100) für σ und τ in die Gleichungen (III.106) und (III.107) folgt:

$$E' \int_F \sum_{j=1}^m \vartheta_j'' \omega^{(i)} \omega^{(j)} \, dF - G \left(\int_F \sum_{j=1}^m \vartheta_j \dot\omega^{(i)} \dot\omega^{(j)} \, dF + \int_F \sum_{l=1}^3 \psi_l' \dot\omega^{(i)} v^{(l)} \, dF \right)$$
$$+ \int_s \overline{p}_z \omega^{(i)} \, ds = 0.$$

$$i = 1, 2, \ldots, m \qquad \text{(III.108)}$$

und

$$G \left(\int_F \sum_{j=1}^m \vartheta_j' v^{(k)} \dot\omega^{(j)} \, dF + \int_F \sum_{l=1}^3 \psi_l'' v^{(k)} v^{(l)} \, dF \right) + \int_s (\overline{p}_s v^{(k)} + \overline{p}_n u^{(k)}) \, ds = 0.$$

$$k = 1, 2, 3. \qquad \text{(III.109)}$$

Für die in Gleichung (III.108) auftretenden bestimmten Integrale führen wir die folgenden Bezeichnungen ein:

$$\left.\begin{aligned}
\int_F \omega^{(i)} \omega^{(j)} \, dF &= a_{ij}, \quad a_{ji} = a_{ij}, \\
\int_F \dot\omega^{(i)} \dot\omega^{(j)} \, dF &= b_{ij}, \quad b_{ji} = b_{ij}, \\
\int_F \dot\omega^{(i)} v^{(l)} \, dF &= c_{il}. \quad c_{il} \neq c_{li} \text{ für } l \neq i. \\
\int_s \overline{p}_z \omega^{(i)} \, ds &= a_{i0}.
\end{aligned}\right\} \quad \text{(III.110)}$$

Mit diesen Bezeichnungen können wir das Gleichungssystem (III.108) in der folgenden Form anschreiben:

$$\varkappa \sum_{j=1}^m a_{ij} \vartheta_j'' - \sum_{j=1}^m b_{ij} \vartheta_j - \sum_{l=1}^3 c_{il} \psi_l' + \frac{1}{G} a_{i0} = 0, \quad \text{(III.111)}$$

$$i = 1, 2, \ldots, m,$$

wo

$$\varkappa = \frac{E'}{G} \qquad \text{(III.112)}$$

ist.

2. Berechnung des Stabes mit geschlossenem Profil

Nach Aufzeichnung der Diagramme für die Funktionen $\omega^{(i)}$, $\dot{\omega}^{(i)}$, $v^{(k)}$ können die Koeffizienten $a_{ij} \ldots a_{i0}$ auf die gleiche Weise wie die bestimmten Integrale für die Formänderungswerte bei der sogenannten Kraftgrößenmethode berechnet werden.

Durch die Einführung der Bezeichnungen:

$$\left.\begin{aligned}\int_F v^{(k)} \dot{\omega}^{(j)}\, dF &= c_{kj}, \quad c_{kj} \neq c_{jk} \quad \text{für} \quad j \neq k, \\ \int_F v^{(k)} v^{(l)}\, dF &= d_{kl}, \quad d_{kl} = d_{lk}. \\ \int_s (\bar{p}_s v^{(k)} + \bar{p}_n u^{(k)})\, ds &= d_{k0}\end{aligned}\right\} \quad \text{(III.113)}$$

können wir das Gleichungssystem (III.109) in der folgenden Form anschreiben:

$$\sum_{j=1}^m c_{kj} \vartheta_j' + \sum_{l=1}^3 d_{kl} \psi_l'' + \frac{1}{G} d_{k0} = 0 \quad k = 1, 2, 3. \quad \text{(III.114)}$$

Die Lösung der Aufgabe führt auf die Integration des Systems der linearen Differentialgleichungen zweiter Ordnung (III.111) und (III.114) mit den entsprechenden Randbedingungen.

Die Gesamtzahl der Integrationskonstanten der allgemeinen Lösung der Gleichungen (III.111) und (III.114) ist $2m + 6$. Diese Konstanten bestimmen wir aus den gegebenen Randbedingungen an den Stabenden.

Diese Bedingungen können durch die Werte für die Verschiebungen

$$w = w^*, \quad v = v^* \quad \text{(III.115)}$$

bzw.

$$\vartheta_i = \vartheta_i^*, \quad \psi_k = \psi_k^* \quad \text{(III.116)}$$

gegeben sein, wo die mit einem Stern bezeichneten die gegebenen Verschiebungen im betrachteten Endquerschnitt des Stabes bedeuten. Die Funktionen w^* und v^* müssen selbstverständlich die Voraussetzungen erfüllen, welche wir hinsichtlich der Verschiebungen getroffen haben.

Die Randbedingungen können auch durch die Kräfte gegeben sein. Diese wollen wir nach dem Prinzip der virtuellen Verschiebungen wie folgt formulieren:

$$\int_F \sigma \omega^{(i)}\, dF = \int_F \bar{p}_{zz} \omega^{(i)}\, dF, \quad i = 1, 2, \ldots, m \quad \text{(III.117)}$$

und

$$\int_F \tau v^{(k)}\, dF = \int_F (\bar{p}_{zs} v^{(k)} + \bar{p}_{zn} u^{(k)})\, dF, \quad k = 1, 2, 3 \quad \text{(III.118)}$$

wo $\bar{p}_{zz}$ die Flächenbelastung des Stabendquerschnittes in Richtung der Stabachse z, $\bar{p}_{zs}$ in Richtung der Tangente auf die Profilmittellinie und $\bar{p}_{zn}$ in Richtung der Normalen auf die Mittelfläche des Stabes sind.

Im Hinblick auf die Gleichungen (III.99) und (III.100) für die Spannungen σ und τ können die Ausdrücke (III.117) und (III.118) auf die folgenden zwei

III. Dünnwandige Stäbe mit geschlossenem Profil und geradliniger Achse

Gleichungssysteme zurückgeführt werden:

$$E' \sum_{j=1}^{m} a_{ij} \vartheta_j' = \int_F \bar{p}_{zz} \omega^{(i)} \, dF, \qquad i = 1, 2, \ldots, m \qquad \text{(III.119)}$$

und

$$G \left(\sum_{j=1}^{m} c_{kj} \vartheta_j + \sum_{l=1}^{3} d_{kl} \psi_l' \right) = \int_F (\bar{p}_{zs} v^{(k)} + \bar{p}_{zn} u^{(k)}) \, dF,$$

$$k = 1, 2, 3. \qquad \text{(III.120)}$$

Wenn wir, wie weiter oben bereits angegeben wurde, die Funktionen ϑ_j so wählen, daß ϑ_1 die Verschiebung des Querschnittes in der Stabachse und die Funktionen ϑ_2 und ϑ_3 die Verdrehungen desselben aus der ursprünglichen Querschnittsebene um die Hauptträgheitsachsen sind, so erhalten wir die Ausdrücke:

$$\left. \begin{array}{l} N = E' \sum\limits_{j=1}^{m} a_{1j} \vartheta_j', \\[2mm] M_x = E' \sum\limits_{j=1}^{m} a_{2j} \vartheta_j', \\[2mm] M_y = E' \sum\limits_{j=1}^{m} a_{3j} \vartheta_j', \end{array} \right\} \qquad \text{(III.121)}$$

wobei mit Rücksicht auf die Ausdrücke (III.110):

$$\left. \begin{array}{l} a_{1j} = \int\limits_F \omega^{(1)} \omega^{(j)} \, dF = \int\limits_F 1 \cdot \omega^{(j)} \, dF, \\[2mm] a_{2j} = \int\limits_F \omega^{(2)} \omega^{(j)} \, dF = \int\limits_F x \omega^{(j)} \, dF, \\[2mm] a_{3j} = \int\limits_F \omega^{(3)} \omega^{(j)} \, dF = \int\limits_F y \omega^{(j)} \, dF \end{array} \right\} \qquad \text{(III.122)}$$

bedeuten. Somit stellen die Ausdrücke (III.121) der Reihe nach die Normalkraft und die Biegungsmomente dar, wovon wir uns leicht überzeugen können, wenn wir in die Gleichungen

$$N = \int_F \sigma \, dF, \qquad M_x = \int_F \sigma x \, dF \qquad \text{und} \qquad M_y = \int_F \sigma y \, dF$$

den Ausdruck (III.99) für die Normalspannung σ einsetzen.

Analogerweise stellen die Ausdrücke

$$M_i = E' \sum_{j=1}^{m} a_{ij} \vartheta_j', \qquad i = 4, 5, \ldots, m \qquad \text{(III.123)}$$

die durch das Gleichgewichtssystem der inneren Kräfte $\sigma_z \, dF$ ausgedrückten verallgemeinerten Schnittkräfte im betrachteten Querschnitt dar.

Im Falle, daß die Funktionen $\omega^{(i)}$ orthogonal im Sinne des Bestehens der Bedingung

$$a_{ij} = \int_F \omega^{(i)} \omega^{(j)} = 0 \qquad \text{für } i \neq j \qquad \text{(III.124)}$$

2. Berechnung des Stabes mit geschlossenem Profil

sind, nehmen die Ausdrücke für die Schnittkräfte $N \ldots M_i$ die bedeutend einfachere Form

$$\left.\begin{array}{l} N = E'F\vartheta_1', \\ M_x = E'I_{xx}\vartheta_2', \\ M_y = E'I_{yy}\vartheta_3' \end{array}\right\} \tag{III.125}$$

und
$$M_i = E'a_{ii}\vartheta_i' \tag{III.126}$$

an, wo mit Rücksicht auf die Ausdrücke (III.95)

$$\left.\begin{array}{l} F = a_{11} = \int\limits_F 1^2\, dF, \\ I_{xx} = a_{22} = \int\limits_F x^2\, dF, \\ I_{yy} = a_{33} = \int\limits_F y^2\, dF \end{array}\right\} \tag{III.127}$$

sind.

Mit den eingeführten verallgemeinerten Schnittkräften können wir die Randbedingung (III.117) in folgender Weise ausdrücken:

$$\left.\begin{array}{l} N = N^*, \\ M_x = M_x^*, \\ M_y = M_y^* \\ M_i = M_i^*, \quad i = 4, 5, \ldots, m \end{array}\right\} \tag{III.128}$$

wo N^* die Projektion der Resultierenden der im Endquerschnitt angreifenden äußeren Kräfte auf die Stabachse z, M_x^* und M_y^* die Momente dieser Kräfte in bezug auf die y- und x-Achsen sind.

Die Größen M_i^* ($i = 4, 5, \ldots, m$) sind durch den Ausdruck

$$M_i^* = \int\limits_F \bar{p}_{zz}\,\omega^{(i)}\, dF, \quad i = 4, 5, \ldots m \tag{III.129}$$

gegeben.

Auf ähnliche Weise erhalten wir, wenn wir für die Funktionen ψ_1 und ψ_2 die Verschiebungen des beliebigen Punktes P in der Querschnittsebene in den Richtungen x und y und für ψ_3 die Verdrehung des Stabquerschnittes in seiner Ebene setzen, die Ausdrücke:

$$\left.\begin{array}{l} Q_x = G\left(\sum\limits_{j=1}^m c_{1j}\vartheta_j + \sum\limits_{l=1}^3 d_{1l}\psi_l'\right), \\ Q_y = G\left(\sum\limits_{j=1}^m c_{2j}\vartheta_j + \sum\limits_{l=1}^3 d_{2l}\psi_l'\right), \\ T_P = G\left(\sum\limits_{j=1}^m c_{3j}\vartheta_j + \sum\limits_{l=1}^3 d_{3l}\psi_l'\right), \end{array}\right\} \tag{III.130}$$

220   III. Dünnwandige Stäbe mit geschlossenem Profil und geradliniger Achse

d. h. die Querkräfte und das Torsionsmoment (Abb. III.23 a) des ganzen Querschnittes, wobei der Bezugspunkt P, wie vorausgesetzt, beliebig angenommen wurde.

Durch entsprechende Auswahl des Bezugspunktes $P \equiv \bar{D}$ und des Winkels β, welche die Achse $\bar{x}_{\bar{D}}$ mit der positiven x-Achse einschließt (Abb. III.23 b), können wir die Orthogonalität der Koeffizienten d_{kl} erreichen, derart, daß $d_{kl} = 0$ für $k \neq l$ wird, was mit Berücksichtigung der Ausdrücke (III.98) die Werte

und

$$\left.\begin{aligned} d_{11} &= \int_F \sin^2 \bar{x}\, dF, \\ d_{22} &= \int_F \cos^2 x\, dF \\ d_{33} &= \int_F h_{\bar{D}}^2\, dF = I_{hh\bar{D}} \end{aligned}\right\} \quad \text{(III.131)}$$

ergibt.

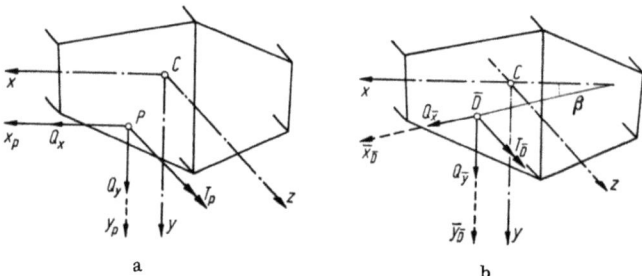

Abb. III.23

Ferner wird:

$$\left.\begin{aligned} d_{12} &= -\int_F \sin \bar{x} \cos \alpha\, dF = 0, \\ d_{13} &= -\int_F h_{\bar{D}} \sin \bar{x}\, dF = 0, \\ d_{23} &= \int_F h_{\bar{D}} \cos x\, dF = 0, \end{aligned}\right\} \quad \text{(III.132)}$$

wobei $\bar{x} = x - \beta$ ist.

Auf Grund dieser Ausführungen und unter Beachtung, daß $\dot{\omega}^{(1)} = 0$ ist, können wir die Ausdrücke für die Schnittkräfte in folgender Form anschreiben:

$$\left.\begin{aligned} Q_{\bar{x}} &= G\left(\sum_{j=2}^m c_{1j}\vartheta_j + d_{11}\bar{\xi}_{\bar{D}}'\right), \\ Q_{\bar{y}} &= G\left(\sum_{j=2}^m c_{2j}\vartheta_j + d_{22}\bar{\eta}_{\bar{D}}'\right), \\ T_{\bar{D}} &= G\left(\sum_{j=2}^m c_{3j}\vartheta_j + d_{33}\varphi'\right), \end{aligned}\right\} \quad \text{(III.133)}$$

wo $\bar{\xi}_{\bar{D}}$ die Verschiebung des Punktes $\bar{D}$ in der Richtung der Achse $\bar{x}_{\bar{D}}$ ist.

2. Berechnung des Stabes mit geschlossenem Profil

Es muß hervorgehoben werden, daß mit Rücksicht auf die Gleichungen (III.132) auch die Koeffizienten c_{13} und c_{33} gleich Null sein müssen.

Aus den Gleichungen (III.133) ist ersichtlich, daß dank der Auswahl des Punktes $\overline{D}$ und der Richtung $\overline{x}_{\overline{D}}$ die Querkräfte $Q_{\overline{x}}$ und $Q_{\overline{y}}$ vom Querschnittsverdrehungswinkel φ unabhängig sind, während andrerseits das Torsionsmoment $T_{\overline{D}}$ unabhängig von den Verschiebungen $\overline{\xi}_{\overline{D}}$ und $\eta_{\overline{D}}$ des Punktes $\overline{D}$ ist. Der Punkt $\overline{D}$ hat somit für den Querschnitt im gewissen Sinne eine ausgezeichnete Bedeutung.

Die Normalspannungen σ können wir auch durch die Schnittkräfte ausdrücken. Indem wir in die Gleichung (III.99) die Ausdrücke für ϑ_j' aus den Gleichungen (III.125) und (III.126) einsetzen, erhalten wir:

$$\sigma = \frac{N}{F} + \frac{M_x}{I_{xx}}x + \frac{M_y}{I_{yy}}y + \frac{M_4}{a_{44}}\omega^{(4)} + \cdots \frac{M_m}{a_{mm}}\omega^{(m)}. \qquad \text{(III.134)}$$

Die ersten drei Glieder stellen den Spannungszustand dar, welcher dem ebenen Querschnitt entspricht, während die übrigen Glieder die durch die Querschnittsverwölbung hervorgerufenen Spannungen und deren Verteilung angeben.

Den Ausdruck für die Schubspannungen können wir auf Grund der Gleichung (III.100) und durch Benützung der Ausdrücke (III.133) in folgender Form anschreiben:

$$\tau = \frac{Q_{\overline{x}}}{d_{11}}v^{(1)} + \frac{Q_{\overline{y}}}{d_{22}}v^{(2)} + \frac{T_{\overline{D}}}{d_{33}}v^{(3)} + \sum_{j=4}^{m} Q_j \dot{\omega}_*^{(j)}. \qquad \text{(III.135)}$$

Dabei sind:

$$v^{(1)} = -\sin\overline{\alpha}, \quad v^{(2)} = \cos\alpha, \quad v^{(3)} = h_{\overline{D}},$$
$$Q_j = G\vartheta_j, \qquad \text{(III.136)}$$
$$\dot{\omega}_*^{(j)} = \dot{\omega}^{(j)} - \left(\frac{v^{(1)}}{d_{11}}c_{1j} + \frac{v^{(2)}}{d_{22}}c_{2j} + \frac{v^{(3)}}{d_{33}}c_{3j}\right).$$

2.3. Lösung der Aufgabe in Matrizenform

Die unbekannten Funktionen ϑ_i und ψ_k werden als Komponenten der Spaltenvektoren ϑ und ψ aufgefaßt:

$$\vartheta = \begin{bmatrix} \vartheta_1 \\ \vartheta_2 \\ \vdots \\ \vartheta_i \\ \vdots \\ \vartheta_m \end{bmatrix}_m^1 \qquad \psi = \begin{bmatrix} \psi_1 \\ \psi_2 \\ \psi_3 \end{bmatrix}_3^1. \qquad \text{(III.137)}$$

III. Dünnwandige Stäbe mit geschlossenem Profil und geradliniger Achse

Aus den Koeffizienten a_{ij} und b_{ij} bilden wir die symmetrischen, quadratischen Matrizen A und B von der Ordnung m:

$$A = \begin{bmatrix} a_{11} & a_{12} & \cdots & a_{1m} \\ a_{21} & a_{22} & \cdots & a_{2m} \\ \vdots & \vdots & & \vdots \\ a_{m1} & a_{m2} & \cdots & a_{mm} \end{bmatrix} \qquad \text{(III.138)}$$

$$B = \begin{bmatrix} b_{11} & b_{12} & \cdots & b_{1m} \\ b_{21} & b_{22} & \cdots & b_{2m} \\ \vdots & \vdots & & \vdots \\ b_{m1} & b_{m2} & \cdots & b_{mm} \end{bmatrix}. \qquad \text{(III.139)}$$

Mittels der Koeffizienten c_{il} bilden wir eine $m3$-Matrix C:

$$C = \begin{bmatrix} c_{11} & c_{12} & c_{13} \\ c_{21} & c_{22} & c_{23} \\ \vdots & \vdots & \vdots \\ c_{m1} & c_{m2} & c_{m3} \end{bmatrix}. \qquad \text{(III.140)}$$

Ferner bilden wir aus den Koeffizienten d_{kl} die symmetrische, quadratische Matrix dritter Ordnung D:

$$D = \begin{bmatrix} d_{11} & d_{12} & d_{13} \\ d_{21} & d_{22} & d_{23} \\ d_{31} & d_{32} & d_{33} \end{bmatrix}. \qquad \text{(III.141)}$$

Im Falle, daß die Koeffizienten a_{ij} orthogonal sind, geht A in eine Diagonalmatrix über. Ebenso ist auch die Matrix D im Falle der Orthogonalität ihrer Elemente d_{kl} eine Diagonalmatrix.

Auf Grund der weiter oben angegebenen Spaltenvektoren und Matrizen können wir die Gleichungssysteme (III.111) und (III.114) nunmehr in folgender Form anschreiben:

$$\varkappa A \vartheta'' - B \vartheta - C \psi' + a_0 = 0,$$
$$\tilde{C} \vartheta' + D \psi'' + d_0 = 0, \qquad \text{(III.142a, b)}$$

wo mit a_0 und d_0 die Spaltenvektoren

$$a_0 = \frac{1}{G} \begin{bmatrix} a_{10} \\ a_{20} \\ \vdots \\ a_{i0} \\ \vdots \\ a_{m0} \end{bmatrix}^1_m \qquad d_0 = \frac{1}{G} \begin{bmatrix} d_{10} \\ d_{20} \\ d_{30} \end{bmatrix}^1_3 \qquad \text{(III.143a, b)}$$

und mit $\tilde{C}$ die transponierte Matrix von C bezeichnet werden.

2. Berechnung des Stabes mit geschlossenem Profil

Durch Elimination aus der Gleichung (III.142 b) erhalten wir:

$$\boldsymbol{\psi}'' = -\boldsymbol{D}^{-1}\tilde{\boldsymbol{C}}\boldsymbol{\vartheta}' - \boldsymbol{D}^{-1}\boldsymbol{d}_0. \tag{III.144}$$

Durch Integration dieser Gleichung finden wir:

$$\boldsymbol{\psi}' = -\boldsymbol{D}^{-1}\tilde{\boldsymbol{C}}\boldsymbol{\vartheta} - \boldsymbol{D}^{-1}\left(\int_0^z \boldsymbol{d}_0\, dz + \boldsymbol{C}^*\right), \tag{III.145}$$

wo $\boldsymbol{C}^*$ ein unbestimmter konstanter Vektor von der Ordnung drei ist. Durch Einsetzen des Ausdruckes (III.145) für $\boldsymbol{\psi}'$ in die Gleichung (III.142a) gelangen wir zu der Gleichung:

$$\varkappa \boldsymbol{A}\boldsymbol{\vartheta}'' - (\boldsymbol{B} - \boldsymbol{C}\boldsymbol{D}^{-1}\tilde{\boldsymbol{C}})\boldsymbol{\vartheta} + \boldsymbol{C}\boldsymbol{D}^{-1}(\boldsymbol{d}_0^* + \boldsymbol{C}^*) + \boldsymbol{a}_0 = 0, \tag{III.146}$$

wo

$$\boldsymbol{d}_0^* = \int_0^z \boldsymbol{d}_0\, dz$$

ist.

Die allgemeine Lösung des Systems der linearen Differentialgleichungen (III.146) ist durch die Summe der allgemeinen Lösung $\boldsymbol{\vartheta}_h$ der homogenen Differentialgleichung

$$\varkappa \boldsymbol{A}\boldsymbol{\vartheta}_h'' - (\boldsymbol{B} - \boldsymbol{C}\boldsymbol{D}^{-1}\tilde{\boldsymbol{C}})\boldsymbol{\vartheta}_h = 0 \tag{III.147}$$

und des partikulären Integrals $\boldsymbol{\vartheta}_0$ der nicht homogenen Differentialgleichung (III.146) gegeben.

Auf diese Weise finden wir:

$$\boldsymbol{\vartheta} = \boldsymbol{\vartheta}_h + \boldsymbol{\vartheta}_0. \tag{III.148}$$

Mit Rücksicht auf die Struktur der Matrizen $\boldsymbol{A}$ und $(\boldsymbol{B} - \boldsymbol{C}\boldsymbol{D}^{-1}\tilde{\boldsymbol{C}})$, welche, wie sich zeigen läßt[1], symmetrisch und positiv definit sind, kann die allgemeine Lösung der homogenen Differentialgleichung (III.147) in folgender Form angeschrieben werden:

$$\begin{aligned}\boldsymbol{\vartheta}_h = &\;\boldsymbol{r}_1(\mathfrak{A}_1 \sinh k_1 z + \mathfrak{B}_1 \cosh k_1 z) \\ &+ \boldsymbol{r}_2(\mathfrak{A}_2 \sinh k_2 z + \mathfrak{B}_2 \cosh k_2 z) \\ &+ \cdots \boldsymbol{r}_m(\mathfrak{A}_m \sinh k_m z + \mathfrak{B}_m \cosh k_m z),\end{aligned} \tag{III.149}$$

wo $\mathfrak{A}_i, \mathfrak{B}_i$ ($i = 1, 2, \ldots, m$) unbestimmte Integrationskonstanten und $k_1, k_2, \ldots, k_m$ die Wurzeln des charakteristischen Polynoms

$$|\varkappa \boldsymbol{A} k_i^2 - (\boldsymbol{B} - \boldsymbol{C}\boldsymbol{D}^{-1}\tilde{\boldsymbol{C}})| = 0 \tag{III.150}$$

der Gleichung (III.147) sind.

---

[1] Siehe *C. F. Kollbrunner* und *N. Hajdin*: Beitrag zur Berechnung von Stauwehrklappen. Mitteilungen über Forschung und Konstruktion im Stahlbau. Heft Nr. 28. Verlag Leemann, Zürich 1961 (auf Seite 30 wird die Struktur der Matrizen begründet), und

M. Djurić: Theorie des langen prismatischen Faltwerks. Zbornik Gradjevinskog fakulteta u Beogradu, 1953 (serbokroatisch).

Die Vektoren $r_1, r_2, \ldots, r_m$ erhalten wir als Lösungen der Matrizengleichungen:

$$[\varkappa k_i^2 A - (B - CD^{-1}\tilde{C})]r_i = 0, \qquad \text{(III.151)}$$

$$i = 1, 2, \ldots, m.$$

Die Vektoren r_i sind orthogonal in dem Sinne

$$\tilde{r}_i A r_j = 0 \quad \text{für} \quad i \neq j$$

und können normiert werden, so daß

$$\tilde{r}_i A r_i = 1.$$

Führen wir die Matrix

$$R = [r_1, r_2, \ldots, r_m]$$

ein und bezeichnen mit $\boldsymbol{\Phi}$ den Vektor mit den Koordinaten

$$\Phi_i = \mathfrak{A}_i \sinh k_i z + \mathfrak{B}_i \cosh k_i z,$$

$$i = 1, 2, \ldots, m,$$

so können wir die Lösung (III.149) in der Form

$$\vartheta_h = R\boldsymbol{\Phi} \qquad \text{(III.152)}$$

schreiben.

Das partikuläre Integral ϑ_0 der nicht homogenen Differentialgleichung wird durch Variation der Konstanten gefunden.

Nach der Bestimmung des Vektors ϑ und Einsetzen des für denselben gefundenen Ausdruckes in die Gleichung (III.145) finden wir ψ durch Integration:

$$\psi = -D^{-1}\tilde{C} \int_0^z \vartheta \, dz - D^{-1} \int_0^z A_0 \, dz + C^* z + D^*, \qquad \text{(III.153)}$$

wo D^* ein unbestimmter konstanter Vektor von der Ordnung drei ist.

Die Randbedingungen durch die Verschiebungen (III.116) können in Matrizenform wie folgt geschrieben werden:

$$\vartheta = \vartheta^* \quad \text{und} \quad \psi = \psi^*, \qquad \text{(III.154)}$$

wo ϑ^* und ψ^* Spaltvektoren mit den Koordinaten ϑ_i^* $(i = 1, 2, \ldots, m)$ und ψ_k^* $(k = 1, 2, 3)$ sind.

Auf ähnliche Weise findet man die den Randbedingungen (III.119) und (III.120) durch die Kräfte entsprechenden Ausdrücke in Matrizenform:

$$E' A \vartheta' = M^*,$$

$$G(\tilde{C}\vartheta + D\psi') = Q^*, \qquad \text{(III.155)}$$

wo

$$M^* = \begin{bmatrix} N^* \\ M_x^* \\ M_y^* \\ M_4^* \\ \vdots \\ M_m^* \end{bmatrix}, \quad Q^* = \begin{bmatrix} Q_x^* \\ Q_y^* \\ T^* \end{bmatrix}$$

sind.

2.4. Kastenträger mit einfach-symmetrischem Querschnitt. Näherungslösung für Profile mit einer Symmetrieachse

Die Verschiebung der Punkte des rechteckigen Querschnittes in Richtung der Stabachse ist durch die vier Funktionen ϑ_i bestimmt. Wie bereits früher, setzen wir für drei Funktionen die Verschiebung des Querschnitts in Richtung der Stabachse und dessen Verdrehungen um die Hauptträgheitsachsen. Die verbliebene vierte Funktion beschreibt die Verwölbung des Querschnittes.

Wir betrachten einen zur y-Achse symmetrischen Querschnitt (Abb. III.24) und können zufolge der Symmetrie die Formänderungen des Stabes in einen symmetrischen und einen antisymmetrischen Anteil zerlegen.

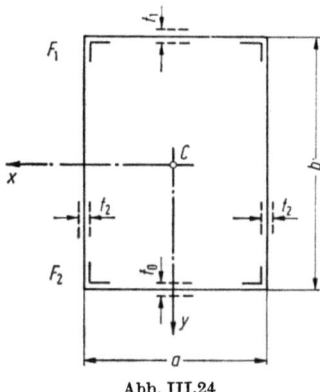

Abb. III.24

Die Parallelverschiebung in Richtung der Stabachse ist in bezug auf den ganzen Querschnitt konstant, und die Verdrehung desselben um die x-Achse ist eine symmetrische Funktion von x. Diese Formänderungen rufen in der Symmetrieebene yz Normal- und Biegungsspannungen hervor. Wir werden diese beiden Verschiebungen aus unserer Betrachtung ausschließen. Demnach verbleiben, um die Formänderungen zu beschreiben, noch zwei antisymmetrische Funktionen der Veränderlichen x.

Mit ϑ_1 wollen wir den Verdrehungswinkel um die y-Achse und mit ϑ_2 das Maß der Verwölbung des Querschnittes bezeichnen.

In diesem Falle erhalten wir (Abb. III.25):

$$w = \vartheta_1 \omega^{(1)} + \vartheta_2 \omega^{(2)}, \tag{III.156}$$

226   III. Dünnwandige Stäbe mit geschlossenem Profil und geradliniger Achse

wo
$$\omega^{(1)} = x; \qquad \omega^{(2)} = x(y - y_Q) = x y_1 \qquad \text{(III.157)}$$
sind.

Die Koordinate y_Q erhalten wir aus der Bedingung der Orthogonalität (III.124) der Funktionen $\omega^{(1)}$ und $\omega^{(2)}$:

$$a_{12} = \int_F \omega^{(1)} \omega^{(2)} \, dF = \int_F x^2 y \, dF - y_Q \int_F x^2 \, dF = 0. \qquad \text{(III.158)}$$

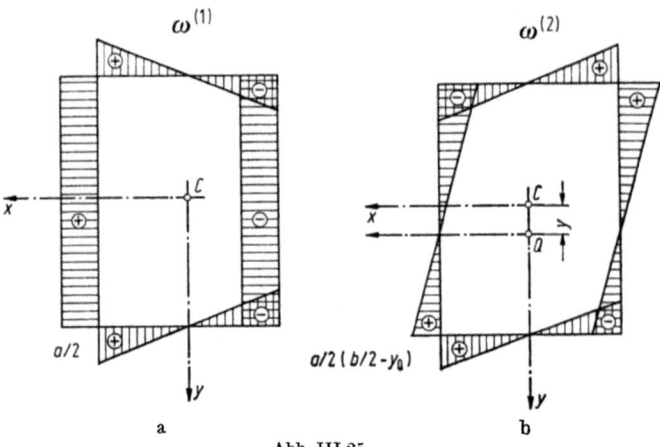

Abb. III.25

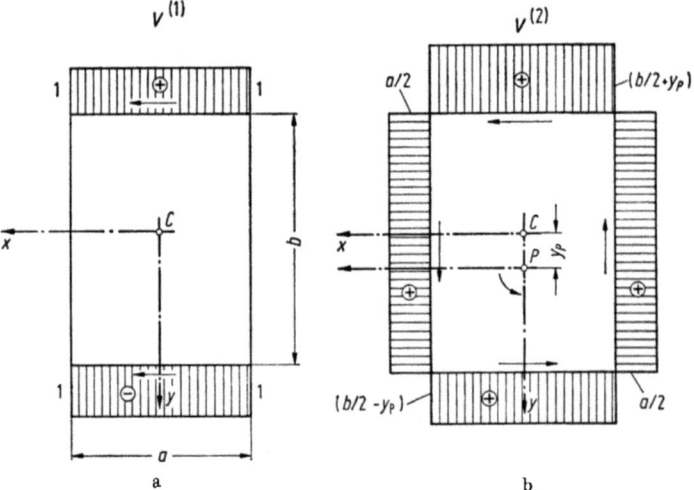

Abb. III.26

Daraus folgt:

$$y_Q = \frac{\int_F x^2 y \, dF}{I_{xx}}. \qquad \text{(III.159)}$$

Die Verschiebung $v(z, s)$ in der Querschnittsebene wird zufolge der angenommenen Anti-Symmetrie durch die Parameter

$$\psi_1 = \xi_P \quad \text{und} \quad \psi_2 = \varphi \qquad \text{(III.160)}$$

2. Berechnung des Stabes mit geschlossenem Profil

bestimmt. Wir erhalten:
$$v = \psi_1 v^{(1)} + \psi_2 v^{(2)}, \qquad \text{(III.161)}$$
wo
$$v^{(1)} = -\sin \alpha \quad \text{und} \quad v^{(2)} = h_P = h_c - y_P \sin \alpha \qquad \text{(III.162)}$$
sind (Abb. III.26).

Die Koordinate y_P des Punktes P, in bezug auf welchen wir den Hebelarm h_P bestimmen, erhalten wir aus der Bedingung der Orthogonalität der Funktionen $v^{(1)}$ und $v^{(2)}$:

$$d_{12} = \int_F v^{(1)} v^{(2)} \, dF = -\int_F h_c \sin \alpha \, dF + y_P \int_F \sin^2 \alpha \, dF = 0.$$

Daraus folgt:
$$y_P = \frac{\int_F h_c \sin \alpha \, dF}{\int_F \sin^2 \alpha \, dF},$$
wo h_c der auf den Schwerpunkt C bezogene Hebelarm ist.

Die Koeffizienten a_{ij}, b_{ij}, c_{ij} und d_{ij}, welche die Elemente der Matrizen $\boldsymbol{A}$, $\boldsymbol{B}$, $\boldsymbol{C}$ und $\boldsymbol{D}$ bilden, sind durch die Werte der folgenden bestimmten Integrale gegeben:

$$\left.\begin{aligned}
a_{11} &= \int_F x^2 \, dF = I_{xx}, \\
a_{12} &= a_{21} = 0, \\
a_{22} &= \int_F x^2 y_1^2 \, dF, \\
b_{11} &= \int_F \sin^2 \alpha \, dF, \\
b_{12} &= b_{21} = -\int_F \sin \alpha (x \cos \alpha - y_1 \sin \alpha) \, dF, \\
b_{22} &= \int_F (y_1 \sin \alpha - x \cos \alpha)^2 \, dF, \\
c_{11} &= \int_F \sin^2 \alpha \, dF = b_{11}, \\
c_{12} &= -\int_F h_P \sin \alpha \, dF = d_{12} = d_{21} = 0, \\
c_{21} &= -\int_F (x \cos \alpha - y_1 \sin \alpha) \sin \alpha \, dF = b_{12} = b_{21}, \\
c_{22} &= \int_F h_P (x \cos \alpha - y_1 \sin \alpha) \, dF, \\
d_{11} &= \int_F \sin^2 \alpha \, dF = b_{11}, \\
d_{12} &= d_{21} = 0, \\
d_{22} &= \int_F h_P^2 \, dF = I_{hhP}.
\end{aligned}\right\} \qquad \text{(III.163)}$$

III. Dünnwandige Stäbe mit geschlossenem Profil und geradliniger Achse

Die Matrizen $A, B, C, \tilde{C}$ und D haben die folgende Form:

$$A = \begin{bmatrix} a_{11} & 0 \\ 0 & a_{22} \end{bmatrix} \qquad B = \begin{bmatrix} b_{11} & b_{12} \\ b_{21} & b_{22} \end{bmatrix}$$

$$C = \begin{bmatrix} c_{11} & 0 \\ c_{21} & c_{22} \end{bmatrix} \qquad \tilde{C} = \begin{bmatrix} c_{11} & c_{21} \\ 0 & c_{22} \end{bmatrix} \qquad \text{(III.164)}$$

$$D = \begin{bmatrix} d_{11} & 0 \\ 0 & d_{22} \end{bmatrix}$$

Indem wir in den Gleichungen (III.142) $a_0 = d_0 = 0$ setzen, darauf Gleichung (III.142a) nach z differenzieren und zu Gleichung (III.142b) addieren, erhalten wir:

$$\varkappa A \vartheta''' + (\tilde{C} - B)\vartheta' + (D - C)\psi'' = 0. \qquad \text{(III.165)}$$

Aus Gleichung (III.142b) folgt:

$$\vartheta' = -\tilde{C}^{-1} D \psi'' \qquad \text{(III.166)}$$

und durch zweimaliges Differenzieren nach z:

$$\vartheta''' = -\tilde{C}^{-1} D \psi''''. \qquad \text{(III.167)}$$

Durch Einsetzen der Ausdrücke (III.166) und (III.167) in Gleichung (III.165) erhalten wir schließlich:

$$\varkappa A \tilde{C}^{-1} D \psi'''' - (B \tilde{C}^{-1} D - C)\psi'' = 0. \qquad \text{(III.168)}$$

beziehungsweise:

$$\varkappa \begin{bmatrix} a_{11} & -a_{11} \dfrac{b_{12}}{b_{11}} \dfrac{d_{22}}{c_{22}} \\ 0 & a_{22} \dfrac{d_{22}}{c_{22}} \end{bmatrix} \psi'''' - \begin{bmatrix} 0 & 0 \\ 0 & \dfrac{d_{22}}{c_{22}}\left(b_{22} - \dfrac{b_{12}^2}{b_{11}}\right) - c_{22} \end{bmatrix} \psi'' = 0. \qquad \text{(III.169)}$$

Die zweite Gleichung im System (III.169) ist von der ersten vollkommen unabhängig und enthält nur die Unbekannten $\psi_2 = \varphi$. [Siehe Gleichung (III.160).] Nach der Division durch $a_{22}(d_{22}/c_{22})$ können wir diese Gleichung in der folgenden Form anschreiben:

$$\left. \begin{aligned} \varphi'''' - k_*^2 \varphi'' &= 0, \\ k_*^2 &= \frac{1}{\varkappa a_{22}}\left(b_{22} - \frac{b_{12}^2}{b_{11}} - \frac{c_{22}^2}{d_{22}}\right) \end{aligned} \right\} \qquad \text{(III.170a, b)}$$

wo ist.

Die Gleichung (III.170) hat dieselbe Form wie die Differentialgleichung der Torsion für Stäbe mit offenem Profil oder wie die entsprechende Gleichung der im Kapitel III.1 dargelegten Theorie.

2. Berechnung des Stabes mit geschlossenem Profil

Der Unterschied besteht naturgemäß in der anderen Bedeutung, welche die Koeffizienten haben, aus denen der Wert k_*^2 zusammengesetzt ist.

Nach der Lösung dieser Gleichung für die Funktion $\varphi = \psi_2$ bestimmen wir aus der ersten Gleichung des Systems (III.169) die Funktion $\psi_1 = \xi_P$. [Siehe Gleichung (III.160).]

Wir setzen nun die gefundenen Werte für ψ_1 und ψ_2 in die Gleichung (III.166) und finden durch Integration derselben die Funktionen ϑ_1 und ϑ_2, wobei wir darauf achten müssen, daß die Gleichung (III.142a) befriedigt sein muß.

Die oben gezeigte Lösung für den einfach symmetrischen Rechteckquerschnitt kann als Näherungslösung auch für einen beliebigen, einzelligen, einfach symmetrischen Querschnitt verwendet werden. Im Falle des zweifach symmetrischen Rechteckquerschnittes wird der Koeffizient b_{12} gleich Null und $d_{22} = b_{22}$, so daß wir für k_*^2 erhalten:

$$k_*^2 = \frac{1}{\varkappa a_{22}} \left(b_{22} - \frac{c_{22}^2}{d_{22}} \right) = \frac{1}{\varkappa a_{22} b_{22}} (b_{22}^2 - c_{22}^2). \tag{III.171}$$

Das zusammengesetzte Problem der Biegung und der Torsion zerfällt in zwei einzelne, voneinander unabhängige Probleme. Das System der beiden Gleichungen (III.169) geht in zwei einzelne Gleichungen über.

Ebenso folgt aus dem Gleichungssystem (III.142b):

$$\begin{bmatrix} b_{11} & 0 \\ 0 & c_{22} \end{bmatrix} \vartheta' + \begin{bmatrix} b_{11} & 0 \\ 0 & d_{22} \end{bmatrix} \psi'' = 0$$

beziehungsweise aus:

und
$$\left. \begin{array}{l} \vartheta_1' + \xi_P'' = 0 \\ c_{22} \vartheta_2' + d_{22} \varphi'' = 0, \end{array} \right\} \tag{III.172a, b}$$

daß die Verwölbung ϑ_2 des Querschnittes nur von der Verdrehung desselben in seiner Ebene abhängt.

Für den doppeltsymmetrischen Querschnitt, für welchen auch der Koeffizient c_{22} zu Null wird, wie z. B. für den quadratischen Querschnitt mit konstanter Wandstärke, wird das Torsionsproblem zufolge der Gleichungen (III.172) auf

$$d_{22} \varphi'' = 0 \tag{III.173}$$

zurückgeführt, wobei

$$d_{22} = \int_F h^2 \, dF = t \oint_s \frac{a^2}{4} \, ds = a^3 t$$

ist, welcher Wert genau die Torsionskonstante

$$K = \frac{4 A^2}{\oint_s \frac{ds}{t}} = a^3 t$$

ergibt.

230   III. Dünnwandige Stäbe mit geschlossenem Profil und geradliniger Achse

Ein Stab, dessen Querschnitt eine quadratische Profilmittellinie konstanter Wandstärke aufweist, erleidet somit zufolge einer Belastung durch ein Torsionsmoment T^* an beliebiger Stelle keine Verwölbung. Normalspannungen σ werden durch eine solche Belastung nicht hervorgerufen, und die Schubspannungen berechnen sich aus dem gegebenen Torsionsmoment T^* wie für den Fall der St. Venantschen Torsion.

Diese Schlußfolgerungen stimmen mit den Resultaten überein, welche auf Grund der im Kapitel III.1 gebrachten Berechnungen erhalten wurden.

Hingegen sind die Verhältnisse im Falle einer Belastung durch ein äußeres Bimoment anders geartet.

Aus der zweiten Gleichung des Systems (III.142a) folgt unter Berücksichtigung der vorherigen über die einzelnen Elemente der Matrizen gemachten Aussagen:

$$\varkappa a_{22}\vartheta_2'' - b_{22}\vartheta_2 = 0. \tag{III.174}$$

Aus dieser Gleichung folgt, weil die Koeffizienten a_{22} und b_{22} von Null verschieden sind, daß in Richtung der Stabachse wirkende Kräfte im allgemeinen eine Verwölbung des Stabquerschnittes hervorrufen.

Das konzentrierte Bimoment erhalten wir aus Gleichung (III.126) zu

$$M_{(\omega 2)} = E' a_{22}\vartheta_2', \tag{III.175}$$

wobei ϑ_2 hier, zum Unterschied vom Wert ϑ_2 in den Gleichungen (III.125), die Verwölbung bedeutet, welche durch die in Richtung der Stabachse wirkenden Normalspannungen hervorgerufen wird. Diese Normalspannungen und die zufolge der Torsion hervorgerufenen Schubspannungen sind jedoch voneinander unabhängig und beeinflussen sich gegenseitig nicht.

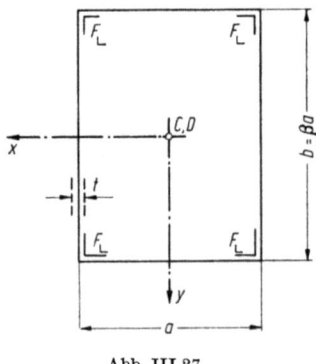

Abb. III.27

Zum Unterschied von dem im Abschnitt III.1 angegebenen Berechnungsvorgang, bei welchem wegen der Voraussetzung über den Verlauf der Verschiebungen w bei den sogenannten wölbfreien Querschnitten die Verwölbung ohne Rücksicht auf die Belastung stets verschwindet, erleidet nach der vorhergehenden Berechnung der quadratische Querschnitt konstanter Wandstärke zufolge einer Belastung durch ein äußeres, konzentriertes Bimoment eine Verwölbung.

2. Berechnung des Stabes mit geschlossenem Profil

Als besonderes Beispiel betrachten wir einen Stab mit doppeltsymmetrischem Querschnitt, mit konstanter Wandstärke t und durch Längsgurte versteiften Ecken. Die Querschnittsfläche einer Versteifung sei F_L (Abb. III.27).

Der Stab sei durch quer zur Stabachse gerichtete konzentrierte Kräfte belastet, welche außer Biegung auch Torsion hervorrufen. Wir wollen, wie bereits vorher, die Querschnittsflächen der Längsgurten in den Stabecken konzentriert wirkend annehmen und ihren Anteil an der Aufnahme der Schubspannungen vernachlässigen.

Aus diesem Grunde kommt der Einfluß der Eckversteifungen nur durch den Koeffizienten a_{22} zur Geltung.

Auf Grund der Ausdrücke (III.157) und (III.162) und mit Berücksichtigung der doppelten Symmetrie des Querschnittes sind die Verschiebungen:

$$\omega^{(2)} = xy \quad \text{und} \quad v^{(2)} = h_c.$$

Die Größen $\omega^{(1)}$ und $v^{(1)}$ interessieren uns mit Rücksicht darauf, daß wir nur die Torsion behandeln, nicht. Die Diagramme $\omega^{(2)}$, $\dot{\omega}^{(2)}$ und $v^{(2)}$ sind in der Abb. III.28 gezeigt.

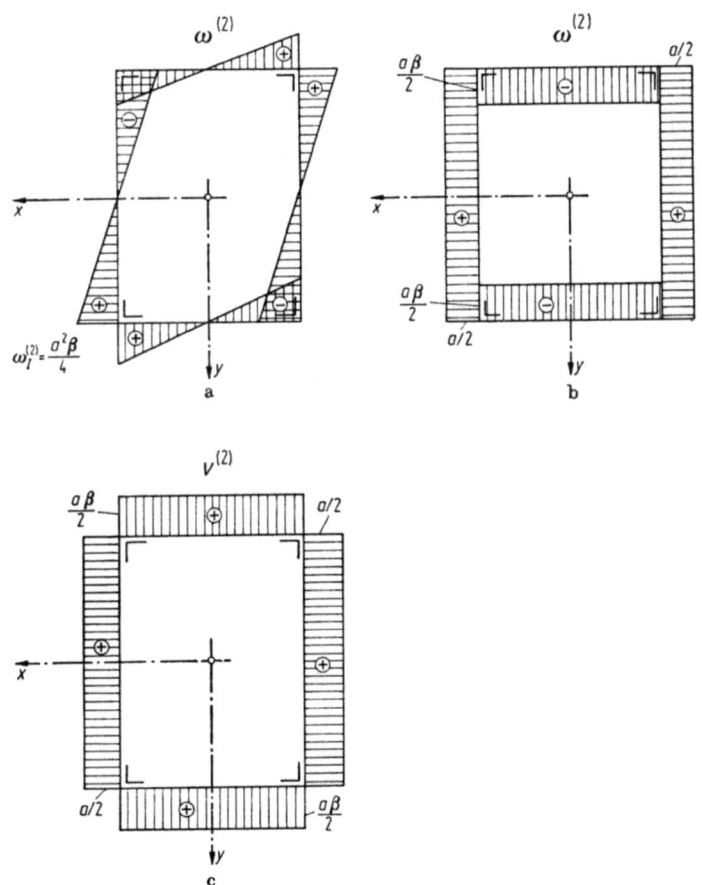

Abb. III.28

III. Dünnwandige Stäbe mit geschlossenem Profil und geradliniger Achse

Aus diesen Diagrammen erhalten wir auf Grund der Gleichungen (III.110) und (III.113) oder analytisch aus den Ausdrücken (III.163) die Koeffizienten:

$$\left.\begin{aligned} a_{22} &= \frac{1}{24} \beta^2 (1+\beta) \left(1 + \frac{3}{\theta}\right) a^5 t, \\ b_{22} &= d_{22} = \frac{1}{2} \beta (1+\beta) a^3 t, \\ c_{22} &= \frac{1}{2} \beta (1-\beta) a^3 t. \end{aligned}\right\} \quad (III.176)$$

Dabei ist:

$$\theta = \frac{(a+b)t}{2F_L} = \frac{(1+\beta)at}{2F_L}.$$

Aus Gleichung (III.170b) folgt:

$$k_*^2 = \frac{1}{\varkappa} \frac{48}{(1+\beta)^2} \cdot \frac{\theta}{3+\theta} \cdot \frac{1}{a^2}. \quad (III.177)$$

Durch die Auflösung der Differentialgleichung (III.170a) finden wir die allgemeine Lösung für φ.

Aus Gleichung (III.142a) erhalten wir unter Berücksichtigung, daß nur die Koeffizienten a_{22}, $b_{22} = d_{22}$ und c_{22} von Null verschieden sind:

$$\vartheta_2 = -\frac{c_{22}}{b_{22}} \varphi' + \varkappa \frac{a_{22}}{b_{22}} \vartheta_2''. \quad (III.178)$$

Setzen wir den Ausdruck für ϑ_2'' nach Differentiation der Gleichung (III.166) in die Gleichung (III.178) ein, so erhalten wir:

$$\vartheta_2 = -\frac{c_{22}}{b_{22}} \varphi' - \varkappa \frac{a_{22}}{c_{22}} \varphi'''. \quad (III.179)$$

beziehungsweise

$$\vartheta_2 = -\frac{1-\beta}{1+\beta} \varphi' - \frac{\varkappa}{12} \beta \frac{1+\beta}{1-\beta} \left(1 + \frac{3}{\theta}\right) a^2 \varphi'''. \quad (III.180)$$

Für die Verschiebung w des unteren linken Eckknotens I der Abb. III.28a erhalten wir den Ausdruck:

$$w_I = \omega_I^{(2)} \vartheta_2 \quad (III.181)$$

beziehungsweise:

$$w_I = -\frac{\beta}{4} \frac{1-\beta}{1+\beta} \left[\varphi' + \frac{\varkappa}{12} \beta \frac{(1+\beta)^2}{(1-\beta)^2} \left(1 + \frac{3}{\theta}\right) a^2 \varphi'''\right] a^2. \quad (III.182)$$

2. Berechnung des Stabes mit geschlossenem Profil

Der Stab sei gemäß Abb. III.29 mit dem in der Stabmitte angreifenden Torsionsmoment T^* belastet.

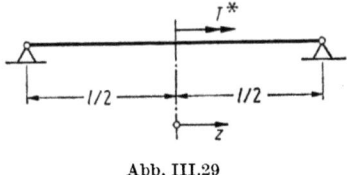

Abb. III.29

Die Randbedingungen sind die folgenden:

$$\text{Für } z = 0 \text{ ist } \begin{cases} \vartheta_2 = 0 \\ T = -\dfrac{T^*}{2}, \end{cases}$$

$$\text{für } z = \dfrac{l}{2} \text{ ist } \begin{cases} \varphi = 0 \\ M_{(\omega 2)} = 0. \end{cases}$$

Die Lösung der Differentialgleichung (III.170a) schreiben wir in folgender Form an:

$$\varphi = A e^{k_* z} + B e^{-k_* z} + C z + D \qquad (III.183)$$

und erhalten durch Differentiation:

$$\varphi' = k_*(A e^{k_* z} - B e^{-k_* z}) + C, \qquad (III.184)$$

$$\varphi'' = k_*^2 (A e^{k_* z} + B e^{-k_* z}), \qquad (III.185)$$

$$\varphi''' = k_*^3 (A e^{k_* z} - B e^{-k_* z}). \qquad (III.186)$$

Aus der Bedingung (III.175) folgt mit Berücksichtigung der Gleichung (III.172b) und weil $d_{22} = b_{22}$:

$$M_{(\omega_2)} = E' a_{22} \vartheta_2' = - E' a_{22} \frac{b_{22}}{c_{22}} \varphi'' = 0. \qquad (III.187)$$

Für $z = l/2$ finden wir aus Gleichung (III.185):

$$\varphi'' = A e^{k_*(l/2)} + B e^{-k_*(l/2)}.$$

Wir setzen nun voraus, daß $l/2$ genügend groß sei, um das zweite Glied in dieser Gleichung vernachlässigen zu können. Mit anderen Worten ausgedrückt, bedeutet das, daß sich der Einfluß der Verwölbung an den Stabenden nicht mehr auswirkt. In diesem Fall erhalten wir:

$$A = 0. \qquad (III.188)$$

Die drei anderen Integrationskonstanten finden wir aus den Gleichungen (III.183), (III.184) und (III.186) auf folgende Weise.

Aus der dritten Gleichung (III.130) erhalten wir zunächst, weil nur $a_{22}, d_{22} = b_{22}$ und c_{22} von Null verschieden sind:

$$T = G(c_{22}\vartheta_2 + d_{22}\varphi').$$

Da für $z = 0$, $\vartheta_2 = 0$ und $T = -T^*/2$ ist, folgt:

$$\varphi' = \frac{T}{Gb_{22}} = -\frac{T^*}{2Gb_{22}}.$$

Für $\vartheta_2 = 0$ finden wir aus Gleichung (III.179):

$$\varphi''' = -\frac{1}{\varkappa}\frac{c_{22}^2}{a_{22}b_{22}}\varphi'$$

und erhalten schließlich unter Beachtung des Ausdruckes (III.171) für B aus Gleichung (III.186):

$$B = -\frac{T^*}{2Gk_*}\frac{c_{22}^2}{b_{22}(b_{22}^2 - c_{22}^2)}. \tag{III.189}$$

Aus den Gleichungen (III.184) und (III.189) finden wir unmittelbar:

$$C = -\frac{T^*}{2G}\frac{b_{22}}{b_{22}^2 - c_{22}^2} \tag{III.190}$$

und aus Gleichung (III.183):

$$D = -C\frac{l}{2}. \tag{III.191}$$

Für die Normalspannung σ_I im Knoten I erhalten wir unter Beachtung der Gleichungen (III.99), (III.129), (III.177), (III.185) und (III.191) sowie der Ausdrücke für die Koeffizienten b_{22} und c_{22}:

$$\sigma_I = \frac{M_{(\omega_2)}}{a_{22}}\omega_I^{(2)} = \frac{1}{4}\sqrt{3\varkappa\frac{\theta}{3+\theta}\frac{1-\beta}{\beta(1+\beta)}}\frac{T^*}{a^2 t}e^{-k_* z}. \tag{III.192}$$

Die oben gezeigte Lösung kann auch für den Fall angewendet werden, daß das Torsionsmoment T^* nicht in der Stabmitte angreift, sofern der Exponent $k_*\zeta$ bzw. $k_*\zeta'$ genügend groß ist, um die Größe $e^{-k_*\zeta}$ bzw. $e^{-k_*\zeta'}$ gegenüber der Einheit vernachlässigen zu können.

Es kann gezeigt werden, daß für den analysierten Querschnitt (Abb. III.27) und für eine Belastung durch konzentrierte Torsionsmomente die Lösung nach der im Kapitel III.1 gebrachten Theorie mit der vorliegenden übereinstimmt.

2. Berechnung des Stabes mit geschlossenem Profil

Nach der im Kapitel III.1 dargelegten Theorie erhalten wir:

$$K = \frac{2\beta^2}{1+\beta} a^3 t,$$

$$I_{hh} = \frac{1}{2}\beta(1+\beta)a^3 t,$$

$$\varrho = \frac{(1+\beta)^2}{(1-\beta)^2},$$ \hfill (III.193)

$$\hat{\omega}_I = \frac{1-\beta}{1+\beta} \cdot \frac{\beta}{4} a^2,$$

$$I_{\hat{\omega}\hat{\omega}} = \frac{1}{24}\beta^2 \frac{(1-\beta)^2}{(1+\beta)}\left(1+\frac{3}{\theta}\right) a^5 t.$$

Für k^2 finden wir den gleichen Wert wie für k_*^2, wovon wir uns überzeugen können, wenn wir die Ausdrücke (III.193) für K, ϱ und $I_{\hat{\omega}\hat{\omega}}$ sowie den Wert $\varkappa = E'/G$ in die Gleichung (III.64) einsetzen.

Wir erhalten dann den Ausdruck (III.177) für k_*. Das besagt, daß auch die beiden Differentialgleichungen übereinstimmen.

Ebenso erhalten wir auch den gleichen Ausdruck für w. Weil auch die Randbedingungen in gleicher Weise aufgestellt werden, müssen sowohl die Größen der Spannungen als auch diejenigen der Verwölbung zufolge beider Theorien miteinander übereinstimmen.

In der folgenden Tabelle ist eine Übersicht der Normalspannungen σ_I in Abhängigkeit der Seitenverhältnisse und für verschiedene Größen der Querschnittsflächen der Längsgurte gegeben.

$\sigma_I (a^2 t / T^*)$

β, θ		z						
		0	$\tfrac{1}{4}a$	$\tfrac{1}{2}a$	$\tfrac{3}{4}a$	a	$2a$	$4a$
$\beta = 0{,}25$	$\theta = \tfrac{1}{2}$	0,6331	0,4574	0,3305	0,2388	0,1725	0,0470	0,0035
	$\theta = 1$	0,8377	0,5449	0,3545	0,2306	0,1500	0,0269	0,0008
	$\theta = 2$	1,0592	0,6148	0,3572	0,2073	0,1203	0,0137	0,0002
	$\theta \to \infty$	1,6749	0,7088	0,3000	0,1271	0,0538	0,0017	0,0000
$\beta = 0{,}5$	$\theta = \tfrac{1}{2}$	0,1756	0,1341	0,1022	0,0780	0,0595	0,0202	0,0023
	$\theta = 1$	0,2326	0,1626	0,1137	0,0794	0,0555	0,0132	0,0007
	$\theta = 2$	0,2941	0,1870	0,1188	0,0756	0,0480	0,0079	0,0002
	$\theta \to \infty$	0,4654	0,2272	0,1120	0,0542	0,0265	0,0015	0,0000
$\beta = 0{,}75$	$\theta = \tfrac{1}{2}$	0,0503	0,0399	0,0316	0,0251	0,0199	0,0079	0,0012
	$\theta = 1$	0,0664	0,0489	0,0360	0,0265	0,0195	0,0057	0,0005
	$\theta = 2$	0,0842	0,0571	0,0387	0,0263	0,0178	0,0038	0,0002
	$\theta \to \infty$	0,1330	0,0720	0,0389	0,0211	0,0114	0,0010	0,0000

IV. Dünnwandige Stäbe mit gekrümmter Achse

1. Einleitung

Die technische Theorie des dünnwandigen Stabes mit in einer Ebene gelegenen gekrümmten Achse hat im Hinblick auf die immer häufigere Anwendung dünnwandiger Träger bei verschiedenen Baukonstruktionen an Bedeutung gewonnen. Als Folge davon befaßten sich in letzter Zeit eine Reihe von Publikationen, einschließlich des Buches von *Dabrowski*[1], eingehend mit diesem Thema.

In diesem Kapitel wird die Theorie des dünnwandigen Stabes mit kreisförmiger Achse angegeben.[2]

Bei der Aufstellung der Differentialgleichungen werden keinerlei Annahmen über die Lage des Schubmittelpunktes und die Querschnittsform mit Ausnahme derjenigen getroffen, welche den dünnwandigen Stab als solchen kennzeichnen.

Die grundlegenden Differentialgleichungen des Stabes werden mittels der Verschiebungsmethode abgeleitet. Diese enthalten als Sonderfall für $R \to \infty$ die bekannten Differentialgleichungen für den geraden Stab.

Die gesamte Analyse ist unter Anwendung der Vektorrechnung auf streng deduktive Weise durchgeführt und ermöglicht dem Leser den Einblick in den wahren Sinn der einzelnen Vereinfachungen und Vernachlässigungen, welche bei der Behandlung dieses Gebietes in der Fachliteratur getroffen werden.

Die zusätzliche Beanspruchung durch das sogenannte St. Venantsche Torsionsmoment wird in der technischen Theorie des dünnwandigen Stabes auf mehr oder minder willkürliche Art eingeführt.

Ausgehend von der Kirchoff-Loveschen Hypothese über die Richtung der Normalen nach der Verformung, ergibt sich diese Beanspruchung als natürliche Folge dieser in die Theorie der dünnwandigen Schale übernommenen Voraussetzung.

Durch die Anwendung des Prinzipes der virtuellen Verschiebungen bei der Aufstellung der Gleichgewichtsbedingungen werden alle charakteristischen Beziehungen für die Schnittkräfte auf eine einheitliche Art erhalten. Dies gilt sowohl für die Schnittkräfte im klassischen Sinne als auch für die dem dünnwandigen Stab zugehörigen Schnittkräfte, wie Bimoment und St. Venantsches Torsionsmoment.

Die abgeleiteten Differentialgleichungen nach den unbekannten Verschiebungsparametern geben für die entsprechenden Randbedingungen die Lösung der Aufgabe für beliebige Belastungen.

---

[1] *R. Dabrowski:* Gekrümmte dünnwandige Träger. Springer-Verlag. Berlin/Heidelberg/New York. 1968.

[2] *C. F. Kollbrunner* und *N. Hajdin:* Beitrag zur Theorie dünnwandiger Stäbe mit gekrümmter Achse. Institut für bauwissenschaftliche Forschung, Heft Nr. 8, Verl. Leemann, Zürich 1969.

Im 5. Abschnitt wird der Vollständigkeit halber die bekannte „Trennung" der Wölbkrafttorsion von der Axial- und Biegungsbeanspruchung vorgenommen und der Weg für die schrittweise Lösung der Aufgabe gezeigt.

Eine Erweiterung dieses Vorgangs auf die Stäbe mit geschlossenem Querschnitt ist am Schluß des Abschnitts 5. gegeben.

Bei der Berechnung der Verschiebungen η und ξ werden gewisse zusätzliche Vereinfachungen eingeführt. Die abgeleiteten Differentialgleichungen unterscheiden sich von den entsprechenden, von *Dabrowski*[1] angegebenen dadurch, daß sie auch die Einflüsse der Normalkraft und des Biegemomentes M_x enthalten.

Die Integration der am Ende des Abschnittes 4. abgeleiteten Differentialgleichungen stellt, im Hinblick auf die klassischen Mittel der Berechnung eine umständliche Art der Lösung der Aufgabe dar.

Diese Gleichungen eignen sich jedoch als Grundlage für die numerische Analyse der zusammengesetzten Beanspruchung von Stäben mit veränderlichen Querschnitten und veränderlichen Krümmungshalbmessern unter Anwendung der Matrizenrechnung und elektronischer Rechengeräte.

Der Abschnitt 6. bringt die numerische Lösung der im Abschnitt 4. abgeleiteten Differentialgleichung nach der Methode von *N. Hajdin*. Die Lösung eignet sich zur Berechnung durch die Benutzung der Rechenautomaten.

2. Grundlegende Voraussetzungen. Verformung des Stabes

Wir betrachten einen dünnwandigen Stab mit kreisförmig gekrümmter Achse. Der Querschnitt des Stabes sei offen und für die ganze Stablänge konstant.[2]

Die Profilmittellinie des Querschnitts möge sich aus geraden Teilstücken oder aus solchen mit kleiner Krümmung, welche vernachlässigt werden kann, zusammensetzen. Wir können dann die beliebige Profilmittellinie durch eine polygonale ersetzen, deren Seitenlängen wir nach der gewünschten Genauigkeit der Anpassung an die gegebene Linie festlegen.

In den Stabquerschnitt legen wir ein kartesisches Koordinatensystem (x, y) in der Art, daß wir der Einfachheit halber als Ursprung desselben den Schwerpunkt des Stabquerschnitts wählen. Die Achse x und die Stabachse mit dem Halbmesser R, welche die Schwerpunkte der Stabquerschnitte verbindet, liegen in einer Ebene.

Die längs der Stabachse gemessene Bogenlänge von einem vorher angenommenen Querschnitt aus ist durch die Koordinate z bestimmt.

Die Einheitsvektoren in den Richtungen x und y bezeichnen wir mit $\vec{\imath}$ und $\vec{\jmath}$ und in der Richtung z der Tangente an die Stabachse mit $\vec{k}$.

Außer den Koordinaten (x, y, z) wählen wir auf der Mittelfläche des Stabes ein System orthogonaler, krummliniger Koordinaten (s, z_1), wo s die Länge der Profilmittellinie des Querschnittes ist und z_1 die Länge des kreisförmigen, mit der

---

[1] *R. Dabrowski:* Gekrümmte dünnwandige Träger. Springer-Verlag, Berlin/Heidelberg/New York, 1968.

[2] Eine Umwandlung dieser Theorie für die geschlossenen Querschnitte ist im Abschnitt 5 gegeben.

238 IV. Dünnwandige Stäge mit gekrümmter Achse

Stabachse konzentrischen Bogens auf der Mittelfläche des Stabes (Abb. IV.1). Den Abstand von der Mittelfläche in der Richtung der Normalen bezeichnen wir mit e.

Den Einheitsvektor in der Richtung der Tangente auf s werden wir mit $\vec{t}$ und in der Richtung der Normalen auf die Mittelfläche mit $\vec{n}$ bezeichnen.

Wenn wir ferner mit α den Winkel bezeichnen, welcher die Normale auf die Mittelfläche mit der positiven Richtung der x-Achse einschließt, so sind die Einheitsvektoren $\vec{t}$ und $\vec{n}$ durch die Vektoren $\vec{i}$ und $\vec{j}$ auf Grund der Ausdrücke (Abb. IV.1):

$$\left.\begin{aligned} \vec{t} &= -\vec{i}\sin\alpha + \vec{j}\cos\alpha, \\ \vec{n} &= \vec{i}\cos\alpha + \vec{j}\sin\alpha \end{aligned}\right\} \tag{IV.1}$$

bestimmt.

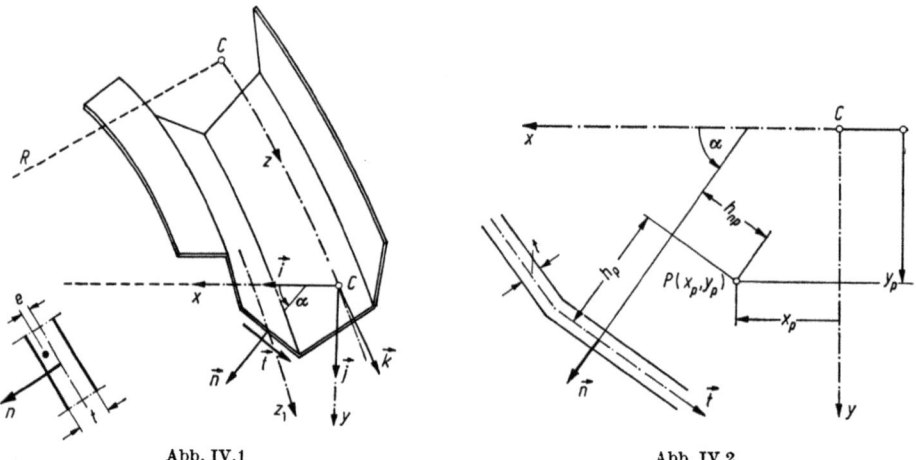

Abb. IV.1 Abb. IV.2

Nach der Theorie des dünnwandigen Stabes mit offenem Profil (siehe Kapitel II.1) führen wir die folgenden Voraussetzungen über die Verformung ein:

a) Die Querschnittsform des Stabes bleibt während der Verformung unverändert, und

b) die Gleitverzerrung γ_{zs} in der Mittelfläche des Stabes wird vernachlässigt.

Unter Berücksichtigung der Voraussetzung a) ist die Projektion $\vec{u}_1$ der Verschiebung $\vec{u}$ des beliebigen Punktes der Mittelfläche auf die Querschnittsebene durch die Verschiebung des als starre Scheibe aufgefaßten Querschnittes in seiner Ebene bestimmt.

Die Verschiebungen des Querschnittes in den Richtungen x und y bezeichnen wir wie vorher mit ξ und mit η und seine Verdrehung in der x,y-Ebene um den beliebigen Punkt mit φ (Abb. IV.2).

Wir können dann den Ausdruck für $\vec{u}_1$ wie folgt anschreiben:

$$\vec{u}_1 = (\xi - y_1\varphi)\vec{i} + (\eta + x_1\varphi)\vec{j}, \tag{IV.2}$$

2. Grundlegende Voraussetzungen. Verformung des Stabes

wo

und

$$x_1 = x - x_P \\ y_1 = y - y_P \quad \text{(IV.3)}$$

ist.

Die Verschiebungskomponente w in Richtung der Stabachse schreiben wir in der folgenden Form:

$$w = w_1 - \eta' y - \xi' x. \quad \text{(IV.4)}$$

Das zweite und das dritte Glied des Ausdruckes (IV.4) beschreiben die durch die Verdrehung des Querschnittes um die Achsen x und y hervorgerufenen Verschiebungen. Für den Verschiebungsvektor eines beliebigen Punktes auf der Mittelfläche erhalten wir den folgenden Ausdruck:

$$\vec{u} = (\xi - y_1 \varphi)\vec{i} + (\eta + x_1 \varphi)\vec{j} + (w_1 - y\eta' - x\xi')\vec{k}. \quad \text{(IV.5)}$$

Wenn wir mit $\vec{r}_0$ den Ortsvektor des beliebigen Punktes auf der Mittelfläche des Stabes vor dessen Verformung bezeichnen, so ist der Ortsvektor $\vec{r}$ nach der Verformung durch den Ausdruck:

$$\vec{r} = \vec{r}_0 + \vec{u} \quad \text{(IV.6)}$$

bestimmt.

Die Ableitungen der Einheitsvektoren $\vec{i}$, $\vec{j}$ und $\vec{k}$ nach dem Parameter z sind durch folgende Gleichungen gegeben:

$$\frac{\partial \vec{i}}{\partial z} = -\frac{1}{R}\vec{k}; \quad \frac{\partial \vec{j}}{\partial z} = 0; \quad \frac{\partial \vec{k}}{\partial z} = \frac{1}{R}\vec{i}. \quad \text{(IV.7)}$$

Für die Ableitungen des Ortsvektors $\vec{r}$ in den Richtungen x, y und z_1 erhalten wir:

$$\frac{\partial \vec{r}}{\partial x} = \vec{i} + \varphi \vec{j} + \left(\frac{\partial w_1}{\partial x} - \xi'\right)\vec{k}, \quad \text{(IV.8)}$$

$$\frac{\partial \vec{r}}{\partial y} = \vec{j} - \varphi \vec{i} + \left(\frac{\partial w_1}{\partial y} - \eta'\right)\vec{k} \quad \text{(IV.9)}$$

und unter Beachtung daß

$$\frac{\partial}{\partial z_1} = \frac{1}{1 - \dfrac{x}{R}} \frac{\partial}{\partial z}$$

ist, folgt:

$$\frac{\partial \vec{r}}{\partial z_1} = \vec{k} + \frac{1}{1 - \dfrac{x}{R}} \left\{ \left[\xi' - y_1 \varphi' + \frac{1}{R}(w_1 - y\eta' - x\xi')\right]\vec{i} \right.$$
$$\left. + (\eta' + x_1 \varphi')\vec{j} + \left[(w_1' - y\eta'' - x\xi'') - \frac{1}{R}(\xi - y_1\varphi)\right]\vec{k} \right\}. \quad \text{(IV.10)}$$

IV. Dünnwandige Stäbe mit gekrümmter Achse

Die Einheitsvektoren in den Richtungen der Tangenten an die Koordinatenlinien nach der Verformung sind durch folgende Ausdrücke bestimmt:

$$\vec{i}' = \frac{\frac{\partial \vec{r}}{\partial x}}{\sqrt{\frac{\partial \vec{r}}{\partial x}\frac{\partial \vec{r}}{\partial x}}}; \quad \vec{j}' = \frac{\frac{\partial \vec{r}}{\partial y}}{\sqrt{\frac{\partial \vec{r}}{\partial y}\frac{\partial \vec{r}}{\partial y}}}; \quad \vec{k}' = \frac{\frac{\partial \vec{r}}{\partial z_1}}{\sqrt{\frac{\partial \vec{r}}{\partial z_1}\frac{\partial \vec{r}}{\partial z_1}}}. \quad \text{(IV.11)}$$

Auf Grund der Gleichungen (IV.8), (IV.9) und (IV.10) erhalten wir, unter Vernachlässigung der Produkte der Verschiebungen und deren Ableitungen als kleine Größen höherer Ordnung:

$$\frac{\partial \vec{r}}{\partial x}\frac{\partial \vec{r}}{\partial x} = 1,$$

$$\frac{\partial \vec{r}}{\partial y}\frac{\partial \vec{r}}{\partial y} = 1,$$

$$\frac{\partial \vec{r}}{\partial z_1}\frac{\partial \vec{r}}{\partial z_1} = \left\{1 + \frac{1}{1-\frac{x}{R}}\left[(w_1' - y\eta'' - x\xi'') - \frac{1}{R}(\xi - y_1\varphi)\right]\right\}^2.$$

Die Beträge der Vektoren $\partial \vec{r}/\partial x$, $\partial \vec{r}/\partial y$ und $\partial \vec{r}/\partial z_1$ sind die folgenden:

und
$$\left.\begin{array}{c}\sqrt{\frac{\partial \vec{r}}{\partial x}\frac{\partial \vec{r}}{\partial x}} = 1; \quad \sqrt{\frac{\partial \vec{r}}{\partial y}\frac{\partial \vec{r}}{\partial y}} = 1 \\ \sqrt{\frac{\partial \vec{r}}{\partial z_1}\frac{\partial \vec{r}}{\partial z_1}} = 1 + \varepsilon,\end{array}\right\} \quad \text{(IV.12)}$$

wo

$$\varepsilon = \frac{1}{1-\frac{x}{R}}\left[w_1' - y\eta'' - x\xi'' - \frac{1}{R}(\xi - y_1\varphi)\right] \quad \text{(IV.13)}$$

ist.

Auf Grund der Gleichungen (IV.11) erhalten wir nun:

$$\vec{i}' = \vec{i} + \varphi\vec{j} + \left(\frac{\partial w_1}{\partial x} - \xi'\right)\vec{k}, \quad \text{(IV.14)}$$

$$\vec{j}' = \vec{j} - \varphi\vec{i} + \left(\frac{\partial w_1}{\partial y} - \eta'\right)\vec{k}, \quad \text{(IV.15)}$$

$$\vec{k}' = \vec{k} + \frac{1}{1-\frac{x}{R}}\left\{\left[\xi' - y_1\varphi' + \frac{1}{R}(w_1 - y\eta' - x\xi')\right]\vec{i} + (\eta' + x_1\varphi')\vec{j}\right\}. \quad \text{(IV.16)}$$

2. Grundlegende Voraussetzungen. Verformung des Stabes

Die Ableitung des Ortsvektors nach der Verformung in Richtung der Tangente auf die Profilmittellinie ist durch den Ausdruck

$$\frac{\partial \vec{r}}{\partial s} = -\frac{\partial \vec{r}}{\partial x}\sin\alpha + \frac{\partial \vec{r}}{\partial y}\cos\alpha \tag{IV.17}$$

gegeben.

Setzen wir für $\partial \vec{r}/\partial x$ und $\partial \vec{r}/\partial y$ die durch die Gleichungen (IV.8) und (IV.9) gegebenen Ausdrücke ein, so erhalten wir:

$$\frac{\partial \vec{r}}{\partial s} = -(\sin\alpha + \varphi\cos\alpha)\vec{i} + (\cos\alpha - \varphi\sin\alpha)\vec{j}$$
$$+ \left(\xi'\sin\alpha - \eta'\cos\alpha + \frac{\partial w_1}{\partial s}\right)\vec{k}. \tag{IV.18}$$

Diese Gleichung stellt zugleich auch den Wert des Vektors $\vec{t}$' in Richtung der Tangente auf die Profilmittellinie dar, weil in dem Ausdruck

$$\vec{t}' = \frac{\dfrac{\partial \vec{r}}{\partial s}}{\sqrt{\dfrac{\partial \vec{r}}{\partial s}\dfrac{\partial \vec{r}}{\partial s}}}$$

der Nenner gleich Eins ist, so daß wir schreiben können:

$$\vec{t}' = \frac{\partial \vec{r}}{\partial s}. \tag{IV.19}$$

Die Gleitverzerrung γ_{zs} definieren wir als den Cosinus des Winkels, welcher von den Linien z_1 und s nach der Verformung eingeschlossen wird. Dieser Wert ist gleich dem inneren Produkt der Einheitsvektoren $\vec{t}$' und $\vec{k}$':

$$\gamma_{zs} = \vec{t}' \cdot \vec{k}'. \tag{IV.20}$$

Auf Grund der Voraussetzung b) kann diese Größe gleich Null gesetzt werden, d. h.:

$$\vec{t}' \cdot \vec{k}' = 0. \tag{IV.21}$$

Setzen wir in diese Gleichung für $\vec{t}' = \partial \vec{r}/\partial s$ und für $\vec{k}'$ die Ausdrücke (IV.18) und (IV.16) ein, so erhalten wir:

$$\left(\xi'\sin\alpha - \eta'\cos\alpha + \frac{\partial w_1}{\partial s}\right) - \frac{1}{1-\dfrac{x}{R}}\left[\xi' - y_1\varphi' + \frac{1}{R}(w_1 - y\eta' - x\xi')\right]\sin\alpha$$

$$+ \frac{1}{1-\dfrac{x}{R}}(\eta' + x_1\varphi')\cos\alpha = 0,$$

IV. Dünnwandige Stäbe mit gekrümmter Achse

bzw. mit Rücksicht auf die Ausdrücke (IV.3):

$$\left(1 - \frac{x}{R}\right)\left[\frac{\partial w_1}{\partial s} - \frac{1}{R}\frac{w_1}{\left(1 - \frac{x}{R}\right)}\sin\alpha\right]$$
$$= -\left(\varphi' + \frac{\eta'}{R}\right)(x_1 \cos\alpha + y_1 \sin\alpha) - \frac{\eta'}{R}(x_P \cos\alpha + y_P \sin\alpha). \quad \text{(IV.22)}$$

Wir setzen:
$$h_P = x_1 \cos\alpha + y_1 \sin\alpha, \quad \text{(IV.23)}$$

wobei (Abb. IV.2) h_P der Abstand der Tangente an die Profilmittellinie vom Punkt P ist, sowie

$$\theta' = \left(\varphi' + \frac{\eta'}{R}\right). \quad \text{(IV.24)}$$

Den Ausdruck (IV.24) werden wir als die spezifische Verwindung des Stabes bezeichnen.

Unter Berücksichtigung der Beziehungen

$$\left.\begin{array}{l}\dfrac{dx}{ds} = -\sin\alpha, \\[2mm] \dfrac{dy}{ds} = \cos\alpha \end{array}\right\} \quad \text{(IV.25)}$$

sowie der Ausdrücke (IV.23) und (IV.24) können wir die Gleichung (IV.22) in der folgenden Form schreiben:

$$\frac{\partial}{\partial s}\left(\frac{w_1}{1 - \dfrac{x}{R}}\right) = -\frac{1}{\left(1 - \dfrac{x}{R}\right)^2}\left[\theta' h_P + \frac{\eta'}{R}(x_P \cos\alpha + y_P \sin\alpha)\right]. \quad \text{(IV.26)}$$

Durch die Integration dieser Gleichung erhalten wir:

$$w_1 = -\left(1 - \frac{x}{R}\right)[\theta' \omega_P + \eta' f(s) - w_0], \quad \text{(IV.27)}$$

wo:

$$\omega_P = \int_0^s \frac{h_P}{\left(1 - \dfrac{x}{R}\right)^2} ds \quad \text{(IV.28)}$$

und

$$f(s) = \frac{1}{R} \int_0^s \frac{1}{\left(1 - \dfrac{x}{R}\right)^2}(x_P \cos\alpha + y_P \sin\alpha)\, ds \quad \text{(IV.29)}$$

sind.

2. Grundlegende Voraussetzungen. Verformung des Stabes

Die Größe ω_P stellt die *sektorielle Koordinate* des Stabes mit gekrümmter Achse dar:

Der Unterschied gegenüber dem entsprechenden Wert des geradlinigen Stabes ist durch den Faktor $1/(1-(x/R))^2$ gegeben.

Für Stäbe, bei welchen das Verhältnis der charakteristischen Querschnittsabmessung, welche wir mit b bezeichnen wollen, zum Radius R klein ist, kann dieser Faktor gleich Eins gesetzt werden.

Im allgemeinen ist die Berechnung der sektoriellen Koordinate nach Gleichung (IV.28) nicht schwierig, wenn auch im Vergleich zum angenäherten Wert

$$\omega_P \approx \int_0^s h_P\, ds \tag{IV.30}$$

etwas komplizierter.

Wenn wir die Größen der Ordnung b^2/R^2 gegenüber der Einheit vernachlässigen, können wir das Integral (IV.29) in der folgenden Form anschreiben[1]:

$$f(s) = \frac{1}{R}\int_0^s \left(1 + \frac{2x}{R}\right)(x_P \cos\alpha + y_P \sin\alpha)\, ds \tag{IV.31}$$

und ferner:

$$f(s) = \frac{1}{R}(x_P y - y_P x) + \frac{p^3}{R^2}. \tag{IV.32}$$

wo

$$\frac{p^3}{R^2} = \frac{2}{R^2}\left[x_P \int_0^s x\cos\alpha\, ds + y_P \int_0^s x\sin\alpha\, ds\right] \tag{IV.33}$$

ist.

Es muß bemerkt werden, daß $p = p(s)$ von der gleichen Größenordnung ist wie die durchschnittlichen Querschnittsabmessungen.

Durch Einsetzen des Ausdrucks (IV.32) in die Gleichung (IV.27) erhalten wir:

$$w_1 = -\left(1 - \frac{x}{R}\right)\left[\theta'\omega_P + \frac{\eta'}{R}(x_P y - y_P x) + \eta'\frac{p^3}{R^2} - w_0\right] \tag{IV.34}$$

sowie auf Grund von Gleichung (IV.4)

$$w = -\xi' x - \eta'\left\{y + \left(1 - \frac{x}{R}\right)\left[\frac{1}{R}(x_P y - y_P x) + \frac{p^3}{R^2}\right]\right\}$$
$$-\left(1 - \frac{x}{R}\right)\theta'\omega_P + \left(1 - \frac{x}{R}\right)w_0. \tag{IV.35}$$

---

[1] Es wird vorausgesetzt, daß das Verhältnis der Querschnittsabmessungen des Stabes zum Radius R sowie zur Stablänge l von der Größenordnung $b/R < 1/5$ bzw. $b/l < 1/5$ ist. Im gegenteiligen Fall haben sowohl die Voraussetzungen über die Verformungen als auch über die Spannungen (welche später eingeführt werden) Fehler zur Folge.

Diese Fehler sind von der gleichen Größenordnung wie jene, die durch Vernachlässigung des Faktors b^2/R^2 entstehen.

IV. Dünnwandige Stäbe mit gekrümmter Achse

Da die Größe p^2/R^2 von derselben Größenordnung wie b^2/R^2 ist, werden wir das Glied p^3/R^2 in bezug auf y vernachlässigen. Von der gleichen Ordnung ist auch die Größe

$$\frac{x}{R^2}(x_P y - y_P x),$$

und wir werden auch dieses Glied im Ausdruck für w vernachlässigen.

Auf diese Weise erhalten wir:

$$w = -\xi' x - \eta' \left[y\left(1 + \frac{x_P}{R}\right) - \frac{y_P}{R} x \right] - \left(1 - \frac{x}{R}\right) \theta' \omega_P + \left(1 - \frac{x}{R}\right) w_0.$$
(IV.36)

Setzen wir den Ausdruck für w in die Gleichung (IV.5) ein, so erhalten wir den endgültigen Ausdruck für den Verschiebungsvektor der Punkte der Mittelfläche:

$$\vec{u} = (\xi - y_1 \varphi)\vec{i} + (\eta + x_1 \varphi)\vec{j}$$
$$- \left\{ \xi' x + \eta' \left[y\left(1 + \frac{x_P}{R}\right) - \frac{y_P}{R} x \right] + \left(1 - \frac{x}{R}\right)(\theta \omega_P - w_0) \right\} \vec{k}. \quad (IV.37)$$

Von den Verzerrungskomponenten der Mittelfläche ist, gemäß den getroffenen Voraussetzungen, nur ε_z von Null verschieden.

Die Dehnung in der Richtung der z-Achse wird als die relative Zunahme der Länge des Elementes dz_1 definiert

$$\varepsilon_z = \frac{dz_1' - dz_1}{dz_1} = \frac{dz_1'}{dz_1} - 1.$$

Da dz_1'/dz_1 gleich ist dem Betrag des Vektors $\partial \vec{r}/\partial z_1$, ergibt sich aus Gleichung (IV.12):

$$\varepsilon_z = \sqrt{\frac{\partial \vec{r}}{\partial z_1} \frac{\partial \vec{r}}{\partial z_1}} - 1 = 1 + \varepsilon - 1 = \varepsilon.$$

In die Gleichung (IV.13) für ε setzen wir für w_1 den Ausdruck (IV.34) und erhalten, unter Vernachlässigung des Gliedes $\eta' p^3/R^2$:

$$\varepsilon_z = -\frac{1}{1 - \frac{x}{R}} \left[(\xi'' x + \eta'' y) + \frac{1}{R}(\xi - y_1 \varphi) \right] - \theta'' \omega_P$$

$$- \frac{\eta''}{R}(x_P y - y_P x) + w_0'. \quad (IV.38)$$

Wir setzen

$$\frac{1}{1 - \frac{x}{R}} \approx 1 + \frac{x}{R}$$

2. Grundlegende Voraussetzungen. Verformung des Stabes

und erhalten, unter Vernachlässigung des Gliedes $-x^2/R^2$ gegenüber Eins, für ε_z den folgenden Ausdruck:

$$\varepsilon_z = -\left(1 + \frac{x}{R}\right)\left[(\xi''x + \eta''y) + \frac{1}{R}(\xi - y_1\varphi)\right] - \theta''\omega_P$$
$$- \frac{\eta''}{R}(x_P y - y_P x) + w_0'. \qquad (IV.39)$$

Für Stäbe, bei welchen das Verhältnis x/R klein ist, kann man den angenäherten Ausdruck:

$$\varepsilon_z \approx -\xi''x - \eta''y - \frac{1}{R}(\xi - y_1\varphi) - \theta''\omega_P - \frac{\eta''}{R}(x_P y - y_P x) + w_0' \qquad (IV.40)$$

benützen.

In der technischen Theorie des geraden dünnwandigen Stabes mit offenem Profil wird von der Voraussetzung ausgegangen, daß ein Teil der Schubspannungen im Querschnitt in gleicher Weise verteilt sind, wie im Falle der sogenannten St. Venantschen (oder reinen) Torsion, und daß diese Schubspannungen proportional der Einheitsverdrehung $\varphi' = \varphi'(z)$ sind.

Zu diesen Spannungen werden die Schubspannungen, welche durch die verhinderte Querschnittsverwölbung entstehen, hinzugefügt.

Diese Voraussetzung wird in modifizierter Form auch auf die Stäbe mit gekrümmter Achse übertragen, wobei statt der spezifischen Verdrehung φ' die spezifische Verwindung $\theta' = \varphi' + \eta'/R$ in die Rechnung eingeführt wird.

In der oben erwähnten Theorie des geraden Stabes werden zwei Spannungszustände, wovon jeder aus anderen Voraussetzungen abgeleitet wurde, mechanisch verbunden. Diese Art der Verbindung ist, unserer Ansicht nach, nicht befriedigend und steht in gewissem Sinne dem Aufbau einer logischen und auf einheitlichen Voraussetzungen begründeten Theorie im Wege.

Im Falle des geraden Stabes haben wir, statt dieser Voraussetzung, den dünnwandigen Stab als Sonderfall der dünnwandigen Schale aufgefaßt. Dabei haben wir gezeigt, daß man, ausgehend von der Kirchoff-Loveschen Hypothese, welche charakteristisch für die Theorie der dünnwandigen Schalen ist, zur gleichen Lösung des Problems des dünnwandigen Stabes gelangt, wie mittels der weiter oben erwähnten technischen Theorie.

Wir wollen auch im vorliegenden Fall des Stabes mit gekrümmter Achse wieder von der Kirchoff-Loveschen Voraussetzung über die Verformung ausgehen. Sodann versuchen wir durch den Ausdruck der Gleitverzerrung $\gamma_{zs*} = \gamma_s$ außerhalb der Mittelfläche die zusätzlichen Schubspannungen τ_s außerhalb der Mittelfläche zu definieren.

Wir setzen voraus, daß die, vor der Verformung senkrecht zur Mittelfläche stehenden Fasern auch nach der Verformung senkrecht zu ihr bleiben und keine Längenänderung erleiden.

Wir erhalten somit (Abb. IV.3):

$$e\vec{n} + \vec{u}_* = e\vec{n}' + \vec{u}. \qquad (IV.41)$$

IV. Dünnwandige Stäbe mit gekrümmter Achse

wo mit $\vec{u}_*$ der Verschiebungsvektor des beliebigen, im Abstand e von der Mittelfläche gelegenen Punktes M_1 bezeichnet wird und mit $\vec{n}'$ der Einheitsvektor der Normalen nach der Verformung.

Aus der Gleichung (IV.41) erhalten wir:

$$\vec{u}_* = \vec{u} + (\vec{n}' - \vec{n})e. \qquad \text{(IV.42)}$$

Der Einheitsvektor $\vec{n}'$ ist durch das äußere Produkt der Vektoren $\vec{t}'$ und $\vec{k}'$ bestimmt:

$$\vec{n}' = \vec{t}' \times \vec{k}'. \qquad \text{(IV.43)}$$

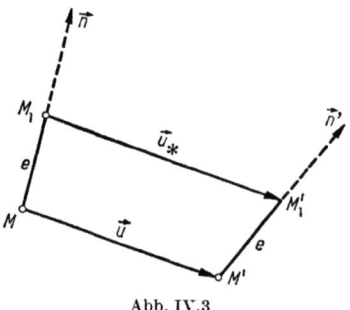

Abb. IV.3

Wir setzen in diese Gleichung für $\vec{t}'$ und $\vec{k}'$ die Ausdrücke (IV.19), (IV.18) und (IV.16) ein und erhalten nach der Durchführung der Rechnungsoperationen:

$$\vec{n}' = \vec{n} + \varphi \vec{t} - \frac{1}{1 - \dfrac{x}{R}} \left(\xi' \cos \alpha + \eta' \sin \alpha + \varphi' h_{n_P} + \frac{1}{R} w \cos \alpha \right) \vec{k}, \qquad \text{(IV.44)}$$

wo h_{n_P} (Abb. IV.2) der Abstand der Normalen auf die Mittelfläche vom Punkt P ist.

$$h_{n_P} = (x_1 \sin \alpha - y_1 \cos \alpha). \qquad \text{(IV.45)}$$

Durch Einsetzen des Ausdruckes (IV.44) in die Gleichung (IV.42) erhalten wir:

$$\vec{u}_* = \vec{u} + e \left[\varphi \vec{t} - \frac{1}{1 - \dfrac{x}{R}} \left(\xi' \cos \alpha + \eta' \sin \alpha + \varphi' h_{n_P} + \frac{1}{R} w \cos \alpha \right) \vec{k} \right].$$

(IV.46)

Der dünnwandige Stab ist durch eine, im Verhältnis zu seinen Querschnittsabmessungen, kleine Wandstärke t gekennzeichnet. Da die Querschnittsabmessungen ihrerseits klein im Verhältnis zum Radius R sind, folgt, daß das Verhältnis t/R eine kleine Größe höherer oder gleicher Ordnung wie b^2/R^2 sein muß. Zufolge dieses Umstandes können wir die nachstehende Vereinfachung machen:

$$\left(1 + \frac{t}{R}\right) \approx 1. \qquad \text{(IV.47)}$$

2. Grundlegende Voraussetzungen. Verformung des Stabes

Für $\vec{u}_*$ erhalten wir, unter Berücksichtigung der Ausdrücke (IV.47), den Näherungswert:

$$\vec{u}_* = \vec{u} + e[\varphi \vec{t} - (\xi' \cos \alpha + \eta' \sin \alpha + \varphi' h_{n_p})\vec{k}]. \qquad \text{(IV.48)}$$

Die Gleitverzerrung $\gamma_{sz*} = \gamma_s$ bestimmen wir analog zum früheren Vorgang (siehe Gleichung (IV.20)) als inneres Produkt der Vektoren $\vec{t}_*'$ und $\vec{k}_*'$ des verformten Körpers.

Ausgehend von Gleichung (IV.48) und den Vereinfachungen (IV.47) erhalten wir:

$$\vec{t}_*' = \vec{t}' + e\varphi'\vec{k}$$

und

$$\vec{k}_*' = \vec{k}' + e\varphi'\vec{t}.$$

Die skalare Multiplikation ergibt:

$$\gamma_s = \vec{t}_*' \vec{k}_*' = 2 e \varphi'. \qquad \text{(IV.49)}$$

Wenn wir wieder von der Gleichung (IV.48) ausgehen, jedoch keine Vereinfachungen in den Ausdrücken $\vec{t}_*'$ und $\vec{k}_*'$ berücksichtigen, erhalten wir:

$$\vec{t}_*' = \vec{t}' + e\varphi'\vec{k},$$

$$\vec{k}_*' = \vec{k}' + e\varphi'\vec{t} - \frac{e}{R}(\xi' \cos \alpha + \eta' \sin \alpha + \varphi' h_{n_p})\vec{t}.$$

Für γ_s erhalten wir, wenn wir

$$e\left(1 + \frac{h_{n_p}}{R} \sin \alpha\right) \approx e$$

setzen:

$$\gamma_s \approx e\left[2\varphi' + \frac{1}{R}(\xi' \cos \alpha + \eta' \sin \alpha) \sin \alpha\right]. \qquad \text{(IV.50)}$$

Wenn wir schlußendlich von der Gleichung (IV.46) ausgehen und die Vereinfachungen (IV.47) erst im endgültigen Ausdruck einführen, erhalten wir für γ_s die folgende Formel:

$$\gamma_s = e\left[2\theta' + \frac{1}{R}(\xi' \cos \alpha - \eta' \sin \alpha) \sin \alpha\right]. \qquad \text{(IV.51)}$$

Es muß festgestellt werden, daß keiner von diesen Ausdrücken[1] vollständig mit dem in der technischen Theorie des dünnwandigen Stabes aufgestellten Ausdruck

$$\gamma_s = 2\theta' e \qquad \text{(IV.52)}$$

übereinstimmt, außer im Sonderfall des geraden Stabes, d. h. wenn $1/R \to 0$.

---

[1] Die Ausdrücke für γ_s sind für den Fall einer polygonalen Profilmittellinie abgeleitet. Sie gelten, ebenso wie die Ausdrücke für $\vec{t}'$ bzw. $\vec{t}_*'$, für die geraden Teilstücke der Profilmittellinie des Querschnitts.

Für die Dehnung ε_{z*} im beliebigen Punkt außerhalb der Mittelfläche erhalten wir aus Gleichung (IV.48) in gleicher Weise wie für ε_z:

$$\varepsilon_{z*} = \varepsilon_z - e\left(\xi'' \cos\alpha + \eta'' \sin\alpha + \varphi'' h_{n_P} - \frac{1}{R}\varphi\sin\alpha\right). \quad (IV.53)$$

3. Spannungen und Gleichgewichtsbedingungen

In bezug auf die Verteilung der Normal- und Schubspannungen werden folgende Annahmen getroffen:

Die Normalspannungen $\sigma_z = \sigma$ seien gleichmäßig über die Wandstärke verteilt.

Die Normalspannungen σ_s und σ_n werden vernachlässigt.

Für die Schubspannungen τ_{zn} setzen wir voraus, daß dieselben über die Wandstärke symmetrisch zur Profilmittellinie verteilt sind.

Die Schubspannungen τ_{sz} werden als Summe der Spannungen τ_s und τ_w dargestellt:

$$\tau_{sz} = \tau_s + \tau_w. \quad (IV.54)$$

Die Spannungen τ_s sind proportional zur Gleitverzerrung γ_s und in bezug auf die Profilmittellinie antisymmetrisch über die Wandstärke verteilt, während die Spannungen τ_w gleichmäßig über die Wandstärke verteilt angenommen werden.

Die Gleichgewichtsbedingungen stellen wir durch Anwendung des Prinzipes der virtuellen Arbeit auf.

Wir schneiden aus dem Stab ein durch die Querschnitte $z = z_0$ und $z = z_0 + dz$ begrenztes Elemente heraus, auf welches wir die entsprechenden äußeren Kräfte anbringen.

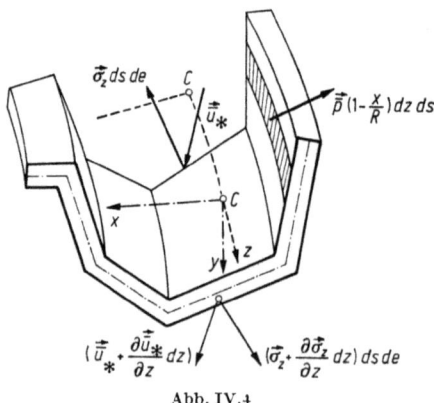

Abb. IV.4

Im beliebigen Punkt des Querschnittes $z = z_0$ greift der Spannungsvektor $\vec{\sigma}_z$ mit den Komponenten $\sigma_z = \sigma$, τ_{zn} und τ_{zs} an und im entsprechenden Punkt des Querschnittes $z = z_0 + dz$ der Spannungsvektor $\vec{\sigma}_z + (\partial \vec{\sigma}_z / \partial z)\,dz$ (Abb. IV.4).

Die beliebige Flächenbelastung $\vec{p}$ mit den Komponenten $\bar{p}_x$, $\bar{p}_y$ und $\bar{p}_z$ in den Richtungen der Koordinaten x, y und z greift in den Punkten der Mittelfläche an.

3. Spannungen und Gleichgewichtsbedingungen

Der Vektor der virtuellen Verschiebung $\vec{u}_*$ ist eine stetige Funktion der Koordinaten, welche die vorhin aufgestellten Voraussetzungen über die Verformungen erfüllt.

Wir wollen diesen Vektor in der gleichen Form darstellen wie den Vektor $\vec{u}_*$ der wirklichen Verschiebung. Unter Berücksichtigung der Gleichungen (IV.48) und (IV.37) setzen wir für $\vec{u}_*$ den folgenden Ausdruck:

$$\vec{u}_* = [\bar{\xi} - \bar{\varphi}(y_1 + e \sin \alpha)]\vec{i} + [\bar{\eta} + \bar{\varphi}(x_1 + e \cos \alpha)]\vec{j}$$
$$- \left\{ \bar{\xi}'(x + e \cos \alpha) + \bar{\eta}'\left[y\left(1 + \frac{x_P}{R}\right) - \frac{y_P}{R}x + e \sin \alpha \right] \right.$$
$$\left. + e h_{n_P}\bar{\varphi}' + \left(1 - \frac{x}{R}\right)(\bar{\theta}'\omega_P + \overline{w}_0) \right\}\vec{k}. \qquad \text{(IV.55)}$$

Die Parameter $\bar{\xi}$, $\bar{\eta}$, $\bar{\varphi}$ und $\overline{w}_0$ sind beliebige Funktionen der Koordinate z und, allgemein genommen, unabhängig von der wirklichen Stabbelastung.

Bezeichnen wir mit $\overline{W}$ die Arbeit der äußeren und mit $\overline{U}$ die entsprechende Arbeit der inneren Kräfte an dem gegebenen Vektor $\vec{u}_*$ der virtuellen Verschiebung, so können wir das Prinzip der virtuellen Arbeit folgendermaßen formulieren:

$$\overline{W} + \overline{U} = 0. \qquad \text{(IV.56)}$$

Der Spannungsvektor $\vec{\sigma}_z$ bzw. $\vec{\sigma}_z + (\partial \vec{\sigma}_z/\partial z)\,dz$ und die Belastung $\vec{p}$ sind äußere Kräfte, welche am in Abb. IV.4 gezeigten Element angreifen.

Die auf die Längeneinheit des Stabes bezogene Arbeit dieser Kräfte beträgt:

$$\overline{W} = \int_F \left(\frac{\partial \vec{\sigma}_z}{\partial z}\vec{u}_* + \vec{\sigma}_z \frac{\partial \vec{u}_*}{\partial z} \right) ds\, de + \int_s \left(1 - \frac{x}{R}\right)\vec{p}\vec{u}\, ds. \qquad \text{(IV.57)}$$

Die Arbeit der inneren Kräfte erhalten wir als negative Arbeit der Spannungskomponenten bei gegebenen virtuellen Verzerrungen.

Unter Berücksichtigung, daß:

$$\varepsilon_{n*} = \gamma_{sn*} = \gamma_{zn*} = \varepsilon_s = 0$$

ist, beträgt die auf die Längeneinheit des Stabes bezogene Arbeit der inneren Kräfte:

$$\overline{U} = -\int_F \left(1 - \frac{x}{R}\right)(\sigma_z \bar{\varepsilon}_z + \tau_s \bar{\gamma}_s)\, ds\, de. \qquad \text{(IV.58)}$$

Die Größe $\partial \vec{u}_*/\partial z$ erhalten wir, indem wir den Ausdruck (IV.55) nach z ableiten:

$$\frac{\partial \vec{u}_*}{\partial z} = \left[\bar{\xi}'\left(1 - \frac{x}{R}\right) - \bar{\varphi}'(y_1 + e \sin \alpha) - \frac{1}{R}(\bar{\eta}' y + \bar{\theta}'\omega_P + \overline{w}_0) \right]\vec{i}$$
$$+ [\bar{\eta}' + \bar{\varphi}'(x_1 + e \cos \alpha)]\vec{j} + \left(1 - \frac{x}{R}\right)\bar{\varepsilon}_{z*}\vec{k}. \qquad \text{(IV.59)}$$

Den Spannungsvektor

$$\vec{\sigma}_z = \tau_{zn}\vec{n} + \tau_{zs}\vec{t} + \sigma_z \vec{k} \qquad \text{(IV.60)}$$

IV. Dünnwandige Stäbe mit gekrümmter Achse

werden wir durch die Projektionen auf die Achsen x, y und z ausdrücken:

$$\vec{\sigma}_z = (\tau_{zn} \cos \alpha - \tau_{zs} \sin \alpha)\vec{i} + (\tau_{zn} \sin \alpha + \tau_{zs} \cos \alpha)\vec{j} + \sigma_z \vec{k}. \qquad (IV.61)$$

Die Ableitung dieser Gleichung nach z ergibt:

$$\frac{\partial \vec{\sigma}_z}{\partial z} = \left(\tau'_{zn} \cos \alpha - \tau'_{zs} \sin \alpha + \frac{1}{R} \sigma_z\right)\vec{i} + (\tau'_{zn} \sin \alpha + \tau'_{zs} \cos \alpha)\vec{j}$$
$$+ \left(\sigma_z' - \frac{1}{R} \tau_{zn} \cos \alpha + \frac{1}{R} \tau_{zs} \sin \alpha\right)\vec{k}. \qquad (IV.62)$$

Wir setzen nun in die Gleichung (IV.56) die Ausdrücke (IV.57) und (IV.58) für $\overline{W}$ und $\overline{U}$ ein. Für die Größen $\vec{\bar{u}}_*$ und $\partial \vec{\bar{u}}_*/\partial z$ setzen wir die Ausdrücke (IV.55) und (IV.59) und für die Größen $\vec{\sigma}_z$ und $\partial \vec{\sigma}_z/\partial z$ die Ausdrücke (IV.61) und (IV.62) ein. Da die Größen $\bar{\varepsilon}_z$ und $\bar{\gamma}_s$ die gleiche Form wie die durch die Gleichungen (IV.38) und (IV.49) gegebenen wirklichen Verzerrungen ε_z und γ_s haben, können wir diese Gleichungen in den Ausdruck (IV.58) einsetzen. Wir erhalten sodann, mit einer Genauigkeit, die der Vernachlässigung von e/R gegenüber Eins entspricht, die folgende Gleichung:

$$\bar{\xi}\left\{\int_F \left(\tau'_{zn} \cos \alpha - \tau'_{zs} \sin \alpha + \frac{1}{R} \sigma_z\right) dF_* + \int_s \left(1 - \frac{x}{R}\right) \bar{p}_x\, ds\right\}$$
$$+ \bar{\eta}\left\{\int_F (\tau'_{zn} \sin \alpha + \tau'_{zs} \cos \alpha)\, dF_* + \int_s \left(1 - \frac{x}{R}\right) \bar{p}_y\, ds\right\}$$
$$+ \bar{\varphi}\left\{\int_F \left[\tau'_{zn} h_{n_P} + \tau'_{zs}(h_P + e) - \frac{1}{R} \sigma_z y_1\right] dF_*\right.$$
$$\left.+ \int_s \left(1 - \frac{x}{R}\right)(\bar{p}_y x_1 - \bar{p}_x y_1)\, ds\right\}$$
$$+ \bar{w}_0 \left\{\int_F \sigma_z' \left(1 - \frac{x}{R}\right) dF_* + \int_s \left(1 - \frac{x}{R}\right)^2 \bar{p}_z\, ds\right\}$$
$$- \bar{\eta}'\left\{\int_F \left[\sigma_z'\left(y\left(1 + \frac{x_P}{R}\right) - \frac{y_P}{R} x\right) + \frac{1}{R}(\tau_{zn} h_{n_P} + \tau_{zs}(h_P + e))\right.\right.$$
$$\left.- (\tau_{zn} \sin \alpha + \tau_{zs} \cos \alpha)\right] dF_*$$
$$\left.+ \int_s \left[y\left(1 + \frac{x_P}{R}\right) - \frac{y_P}{R} x\right]\left(1 - \frac{x}{R}\right) \bar{p}_z\, ds\right\} \qquad (IV.63)$$
$$- \bar{\xi}'\left\{\int_F [\sigma_z' x - (\tau_{zn} \cos \alpha - \tau_{zs} \sin \alpha)]\, dF_* + \int_s x\left(1 - \frac{x}{R}\right) \bar{p}_z\, ds\right\}$$

3. Spannungen und Gleichgewichtsbedingungen

$$-\bar{\theta}'\left\{\iint\limits_{F}\left[\sigma_z'\left(1-\frac{x}{R}\right)\omega_P-(\tau_{zn}h_{n_P}+\tau_{zs}(h_P+e))+2\tau_s e\right]dF_*\right.$$
$$\left.+\int\limits_{s}\omega_P\left(1-\frac{x}{R}\right)^2\bar{p}_z\,ds\right\}=0. \qquad \text{(IV.63)}$$

wo $dF_* = ds\,de$ ist.

Da die Größen $\bar{\xi}, \bar{\eta}, \bar{\varphi}, \bar{w}_0, \bar{\xi}', \bar{\eta}'$ und $\bar{\theta}'$ sowohl untereinander als auch von Null verschiedene Werte annehmen können, müssen, damit die Gleichung (IV.63) befriedigt wird, die Ausdrücke in den geschweiften Klammern gleich Null sein. Auf diese Weise erhalten wir das folgende Gleichungssystem:

$$\iint\limits_{F}\left(\tau'_{zn}\cos\alpha-\tau'_{zs}\sin\alpha+\frac{1}{R}\sigma_z\right)dF_*+\int\limits_{s}\left(1-\frac{x}{R}\right)\bar{p}_x\,ds=0,$$

$$\iint\limits_{F}(\tau'_{zn}\sin\alpha+\tau'_{zs}\cos\alpha)\,dF_*+\int\limits_{s}\left(1-\frac{x}{R}\right)\bar{p}_y\,ds=0,$$

$$\iint\limits_{F}\left[\tau'_{zn}h_{n_P}+\tau'_{zs}(h_P+e)-\frac{1}{R}\sigma_z y_1\right]dF_*$$
$$+\int\limits_{s}\left(1-\frac{x}{R}\right)(\bar{p}_y x_1-\bar{p}_x y_1)\,ds=0,$$

$$\iint\limits_{F}\sigma_z'\left(1-\frac{x}{R}\right)dF_*+\int\limits_{s}\left(1-\frac{x}{R}\right)^2\bar{p}_z\,ds=0,$$

$$\iint\limits_{F}\left[\sigma_z'\left(y\left(1+\frac{x_P}{R}\right)-\frac{y_P}{R}x\right)+\frac{1}{R}(\tau_{zn}h_{n_P}+\tau_{zs}(h_P+e))\right.$$
$$\left.-(\tau_{zn}\sin\alpha+\tau_{zs}\cos\alpha)\right]dF_* \qquad \text{(IV.64)}$$
$$+\int\limits_{s}\left[y\left(1+\frac{x_P}{R}\right)-\frac{y_P}{R}x\right]\left(1-\frac{x}{R}\right)\bar{p}_z\,ds=0,$$

$$\iint\limits_{F}[\sigma_z'x-(\tau_{zn}\cos\alpha-\tau_{zs}\sin\alpha)]\,dF_*+\int\limits_{s}x\left(1-\frac{x}{R}\right)\bar{p}_z\,ds=0,$$

$$\iint\limits_{F}\left[\sigma_z'\left(1-\frac{x}{R}\right)\omega_P-(\tau_{zn}h_{n_P}+\tau_{zs}(h_P+e))+2\tau_s e\right]dF_*$$
$$+\int\limits_{s}\omega_P\left(1-\frac{x}{R}\right)^2\bar{p}_z\,ds=0.$$

IV. Dünnwandige Stäbe mit gekrümmter Achse

Die Schnittkräfte des Stabes definieren wir wie folgt:

$$\left.\begin{aligned}
N &= \int_F \sigma_z \, dF_*, \\
Q_x &= \int_F (\tau_{zn} \cos\alpha - \tau_{zs} \sin\alpha) \, dF_*, \\
Q_y &= \int_F (\tau_{zn} \sin\alpha + \tau_{zs} \cos\alpha) \, dF_*, \\
M_x &= \int_F \sigma_z x \, dF_*, \\
M_y &= \int_F \sigma_z y \, dF_*, \\
T_P &= \int_F [\tau_{zn} h_{n_P} + \tau_{zs}(h_P + e)] \, dF_*, \\
M_{\omega_P} &= \int_F \sigma_z \left(1 - \frac{x}{R}\right) \omega_P \, dF_*
\end{aligned}\right\} \quad \text{(IV.65\,a--h)}$$

und $\quad T_s = 2 \int_F \tau_s e \, dF_*.$

Die ersten drei Ausdrücke stellen der Reihe nach die Normalkraft und die Querkräfte des Querschnittes dar.

Durch die Ausdrücke (IV.65 d—f) sind die Biegungsmomente in bezug auf die Achsen x und y sowie das Torsionsmoment in bezug auf den Punkt P bestimmt.

Durch den Ausdruck (IV.65 g) ist das Bimoment M_{ω_P} gegeben, und die Größe T_s stellt das sog. St. Venantsche Torsionsmoment dar.

Die Belastungsglieder in den Gleichungen (IV.64) bezeichnen wir wie folgt:

$$\left.\begin{aligned}
p_x &= \int_s \left(1 - \frac{x}{R}\right) \bar{p}_x \, ds, \\
p_y &= \int_s \left(1 - \frac{x}{R}\right) \bar{p}_y \, ds, \\
p_z &= \int_s \left(1 - \frac{x}{R}\right) \bar{p}_z \, ds, \\
m_P &= \int_s \left(1 - \frac{x}{R}\right) (\bar{p}_y x_1 - \bar{p}_x y_1) \, ds, \\
m_x &= \int_s x \left(1 - \frac{x}{R}\right) \bar{p}_z \, ds, \\
m_y &= \int_s y \left(1 - \frac{x}{R}\right) \bar{p}_z \, ds, \\
m_{\omega_P} &= \int_s \left(1 - \frac{x}{R}\right)^2 \omega_P \bar{p}_z \, ds.
\end{aligned}\right\} \quad \text{(IV.66\,a--g)}$$

3. Spannungen und Gleichgewichtsbedingungen

Die bestimmten Integrale in den Ausdrücken (IV.66a—c) stellen der Reihe nach die Linienbelastungen in den Richtungen x, y und z dar, und die Ausdrücke m_P, m_x, m_y und m_{ω_P} sind das äußere verteilte Torsionsmoment, die Biegemomente und das Bimoment.

Nach Einsetzen der Ausdrücke (IV.65) und (IV.66) in die Gleichungen (IV.64) erhalten wir die folgenden Gleichgewichtsbedingungen:

$$\left. \begin{aligned} & Q_x' + \frac{N}{R} + p_x = 0, \\ & Q_y' + p_y = 0, \\ & T_P' - \frac{1}{R}(M_y - N y_P) + m_P = 0, \\ & N' - \frac{M_x'}{R} + p_z - \frac{m_x}{R} = 0. \end{aligned} \right\} \quad \text{(IV.67 a—d)}$$

$$\left. \begin{aligned} & M_y'\left(1 + \frac{x_P}{R}\right) - M_x'\frac{y_P}{R} + \frac{T_P}{R} \\ & \quad - Q_y + m_y\left(1 + \frac{x_P}{R}\right) - m_x\frac{y_P}{R} = 0, \\ & M_x' - Q_x + m_x = 0, \\ & M_{\omega_P}' - T_P + T_s + m_{\omega_P} = 0. \end{aligned} \right\} \quad \text{(IV.68 a—c)}$$

Im Unterschied zum üblichen Vorgang des Aufstellens der Gleichgewichtsbedingungen am Element ermöglicht das hier angewendete Verfahren die unmittelbare Einführung des Bimomentes in die Gleichgewichtsbedingungen sowie die Herstellung einer unmittelbaren Beziehung zwischen dem Torsionsmoment und dem Bimoment.

Wenn wir die Größen Q_x, Q_y und T_P mittels des Systems (IV.68) ausdrücken und diese Werte in die Gleichungen (IV.67) einsetzen, erhalten wir das folgende Gleichungssystem:

$$\left. \begin{aligned} & N' - \frac{M_x'}{R} + p_z - \frac{m_x}{R} = 0, \\ & M_x'' + \frac{N}{R} + p_x + m_x' = 0, \\ & M_y''\left(1 + \frac{x_P}{R}\right) - M_x''\frac{y_P}{R} + \frac{1}{R}(M_{\omega_P}'' + T_s') + p_y \\ & \quad + m_y'\left(1 + \frac{x_P}{R}\right) - m_x'\frac{y_P}{R} + \frac{1}{R}m_{\omega_P}' = 0, \\ & M_{\omega_P}'' + T_s' - \frac{1}{R}(M_y - N y_P) + m_P + m_{\omega_P}' = 0. \end{aligned} \right\} \quad \text{(IV.69 a—d)}$$

4. Beziehungen zwischen den Schnittkräften und Formänderungen. Differentialgleichungen des Stabes

Auf Grund des Hookeschen Gesetzes erhalten wir mit Berücksichtigung der über die Spannungen getroffenen Voraussetzungen:

$$\left.\begin{array}{l} \sigma_z = E'\varepsilon_z, \\ \tau_s = G\gamma_s. \end{array}\right\} \quad \text{(IV.70)}$$

und ferner, nach dem Einsetzen der Ausdrücke (IV.39) und (IV.49) für ε_z und γ_s:

$$\sigma_z = -E'\left\{\left(1+\frac{x}{R}\right)\left[\xi''x + \eta''y + \frac{1}{R}(\xi - y_1\varphi)\right] + \theta''\omega_P + \frac{\eta''}{R}(x_P y - y_P x) - w_0'\right\}. \quad \text{(IV.71)}$$

$$\tau_s = 2G\varphi' e. \quad \text{(IV.72)}$$

Durch Einsetzen der Werte (IV.71) und (IV.72) in die Ausdrücke (IV.65) erhalten wir für die Schnittkräfte N, M_x, M_y, M_{ω_P} und T_s die folgenden Gleichungen:

$$\left.\begin{array}{l} N = E'\left\{F\left(w_0' - \frac{1}{R}\xi\right) \\ \qquad - \frac{1}{R}\left[\left(y_P F - \frac{I_{xy}}{R}\right)\varphi + I_{xx}\xi'' + I_{xy}\eta''\right] - S_{\omega_P}\theta''\right\}, \\[6pt] M_x = -E'\left\{\left(I_{xx} + \frac{I_{xxx}}{R}\right)\xi'' + \left[I_{xy}\left(1 + \frac{x_P}{R}\right) \right.\right. \\ \qquad \left.\left. + \frac{1}{R}I_{xxy} - y_P I_{xx}\right]\eta'' + \frac{1}{R^2}I_{xx}\xi \\ \qquad - \frac{1}{R}\left[I_{xy} + \frac{1}{R}(I_{xxy} - I_{xx}y_P)\right]\varphi + I_{x\omega_P}\theta''\right\}, \\[6pt] M_y = -E'\left\{\left(I_{xy} + \frac{I_{xxy}}{R}\right)\xi'' + \left[I_{yy}\left(1 + \frac{x_P}{R}\right) \right.\right. \\ \qquad \left.\left. + \frac{1}{R}(I_{xyy} - y_P I_{xy})\right]\eta'' + \frac{1}{R^2}I_{xy}\xi \\ \qquad - \frac{1}{R}\left[I_{yy} - \frac{1}{R}(I_{xyy} - I_{xy}y_P)\right]\varphi + I_{y\omega_P}\theta''\right\}, \\[6pt] M_{\omega_P} = -E'\left\{I_{x\omega_P}\xi'' + \left[I_{y\omega_P}\left(1 + \frac{x_P}{R}\right) - \frac{y_P}{R}I_{x\omega_P}\right]\eta'' \right. \\ \qquad \left. + \frac{S_{\omega_P}}{R}(\xi - w_0') + \frac{1}{R}(S_{\omega_P}y_P - I_{y\omega_P})\varphi + I_{\omega\omega_P}\theta''\right\}. \\[6pt] T_s = GK\varphi'. \end{array}\right\} \quad \text{(IV.73a--e)}$$

4. Beziehungen zwischen den Schnittkräften und Formänderungen

wo:

$$\left.\begin{aligned} F &= \int_F dF, \\ I_{xx} &= \int_F x^2 \, dF, \\ I_{xy} &= \int_F xy \, dF, \\ I_{yy} &= \int_F y^2 \, dF \end{aligned}\right\} \quad \text{(IV.74)}$$

und

die Querschnittsfläche, die Flächenträgheitsmomente und das Deviationsmoment in bezug auf die Achsen x und y bedeuten.

Die Größen:

$$\left.\begin{aligned} S_{\omega_P} &= \int_F \omega_P \, dF, \\ I_{x\omega_P} &= \int_F x\omega_P \, dF, \\ I_{y\omega_P} &= \int_F y\omega_P \, dF, \\ I_{\omega\omega_P} &= \int_F \left(1 - \frac{x}{R}\right) \omega_P^2 \, dF \end{aligned}\right\} \quad \text{(IV.75)}$$

stellen der Reihe nach das sektorielle statische Moment, die sektoriellen Deviationsmomente und das sektorielle Trägheitsmoment dar. Der letzte Querschnittswert unterscheidet sich von dem entsprechenden des geraden Stabes durch den Faktor $1 - x/R$.

Außer diesen geometrischen Querschnittswerten treten in den Ausdrücken (IV.73) noch die folgenden Momente dritter Ordnung auf:

$$\left.\begin{aligned} I_{xxx} &= \int_F x^3 \, dF, \\ I_{xxy} &= \int_F x^2 y \, dF, \\ I_{xyy} &= \int_F xy^2 \, dF. \end{aligned}\right\} \quad \text{(IV.76)}$$

Die Größe K im Ausdruck (IV.73e):

$$K = 4 \int_F e^2 \, dF = \frac{1}{3} \int_s t^3 \, ds \quad \text{(IV.77)}$$

ist die Torsionskonstante des Stabes.

Die Ausdrücke für die Schnittkräfte können wir durch zweckmäßige Wahl des Poles P und des Ursprungs 0 auf der Profilmittellinie, welcher der Ausgangspunkt für die Integration bei der Berechnung der sektoriellen Koordinate [Ausdruck (IV.28)] ist, etwas vereinfachen.

IV. Dünnwandige Stäbe mit gekrümmter Achse

Wir wählen diese Punkte auf die Weise, daß die Größen $I_{x\omega_P}$, $I_{y\omega_P}$ und S_{ω_P} gleich Null werden.

Den Pol, in bezug auf welchen die sektoriellen Deviationsmomente gleich Null werden, bezeichnen wir mit D, so daß $P \equiv D$ ist.

$$\left. \begin{array}{l} I_{x\omega_D} = \int\limits_F x\omega_D \, dF = 0, \\[2mm] I_{y\omega_D} = \int\limits_F y\omega_D \, dF = 0. \end{array} \right\} \qquad \text{(IV.78)}$$

Auf Grund von Gleichung (IV.28) folgt:

$$d\omega_P = \frac{h_P}{\left(1 - \dfrac{x}{R}\right)^2} \, ds = [(x - x_P)\cos\alpha + (y - y_P)\sin\alpha] \frac{ds}{\left(1 - \dfrac{x}{R}\right)^2}. \qquad \text{(IV.79)}$$

Wir bezeichnen mit x_D und y_D die Koordinaten des neuen Poles D und mit h den Abstand desselben von der Tangente an die Profilmittellinie, wobei folgende Beziehung besteht:

$$d\omega_D = \frac{h}{\left(1 - \dfrac{x}{R}\right)^2} \, ds = [(x - x_D)\cos\alpha + (y - y_D)\sin\alpha] \frac{ds}{\left(1 - \dfrac{x}{R}\right)^2}. \qquad \text{(IV.80)}$$

Die Subtraktion der Gleichung (IV.79) von der Gleichung (IV.80) ergibt:

$$d\omega_D = d\omega_P - \frac{1}{\left(1 - \dfrac{x}{R}\right)^2}[(x_D - x_P)\cos\alpha + (y_D - y_P)\sin\alpha]\, ds.$$

Durch die Integration erhalten wir:

$$\omega_D + \omega_0 = \omega_P + (y_D - y_P)\tilde{x} - (x_D - x_P)\tilde{y}, \qquad \text{(IV.81)}$$

wo

$$\left. \begin{array}{l} \tilde{x} = \tilde{x}(s) = -\displaystyle\int \dfrac{\sin\alpha}{\left(1 - \dfrac{x}{R}\right)^2}\, ds = \dfrac{x}{1 - \dfrac{x}{R}} \\[6mm] \tilde{y} = \tilde{y}(s) = \displaystyle\int \dfrac{\cos\alpha}{\left(1 - \dfrac{x}{R}\right)^2}\, ds \end{array} \right\} \qquad \text{(IV.82)}$$

sind und ω_0 eine beliebige Integrationskonstante ist.

Die Größe $\tilde{y}(s)$ wird für ein gegebenes Profil numerisch in ähnlicher Weise berechnet wie die Größe ω_P.

4. Beziehungen zwischen den Schnittkräften und Formänderungen

Es soll hier darauf hingewiesen werden, daß für Stäbe, bei welchen der Bruch x/R klein gegenüber der Einheit ist, näherungsweise gesetzt werden kann:

$$\left.\begin{array}{l} \tilde{x} \approx x, \\ \tilde{y} \approx y. \end{array}\right\} \qquad \text{(IV.83)}$$

In diesem Fall ist der Ausdruck (IV.81) für die Transformation der sektoriellen Koordinate der gleiche wie für den geraden Stab.

Wir setzen nun den Ausdruck (IV.81) in jede der beiden Gleichungen (IV.78) ein und erhalten, unter Berücksichtigung des Umstandes, daß x und y die Schwerachsen des Querschnittes sind:

$$\left.\begin{array}{l} \int\limits_F x\,\omega_D\,dF = \int\limits_F x\,\omega_P\,dF + (y_D - y_P)\int\limits_F \tilde{x}\,x\,dF \\ \qquad\qquad - (x_D - x_P)\int\limits_F \tilde{y}\,x\,dF = 0. \\[2mm] \int\limits_F y\,\omega_D\,dF = \int\limits_F y\,\omega_P\,dF + (y_D - y_P)\int\limits_F \tilde{x}\,y\,dF \\ \qquad\qquad - (x_D - x_P)\int\limits_F \tilde{y}\,y\,dF = 0. \end{array}\right\} \qquad \text{(IV.84)}$$

Unter Berücksichtigung der Ausdrücke (IV.74) und (IV.75) erhalten wir:

wo
$$\left.\begin{array}{l} I_{x\omega_P} + (y_D - y_P)I_{\tilde{x}x} - (x_D - x_P)I_{\tilde{y}x} = 0, \\ I_{y\omega_P} + (y_D - y_P)I_{\tilde{x}y} - (x_D - x_P)I_{\tilde{y}y} = 0, \\[2mm] I_{\tilde{x}x} = \int\limits_F \tilde{x}\,x\,dF, \qquad I_{\tilde{y}x} = \int\limits_F \tilde{y}\,x\,dF, \\[2mm] I_{\tilde{y}y} = \int\limits_F \tilde{y}\,y\,dF, \qquad I_{\tilde{x}y} = \int\limits_F \tilde{x}\,y\,dF \end{array}\right\} \qquad \text{(IV.85)}$$

sind.

Die Auflösung ergibt:

$$\left.\begin{array}{l} x_D - x_P = \dfrac{I_{y\omega_P}I_{\tilde{x}x} - I_{x\omega_P}I_{\tilde{x}y}}{I_{\tilde{x}x}I_{\tilde{y}y} - I_{\tilde{y}x}I_{\tilde{x}y}}, \\[3mm] y_D - y_P = -\dfrac{I_{x\omega_P}I_{\tilde{y}y} - I_{y\omega_P}I_{\tilde{y}x}}{I_{\tilde{x}x}I_{\tilde{y}y} - I_{\tilde{y}x}I_{\tilde{x}y}}. \end{array}\right\} \qquad \text{(IV.86)}$$

Der Pol D, welcher gewöhnlich als Schubmittelpunkt bezeichnet wird, ist durch folgende Koordinaten bestimmt:

$$\left.\begin{array}{l} x_D = x_P + \dfrac{I_{y\omega_P}I_{\tilde{x}x} - I_{x\omega_P}I_{\tilde{x}y}}{I_{\tilde{x}x}I_{\tilde{y}y} - I_{\tilde{y}x}I_{\tilde{x}y}}, \\[3mm] y_D = y_P - \dfrac{I_{x\omega_P}I_{\tilde{y}y} - I_{y\omega_P}I_{\tilde{y}x}}{I_{\tilde{x}x}I_{\tilde{y}y} - I_{\tilde{y}x}I_{\tilde{x}y}}. \end{array}\right\} \qquad \text{(IV.87)}$$

17 Kollbrunner u. Hajdin, Stäbe 1

IV. Dünnwandige Stäbe mit gekrümmter Achse

Für Stäbe, bei welchen das Verhältnis x/R klein im Vergleich zur Einheit ist, bzw. für $\tilde{x} \approx x$ und $\tilde{y} \approx y$ erhalten wir die gleichen Ausdrücke wie für den geraden Stab:

$$\left.\begin{aligned} x_D &= x_P + \frac{I_{y\omega_P} I_{xx} - I_{x\omega_P} I_{xy}}{I_{xx} I_{yy} - I_{xy}^2}, \\ y_D &= y_P - \frac{I_{x\omega_P} I_{yy} - I_{y\omega_P} I_{yx}}{I_{xx} I_{yy} - I_{xy}^2}. \end{aligned}\right\} \tag{IV.88}$$

Für den Fall, daß x und y Hauptträgheitsachsen des Querschnittes sind (siehe die Gleichung (II.110 a, b)) gehen diese Ausdrücke über in:

$$x_D = x_P + \frac{I_{y\omega_P}}{I_{yy}}$$

und

$$y_D = y_P - \frac{I_{x\omega_P}}{I_{xx}}$$

Durch Aufstellung der Bedingung, daß:

$$\int_F \omega_D \, dF = 0$$

sein muß, bestimmen wir die Integrationskonstante ω_0 im Ausdruck (IV.81):

$$\omega_0 = - \frac{\int_F (\omega_D + \omega_0) \, dF}{F}. \tag{IV.89}$$

Die sektorielle Koordinate

$$\omega = \omega_D, \tag{IV.90}$$

welche außer der Bedingung (IV.78) auch die Gleichung

$$\int_F \omega \, dF = 0 \tag{IV.91}$$

befriedigt, bezeichnen wir, wie bereits im Kapitel II.1 angegeben wurde, als normierte sektorielle Koordinate.

Durch die Wahl des Schubmittelpunktes D als Pol, nehmen die Ausdrücke für die Schnittkräfte eine gegenüber den Gleichungen (IV.73) etwas einfachere Form an:

$$N = E'\left\{F\left(w_0' - \frac{1}{R}\xi\right) - \frac{1}{R}\left[\left(y_D F - \frac{I_{xy}}{R}\right)\varphi + I_{xx}\xi'' + I_{xy}\eta''\right]\right\}, \tag{IV.92a}$$

4. Beziehungen zwischen den Schnittkräften und Formänderungen

$$M_x = -E'\left\{\left(I_{xx} + \frac{I_{xxx}}{R}\right)\xi'' + \left[I_{xy}\left(1 + \frac{x_D}{R}\right)\right.\right.$$
$$\left.+ \frac{1}{R}(I_{xxy} - y_D I_{xx})\right]\eta'' + \frac{1}{R^2} I_{xx}\xi$$
$$\left.- \frac{1}{R}\left[I_{xy} + \frac{1}{R}(I_{xxy} - I_{xx}y_D)\right]\varphi\right\},$$

$$M_y = -E'\left\{\left(I_{xy} + \frac{I_{xxy}}{R}\right)\xi'' + \left[I_{yy}\left(1 + \frac{x_D}{R}\right)\right.\right.$$
$$\left.+ \frac{1}{R}(I_{xyy} - y_D I_{xy})\right]\eta'' + \frac{1}{R^2} I_{xy}\xi$$
$$\left.- \frac{1}{R}\left[I_{yy} + \frac{1}{R}(I_{xyy} - I_{xy}y_D)\right]\varphi\right\},$$

$$M_\omega = -E' I_{\omega\omega} \theta'',$$

$$T_s = GK\varphi',$$

(IV.92 b—e)

wo

$$I_{\omega\omega} = \int_F \left(1 - \frac{x}{R}\right)\omega^2\, dF \qquad (IV.93)$$

und

$$M_\omega = \int_F \sigma_z \left(1 - \frac{x}{R}\right)\omega\, dF \qquad (IV.94)$$

sind.

In den Gleichungen (IV.92) treten statt der Koordinaten x_P und y_P des beliebigen Punktes P die Koordinaten x_D und y_D des Schubmittelpunktes auf. Die Funktion φ stellt nunmehr die Verdrehung des Querschnittes um den Schubmittelpunkt D dar.

Durch Einsetzen der Ausdrücke (IV.92) in das Gleichungssystem (IV.69) erhalten wir ein System von Differentialgleichungen mit konstanten Koeffizienten nach den unbekannten Parametern w_0, ξ, η und φ.

Führen wir den verallgemeinerten Vektor, bzw. die Spaltmatrix ψ deren Elemente die Größen w_0, ξ, η und φ sind:

$$\psi = \begin{bmatrix} w_0 \\ \xi \\ \eta \\ \varphi \end{bmatrix}_4^1 \qquad (IV.95)$$

ein, so können wir das erhaltene Gleichungssystem in folgender Form anschreiben:

$$\boldsymbol{a}\psi^{IV} + \boldsymbol{b}\psi'' + \boldsymbol{c}\psi' + \boldsymbol{d}\psi = \boldsymbol{a}_0 \qquad (IV.96)$$

wo $\boldsymbol{a} = [a_{ij}]$, $\boldsymbol{b} = [b_{ij}]$, $\boldsymbol{c} = [c_{ij}]$ und $\boldsymbol{d} = [d_{ij}]$ symmetrische quadratische Matrizen vierter Ordnung sind und $\boldsymbol{a}_0$ ein Spaltvektor, dessen Elemente die Belastungsglieder der entsprechenden Gleichungen enthält:

$$\boldsymbol{a}_0 = \frac{1}{E'} \begin{bmatrix} \frac{m_x}{R} - p_z \\ p_x + m_x' \\ p_y + m_y' \left(1 + \frac{x_D}{R}\right) - m_x' \frac{y_D}{R} + \frac{1}{R} m_\omega' \\ m_D + m_\omega' \end{bmatrix}. \qquad (IV.97)$$

Bei der Aufstellung der Gleichung (IV.96) wurden in der Gleichgewichtsbedingung (IV.69a) die Glieder

$$\frac{I_{xxx}}{R^2} \xi''' \quad \text{und} \quad \frac{1}{R^2} (I_{xy} x_D + I_{xxy} - I_{xx} y_D) \eta'''$$

vernachlässigt, welche im Vergleich zu den übrigen Gliedern klein sind.

Diese Glieder sind die Folge der Vernachlässigung der Größen b^2/R^2 gegenüber der Einheit in den Ausdrücken für die Schnittkräfte. Wenn man bei der Aufstellung der Gleichungen (IV.92) diese Vernachlässigung nicht durchführt, verschwinden diese Glieder vollständig.

Die von Null verschiedenen Elemente der Matrizen $\boldsymbol{a}$, $\boldsymbol{b}$, $\boldsymbol{c}$ und $\boldsymbol{d}$ sind die folgenden:

$$a_{22} = \left(I_{xx} + \frac{I_{xxx}}{R}\right),$$

$$a_{23} = I_{xy}\left(1 + \frac{x_D}{R}\right) + \frac{1}{R}(I_{xxy} - y_D I_{xx}) = a_{32},$$

$$a_{33} = \left(1 + \frac{2x_D}{R}\right) I_{yy} - \frac{1}{R}(2 y_D I_{xy} - I_{xyy}),$$

$$a_{34} = \frac{1}{R} I_{\omega\omega} = a_{43},$$

$$a_{44} = I_{\omega\omega},$$

$$b_{11} = F,$$

$$b_{22} = \frac{2 I_{xx}}{R^2},$$

$$b_{23} = \frac{I_{xy}}{R^2} = b_{32},$$

4. Beziehungen zwischen den Schnittkräften und Formänderungen

$$b_{24} = -\frac{1}{R}\left[I_{xy} - \frac{1}{R}(I_{xx}y_D - I_{xxy})\right] = b_{42},$$

$$b_{34} = -\frac{1}{R}\left[I_{yy}\left(1 + \frac{x_D}{R}\right) + \frac{1}{R}I_{xyy}\right] = b_{43}.$$

$$b_{44} = -\frac{G}{E'}K,$$

$$c_{12} = -\frac{F}{R} = c_{21},$$

$$c_{14} = -\frac{F}{R}y_D = c_{41},$$

$$d_{22} = \frac{F}{R^2},$$

$$d_{24} = \frac{1}{R^2}\left(y_D F - \frac{I_{xy}}{R}\right) = d_{42},$$

$$d_{44} = \frac{1}{R^2}\left[y_D{}^2 F + I_{yy} + \frac{1}{R}(I_{xyy} - 2y_D I_{xy})\right].$$

Bei der Aufstellung der Ausdrücke für diese Elemente wurden neben der Vernachlässigung der Größen von der Ordnung b^2/R^2 gegenüber der Einheit, auch die Elemente mit dem Faktor b^3/R^2 außer acht gelassen.

Die allgemeine Lösung der Gleichung (IV.96) setzt sich aus der Lösung ψ_h der entsprechenden homogenen Gleichung und aus einem partikulären Integral ψ_0 der gegebenen nichthomogenen Gleichung zusammen

$$\psi = \psi_h + \psi_0. \tag{IV.98}$$

Die Gesamtzahl der skalaren Integrationskonstanten, welche wir aus den gegebenen Randbedingungen an den Stabenden bestimmen, beträgt $2 \cdot 7 = 14$.

Die Randbedingungen können durch die Verschiebungen, durch die Kräfte oder durch beide Arten dieser Einwirkungen, d. h. „gemischt" gegeben sein.

Die durch die Verschiebungen gegebenen Randbedingungen sind die folgenden:

$$\left.\begin{array}{ll} w_0 = w_0{}^*, & \\ \xi = \xi^*, & \xi' = \xi^{*\prime}, \\ \eta = \eta^*, & \eta' = \eta^{*\prime}, \\ \varphi = \varphi^*, & \varphi' = \varphi^{*\prime}. \end{array}\right\} \tag{IV.99}$$

wo die, mit einem Stern versehenen Werte die gegebenen Verschiebungsparameter an den Stabenden sind.

Die Randbedingungen, welche durch die Kräfte gegeben sind, formulieren wir wie folgt:

$$\left.\begin{aligned} N &= N^*, \\ Q_x &= Q_x^*, \quad M_x = M_x^*, \\ Q_y &= Q_y^*, \quad M_y = M_y^*, \\ T &= T^*, \quad M_\omega = M_\omega^*. \end{aligned}\right\} \quad \text{(IV.100)}$$

Auch in diesen Ausdrücken sind die, an den Stabenden angreifenden Kräfte und Momente durch einen Stern gekennzeichnet.

Im Falle, daß die Randbedingungen auf gemischte Weise, d. h. teils durch Kräfte und teils durch Verschiebungen gegeben sind, müssen wir aus den Systemen (IV.99) und (IV.100) diejenigen Gleichungen auswählen, welche diese Bedingungen ausdrücken.

Die Gesamtzahl dieser Bedingungen für das betrachtete Stabende muß gleich 7 sein.

Da es für die Lösung der Aufgabe erforderlich ist, daß auch die Bedingungen (IV.100) durch die Parameter w_0, ξ, η und φ gegeben sind, werden wir die Schnittkräfte N, M_x, M_y und M_ω unter Benutzung der Gleichungen (IV.92) mittels dieser Parameter ausdrücken.

Die Schnittkräfte Q_x, Q_y und T können wir auf mittelbare Weise durch die angegebenen Parameter unter Verwendung der Gleichungen (IV.68a—c) ausdrücken, indem wir für M_x, M_y und M_ω die Ausdrücke (IV.92) einsetzen:

$$\left.\begin{aligned} Q_x &= -E'\left\{\left(I_{xx} + \frac{I_{xxx}}{R}\right)\xi''' \right.\\ &\quad + \left[I_{xy}\left(1 + \frac{x_D}{R}\right) + \frac{1}{R}(I_{xxy} - y_D I_{xx})\right]\eta''' + \frac{1}{R^2}I_{xx}\xi' \\ &\quad \left. - \frac{1}{R}\left[I_{xy} + \frac{1}{R}(I_{xxy} - y_D I_{xx})\right]\varphi'\right\} + m_x, \\ Q_y &= -E'\left\{\left[I_{xy}\left(1 + \frac{x_D}{R}\right) + \frac{1}{R}(I_{xxy} - y_D I_{xx})\right]\xi''' \right.\\ &\quad + \left[\left(1 + \frac{2x_D}{R}\right)I_{yy} - \frac{1}{R}(2y_D I_{xy} + I_{xyy})\right]\eta''' + \frac{1}{R}I_{\omega\omega}\varphi''' \\ &\quad \left. + \frac{I_{xy}}{R^2}\xi' - \frac{1}{R}\left[I_{yy}\left(1 + \frac{x_D}{R}\right) + \frac{1}{R}I_{xyy}\right]\varphi'\right\} \\ &\quad + m_y\left(1 + \frac{x_D}{R}\right) - m_x\frac{y_D}{R} + \frac{1}{R}m_\omega', \\ T_D &= T = -E'I_{\omega\omega}\theta''' + GK\varphi' + m_\omega. \end{aligned}\right\} \quad \text{(IV.101)}$$

5. Torsion des statisch bestimmten Stabes mit gekrümmter Achse. Berechnung des Stabes mittels der Kraftgrößenmethode

Die Differentialgleichungen (IV.96), auf welche wir das Problem zurückgeführt haben, kennzeichnen die Lösung dieser Aufgabe mittels der Verschiebungsmethode. Für den geraden Stab führen sie zu den Differentialgleichungen (II.84) und (II.85) nach den unbekannten Parametern w_0, ξ, η und φ. In diesem Fall war es durch die Wahl des Schubmittelpunktes D als Pol für die Verdrehung des Querschnittes möglich, das Problem der Wölbkrafttorsion von demjenigen der Biegungs- und Axialbeanspruchung zu trennen.

Im vorliegenden Falle ist eine vollständige Trennung der Wölbkrafttorsion von der Biegungs- und Axialbeanspruchung leider nicht möglich.

Wir können jedoch eine angenäherte Lösung für die zusammengesetzte Beanspruchung des Stabes schrittweise erreichen, wenn wir von Gleichung (IV.69d) ausgehen und nur für M_ω und T_s die entsprechenden Ausdrücke (IV.92d und e) mittels der Parameter θ und φ einsetzen:

$$E' I_{\omega\omega} \theta^{IV} - GK\varphi'' = m_D + m_\omega' - \frac{1}{R}(M_y - N y_D). \qquad \text{(IV.102)}$$

Führen wir für die Gleitung γ_s den Näherungswert

$$\gamma_s \approx 2e\theta'$$

ein, so erhalten wir für T_s den Wert

$$T_s = GK\theta', \qquad \text{(IV.103)}$$

so daß wir die Gleichung (IV.102) durch die nachstehend angeführte Gleichung (IV.104) ersetzen können, welche für die meisten Fälle der technischen Anwendung genügend genau ist:

$$E' I_{\omega\omega} \theta^{IV} - GK\theta'' = m_D + m_\omega' - \frac{1}{R}(M_y - N y_D). \qquad \text{(IV.104)}$$

Die Funktion θ wie auch die für die Wölbkrafttorsion charakteristischen Schnittkräfte M_ω und T_s können wir durch Auflösung der Gleichung (IV.104) bestimmen, unter der Voraussetzung, daß uns der Ausdruck

$$M_y - N y_D$$

bekannt ist sowie daß die Randbedingungen an den Stabenden über den Parameter θ bzw. dessen Ableitungen gegeben sind.

Die Größen M_y und N können für einen statischen bestimmten Stab als bekannt angesehen werden. Unter einem statisch bestimmten Stab verstehen wir einen solchen, bei welchem es möglich ist, aus den Gleichgewichtsbedingungen des als starrer Körper angesehenen Stabes die Schnittkräfte N, Q_x, Q_y, T, M_x

und M_y an den Stabenden und somit auch in einem beliebigen Querschnitt zu bestimmen.

Ein Beispiel eines solchen Stabes ist in Abb. IV.5 gezeigt.

Betrachten wir den Stab der Abb. IV.5 als Ausgangssystem, für welches die Möglichkeit besteht, die allgemeine Lösung der Gleichung (IV.104) zu bestimmen, so können wir durch schrittweise Anwendung der Kraftgrößenmethode die Lösung für den Stab mit beliebigen Rand- bzw. Übergangsbedingungen finden.

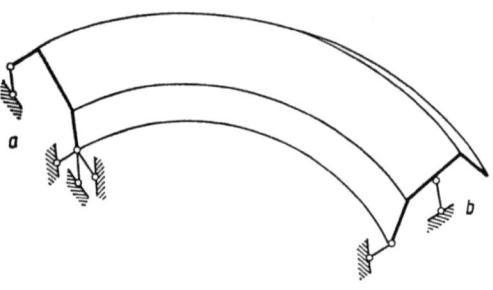

Abb. IV.5

Die Gleichung (IV.104) schreiben wir in der Form:

$$\theta^{IV} - k^2 \theta'' = f(z), \qquad (IV.105)$$

wo

$$f(z) = \frac{1}{E'I_{\omega\omega}} \left[m_D + m_\omega' - \frac{1}{R}(M_y - Ny_D) \right] \qquad (IV.106)$$

und

$$k = \sqrt{\frac{GK}{E'I_{\omega\omega}}} \qquad (IV.107)$$

sind.

Die Lösung der Gleichung (IV.104) geben wir auf ähnliche Weise wie für den geraden Stab mittels Anfangsparametern:

$$\theta = \theta_0 + \frac{1}{k} \theta_0' \sinh kz - \frac{1}{GK} M_{\omega 0}(\cosh kz - 1)$$

$$+ \frac{1}{GK} T_0 \left(z - \frac{1}{k} \sinh kz \right) + \theta_P. \qquad (IV.108)$$

Die Größen θ_0, θ_0', $M_{\omega 0}$, T_0 stellen die Werte der Funktionen θ, θ', M_ω und T im Punkt $z = 0$ dar; θ_P ist ein von $f(z)$ abhängiges partikuläres Integral, welches die Bedingungen:

$$\theta_P = \theta_P' = \theta_P'' = \theta_P''' = 0 \quad \text{für} \quad z = 0$$

erfüllt.

5. Torsion des statisch bestimmten Stabes

Die Ausdrücke θ, θ', M_ω und T für $f(z) \equiv 0$ sind übersichtlich im folgenden Schema zusammengestellt:

	θ_0	θ_0'	$\dfrac{1}{GK} M_{\omega 0}$	$\dfrac{1}{GK} T_0$
$\theta(z)$	1	$\dfrac{1}{k} \sinh kz$	$1 - \cosh kz$	$z - \dfrac{1}{k} \sinh kz$
$\theta'(z)$	0	$\cosh kz$	$-k \sinh kz$	$1 - \cosh kz$
$\dfrac{1}{GK} M_\omega(z)$	0	$-\dfrac{1}{k} \sinh kz$	$\cosh kz$	$\dfrac{1}{k} \sinh kz$
$\dfrac{1}{GK} T(z)$	0	0	0	1

(IV.109)

Die Lösung der Aufgabe für verschiedene Randbedingungen und verschiedene Belastungen des Stabes, einschließlich konzentrierter Einflüsse, kann unter der Voraussetzung, daß die Größen M_y und N bekannt sind, ausgehend vom Schema (IV.109) auf analoge Weise wie für den geraden Stab gefunden werden.

Für die Belastung durch ein äußeres verteiltes Drehmoment m_D und dem Glied $(1/R)(M_y - N y_D)$ erhält man die Lösung durch Hinzufügen der folgenden Kolonne zum Schema (IV.109) (siehe Abb. IV.6a).

$$\dfrac{1}{GK}$$

$$\int_0^z \left[z - \zeta - \dfrac{1}{k} \sinh k(z - \zeta) \right] f_1(\zeta)\, d\zeta$$

$$\int_0^z [1 - \cosh k(z - \zeta)] f_1(\zeta)\, d\zeta \qquad \text{(IV.110)}$$

$$\int_0^z \dfrac{1}{k} \sinh k(z - \zeta) f_1(\zeta)\, d\zeta$$

$$\int_0^z f_1(\zeta)\, d\zeta$$

wo

$$f_1(\zeta) = m_D - \dfrac{1}{R}(M_y - N y_D)$$

ist.

IV. Dünnwandige Stäbe mit gekrümmter Achse

Für eine Belastung durch ein äußeres, verteiltes Bimoment wird zum Schema (IV.109) die folgende Kolonne hinzugefügt (Abb. IV.6b):

$$-\frac{1}{GK}$$

$$\int_0^z [1 - \cosh k(z - \zeta)] m_\omega \, d\zeta$$

$$-k \int_0^z \sinh k(z - \zeta) m_\omega \, d\zeta \qquad \text{(IV.111)}$$

$$\int_0^z \cosh k(z - \zeta) m_\omega \, d\zeta$$

$$0$$

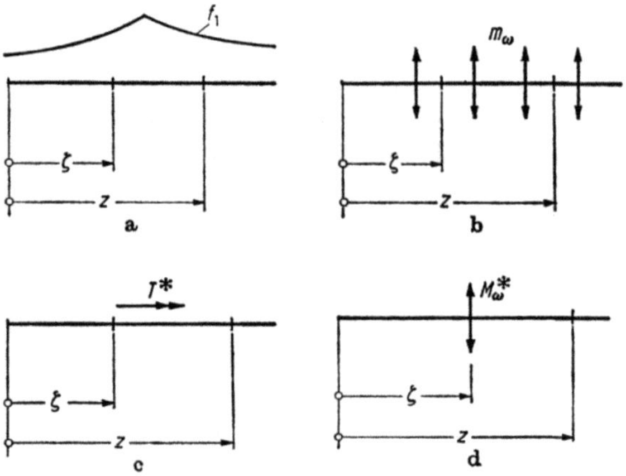

Abb. IV.6

Die Einflüsse eines äußeren konzentrierten Torsionsmomentes (Abb. IV.6c) und eines Bimomentes (Abb. IV.6d) an einer beliebigen Stelle des Stabes sind für $z > \zeta$ durch die Zusatzkolonnen (IV.112) und (IV.113) erfaßt.

$$-\frac{T^*}{GK}$$

für $z > \zeta$
$$\begin{aligned} & z - \zeta - \frac{1}{k} \sinh k(z - \zeta) \\ & 1 - \cosh k(z - \zeta) \\ & \frac{1}{k} \sinh k(z - \zeta) \\ & 1 \end{aligned} \qquad \text{(IV.112)}$$

5. Torsion des statisch bestimmten Stabes

$$-\frac{M_\omega^*}{GK}$$

für $z > \zeta$
$$\begin{array}{l} 1 - \cosh k(z-\zeta) \\ -k \sinh k(z-\zeta) \\ \cosh k(z-\zeta) \\ 0 \end{array}$$
(IV.113)

Es muß bemerkt werden, daß der Einfluß des durch die Wirkungen des verteilten äußeren Bimomentes, der konzentrierten äußeren Torsionsmomente und Bimomente sowie durch die gegebenen Randbedingungen hervorgerufenen Momentes M_y durch die Zusatzkolonne (IV.110) erfaßt ist.

Die oben angegebenen Ausdrücke können für die unmittelbare Bestimmung der Integrationskonstanten nur in jenen Fällen verwendet werden, für welche die Größen M_y und N aus den statischen Gleichgewichtsbedingungen bekannt sind, worauf bereits hingewiesen wurde.

Als Beispiel betrachten wir den in Abb. IV.5 gezeigten Stab, welcher an seinem Ende b durch ein äußeres konzentriertes Torsionsmoment T^* belastet sei.

Zufolge der Wirkung dieses Momentes sind sowohl das Moment M_y als auch die Normalkraft N längs des ganzen Stabes gleich Null.

Die Randbedingungen am Ende a, d. h. für $z = 0$, sind:

$$\theta = 0 \quad \text{und} \quad M_\omega = 0, \tag{IV.114}$$

und am Ende b, d. h. für $z = l$:

$$M_\omega = 0, \quad T = T^*. \tag{IV.115}$$

Auf Grund der Gleichung (IV.114) und des Schemas (IV.109) sind die Konstanten θ_0 und $M_{\omega 0}$ gleich Null; aus diesem Grund entfallen die Kolonnen 1 und 3 des Schemas (IV.109).

Die Bedingungen (IV.115) ergeben im Hinblick auf das Schema (IV.109) die folgenden Gleichungen:

$$-\frac{1}{k} \theta_0' \sinh kl + \frac{1}{k} \frac{T_0}{GK} \sinh kl = 0,$$

$$T_0 = T^*$$

beziehungsweise

$$\theta_0' = \frac{T^*}{GK},$$

und weiter auf Grund der zweiten Zeile im Schema (IV.109)

$$\theta' = \theta_0' = \frac{T^*}{GK} = \text{const.}$$

Der Stab ist auf seine ganze Länge durch das konstante Torsionsmoment $T = T^*$ beansprucht, dessen Größe ähnlich wie bei dem Stab mit gerader Achse proportional der Einheitsverwindung θ' ist:

$$T = T_s = GK\theta'. \tag{IV.116}$$

Als Grundsystem für die Berechnung des Durchlaufträgers verwendet man gewöhnlich den auf beiden Enden gabelartig gelagerten Stab bzw. den Stab, für welchen die Bedingungen (Abb. IV.7):

$$\varphi = 0 \quad \text{und} \quad M_\omega = 0 \quad \text{für} \quad = 0 \quad \text{und} \quad z = l \tag{IV.117}$$

gelten.

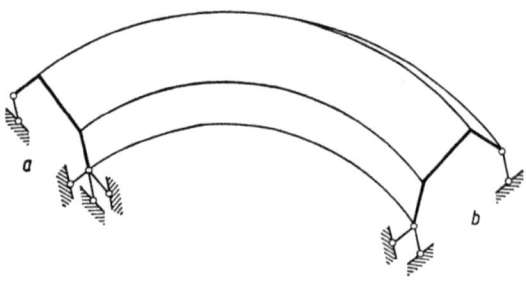

Abb. IV.7

Dieser Stab ist statisch einfach unbestimmt. Durch Entfernung der Stütze im Querschnitt $z = l$, welche die Verdrehung in der Querschnittsebene verhindert, erhalten wir das in Abb. IV.5 gezeigte statisch bestimmte System.

Die entfernte Stütze ersetzen wir durch das unbekannte Torsionsmoment X_1 und stellen die Bedingung, daß die durch die gegebene Belastung und die statisch unbekannte Größe X_1 hervorgerufene Gesamtverdrehung φ des Querschnittes b gleich Null sein muß.

Unter Berücksichtigung, daß

$$\theta = \varphi + \frac{\eta}{R}$$

ist und daß die Verschiebung η am Stabende b zufolge der Lagerungsart gleich Null ist, erhalten wir an Stelle der Bedingung (IV.117) nunmehr:

$$\theta = 0 \quad \text{und} \quad M_\omega = 0 \quad \text{für} \quad z = 0 \quad \text{und} \quad z = l. \tag{IV.118}$$

Die durch das Torsionsmoment $T^* = 1$ hervorgerufene Verschiebung beträgt:

$$\theta(l) = \delta_{11} = \frac{1}{GK}l. \tag{IV.119}$$

Die der gegebenen Belastung entsprechende Größe $\theta(l)$ berechnen wir, indem wir vom Ausdruck für das Torsionsmoment ausgehen. Mit Rücksicht auf die in diesem Kapitel eingeführte Vereinfachung geht der Ausdruck (IV.101) für T über in:

$$T = -E'I_{\omega\omega}\theta''' + GK\theta' + m_\omega \tag{IV.120}$$

bzw. für $m_\omega = 0$,
$$T = -E' I_{\omega\omega} \theta''' + GK \theta'.\qquad\text{(IV.121)}$$

Die Integration der linken und der rechten Seite dieser Gleichung von 0 bis l ergibt, unter Berücksichtigung der Bedingung (IV.118) und des Ausdrucks (IV.92d), für M_ω:

$$\theta(l) = \delta_{10} = \frac{1}{GK} \int_0^l T\, dz.\qquad\text{(IV.122)}$$

Aus der Bedingung, daß die Gesamtverdrehung bzw. die Größe θ im Querschnitt b gleich Null sein muß:

$$X_1 \delta_{11} + \delta_{10} = 0,$$

erhalten wir auf Grund von (IV.119) und (IV.122):

$$X_1 = \frac{1}{l} \int_0^l T\, dz.\qquad\text{(IV.123)}$$

Die Funktion θ erhalten wir durch die Auflösung der Gleichung (IV.104). Um die übrigen Verschiebungsparameter zu finden, können wir die Gleichungen (IV.92, a–c) benützen. Unter der Voraussetzung, daß uns die Schnittkräfte N, M_x und M_y bekannt sind, und mit Berücksichtigung der Beziehung $\varphi = \theta - (\eta/R)$ bestimmen wir aus dem System der simultanen Differentialgleichungen (IV.92, a–c) die Verschiebungen w_0, ξ und η.

Indem wir in diesem Gleichungssystem gewisse zusätzliche Vereinfachungen vornehmen, können wir die Verschiebungen η, ξ und w_0, ausgehend von η, schrittweise aus voneinander unabhängigen Gleichungen bestimmen. In jeder dieser von den übrigen unabhängigen Gleichung tritt nur eine der unbekannten Funktionen auf.

Durch Vernachlässigung der Glieder

$$\frac{I_{xxx}}{R},\ \frac{I_{xxy}}{R},\ \frac{I_{xy}}{R} x_D \quad\text{und}\quad \frac{I_{yy}}{R} x_D$$

in den Gleichungen (IV.92b) und (IV.92c) können wir diese in der folgenden Form anschreiben:

$$\left.\begin{aligned}
M_x &= -E' \left\{ I_{xx} \left(\xi'' + \frac{\xi}{R^2} \right) \right.\\
&\qquad \left. + \left[I_{xy} + \frac{1}{R}(I_{xxy} - I_{xx} y_D)\right] \left(\eta'' - \frac{\varphi}{R} \right) \right\},\\
M_y &= -E' \left\{ I_{xy} \left(\xi'' + \frac{\xi}{R^2} \right) \right.\\
&\qquad \left. + \left[I_{yy} + \frac{1}{R}(I_{xyy} - I_{xy} y_D)\right] \left(\eta'' - \frac{\varphi}{R} \right) \right\}.
\end{aligned}\right\}\text{(IV.124a, b)}$$

Dazu muß bemerkt werden, daß diese Vereinfachung im allgemeinen einen größeren Fehler in die Rechnung bringt als die in den vorhergehenden Kapiteln getroffenen, da es sich um die Vernachlässigung der Größe b/R gegenüber der Einheit handelt.

Die Vernachlässigung der Glieder mit dem Faktor x_D kann für Querschnitte, welche annähernd symmetrisch in bezug auf die y-Achse sind, als vollkommen gerechtfertigt angesehen werden.

Auch die beiden anderen vernachlässigten Glieder sind im allgemeinen ohne besonderen Einfluß auf die Genauigkeit des Resultates.

Für Stäbe, welche normal zur Krümmungsebene belastet sind, ist die Verschiebungskomponente ξ gewöhnlich bedeutend kleiner als die Verschiebungskomponente η. Dieser Umstand wirkt sich ebenfalls zugunsten der getroffenen Vereinfachung aus.

Durch die Eliminierung des Gliedes $(\xi'' + (\xi/R^2))$ aus dem Gleichungssystem (IV.124) erhalten wir die folgende Differentialgleichung, aus welcher η bestimmt werden kann:

$$\eta'' + \frac{\eta}{R^2} = -\frac{1}{E'J}\left(M_y - \frac{I_{xy}}{I_{xx}} M_x\right) + \frac{\theta}{R}, \qquad \text{(IV.125)}$$

wo

$$J = I_{yy} + \frac{1}{R}(I_{xyy} - I_{xy}y_D) - \frac{I_{xy}}{I_{xx}}\left[I_{xy} + \frac{1}{R}(I_{xxy} - I_{xx}y_D)\right] \qquad \text{(IV.126)}$$

ist.

Vernachlässigt man in diesem Ausdruck für J die Glieder mit dem Faktor $1/R$, so erhält man den bedeutend einfacheren Ausdruck[1]:

$$J = I_{yy}\left(1 - \frac{I_{xy}^2}{I_{xx}I_{yy}}\right). \qquad \text{(IV.127)}$$

Durch Integration der Gleichung (IV.125) erhalten wir:

$$\eta = c_1 \sin \vartheta + c_2 \cos \vartheta + \eta_P, \qquad \text{(IV.128)}$$

wo

$$\vartheta = \frac{z}{R} \qquad \text{(IV.129)}$$

ist und η_P das partikuläre Integral der gegebenen Gleichung bedeutet.

Die Konstanten c_1 und c_2 bestimmen wir aus den gegebenen Stützungsbedingungen an den Stabenden.

Nachdem η bestimmt wurde, ist auch $\varphi = \theta - (\eta/R)$ bekannt, und mit diesen beiden Funktionen erhalten wir auf Grund des Ausdruckes (IV.124a) die

---

[1] Wird dieser Ausdruck für J in Gleichung (IV.125) eingesetzt, so stimmt diese für $M_x \equiv 0$ mit der entsprechenden, von *Dabrowski* angegebenen Gleichung überein. Siehe: R. *Dabrowski*: Gekrümmte dünnwandige Träger. Springer-Verlag, Berlin/Heidelberg/New York. 1968. Seite 41.

5. Torsion des statisch bestimmten Stabes

Differentialgleichung

$$\xi'' + \frac{\xi}{R^2} = -\frac{M_x}{E'I_{xx}} + \frac{1}{I_{xx}}\left[I_{xy} + \frac{1}{R}(I_{xxy} - I_{xx}y_D)\right]\left(\eta'' - \frac{\varphi}{R}\right), \quad \text{(IV.130)}$$

aus welcher die Verschiebung ξ bestimmt wird. Die Lösung dieser Gleichung hat dieselbe Form wie die Lösung der Gleichung (IV.125).

Um die noch unbekannte Verschiebung w_0 zu finden, können wir die Gleichung (IV.92a) benützen:

$$w_0' = \frac{N}{E'F} + \frac{1}{R}\left[\xi + \left(y_D - \frac{I_{xy}}{RF}\right)\varphi + \frac{I_{xx}\xi''}{F} + \frac{I_{xy}\eta''}{F}\right]. \quad \text{(IV.131)}$$

Durch die Integration erhalten wir:

$$w_0 = \int_0^z \left\{\frac{N}{E'F} + \frac{1}{R}\left[\xi + \left(y_D - \frac{I_{xy}}{RF}\right)\varphi + \frac{I_{xx}\xi''}{F} + \frac{I_{xy}\eta''}{F}\right]\right\} dz + c_0.$$

Die Konstante c_0 bestimmen wir aus der gegebenen Verschiebung w_0 an einem der beiden Stabenden.

Der gegebene Vorgang der Berechnung kann auch als Näherungslösung für die Stäbe mit geschlossenem Querschnitt angewendet werden.

Nach der im Abschnitt III.1 dargelegten Theorie wird die Wölbkrafttorsion des Stabes mit geschlossenem Querschnitt auf die Differentialgleichung (III.31) zurückgeführt.

In analoger Weise erhalten wir im Falle des gekrümmten Stabes die folgende Differentialgleichung:

$$\varrho E' I_{\hat{\omega}\hat{\omega}} \theta^{IV} - GK\theta'' = m_D + m_{\hat{\omega}}' - \frac{1}{R}(M_y - N \cdot y_D). \quad \text{(IV.132)}$$

Für $M_{\hat{\omega}}$, T_s und $T_{\hat{\omega}}$ ergeben sich

$$M_{\hat{\omega}} = -\varrho E' I_{\hat{\omega}\hat{\omega}} \theta'' - \frac{m_D}{k^2}, \quad \text{(IV.133)}$$

$$T_s = GK\theta', \quad \text{(IV.134)}$$

$$T_{\hat{\omega}} = -\varrho E' I_{\hat{\omega}\hat{\omega}} \theta'' + m_{\hat{\omega}} - \frac{m_D'}{k_1^2}. \quad \text{(IV.135)}$$

Für das Wölbmaß ϑ (siehe die Gleichung (III.36)) erhalten wir

$$\vartheta = \theta' + \frac{\varrho}{k_1^2}\theta''' + \frac{\varrho}{GI_{hh}}\left(\frac{m_D'}{k_1^2} - m_{\hat{\omega}}\right) \quad \text{(IV.136)}$$

IV. Dünnwandige Stäbe mit gekrümmter Achse

Diese Ausdrücke haben die gleiche Form wie die entsprechenden Ausdrücke im Abschnitt III.1. Der Unterschied ist nur der, daß hier statt φ die Funktion θ auftritt und auf der rechten Seite der Differentialgleichung $M_y - N \cdot y_D$ steht.

Für die Berechnung des Stabes auf Wölbkrafttorsion wird das Schema (III.80) benutzt. Die Kolonnen, welche für die verschiedenen Lastfälle hinzuzufügen sind, unterscheiden sich wenig von den Kolonnen (IV.110) bis (IV.113).

Für die Belastung durch ein äußeres verteiltes Torsionsmoment m_D und das Glied $(1/R)(M_y - N y_D)$ haben wir (siehe Abb. IV.6):

$$\begin{array}{c} -\dfrac{1}{GK} \\ \hline \\ \displaystyle\int_0^z \left[z - \zeta - \dfrac{1}{k\varrho} \sinh k(z - \zeta) \right] f_1(\zeta)\, d\zeta \\ \\ \displaystyle\int_0^z [1 - \cosh k(z - \zeta)] f_1(\zeta)\, d\zeta \\ \\ \displaystyle\int_0^z \dfrac{1}{k\varrho} \sinh k(z - \zeta) f_1(\zeta)\, d\zeta \\ \\ \displaystyle\int_0^z f_1(\zeta)\, d\zeta \end{array} \qquad (\text{IV.137})$$

wo

$$f_1(\zeta) = m_D - \frac{1}{R}(M_y - N y_D)$$

ist.

Für eine Belastung durch ein äußeres, verteiltes Bimoment wird die folgende Kolonne hinzugefügt:

$$\begin{array}{c} -\dfrac{1}{GK} \\ \hline \\ \displaystyle\int_0^z [1 - \cosh k(z - \zeta)] m_\omega\, d\zeta \\ \\ -k\varrho \displaystyle\int_0^z \sinh k(z - \zeta) m_\omega\, d\zeta \\ \\ \displaystyle\int_0^z \cosh k(z - \zeta) m_\omega\, d\zeta \\ \\ 0 \end{array} \qquad (\text{IV.138})$$

Die Einflüsse eines äußeren konzentrierten Torsionsmomentes und eines Bimomentes an einer beliebigen Stelle sind für $z > \zeta$ durch die Zusatzkolonnen (IV.139) und (IV.140) erfaßt:

$$
-\frac{T^*}{GK}
\begin{array}{l}
\text{für } z > \zeta \\
\end{array}
\begin{array}{l}
z - \zeta - \dfrac{1}{k\varrho} \sinh k(z - \zeta) \\
1 - \cosh k(z - \zeta) \\
\dfrac{1}{k\varrho} \sinh k(z - \zeta) \\
1
\end{array}
\tag{IV.139}
$$

$$
-\frac{M_{\tilde{\omega}}^*}{GK}
\begin{array}{l}
\text{für } z > \zeta \\
\end{array}
\begin{array}{l}
1 - \cosh k(z - \zeta) \\
-k\varrho \sinh k(z - \zeta) \\
\cosh k(z - \zeta) \\
0
\end{array}
\tag{IV.140}
$$

6. Numerische Lösung

Die numerische Lösung der Gleichung (IV.96) wird unter Benutzung des Verfahrens von *N. Hajdin*[1] durchgeführt. Die Methode stützt sich auf die numerische Lösung der Integralgleichungen und Verwendung der bekannten Begriffe der Baustatik.

Das Verfahren wird nur in dem Umfang beschrieben, welcher uns die Lösung der gestellten Aufgabe ermöglicht.

Wir gehen von der Differentialgleichung

$$\xi^{IV} = p(z) \tag{IV.141}$$

---

[1] Siehe z. B.:
N. Hajdin: Eine Methode zur numerischen Lösung der Randwertaufgaben und ihre Anwendung auf einige Probleme der Elastizitätstheorie. Dr. sc. Dissertation (1956). Abhandlungen der Fakultät für Bauingenieurwesen, Univ. Beograd, Bd. 4. 1958 (serbo-kroatisch).
N. Hajdin: Ein Verfahren zur numerischen Lösung der Randwertaufgaben vom elliptischen Typus. Publ. de l'institut mathematique, Acad. serbe des sciences, Bd. IX. 1956 (in deutscher Sprache).

aus, für welche die folgenden Randbedingungen an den Enden des Intervalls $a-b$ (Abb. IV.8a) gegeben sind:

$$z = 0: \qquad \xi = \xi_a, \qquad \xi' = \xi_a', \qquad \qquad \text{(IV.142)}$$
$$z = l: \qquad \xi = \xi_b, \qquad \xi' = \xi_b'.$$

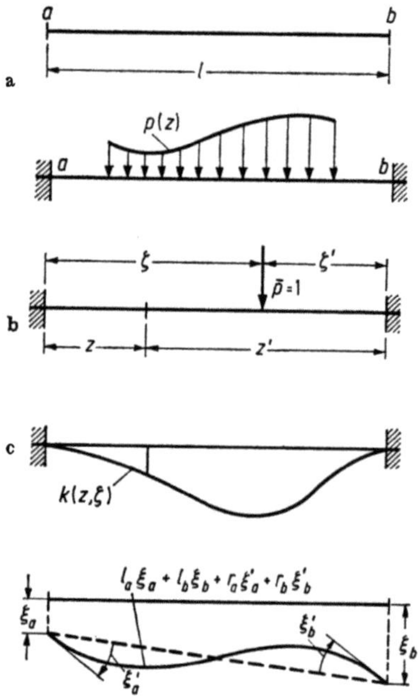

Abb. IV.8

Die Lösung dieser Gleichung können wir in der Form

$$\xi(z) = \int_0^l k(z, \zeta) p(\zeta) \, d\zeta + l_a(z) \xi_a + l_b(z) \xi_b + r_a(z) \xi_a' + r_b(z) \xi_b' \qquad \text{(IV.143)}$$

darstellen, wo

$$\left. \begin{array}{l} l_a(z) = \dfrac{z'}{l} \left[1 - \dfrac{z(z - z')}{l^2} \right], \\[2mm] l_b(z) = \dfrac{z}{l} \left[1 - \dfrac{z'(z' - z)}{l^2} \right], \end{array} \right\} \qquad \text{(IV.144)}$$

$$\left. \begin{array}{l} r_a(z) = \dfrac{zz'^2}{l^2}, \\[2mm] r_b(z) = \dfrac{z'z^2}{l^2} \end{array} \right\} \qquad \text{(IV.145)}$$

6. Numerische Lösung

sind, und $k(z, \zeta)$ die Greensche Funktion der Randwertaufgabe:

$$\xi^{IV} = 0,$$
$$z = 0, z = l: \quad \xi = \xi' = 0.$$
(IV.146)

Die Funktion $k(z, \zeta)$ wird durch den Ausdruck

$$k(z, \zeta) = \begin{cases} \dfrac{z^2 \zeta'^2}{2l^2}\left[\zeta - z\dfrac{\zeta' + 3\zeta}{3l}\right], & z \leq \zeta \\ \dfrac{z'^2 \zeta^2}{2l^2}\left[\zeta' - z'\dfrac{\zeta + 3\zeta'}{3l}\right], & z \geq \zeta \end{cases}$$
(IV.147)

bestimmt.

Wir können leicht einsehen, daß die Lösung (IV.143) der Differentialgleichung dem Ausdruck für die Durchbiegung des Balkenträgers der Steifigkeit $EI = 1$ unter Belastung $p(z)$ (Abb. IV.8b) entspricht.

Dabei erleiden die Auflager die Verschiebungen ξ_a und ξ_b, und die Neigungen der Tangente auf die elastische Linie in den Punkten a und b betragen ξ_a' und ξ_b'.

Die Funktion $k(z, \zeta)$ ist die Einflußfunktion für die Durchbiegung des beidseitig eingespannten Trägers mit der Steifigkeit $EI = 1$.

Die geometrische Darstellung der Einflußfunktion für die gegebenen Werte der Abszisse z (Abb. IV.8c) ist die Einflußlinie.

Die Analogie dieser Art wird in weiteren Darlegungen des Verfahrens gebraucht.

Die Differentiation der Gleichung (IV.143) nach z ergibt:

$$\xi' = \frac{\partial \xi}{\partial z} = \int_0^l k'(z, \zeta) p(\zeta)\, d\zeta + l_a' \xi_a + l_b' \xi_b + r_a' \xi_a' + r_b' \xi_b'.$$
(IV.148)

Dabei bedeuten:

$$k'(z, \zeta) = \frac{\partial k(z, \zeta)}{\partial z} = \begin{cases} \dfrac{z \zeta'^2}{l^2}\left[\zeta - z\dfrac{\zeta' + 3\zeta}{2l}\right], & z \leq \zeta, \\ -\dfrac{z' \zeta^2}{l^2}\left[\zeta' - z'\dfrac{\zeta + 3\zeta'}{2l}\right], & z \geq \zeta, \end{cases}$$
(IV.149)

$$l_a' = \frac{dl_a(z)}{dz} = -6\frac{zz'}{l},$$

$$l_b' = \frac{dl_b(z)}{dz} = 6\frac{zz'}{l},$$

$$r_a' = \frac{dr_a(z)}{dz} = \frac{z'(l - 3z)}{l^2},$$

$$r_b' = \frac{dr_b(z)}{dz} = \frac{z(l - 3z')}{l^2}.$$
(IV.150)

Die Funktion $k'(z, \zeta)$ stellt die Einflußfunktion für die Neigung der Tangente auf die elastische Linie des beiderseits eingespannten Trägers dar.

Durch die Differentiation der Gleichung (IV.148) erhalten wir:

$$\xi'' = \int_0^l k''(z, \zeta) p(\zeta) \, d\zeta + l_a'' \xi_a + l_b'' \xi_b + r_a'' \xi_a' + r_b'' \xi_b'. \quad \text{(IV.151)}$$

Dabei bedeuten:

$$k''(z, \zeta) = \begin{cases} \dfrac{\zeta'^2}{l^2}\left[\zeta - z\dfrac{\zeta' + 3\zeta}{l}\right], & z \leq \zeta; \\ \dfrac{\zeta^2}{l^2}\left[\zeta' - z'\dfrac{\zeta + 3\zeta'}{l}\right], & z \geq \zeta; \end{cases} \quad \text{(IV.152)}$$

$$l_a'' = 6\frac{z - z'}{l};$$

$$l_b'' = -6\frac{z - z'}{l};$$

$$r_a'' = 2\frac{l - 3z'}{l^2};$$

$$r_b'' = -2\frac{l - 3z}{l^2}.$$

(IV.153)

Auf Grund der Analogie stellt die Funktion $k''(z, \zeta)$ die Einflußfunktion für die Krümmung der Biegelinie ($EI = 1$) des beiderseits eingespannten Balkens oder, mit dem entgegengesetzten Vorzeichen, die Einflußfunktion für das Biegemoment dar.

Betrachten wir noch eine Randwertaufgabe:

$$\xi'' = p(z),$$
$$z = 0: \quad \xi = \xi_a, \quad \text{(IV.154)}$$
$$z = l: \quad \xi = \xi_b.$$

Die Lösung schreiben wir in der Form:

$$\xi(z) = \int_0^l \tilde{k}(z, \zeta) p(\zeta) \, d\zeta + \tilde{l}_a(z) \xi_a + \tilde{l}_b(z) \xi_b, \quad \text{(IV.155)}$$

wo (Abb. IV.9a):

$$\tilde{k}(z, \zeta) = \begin{cases} -\dfrac{z'\zeta}{l}, & \text{für} \quad \zeta \leq z, \\ -\dfrac{z\zeta'}{l}, & \text{für} \quad \zeta \geq z \end{cases} \quad \text{(IV.156)}$$

und
$$\tilde{l}_a = \frac{z'}{l}, \quad \tilde{l}_b = \frac{z}{l} \tag{IV.157}$$
sind.

Der Kern $\tilde{k}(z, \zeta)$ der Integralgleichung (IV.155) stellt die Einflußfunktion für das Biegemoment des einfachen Balkenträgers mit entgegengesetztem Vorzeichen (Abb. IV.9a) dar.

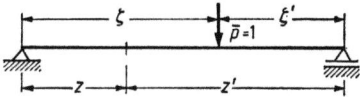

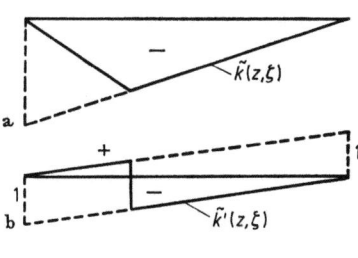

Abb. IV.9

Durch die Differentiation erhalten wir:
$$\zeta'(z) = \int_0^l \tilde{k}'(z, \zeta) p(\zeta) \, d\zeta + \tilde{l}_a' \xi_a + \tilde{l}_b' \xi_b, \tag{IV.158}$$
wo
$$\tilde{k}(z, \zeta) = \begin{cases} \dfrac{\zeta}{l}, & \text{für } \zeta \leq z, \\ -\dfrac{\zeta'}{l}, & \text{für } \zeta \geq z \end{cases} \tag{IV.159}$$
und
$$\tilde{l}_a' = -\frac{1}{l}, \quad \tilde{l}_b' = \frac{1}{l} \tag{IV.160}$$
sind.

Aus der Abb. IV.9b ist es ersichtlich, daß $-\tilde{k}(z, \zeta)$ die Einflußfunktion für die Querkraft darstellt.

Die Funktion $p(z)$, welche, wie gesagt, als „Belastung" aufgefaßt werden kann, wird näherungsweise in der Form einer polygonalen Linie (Abb. IV.9a) dargestellt. Die Knoten dieser Linie haben die Abszissen z_n und Ordinaten $p(z_n) = p_n$ $(n = 1, 2, \ldots, m, \ldots, M)$.

Die Funktion $p(z)$ kann nun in der Form

$$p(z) = \sum_{n=1}^{M} p_n \psi_n(z) \qquad (IV.161)$$

angeschrieben werden, wo ψ_n eine dreieckförmige „Belastung" (Abb. IV.10b), mit der Ordinate $p_n = 1$ im Knoten n, ist.

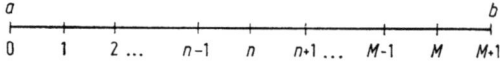

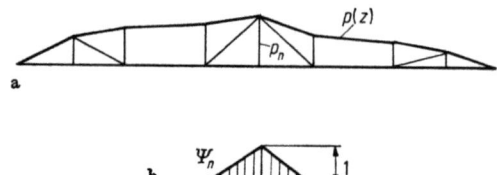

Abb. IV.10

Wir setzen den Ausdruck (IV.161) in die Gleichung (IV.143) und erhalten

$$\xi(z) = \sum_{n=1}^{M} K_{zn} p_n + l_a \xi_a + l_b \xi_b + r_a \xi_a' + r_b \xi_b', \qquad (IV.162)$$

wo

$$K_{zn}(z) = \int_0^l k(z, \zeta) \psi_n(\zeta)\, d\zeta \qquad (IV.163)$$

ist.

Die Funktion K_{zn} stellt die Durchbiegung im Punkt mit der Abszisse z infolge der dreieckförmigen Belastung in dem Punkt n (Abb. IV.11) dar.

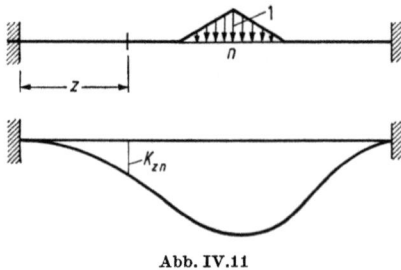

Abb. IV.11

Für $z = z_m$ folgt aus der Gleichung (IV.163):

$$\xi_m = \xi(z_m) = \sum_{n=1}^{M} K_{mn} p_n + l_{am} \xi_a + l_{bm} \xi_b + r_{am} \xi_a' + r_{bm} \xi_b', \qquad (IV.164)$$

6. Numerische Lösung

wo

$$K_{mn} = K_{zn}(z_m), \quad l_{am} = l_a(z_m), \quad l_{bm} = l_b(z_m),$$
$$r_{am} = r_a(z_m), \quad r_{bm} = r_b(z_m) \tag{IV.165}$$

sind.

Auf ähnliche Weise werden die Ausdrücke (IV.148) und (IV.151) umgewandelt:

$$\xi_m' = \sum_{n=1}^{M} K_{mn}' p_n + l_{am}' \xi_a + l_{bm}' \xi_b + r_{am}' \xi_a' + r_{bm}' \xi_b', \tag{IV.166}$$
$$m = 1, 2, \ldots, M;$$

$$\xi_m'' = \sum_{n=1}^{M} K_{mn}'' p_n + l_{am}'' \xi_a + l_{bm}'' \xi_b + r_{am}'' \xi_a' + r_{bm}'' \xi_b', \tag{IV.167}$$
$$m = 1, 2, \ldots, M,$$

wo

$$K_{mn}' = K_{zn}'(z_m), \quad K_{mn}'' = K_{zn}''(z_m), \quad l_{am}'' = l_a''(z_m) \quad \text{usw.} \tag{IV.168}$$

sind.

Auf Grund der Ausdrücke (IV.155) und (IV.158) erhalten wir

$$\xi_m = \sum_{n=1}^{M} \tilde{K}_{mn} p_n + \tilde{l}_{am} \xi_a + \tilde{l}_{bm} \xi_b, \tag{IV.169}$$
$$m = 1, 2, \ldots, M;$$

$$\xi_m' = \sum_{n=1}^{M} \tilde{K}_{mn}' p_n + \tilde{l}_{am}' \xi_a + \tilde{l}_{bm}' \xi_b, \tag{IV.170}$$
$$m = 1, 2, \ldots, M,$$

wo

$$\tilde{K}_{mn} = \tilde{K}_{zn}(z_m), \quad \tilde{K}_{mn}' = \tilde{K}_{zn}'(z_m), \quad \tilde{l}_{am} = \tilde{l}_a(z_m) \quad \text{usw.} \tag{IV.171}$$

sind.

Wenden wir uns nun zur Differentialgleichung (IV.96). Wir teilen den Träger $a-b$ in $M+1$ Teilstücke. Für den Punkt m des Intervalls $a-b$ (Abb. IV.10a) gilt:

$$a_m \psi_m^{IV} + b_m \psi_m'' + c_m \psi_m' + d_m \psi_m = a_{0m}, \tag{IV.172}$$
$$m = 1, 2, \ldots, M,$$

wo

$$\psi_m^{(r)} = \begin{bmatrix} w_{0m}^{(r)} \\ \xi_m^{(r)} \\ \eta_m^{(r)} \\ \varphi_m^{(r)} \end{bmatrix}, \quad (r) = ', '', ''', IV \tag{IV.173}$$

und

$$\begin{aligned} a_m = a, \quad b_m = b, \quad c_m = c, \\ d_m = d \quad \text{und} \quad a_{0m} = a_0(z_m) \end{aligned} \tag{IV.174}$$

sind. Dabei ist $w_{0m}''' = w_{0m}^{IV} \equiv 0$.

IV. Dünnwandige Stäbe mit gekrümmter Achse

Eine hinreichend genaue Lösung des Problems für den Stab mit veränderlichem Krümmungshalbmesser $R = R(z)$ erhalten wir auch auf diese Weise, wenn die Veränderung dieser Größe längs der Stabachse nicht zu groß ist. In diesem Falle sind die Elemente der Matrizen $a_m \ldots d_m$, gemäß der Werte ihrer Elemente, verschieden für die einzelnen Querschnitte des Trägers.

Wir führen die folgenden Spaltenmatrizen ein:

$$\boldsymbol{p}_1 = \begin{bmatrix} w''_{01} \\ w''_{02} \\ \vdots \\ w''_{0m} \\ \vdots \\ w''_{0M} \end{bmatrix}_M^1, \quad \boldsymbol{p}_2 = \begin{bmatrix} \xi_1^{IV} \\ \xi_2^{IV} \\ \vdots \\ \xi_m^{IV} \\ \vdots \\ \xi_M^{IV} \end{bmatrix}_M^1, \quad \boldsymbol{p}_3 = \begin{bmatrix} \eta_1^{IV} \\ \eta_2^{IV} \\ \vdots \\ \eta_m^{IV} \\ \vdots \\ \eta_M^{IV} \end{bmatrix}_M^1, \quad \boldsymbol{p}_4 = \begin{bmatrix} \varphi_1^{IV} \\ \varphi_2^{IV} \\ \vdots \\ \varphi_m^{IV} \\ \vdots \\ \varphi_M^{IV} \end{bmatrix}_M^1.$$

(IV.175)

Den Vektor $\boldsymbol{\psi}_m^{(r)}$ können wir auf Grund der Gleichungen (IV.164) bis (IV.171) in der folgenden Form ausdrücken:

$$\boldsymbol{\psi}_m^{(r)} = \boldsymbol{K}_m^{(r)} \boldsymbol{p} + \boldsymbol{L}_{am}^{(r)} \boldsymbol{q}_a + \boldsymbol{L}_{bm}^{(r)} \boldsymbol{q}_b, \tag{IV.176}$$

wo

$$\boldsymbol{K}_m^{(r)} = \begin{bmatrix} \boldsymbol{K}_{m,1}^{(r)} & & & \\ & \boldsymbol{K}_{m,2}^{(r)} & & \\ & & \boldsymbol{K}_{m,3}^{(r)} & \\ & & & \boldsymbol{K}_{m,4}^{(r)} \end{bmatrix}_4^1 \quad \text{(IV.177)}$$

und

$$\boldsymbol{p} = \begin{bmatrix} \boldsymbol{p}_1 \\ \boldsymbol{p}_2 \\ \boldsymbol{p}_3 \\ \boldsymbol{p}_4 \end{bmatrix}_{4M}^1 \tag{IV.178}$$

bedeuten.

Die Matrizen $\boldsymbol{K}_{m,1}^{(r)}$, $\boldsymbol{K}_{m,2}^{(r)}$, $\boldsymbol{K}_{m,3}^{(r)}$ und $\boldsymbol{K}_{m,4}^{(r)}$ sind die Zeilenvektoren mit den Elementen $\tilde{K}_{mn}^{(r)}$ und $K_{mn}^{(r)}$:

$$\begin{aligned} \boldsymbol{K}_{m,1} &= [\overset{1}{\tilde{K}_{m1}^{(r)}} \tilde{K}_{m2}^{(r)} \ldots \tilde{K}_{mn}^{(r)} \ldots \overset{M}{K_{mM}^{(r)}}], \\ \boldsymbol{K}_{m,2} &= \boldsymbol{K}_{m,3} = \boldsymbol{K}_{m,4} = [\overset{1}{K_{m1}^{(r)}} K_{m2}^{(r)} \ldots K_{mn}^{(r)} \ldots \overset{M}{K_{mM}^{(r)}}], \end{aligned} \tag{IV.179}$$

wobei

$$\tilde{K}''_{mn} = K_{mn}^{IV} = \begin{cases} 0, & \text{für } m \neq n, \\ 1, & \text{für } m = n \end{cases}$$

und

$$\tilde{K}'''_{mn} = \tilde{K}_{mn}^{IV} = 0$$

sind.

6. Numerische Lösung

Die Matrizen $\boldsymbol{L}_{am}^{(r)}$ und $\boldsymbol{L}_{bm}^{(r)}$ und die Vektoren $\boldsymbol{q}_a$ und $\boldsymbol{q}_b$ haben die folgenden Elemente:

$$\boldsymbol{L}_{am}^{(r)} = \begin{bmatrix} \bar{l}_{am}^{(r)} & 0 & & & & & \\ & l_{am}^{(r)} & r_{am}^{(r)} & & & & \\ & & & l_{am}^{(r)} & r_{am}^{(r)} & & \\ & & & & & l_{am}^{(r)} & r_{am}^{(r)} \end{bmatrix}_{4}^{1}, \qquad (\text{IV.180})$$

$$\boldsymbol{L}_{bm}^{(r)} = \begin{bmatrix} \bar{l}_{bm}^{(r)} & 0 & & & & & \\ & l_{bm}^{(r)} & r_{bm}^{(r)} & & & & \\ & & & l_{bm}^{(r)} & r_{bm}^{(r)} & & \\ & & & & & l_{bm}^{(r)} & r_{bm}^{(r)} \end{bmatrix}_{4}^{1}, \qquad (\text{IV.181})$$

$$\boldsymbol{q}_a = \begin{bmatrix} w_{0a} \\ \xi_a \\ \xi_a' \\ \eta_a \\ \eta_a' \\ \varphi_a \\ \varphi_a' \end{bmatrix}_7^1, \qquad \boldsymbol{q}_b = \begin{bmatrix} w_{0b} \\ \xi_b \\ \xi_b' \\ \eta_b \\ \eta_b' \\ \varphi_b \\ \varphi_b' \end{bmatrix}_7^1. \qquad (\text{IV.182})$$

Wir bilden die Matrizen:

$$\boldsymbol{K}^{(r)} = \begin{bmatrix} \boldsymbol{K}_1^{(r)} \\ \boldsymbol{K}_2^{(r)} \\ \vdots \\ \boldsymbol{K}_m^{(r)} \\ \vdots \\ \boldsymbol{K}_M^{(r)} \end{bmatrix}_{4M}^{1}, \qquad (\text{IV.183})$$

$$\boldsymbol{L}_a^{(r)} = \begin{bmatrix} \boldsymbol{L}_{a1}^{(r)} \\ \boldsymbol{L}_{a2}^{(r)} \\ \vdots \\ \boldsymbol{L}_{am}^{(r)} \\ \vdots \\ \boldsymbol{L}_{aM}^{(r)} \end{bmatrix}_{4M}^{1}, \qquad \boldsymbol{L}_b^{(r)} = \begin{bmatrix} \boldsymbol{L}_{b1}^{(r)} \\ \boldsymbol{L}_{b2}^{(r)} \\ \vdots \\ \boldsymbol{L}_{bm}^{(r)} \\ \vdots \\ \boldsymbol{L}_{bM}^{(r)} \end{bmatrix}_{4M}^{1}. \qquad (\text{IV.184})$$

Dann können wir schreiben:

$$\boldsymbol{\Psi}^{(r)} = \boldsymbol{K}^{(r)} \boldsymbol{p} + \boldsymbol{L}_a^{(r)} \boldsymbol{q}_a + \boldsymbol{L}_b^{(r)} \boldsymbol{q}_b, \qquad (\text{IV.185})$$

wo

$$\boldsymbol{\Psi}^{(r)} = \begin{bmatrix} \psi_1^{(r)} \\ \psi_2^{(r)} \\ \vdots \\ \psi_m^{(r)} \\ \vdots \\ \psi_M^{(r)} \end{bmatrix}_{4M}^{1} \tag{IV.186}$$

ist.

Der Vektor $\boldsymbol{\Psi}^{(r)}$ hat $4M$ Elemente, die Matrix $\boldsymbol{K}^{(r)}$ ist eine quadratische Matrix von der Ordnung $4M$, $\boldsymbol{L}_a^{(r)}$ und $\boldsymbol{L}_b^{(r)}$ die rechteckigen Matrizen mit $4M$ Zeilen und 7 Spalten.

Aus den Matrizen $\boldsymbol{a}_m$, $\boldsymbol{b}_m$, $\boldsymbol{c}_m$ und $\boldsymbol{d}_m$ bilden wir die Matrizen:

$$\boldsymbol{A} = \begin{bmatrix} \boldsymbol{a}_1 & & & & \\ & \boldsymbol{a}_2 & & & \\ & & \ddots & & \\ & & & \boldsymbol{a}_m & \\ & & & & \ddots \\ & & & & & \boldsymbol{a}_M \end{bmatrix}, \quad \boldsymbol{B} = \begin{bmatrix} \boldsymbol{b}_1 & & & & \\ & \boldsymbol{b}_2 & & & \\ & & \ddots & & \\ & & & \boldsymbol{b}_m & \\ & & & & \ddots \\ & & & & & \boldsymbol{b}_M \end{bmatrix},$$

$$\boldsymbol{C} = \begin{bmatrix} \boldsymbol{c}_1 & & & & \\ & \boldsymbol{c}_2 & & & \\ & & \ddots & & \\ & & & \boldsymbol{c}_m & \\ & & & & \ddots \\ & & & & & \boldsymbol{c}_M \end{bmatrix}, \quad \boldsymbol{D} = \begin{bmatrix} \boldsymbol{d}_1 & & & & \\ & \boldsymbol{d}_2 & & & \\ & & \ddots & & \\ & & & \boldsymbol{d}_m & \\ & & & & \ddots \\ & & & & & \boldsymbol{d}_M \end{bmatrix}. \tag{IV.187}$$

Das System der Matrizengleichungen (IV.172) wird nun durch die folgende Gleichung ersetzt:

$$\boldsymbol{A}\boldsymbol{\Psi}^{IV} + \boldsymbol{B}\boldsymbol{\Psi}'' + \boldsymbol{C}\boldsymbol{\Psi}' + \boldsymbol{D}\boldsymbol{\Psi} = \boldsymbol{A}_0, \tag{IV.188}$$

wo

$$\boldsymbol{A}_0 = \begin{bmatrix} \boldsymbol{a}_{01} \\ \boldsymbol{a}_{02} \\ \vdots \\ \boldsymbol{a}_{0m} \\ \vdots \\ \boldsymbol{a}_{0M} \end{bmatrix}_{4M}^{1} \tag{IV.189}$$

ist.

Unter Benutzung des Ausdrucks (IV.185) kann die Gleichung (IV.188) in der folgenden Form angeschrieben werden:

$$\boldsymbol{M}\boldsymbol{p} + \boldsymbol{L}\boldsymbol{q} = \boldsymbol{A}_0, \tag{IV.190}$$

wo

$$\boldsymbol{M} = \boldsymbol{A}\boldsymbol{K}^{IV} + \boldsymbol{B}\boldsymbol{K}'' + \boldsymbol{C}\boldsymbol{K}' + \boldsymbol{D}\boldsymbol{K}, \tag{IV.191}$$

$$\boldsymbol{L} = [\boldsymbol{A}\boldsymbol{L}_a^{IV} + \boldsymbol{B}\boldsymbol{L}_a'' + \boldsymbol{C}\boldsymbol{L}_a' + \boldsymbol{D}\boldsymbol{L}_a \,|\, \boldsymbol{A}\boldsymbol{L}_b^{IV} + \boldsymbol{B}\boldsymbol{L}_b'' + \boldsymbol{C}\boldsymbol{L}_b' + \boldsymbol{D}\boldsymbol{L}_b]_{4M}^{1\;\;\;\;\;\;\;\;\;\;\;\;14} \tag{IV.192}$$

und

$$q = \begin{bmatrix} q_a \\ q_b \end{bmatrix}^1_{14} \tag{IV.193}$$

bedeuten.

Wir führen den Vektor Q_m ein:

$$Q_m = \begin{bmatrix} N_m \\ Q_{xm} \\ M_{xm} \\ Q_{ym} \\ M_{ym} \\ T_m \\ M_{\omega m} \end{bmatrix}^1_7 \quad m = 0, 1, 2, \ldots, M+1. \tag{IV.194}$$

Auf Grund der Ausdrücke (IV.92, a—e) und (IV.101) für die Schnittkräfte erhalten wir:

$$Q_m = F_{1m}\psi_m + F_{2m}\psi_m' + F_{3m}\psi_m'' + F_{4m}\psi_m''' + F_{0m}, \tag{IV.195}$$

wobei mit Rücksicht auf die Gleichungen (IV.92) und (IV.100) die Matrizen $F_{1m} \ldots F_{0m}$ die folgenden Elemente besitzen:

$$F_{1m} = \begin{bmatrix} 0 & -\dfrac{E'F}{R} & 0 & -\dfrac{E'}{R}\left(y_D - \dfrac{I_{xy}}{R}\right) \\ 0 & 0 & 0 & 0 \\ 0 & -\dfrac{E'}{R^2}I_{xx} & 0 & \dfrac{E'}{R}\left[I_{xy} + \dfrac{1}{R}(I_{xxy} - I_{xx}y_D)\right] \\ 0 & 0 & 0 & 0 \\ 0 & -\dfrac{E'}{R^2}I_{xy} & 0 & \dfrac{E'}{R}\left[I_{yy} + \dfrac{1}{R}(I_{xyy} - I_{xy}y_D)\right] \\ 0 & 0 & 0 & 0 \\ 0 & 0 & 0 & 0 \end{bmatrix}, \tag{IV.196a}$$

$$F_{2m} = \begin{bmatrix} E'F & 0 & 0 & 0 \\ 0 & -\dfrac{E'}{R^2}I_{xx} & 0 & \dfrac{E'}{R}\left[I_{xy} + \dfrac{1}{R}(I_{xxy} - y_D I_{xx})\right] \\ 0 & 0 & 0 & 0 \\ 0 & -\dfrac{E'}{R^2}I_{xy} & 0 & \dfrac{E'}{R}\left[I_{yy}\left(1 + \dfrac{x_D}{R}\right) + \dfrac{1}{R}I_{xyy}\right] \\ 0 & 0 & 0 & 0 \\ 0 & 0 & 0 & GK \\ 0 & 0 & 0 & 0 \end{bmatrix}, \tag{IV.196b}$$

$$\boldsymbol{F}_{3m} = \begin{bmatrix} 0 & E'I_{xx} & E'I_{xy} & 0 \\ 0 & 0 & 0 & 0 \\ 0 & -E'\left(I_{xx} + \dfrac{I_{xxx}}{R}\right) & -E'\left[I_{xy}\left(1 + \dfrac{x_D}{R}\right) + \dfrac{1}{R}(I_{xxy} - y_D I_{xx})\right] & 0 \\ 0 & 0 & 0 & 0 \\ 0 & -E'\left(I_{xy} + \dfrac{I_{xxy}}{R}\right) & -E'\left[I_{yy}\left(1 + \dfrac{x_D}{R}\right) + \dfrac{1}{R}(I_{xyy} - y_D I_{xy})\right] & 0 \\ 0 & 0 & 0 & 0 \\ 0 & 0 & -\dfrac{E'}{R}I_{\omega\omega} & -E'I_{\omega\omega} \end{bmatrix},$$

(IV.196c)

$$\boldsymbol{F}_{4m} = \begin{bmatrix} 0 & 0 & 0 & 0 \\ 0 & -E'\left(I_{xx} + \dfrac{I_{xxx}}{R}\right) & -E'\left[I_{xy}\left(1 + \dfrac{x_D}{R}\right) + \dfrac{1}{R}(I_{xxy} - y_D I_{xx})\right] & 0 \\ 0 & 0 & 0 & 0 \\ 0 & -E'\left[I_{xy}\left(1 + \dfrac{x_D}{R}\right) + \dfrac{1}{R}(I_{xxy} - y_D I_{xx})\right] & -E'\left[\left(1 + \dfrac{2x_D}{R}\right)I_{yy} - \dfrac{1}{R}(2y_D I_{xy} + I_{xyy})\right] & -\dfrac{E'}{R}I_{\omega\omega} \\ 0 & 0 & 0 & 0 \\ 0 & 0 & -\dfrac{E'}{R}I_{\omega\omega} & -E'I_{\omega\omega} \\ 0 & 0 & 0 & 0 \end{bmatrix},$$

(IV.196d)

$$\boldsymbol{F}_{0m} = \begin{bmatrix} 0 \\ m_x \\ 0 \\ m_y\left(1 + \dfrac{x_D}{R}\right) - m_x\dfrac{y_D}{R} + \dfrac{1}{R}m_\omega' \\ 0 \\ m_\omega \\ 0 \end{bmatrix}. \qquad \text{(IV.196e)}$$

Durch Einsetzen des Ausdrucks (IV.176) für $\boldsymbol{\psi}_m^{(r)}$ folgt:

$$\boldsymbol{Q}_m = \boldsymbol{F}_m \boldsymbol{p} + \boldsymbol{R}_{ma}\boldsymbol{q}_a + \boldsymbol{R}_{bm}\boldsymbol{q}_b + \boldsymbol{F}_{0m}, \qquad \text{(IV.197)}$$

wo

$$F_m = (F_{1m}K_m + F_{2m}K_m' + F_{3m}K_m'' + F_{4m}K_m'''),$$
$$R_{ma} = (F_{1m}L_{am} + F_{2m}L_{am}' + F_{3m}L_{am}'' + F_{4m}L_{am}'''), \qquad \text{(IV.198)}$$
$$R_{mb} = (F_{1m}L_{bm} + F_{2m}L_{bm}' + F_{3m}L_{bm}'' + F_{4m}L_{bm}''')$$

sind.

Für $m = 0$ und $m = M + 1$ bzw. an den Enden des Stabes haben wir

$$\begin{aligned}Q_0 &= Q_a = F_a p + R_{aa} q_a + R_{ab} q_b + F_{0a}, \\ Q_{M+1} &= Q_b = F_b p + R_{ba} q_a + R_{bb} q_b + F_{0b}.\end{aligned} \qquad \text{(IV.199)}$$

Bezeichnen wir die Schnittkräfte an beiden Enden durch den gemeinsamen Vektor Q_*:

$$Q_* = \begin{bmatrix} Q_a \\ Q_b \end{bmatrix}, \qquad \text{(IV.200)}$$

dann können wir schreiben:

$$Q_* = F_* p + R_* q + F_{0*}, \qquad \text{(IV.201)}$$

wo

$$F_* = \begin{bmatrix} F_a & \\ & F_b \end{bmatrix},$$
$$R_* = \begin{bmatrix} R_{aa} & R_{ab} \\ R_{ba} & R_{bb} \end{bmatrix}, \qquad \text{(IV.202)}$$
$$F_{0*} = \begin{bmatrix} F_{0a} \\ F_{0b} \end{bmatrix}$$

sind.

Die Gesamtzahl der Elemente der Vektoren p, q und Q_* ist gleich:

$$4M + 2 \cdot 7 + 2 \cdot 7.$$

Zur Lösung der Aufgabe haben wir $4 \cdot M + 2 \cdot 7$ Gleichungen (IV.190) und (IV.201) zur Verfügung. Zu diesen Gleichungen sind noch $2 \cdot 7$ Randbedingungen hinzuzufügen.

Im Falle der durch die Verschiebungen gegebenen Randbedingungen sind uns alle Elemente des Vektors q bekannt. Aus der Gleichung (IV.190) bestimmen wir dann den Vektor p:

$$p = M^{-1}(A_0 - Lq). \qquad \text{(IV.203)}$$

Für den allgemeinen Fall der gemischten Randbedingungen finden wir die Lösung der Aufgabe auf folgende Weise.

Wir bilden aus den Elementen des Vektors q zwei Vektoren q_I und q_{II}, wobei die Koordinaten des Vektors $q_{II} = [q_{II,i}]$, $i = 1, 2, \ldots, (14 - r)$, aus den Randbedingungen bekannt sind. Die Elemente des Vektors $q_I = [q_{I,i}]$, $i = 1, 2, \ldots, r$, sind die unbekannten Größen.

Dann können wir schreiben:

$$\boldsymbol{q} = \boldsymbol{T} \begin{bmatrix} \boldsymbol{q}_I \\ \boldsymbol{q}_{II} \end{bmatrix}_{14}^{1\;r}, \tag{IV.204}$$

wo $\boldsymbol{T}$ die quadratische Transformationsmatrix von der Ordnung 14 ist, deren Elemente gleich 1 und Null sind.

Ferner folgt:
$$\boldsymbol{M}\boldsymbol{p} + \boldsymbol{L}_I \boldsymbol{q}_I = \boldsymbol{A}_0 - \boldsymbol{L}_{II} \boldsymbol{q}_{II}, \tag{IV.205}$$

wo

$$\begin{smallmatrix}1\\4M\end{smallmatrix}\bigl[\overset{1\;\;r\;\;r+1\;\;14}{\boldsymbol{L}_I \mid \boldsymbol{L}_{II}}\bigr] = \boldsymbol{L}\boldsymbol{T} \tag{IV.206}$$

ist.

Auf ähnlicher Weise bilden wir die Vektoren:
$$\begin{aligned}\boldsymbol{Q}_{*I} &= [Q_{*I,i}]^1_{14-r},\\ \boldsymbol{Q}_{*II} &= [Q_{*II,i}]^1_{r},\end{aligned} \tag{IV.207}$$

wobei nur die Koordinaten des Vektors $\boldsymbol{Q}_{*I}$ unbekannt sind.

Der Vektor $\boldsymbol{Q}_*$ ist durch den Ausdruck
$$\boldsymbol{Q}_* = \boldsymbol{T}_* \begin{bmatrix} \boldsymbol{Q}_{*I} \\ \boldsymbol{Q}_{*II} \end{bmatrix} \tag{IV.208}$$

gegeben, wo $\boldsymbol{T}_*$ eine Transformationsmatrix von der Ordnung 14 ist.

Die Gleichung (IV.201) können wir nun in der folgenden Form anschreiben:

$$\boldsymbol{T}_* \begin{bmatrix} \boldsymbol{Q}_{*I} \\ \boldsymbol{Q}_{*II} \end{bmatrix} = \boldsymbol{F}_* \boldsymbol{p} + \boldsymbol{R}_* \boldsymbol{T} \begin{bmatrix} \boldsymbol{q}_I \\ \boldsymbol{q}_{II} \end{bmatrix} + \boldsymbol{F}_{0*}$$

bzw.
$$\begin{bmatrix} \boldsymbol{Q}_{*I} \\ \boldsymbol{Q}_{*II} \end{bmatrix} = \begin{bmatrix} \boldsymbol{F}_I \\ \boldsymbol{F}_{II} \end{bmatrix} \boldsymbol{p} + \begin{bmatrix} \boldsymbol{R}_{I,I} & \boldsymbol{R}_{I,II} \\ \boldsymbol{R}_{II,I} & \boldsymbol{R}_{II,II} \end{bmatrix} \begin{bmatrix} \boldsymbol{q}_I \\ \boldsymbol{q}_{II} \end{bmatrix} + \begin{bmatrix} \boldsymbol{F}_{0I} \\ \boldsymbol{F}_{0II} \end{bmatrix}, \tag{IV.209}$$

wo

$$\begin{bmatrix} \boldsymbol{F}_I \\ \boldsymbol{F}_{II} \end{bmatrix}_{14}^{1}{}_{14-r} = \boldsymbol{T}_*^{-1} \boldsymbol{F}_*; \qquad \begin{bmatrix} \boldsymbol{R}_{I,I} & \boldsymbol{R}_{I,II} \\ \boldsymbol{R}_{II,I} & \boldsymbol{R}_{II,II} \end{bmatrix}_{14}^{1\;\;r\;\;14}{}_{14-r} = \boldsymbol{T}_*^{-1} \boldsymbol{R}_* \boldsymbol{T}$$

$$\begin{bmatrix} \boldsymbol{F}_{0I} \\ \boldsymbol{F}_{0II} \end{bmatrix}_{14}^{1}{}_{14-r} = \boldsymbol{T}_*^{-1} \boldsymbol{F}_{0*} \tag{IV.210}$$

sind.

Durch die Trennung der letzten r Gleichungen aus dem System (IV.209) erhalten wir:

$$\boldsymbol{Q}_{*II} = \boldsymbol{F}_{II} \boldsymbol{p} + \boldsymbol{R}_{II,I} \boldsymbol{q}_I + \boldsymbol{R}_{II,II} \boldsymbol{q}_{II} + \boldsymbol{F}_{0II}$$

beziehungsweise

$$\boldsymbol{F}_{II} \cdot \boldsymbol{p} + \boldsymbol{R}_{II,I} \boldsymbol{q}_I = -\boldsymbol{F}_{0II} - \boldsymbol{R}_{II,II} \boldsymbol{q}_{II} + \boldsymbol{Q}_{*II}. \tag{IV.211}$$

6. Numerische Lösung

Aus den Gleichungen (IV.205) und (IV.211) finden wir schlußendlich die Koordinaten der Vektoren $\boldsymbol{p}$ und $\boldsymbol{q}_I$:

$$\begin{bmatrix} M & L_I \\ F_{II} & R_{II,I} \end{bmatrix} \begin{bmatrix} \boldsymbol{p} \\ \boldsymbol{q}_I \end{bmatrix} = \begin{bmatrix} A_0 - L_{II}\boldsymbol{q}_{II} \\ -F_{0II} + \boldsymbol{Q}_{*II} - R_{II,II}\boldsymbol{q}_{II} \end{bmatrix}. \tag{IV.212}$$

Die Normalspannungen σ_z finden wir aus der Gleichung (IV.71). Mit Rücksicht auf den Ausdruck (IV.95) können wir die Gleichung (IV.71) in folgender Form anschreiben:

$$\frac{1}{E'}\sigma_z(z = z_m) = -\left[0 \mid \bar{x} \mid \bar{y} + \frac{1}{R}(\omega + x_D y - y_D x)\,\omega\right]\boldsymbol{\psi}_m''$$

$$+ [1 \mid 0 \mid 0 \mid 0]\boldsymbol{\psi}_m' - \left(1 - \frac{x}{R}\right)\frac{1}{R}[0 \mid 1 \mid 0 \mid -y_1]\boldsymbol{\psi}_m, \tag{IV.213}$$

wo

$$\bar{x} = \left(1 + \frac{x}{R}\right)x, \quad \bar{y} = \left(1 + \frac{x}{R}\right)y$$

sind.

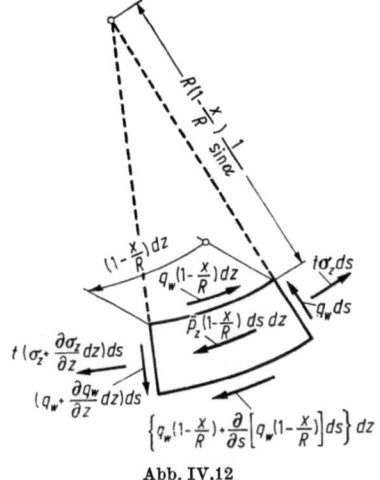

Abb. IV.12

Auf Grund der Formel (IV.72) erhalten wir:

$$\tau_s(z_m) = 2Ge[0 \mid 0 \mid 0 \mid 1]\boldsymbol{\psi}_m'. \tag{IV.214}$$

Die Schubspannungen τ_w werden, ähnlich wie bei den geraden Stäben, aus den Gleichgewichtsbedingungen bestimmt.

Wir schneiden aus dem Stab das Element $t\,ds\,dz_1 = t\,ds\,dz\,(1 - (x/R))$ (Abb. IV.12) aus, in welches wir die entsprechenden Kräfte anbringen:

Wir stellen nun die Bedingung für das Gleichgewicht aller auf dieses Element in der Richtung $\vec{k}$ wirkenden Kräfte auf und erhalten:

$$\frac{\partial}{\partial s}\left[q_w\left(1 - \frac{x}{R}\right)\right] + \frac{q_w}{R}\sin\alpha + t\frac{\partial\sigma_z}{\partial z} + \bar{p}_z\left(1 - \frac{x}{R}\right) = 0,$$

288   IV. Dünnwandige Stäbe mit gekrümmter Achse

wo
$$q_w = t\tau_w$$
ist, beziehungsweise

$$\frac{\partial q_w}{\partial s} + \frac{2\sin\alpha}{R\left(1-\dfrac{x}{R}\right)} q_w = -\frac{t}{\left(1-\dfrac{x}{R}\right)} \frac{\partial \sigma_z}{\partial z} - \overline{p}_z. \qquad (IV.215)$$

Durch die Integration erhalten wir:

$$\tau_w = \frac{1}{t}\left[C(z) - \int f_2 e^{\int f_1 ds}\,ds\right] e^{-\int f_1 ds}, \qquad (IV.216)$$

wo
$$f_1 = \frac{2\sin\alpha}{R\left(1-\dfrac{x}{R}\right)}$$

und
$$f_2 = \frac{t}{\left(1-\dfrac{x}{R}\right)} \cdot \frac{\partial \sigma_z}{\partial z} + \overline{p}_z \qquad (IV.217)$$

sind.

Die Funktion $C(z)$ bestimmen wir aus der Bedingung, daß die Schubspannung τ_w an den Enden der Profilmittellinie gleich Null ist.

Für $z = z_m$ wird die Größe $\partial \sigma_z/\partial z$ aus der Gleichung (IV.213) erhalten:

$$\frac{1}{E}\left(\frac{\partial \sigma_z}{\partial z}\right)_{z=z_m} = -\left[0 \mid \overline{x} \mid \overline{y} \mid \frac{1}{R}(\omega + x_D y - y_D x) \mid \omega\right] \psi_m'''$$

$$+ [1 \mid 0 \mid 0 \mid 0]\psi_m'' - \left(1 - \frac{x}{R}\right)\frac{1}{R}[0 \mid 1 \mid 0 \mid -y_1]\psi_m'$$

Für die Stäbe mit kleinem Verhältnis b/R können die Schubspannungen $\tau_w = q_w/t$ auf gleiche Weise wie bei den geraden Stäben festgesetzt werden.

Durch die Vernachlässigung des zweiten Gliedes auf der linken Seite der Gleichung (IV.215), erhalten wir:

$$\frac{\partial q_w}{\partial s} = -\frac{\partial \sigma_z}{\partial z} t - \overline{p}_z$$

bzw.
$$t\tau_w = -\int_{\overline{F}} \frac{\partial \sigma_z}{\partial z}\,dF - \int_{\overline{s}} \overline{p}_z\,ds$$

wobei $1 - (x/R) \approx 1$ gesetzt wurde.

Aus dieser Gleichung wurde im Falle des geraden Stabes der Ausdruck (II.61) abgeleitet.

Literatur

Die hauptsächlichste Literatur wird untenstehend für die Kapitel I bis IV zusammengestellt angegeben. Diese Literaturhinweise sind weitergehend als die in den Fußnoten angegebenen Publikationen.

Literatur zum Kapitel I

Barta, J.: Sur l'estimation de la rigidité de torsion des prismes multicellulaires à parois minces. Acta techn. Acad. Sci. Hung. 12 (1955).
Basilewitsch, W.: Das Torsionsproblem der ⊤-, ⊏- und ⊐-Träger. Publ. de l'Inst. math. de l'academie serbe des sciences, Beograd, 5 (1953) 6.
Bitschkow, D. V.: Baustatik der dünnwandigen stabartigen Konstruktionen. Moskau 1962, S. 22—49 (russisch).
Bogunović, V.: Torsion des quadratischen Rohres. Jahrbuch der Techn. Fakultät der Universität Beograd 1949, S. 23 (serbo-kroatisch).
Boutteville, S. v.: Theoretische und experimentelle Untersuchung zur Torsion von Kastenquerschnitten. Forschung Ing.-Wes. 3 (1932) 25.
Cicala, P.: Il centro di taglio nei solidi cilindrici. Atti R. Acad. Sci. Torino 70 (1934/35) 356.
Cicala, P.: La torsione dei solidi cilindrici a sezione allungata. Atti R. Acad. Sci. Torino 70 (1934/35) 337.
Colin, E. C., Newmark, N. M.: A numerical solution for the torsion of hollow Section. Journ. Appl. Mech. Trans. ASME 14 (1947) 4, A-3313.
Csonka, P.: La torsion des prismes multicellulaires en treillis. Acta Techn. Ac. Sci. Hung. 12 (1955) H. 3/4, S. 339.
Engelmann, F.: Verdrehung von Stäben mit einseitig ringförmigem Querschnitt. Forschung Ing.-Wes. 6 (1935) 146.
Föppl, L., und *Sonntag, G.:* Tafeln und Tabellen zur Festigkeitslehre, München: Oldenbourg 1951, S. 24.
Goodey, W. J.: Shear Stresses in Hollow Section. Aircraft Engng. 86 (1936) 93.
Griffith, A. A.: The Determination of the Torsional Stiffness and Strength of Cylindrical Bars of any Shape. Report and Memoranda 334, Adv. Comm. Aeron., 1917.
Hajdin, N.: Torsion des dreieckigen Rohres. Jahrbuch der Technischen Fakultät der Universität Beograd, 1949 (serbo-kroatisch).
Hovgaard, W.: Torsion of Rectangular Tubes. Journ. of Applied Mech., Trans. ASME 59 (1937) A-131.
Klitschieff, J. M.: Über die Torsion von kastenförmigen Stäben. Publ. math. de l'Université de Belgrade 8—9 (1939/40) 5.
Klitschieff, J. M.: Torsion eines I-Trägers. Bulletin International livre 13, de l'Academie yougoslave, Zagreb, 1954.
Kollbrunner, C. F., Basler, K.: Torsionskonstanten und Schubspannungen bei St. Venantscher Torsion. Mitteilungen der Technischen Kommission, Schweizer Stahlbau-Vereinigung, 23 (1962).
Kollbrunner, C. F., Basler, K.: Torsionsmomente und Stabverdrehung bei St. Venantscher Torsion. Mitteilungen der Technischen Kommission, Schweizer Stahlbau-Vereinigung, 27 (1963).
Kollbrunner, C. F., Hajdin, N.: Die St. Venantsche Torsion, Mitteilungen der Technischen Kommission der Schweizer Stahlbau-Vereinigung, 26 (1963).
Marguerre, K.: Torsion von Voll- und Hohlquerschnitten. Der Bauingenieur 41/42 (1940) 317.
Neuber, H.: Schubmittelpunkt und Querschnittverwölbung dünnwandiger Träger unterhalb der Beulgrenze. ZAMM 21 (1941) 91.

Pflüger, A.: Beitrag zur Ermittlung der Schubspannungen in mehrzelligen Hohlquerschnitten. Ing.-Archiv 8 (1937) 25.
Pöschl, T.: Bisherige Lösung des Torsionsproblems. ZAMM 1 (1921).
Schwalbe, W. L.: Zur Torsion von Walzeisenträgern. Ing.-Archiv 5 (1934) 179.

Literatur zum Kapitel II

Bach, C.: Versuche über die tatsächliche Widerstandsfähigkeit von Balken mit [-förmigem Querschnitt. Z. d. V. d. I. (1909) 170 und (1910) 382.
Bazant, Z. P.: Non-uniform torsion of thin-waled bars of variable section. Int. Assoc. for Bridge and Struct. Engin. 25th Vol., Publications, Zürich 1965.
Bleich, F.: Stahlhochbauten. Berlin: Springer 1932, I. Bd., S. 109—120.
Bornscheuer, F. W.: Systematische Darstellung des Biege- und Verdrehvorganges unter besonderer Berücksichtigung der Wölbkrafttorsion. Stahlbau 21 (1952) H. 1, 1—9.
Bornscheuer, F. W.: Beispiel und Formelsammlung zur Spannungsberechnung dünnwandiger Stäbe mit wölbbehindertem Querschnitt. Stahlbau 21 (1952) H. 12, S. 225—232, und 22 (1953) H. 2, S. 32—44. Druckfehlerberichtigung Stahlbau 30 (1961) H. 3, S. 96.
Bornscheuer, F. W., und *Anheuser, L.:* Tafeln der Torsionskenngrößen für die Walzprofile der DIN 1025—1027. Stahlbau 30 (1961) H. 3, 81—82.
Chilver, A. H.: Structural Problems in the use of cold-formed steel sections. Proc. Inst. Civ. Engrs. London 1961, vol. 20. S. 233—258.
Cicala, P.: Il centro di taglio nei solidi cilindrici. Atti R. Acad. Sci. Torino 70 (1934/35) 356.
Cywinski, Z.: Torsion des dünnwandigen Stabes mit veränderlichem, einfach symmetrischem offenem Querschnitt. Stahlbau, H. 10 (1964) 301—307.
Dietzmann, A.: Der Schubmittelpunkt beim einfach symmetrischen Träger mit dünnem Stegblech. Technik 9 (1954) Nr. 4, S. 233—238.
Eggenschwyler, A.: Über Drehung und Biegung von [-Eisen. Schweizerische Bauzeitung 80 (1922) 205—207.
Eggenschwyler, A.: Über die Beanspruchungen unregelmäßiger Trägerquerschnitte. Verhandlungen des 2. Int. Kongresses für technische Mechanik. Zürich 1926, 434—441.
Goldberg, J. E.: On the application of trigonometric Series to the twisting of I-Type beams. Proc. I.U.S. Nat. Congr. Appl. Mech., Publ. Amer. Soc. Mech. Engrs., N.Y. (1952) 281—284.
Goldberg, J. E.: Torsion of I-Type and H-Type Beams. Trans. Amer. Soc. Civ. Engrs. 118 (1953) 771.
Grassam, N. S. J.: The Shear Center of Beam Sections. Experimental Determination. Engineering 179 (1955) 45.
Heilig, R.: Der Schubverformungseinfluß auf die Wölbkrafttorsion von Stäben mit offenem Profil. Stahlbau 30 (1961) H. 4, 97—103.
Higer, M. Sch.: Wölbkrafttorsion dünnwandiger Stäbe mit veränderlicher Wandstärke (russisch). Isledovanie po teorii sterznei, plastinok i oboloček. Sbornik trudov 47 (1967). Moskovskii ordena trudovoga krasnogo znameni inž-stroil. inst.
Hutter, K.: Eine Analogie zwischen dem querbelasteten Zugstab und dem Stab unter gemischter Torsion. Inst. für bauwissenschaftliche Forschung 9. Zürich: Leemann 1969.
Hutter, K., Kollbrunner, C. F.: Zur Statik des schief gelagerten Trägers unter gemischter Torsion. Inst. für bauwissenschaftliche Forschung 14 (1970). Zürich: Leemann.
Kollbrunner, C. F., Basler, K.: Statik der Wölbtorsion und der gemischten Torsion. Mitteilungen der Technischen Kommission, Schweizer Stahlbau-Vereinigung, 31 (1965).
Kollbrunner, C. F., Basler, K.: Torsion. Berlin—Heidelberg—New York: Springer 1966.
Kollbrunner, C. F., Hajdin, N.: Wölbkrafttorsion dünnwandiger Stäbe mit offenem Profil, Teil I und Teil II, Mitteilungen der Technischen Kommission, Schweizer Stahlbau-Vereinigung 29 (1964), 31 (1965).
Kollbrunner, C. F., Hajdin, N.: Theorie der dünnwandigen Stäbe und ihre Anwendung im Bauwesen. Schweizerische Bauzeitung 41 (1966) 715—719.
Kollbrunner, C. F., Hajdin, N., Krajčinović, D.: Matrix Analysis of Thinwalled Structures. Inst. für bauwissenschaftliche Forschung, Stiftung Kollbrunner/Rodio, H. 10, Zürich: Leemann 1969.

Lansing, W.: Thin-Walled Members in combined Torsion and Flexure. Trans. Amer. Soc. Civ. Engrs. 118 (1953) 128.
Lindenberger, H.: Vergleich und Analogiebetrachtung der Lösungen für biegebeanspruchte und verdrehbeanspruchte Stabwerke. Stahlbau Jg. 22 (1953) H. 1, 14–19, H. 3, 64–67.
Maillart, R.: Zur Frage der Biegung. Schweizerische Bauzeitung 77 (1921) 195–197; 78 (1921) 18.
Maillart, R.: Über Drehung und Biegung. Schweizerische Bauzeitung 79 (1922) 254–257.
Maillart, R.: Der Schubmittelpunkt. Schweizerische Bauzeitung 83 (1924) 109–111.
Maillart, R.: Zur Frage des Schubmittelpunktes. Schweizerische Bauzeitung 83 (1924) 176 bis 177.
Mandel, J.: Détermination du centre de torsion à l'aide du théorème de reciprocité. Ann. Ponts. Chaussées 118 (1948).
Marsh, C.: The rapid Design of Beams in Torsion. Journ. Eng. Mech. Div. Proc. Amer. Soc. Civ. Engrs. 85 (1959) Part 1.
Neuber, H.: Schubmittelpunkt und Querschnittsverwölbung dünnwandiger Träger unterhalb der Beulgrenze. ZAMM 21 (1941) 91–95.
Nowinski, I.: Theory of Thin-walled Bars. Applied Mechanics Review 12 (1959) 4, 219–227.
Resinger, F.: Ermittlung der Wölbspannungen in einfach symmetrischen Profilen nach Drillträgerverfahren. Stahlbau 26 (1917) H. 11, 321–326.
Schwalbe, W. L.: Über den Schubmittelpunkt in einem durch eine Einzellast gebogenen Balken. ZAMM 15 (1935) H. 3.
Schwalbe, W. L.: The Torsionless Bending of a Hollow Beam by a Transverse Load. Jour. of Applied Mechanics, Trans. Amer. Soc. Mech. Engrs. 59 (1937).
Sellentin, H.: Die Ermittlung der Drehspannungen in Balken mit doppelflanschigem Querschnitt. ZAMM 6 (1926) H. 2, 159–173.
Stüssi, F.: Zur Biegung und Verdrehung des dünnwandigen schlanken Stahlstabes. Abhandlungen der IVBH, VI, 227–288.
Terrington, J. S.: The Torsion Center of Girders: Application of Shell Analysis to Structural Section. Engng. Lond. 178 (1954) 4635, 688–691.
Terrington, J. S.: Combined Bending and Torsion Tests on a bisymmetrical Girder. Civ. Engng. P-W-Rev. 1955, 50 (586) 400.
Terrington, J. S.: Behaviour of Built-up Girders under Torsion. Method of Calculating Stresses and Distorsion. Engng. Lond. 182 (1956) Nr. 4731, 587–591.
Timoshenko, S.: Einige Stabilitätsprobleme der Elastizitätstheorie. Zeitschrift für Mathematik und Physik 58 (1910) 337–385.
Timoshenko, S.: Methode of Analysis of Statical and Dynamical Stresses in Rail. Verhandlungen des 2. Int. Kongr. f. techn. Mechn., Zürich, 1926.
Timoshenko, S.: Theory of Bending, Torsion and Buckling of thin walled members of open cross section. The Journal of the Franklin Institute H. 3 (1945) 201–219; H. 4, 249–268; H. 5, 343–361.
Wagner, H., und *Pretscher, W.:* Verdrehung und Knickung von offenen Profilen. Luftfahrtforschung 11 (1934) H. 6, 174–180.
Wilde, P.: The Torsion of Thin-Walled Bars with Variable Cross-Section. Archiwum Mechaniki Stosowanej, H. 4, 20 (1968).
Wlassow, W. S.: Dünnwandige elastische Stäbe. Moskau 1959 (russisch).
Wlassow, W. S.: Dünnwandige elastische Stäbe. Bd. I (1964), Bd. II (1965), Berlin: VEB Verlag für Bauwesen.

Literatur zum Kapitel III

Abramyan, B. L.: Torsion und Biegung prismatischer Stäbe mit rechteckigem Hohlquerschnitt. Prikl. Mekh. 14 (1950) H. 3, 265–276 (russisch).
Adadurov, R. A.: Spannungen und Deformationen in zylindrischen Schalen mit starren Querschnitten. Dokladi Akad. Nauk SSSR 62 (1948) H. 2.
Afanasjew, A.: Berechnung dünnwandiger geschlossener Schalen auf Biegung und Torsion. Arbeiten V.V.I.A. 440, 1952 (russisch).

Argyris, J. H., and *Dunne, P. C.:* The General Theory of Cylindrical and Conical Tubes under Torsion and Bending Loads. Journal Roy. Aer. Soc. 21 (1947) No. 2, 199–269, No. 9, 757–783, No. 11, 884–930, 53 (1949) No. 5, 461–483, No. 6, 558–620.

Argyris, J. H., and *Dunne, P. C.:* Structural Analysis, Part 2 of Structural principles and dates. Handbook of aeronautics, No. 1, London: Sir Isaac Pitman and Sons, Ltd., 1952.

Benscoter, S. U.: Numerical Transformation Procedures for Shear-Flow Calculation. Journal of the Aeronautical Sciences 13 (1946) 438–443.

Bensoter, S. U.: Secondary Stresses in Thin-Walled Beams with Closed Cross-Sections. Techn. Note 2529, National Advisory Committee of Aeronautics (1951).

Benscoter, S. U.: A Theory of Torsion Bending for Multicell Beams. Journal of Applied Mechanics 21, No. 1 (1954) 25–34.

Beskin, L.: Warping and Shear Lag in Closed Cylindrical Shells. Journal of the Aeronautical Sciences 15 (1948) 221–231.

Dabrowski, R.: Drillung dünnwandiger Brückenkonstruktionen und Konstruktionen des Stahlwasserbaues mit geschlossenem Querschnitt (polnisch). Zeitschrift Rozprawy Inzymmerskie Cl 2 (1958) 283–346.

Djurić, M.: Theorie des langen prismatischen Faltwerks. Zbornik Gradjevinskog fakulteta u Beogradu, 1953 (serbo-kroatisch).

Dshanelidze, G. J., und *Panowko, J. G.:* Die Statik der elastischen dünnwandigen Stäbe. Gostehisdat, Moskau: 1948 (russisch).

Ebner, H.: Die Beanspruchung dünnwandiger Kastenträger auf Drillung bei behinderter Querschnittswölbung. 349, Deutsche Versuchsanstalt für Luftfahrt, Jahrbuch 1933, S. 72, und Zeitschrift für Flugtechnik und Motorluftschiffahrt (1933) 645–655 und 684–692.

Ebner, H.: Spannungszustand durch Drillung in dünnwandigen Kastenträgern bei verhinderter Endwölbung. Zeitschrift für Angewandte Mathematik und Mechanik 14 (1934), H. 6, 352–353.

Ebner, H., und *Köller, H.:* Zur Berechnung des Kraftverlaufs in versteiften Zylinderschalen. Luftfahrtforschung 14 (1937) 607–626.

Ebner, H., und *Köller, H.:* Über die Einleitung von Längskräften in versteiften Zylinderschalen. Luftfahrtforschung 15 (1938) 527–542.

Flügge, W., und *Marguerre, K.:* Wölbkräfte in dünnwandigen Profilstäben, Ingenieur-Archiv 18 (1950) H. 1, 23–38.

Heilig, R.: Beitrag zur Theorie der Kastenträger beliebiger Querschnittsform. Stahlbau, Jg. 30 (1961) H. 11, 333–349, Zuschrift, Stahlbau 4 (1962).

Hofmann, P.: Hilfsfunktionen zur Berechnung der Wölbnormalspannungen bei stählernen Straßenbrücken. Bauplanung–Bautechnik, 16. Jg., H. 6 (1962) 300–302.

Hovgaard, W.: Torsion of Rectangular Tubes. Journal of Applied Mechanics 4, No. 3 (1937) 131–135.

Howe, D., and *Griffin, K. H.:* Box Beams under Constraint Stresses Due to Shear Lag and Torsion. Engineering, London 182 (1956) No. 4718, 169–174.

Kan, S. N., und *Panowko, J. G.:* Festigkeit dünnwandiger Konstruktionen. Blechbaustatik. Berlin: VEB Verlag Technik 1956.

Kármán, Th., and *Christensen, N. B.:* Methods of Analysis for Torsion with Variable Twist. Journal of the Aeronautical Sciences 11, 1944, H. 2, 110–124.

Kármán, Th., and *Chien, W. Z.:* Torsion with Variable Twist. Journal of the Aeronautical Sciences 13 (1946) 503–510.

Klemmt, K. H.: Beitrag zur statischen Untersuchung räumlicher Systeme im Stahlwasserbau. Techn. Mitteilungen Krupp, Essen, 15 (1957) H. 8.

Kollbrunner, C. F., und *Hajdin, N.:* Beitrag zur Berechnung von Stauwehrklappen. Mitteilungen über Forschung und Konstruktion im Stahlbau, H. 28. Zürich: Leemann 1961.

Kollbrunner, C. F., *Hajdin, N.:* Wölbkrafttorsion dünnwandiger Stäbe mit geschlossenem Profil. Mitteilungen der Technischen Kommission, Schweizer Stahlbau-Vereinigung, H. 32, 1966.

Kubitzki, H. H.: Biege- und Verdrehbeanspruchung unsymmetrischer Kastenträger. Techn. Mitteilungen Krupp 17 (1959) No. 5, 207–229.

Kubitzki, H. H.: Schubmittelpunkt und Biegespannungen eines Kastenträgers geringer Schlankheit. Bauingenieur 35 (1960) H. 8, 281–285.

Kusmin, N. A., Lukasch, P. A., Mileikowski, I. E.: Berechnung der Konstruktionen aus dünnwandigen Stäben und Schalen. Gosstroisdat, Moskau, 1960 (russisch).
Marguerre, K.: Torsion von Voll- und Hohlquerschnitten. Bauingenieur 21 (1940) 317—322.
Nowinski, I.: Theory of thin-walled Bars. Applied Mechanics Reviews 12 (1959) No. 4, 219—227.
Resinger, F.: Einfache Ermittlung der Wölbquerschnittswerte von Kastenträgern. Stahlbau 26 (1957) H. 8, 217—220.
Resinger, F.: Der dünnwandige Kastenträger. Forschungshefte aus dem Gebiete des Stahlbaues, H. 13, herausgegeben vom Deutschen Stahlbau-Verband, Köln, 1959.
Rüdiger, D.: Wölbkrafttorsion dünnwandiger Hohlquerschnitte. Ingenieur-Archiv 33, H. 5 (1964) 346—350.
Säckel, R.: Beitrag zur Spannungsverteilung in Kastenprofilen gekrümmter Träger. Wiss. Zeitschrift, Hochschule für Verkehrswesen, Dresden, 7 (1959/60) No. 1, 173—183.
Schapitz, E.: Festigkeitslehre für den Leichtbau. Die Berechnung versteifter Schalen und Vollwandsysteme auf Grund der Forschungen aus dem Metallflugzeugbau. Düsseldorf: VDI-Verlag 1963.
Schindler, O.: Untersuchungen an geschweißten Hüttenkranen. Ein Beitrag zur Berechnung dünnwandiger Hohlkasten. Forschungsberichte des Landes Nordrhein-Westfalen, No. 800, Köln/Opladen: Westdeutscher Verlag 1959.
Schwalbe, W. L.: The Torsionless Bending of a Hollow Beam by a Transverse Load. Journal of Applied Mechanics, Trans. Amer. Soc. Mech. Engrs. 59 (1937).
Stüssi, F.: Der dünnwandige schlanke Stahlstab mit Kastenquerschnitt. Abhandlungen der Internationalen Vereinigung für Brückenbau und Hochbau, Bd. XI, 1951, 375—389.
Stüssi, F.: Schubmittelpunkt und Torsion. Abhandlungen der Internationalen Vereinigung für Brückenbau und Hochbau, Bd. XII, 1952, 259—267.
Umanskij, A. A.: Biegung und Torsion dünnwandiger Luftfahrt-Konstruktionen. Obrongis, Moskau 1939 (russisch).
Umanskij, A. A.: Kapitel IV im Handbuch „Maschinenbau", Bd. 1, Moskau, 1948 (russisch).
Urban, I. W.: Allgemeine Form der Berechnung dünnwandiger Stäbe mit offenem und geschlossenem Profil auf Wölbkrafttorsion. Arbeiten MJMIIT 62, Transscheldorisdat, Moskau 1953 (russisch).
Urban, I. W.: Theorie der Berechnung dünnwandiger stabartiger Konstruktionen. Transscheldorisdat, Moskau 1955 (russisch).
Wansleben, F.: Die Theorie der Drillfestigkeit. Forschungshefte aus dem Gebiete des Stahlbaues, H. 12. Herausgegeben vom Deutschen Stahlbau-Verband, Köln 1956.
Williams, D.: Torsion of a rectangular tube with axial constraints. Aero. Res. Comm., Reports and Memoranda 1619 (1934) London.
Williams, D., and *Fine, M.:* The effect of end constraint on thinwalled cylinders subject to torque. Aero. Res. Comm., Reports and Memoranda 2223 (1945) London.
Wlassow, W. S.: Dünnwandige elastische Stäbe. Fismatgis, Moskau 1959 (russisch). Deutsche Fassung, Berlin: VEB Verlag für Bauwesen 1964/1965.

Literatur zum Kapitel IV

Becker, G.: Ein Beitrag zur statischen Berechnung beliebig gelagerter gekrümmter ebener Stäbe mit einfach-symmetrischen dünnwandigen offenen Profilen von in Stabachse veränderlichem Querschnitt unter Berücksichtigung der Wölbkrafttorsion. Stahlbau 11 und 12 (1965).
Dabrowski, R.: Equations of Bending and Torsion of a Curved Thin-walled Bar with Asymmetric Cross-Section. Archiwum Mechaniki Stosowanej (1960) 789.
Dabrowski, R.: Zur Berechnung von gekrümmten dünnwandigen Trägern mit offenem Profil. Stahlbau 12 (1964) 364.
Dabrowski, R.: Wölbkrafttorsion von gekrümmten Kastenträgern mit nichtverformbarem Profil. Stahlbau 5 (1965) 135.
Dabrowski, R.: Gekrümmte dünnwandige Träger. Berlin/Heidelberg/New York: Springer 1968.

Dzanelidze, G. J.: Theorie der dünnwandigen gekrümmten Stäbe mit nichtdeformierbarem Profil (russisch) PMM. T. 8. 1944, N 21. S. 26—32.

Golubev, O. B.: Eine Verallgemeinerung der Theorie der dünnwandigen Stäbe (russisch). Trudi Lenigradskogo politchničeskogo instituta No. 226, 1963.

Hajdin, N.: Ein Verfahren zur numerischen Lösung der Randwertaufgaben vom elliptischen Typus. Publ. de l'inst. mathématique, Acad. serbe des sciences, Bd. IX. 1956.

Hajdin, N.: Eine Methode zur numerischen Lösung der Randwertaufgaben und ihre Anwendung auf einige Probleme der Elastizitätstheorie. Dr. sc. Dissertation, 1956. Abhandlungen der Fakultät für Bauingenieurwesen, Univ. Beograd, 4 (1958) (serbo-kroatisch).

Hajdin, N.: Differentialgleichungen des dünnwandigen Stabes mit kreisförmiger Achse (serbo-kroatisch). Serbische Akademie der Wissenschaften und Künste. Zbornik radova, posvećen preminulom Akademiku J. Hlitčijevu, Beograd 1970.

Kollbrunner, C. F., Hajdin, N.: Beitrag zur Theorie dünnwandiger Stäbe mit gekrümmter Achse. Inst. für bauwissenschaftliche Forschung, Stiftung Kollbrunner/Rodio, H. 8. Zürich: Leemann 1969.

Wansleben, F.: Die Berechnung drehfester gekrümmter Stahlbrücken. Stahlbau (1952) 53.

Namenverzeichnis

Abramyan, B. L. 291
Adadurov, R. A. 291
Afanasjew, A. 291
Argyris, J. H. 292

Bach, C. von 1, 290
Barbré, R. 27
Barta, J. 289
Basilewitsch, W. 289
Basler, K. III, 48, 289, 290
Bazant, Z. P. 290
Becker, G. 293
Benscoter, S. U. 6, 189, 292
Beskin, L. 292
Biezeno, C. 17
Bitschkow, D. V. 165, 289
Bleich, F. 290
Bogunović, V. 289
Bornscheuer, F. W. 109, 290
Boutteville, S. v. 289
Bredt, R. 37

Chang, F. K. 27
Chien, W. Z. 292
Chilver, A. H. 290
Christensen, N. B. 5, 292
Chwalla, E. 43
Cicala, P. 289, 290
Colin, E. C. 289
Csonka, P. 289
Cywiński, Z. 4, 290

Dabrowski, R. 6, 236, 237, 270, 292, 293
Dassen, C. 27
Dietzmann, A. 290
Djurić, M. 223, 292
Dlugatsch, M. I. 176
Dshanelidze, G. J. 292, 294
Dunne, P. C. 292

Ebner, H. 2, 292
Eggenschwyler, A. 1, 290
Engelmann, F. 289

Fine, M. 293
Flügge, W. 292
Föppl, A. 26, 30
Föppl, L. 30, 289

Goldberg, J. E. 290
Golubev, O. R. 294

Goodey, W. J. 289
Grammel, R. 17
Grassam, N. S. J. 290
Griffin, K. H. 292
Griffith, A. A. 30, 289

Hajdin, N. IV, 5, 6, 109, 111, 147, 148, 155, 201, 223, 236, 273, 289, 290, 292, 294
Hawranek, A. 166
Heilig, R. 6, 290, 292
Higer, M. Sch. 290
Hofferberth, W. 27
Hofmann, P. 292
Hovgaard, W. 289, 292
Howe, D. 292
Hutter, K. 290

Johnston, B. G. 27

Kan, S. N. 292
Kármán, Th. von 5, 292
Klemmt, K. H. 292
Klitschieff, J. M. 289
Kollbrunner, C. F. III, IV, 4, 5, 6, 48, 109, 111, 147, 148, 155, 201, 223, 236, 289, 290, 292, 294
Köller, H. 292
Krajčinović, D. 148, 290
Kubitzki, H. H. 292
Kusmin, N. A. 293

Lansing, W. 291
Lindenberger, H. 291
Lorenz, H. 38
Lukasch, P. A. 293

Maillart, R. 1, 63, 291
Mandel, J. 291
Marguerre, K. 289, 292, 293
Marsh, C. 291
Meister, M. III
Mileikowski, I. E. 293

Neuber, H. 289, 291
Newmark, N. M. 289
Nowinski, I. 291, 293

Panowko, J. G. 292
Pflüger, A. 290

Pöschl, T. 290
Pretscher, W. 2, 291

Resinger, F. 291, 293
Rüdiger, D. 293

Säckel, R. 293
Schapitz, E. 293
Schindler, O. 293
Schmieden, C. 27
Schwalbe, W. L. 290, 291, 293
Sellentin, H. 291
Sonntag, G. 289
Steinhardt, O. 166
Stüssi, F. 44, 291, 293

Taylor, G. I. 30
Terrington, J. S. 291
Timoshenko, S. 1, 10, 291
Trefftz, E. 30

Umanskj, A. A. 6, 293
Urban, I. W. 293

Wagner, H. 2, 291
Wansleben, F. 293, 294
Weber, C. 27, 63
Wilde, P. 291
Williams, D. 293
Wlassow, W. S. 2, 6, 291, 293

If you have any concerns about our products,
you can contact us on
ProductSafety@springernature.com

In case Publisher is established outside the EU,
the EU authorized representative is:
**Springer Nature Customer Service Center GmbH
Europaplatz 3, 69115 Heidelberg, Germany**

Printed by Libri Plureos GmbH
in Hamburg, Germany